Bauer / Wagener
Bauelemente und Grundschaltungen der Elektronik
Band 1: Bauelemente

Lernbücher der Technik

herausgegeben von Dipl.-Gewerbelehrer Manfred Mettke,
Oberstudiendirektor an der Schule für Elektrotechnik in Essen

 Carl Hanser Verlag München Wien

Bauelemente und Grundschaltungen der Elektronik

Band 1: Bauelemente

von Wolfgang Bauer
und Hans Herbert Wagener

mit 583 Bildern, 12 Tabellen
sowie zahlreichen Beispielen, Übungen und Testaufgaben

 Carl Hanser Verlag München Wien 1977

CIP-Kurztitelaufnahme der Deutschen Bibliothek:

Bauer, Wolfgang
Bauelemente und Grundschaltungen der Elektronik /
von Wolfgang Bauer u. Hans Herbert Wagener. -
München, Wien : Hanser.

NE: Wagener, Hans Herbert :

Bd. 1. Bauelemente. - 1. Aufl. - 1977.
   (Lernbücher der Technik)
   ISBN 3-446-12222-2

Alle Rechte vorbehalten
© Carl Hanser Verlag München Wien 1977
Satz und Druck: Erich Spandel, Nürnberg
Printed in Germany

Vorwort

Was können Sie mit diesem Buch lernen?

Wenn Sie dieses Buch durcharbeiten, dann lernen Sie Bauelemente, Baugruppen und Geräte der Elektronik kennen. Der Umfang dessen, was wir Ihnen anbieten, entspricht den Richtlinien zur beruflichen Bildung an Fachschulen für Technik im Lande Nordrhein-Westfalen und ist im Lehrplan für das Fach „Bauelemente und Grundschaltungen der Elektronik" in Lernzielen festgelegt.

Sie werden systematisch mit den ausgewählten Bauelementen vertraut gemacht, lernen die Grundschaltungen der Elektronik kennen und begreifen ihre Anwendung in Baugruppen und Geräten.

Jedes der Themen wird in „praxisgerechter Technik" aufgearbeitet. Das heißt, Sie gehen stets folgenden Fragen nach:
1. Welche elektrischen Grundgesetze sind anzuwenden?
2. Wie funktioniert die elektrische Einrichtung prinzipiell?
3. Wie ist sie praktisch aufgebaut?
4. Welche Arbeitsmethoden müssen für ihre Entwicklung und ihren Einsatz beherrscht werden?

Wer kann mit diesem Buch lernen?

Alle, die
bereit sind, logisch und technisch denken zu lernen und Einsicht in die Grundlagen der Elektrotechnik genommen haben.

Das können sein:
Studenten an Fachschulen für Technik, Fachrichtung Elektrotechnik,
Studenten an Fachhochschulen für Elektrotechnik,
interessierte zukünftige Facharbeiter,
Umschüler,
Teilnehmer an Weiterbildungskursen von Organisationen, Verbänden und Vereinen.

Wie können Sie mit diesem Buch lernen?

Ganz gleich, ob Sie mit diesem Buch in der Schule, in der Klasse oder zu Hause im „Stillen Kämmerlein" lernen, es wird Ihnen endlich Spaß machen.

Warum?
Ganz einfach, weil Ihnen hierzu, unseres Wissens, zum ersten Male in der technischen Literatur ein Buch vorgelegt wird, das bei der Gestaltung die Gesetze des menschlichen Lernens zur Grundlage machte. Deshalb werden Sie in jedem Kapitel zuerst mit dem bekannt gemacht, was Sie am Ende können sollen: mit den Lernzielen.

— Ein Lernbuch also! —

Danach beginnen Sie sich mit dem Lerninhalt, dem Lehrstoff, auseinanderzusetzen. Schrittweise dargestellt, ausführlich beschrieben in der linken Spalte des Buches und umgesetzt in die technisch-wissenschaftliche Darstellung auf der rechten Seite des Buches. Die eindeutige Zuordnung des behandelten Stoffes in beiden Spalten macht das Lernen viel leichter, umblättern ist nicht mehr nötig. Zur Vertiefung stellen Ihnen die Autoren Beispiele vor.

— Ein unterrichtsbegleitendes Lehrbuch —

Jetzt können und sollten Sie sofort die Übungsaufgaben durcharbeiten, um das Gelernte so abzusichern, festzumachen. Den wesentlichen Lösungsgang und die Ergebnisse der Übungen haben die Autoren am Ende des Buches für Sie aufgeschrieben.

— Also auch ein Arbeitsbuch mit Lösungen —

Sie wollen sicher sein, daß Sie richtig und vollständig gelernt haben. Deshalb bieten Ihnen die Autoren nun einen lernzielorientierten Test zur Lernerfolgskontrolle an. Ob Sie richtig geantwortet haben, sagt Ihnen die Testauflösung am Ende des Buches.

— Ein lernzielorientierter Test mit Lösungen —

Trotz intensivem Lernen über Beispiele und Übungen und der Bestätigung des Gelernten im Test, als erste Wiederholung, verliert sich ein Teil des Wissens und Könnens wieder, wenn Sie nicht bereit sind, am Anfang oft und dann in immer längeren Zeiträumen zu wiederholen!
Das wollen Ihnen die Autoren erleichtern.
Sie haben die jeweils rechten Spalten des Buches auch noch so geschrieben, daß hier die wichtigsten Lerninhalte als Satz, stichwortartig, als Formel oder als Skizze zusammengefaßt sind. Sie brauchen deshalb beim Wiederholen und Nachschlagen meistens nur die rechten Buchspalten zu lesen.

— Schließlich noch Repetitorium! —

Diese Arbeit ist notwendig mit dem Aufsuchen der entsprechenden Kapitel oder gar dem Suchen von bestimmten Begriffen verbunden. Dafür verwenden Sie bitte das Inhaltsverzeichnis am Anfang und das Stichwortverzeichnis am Ende des Buches.

— Selbstverständlich mit Inhalts- und Stichwortverzeichnis —

Sicherlich werden Sie durch die intensive Arbeit mit diesem Buch „Ihre Bemerkungen zur Sache" in diesem Buch unterbringen wollen, um es so zum individuellen Arbeitsmittel zu machen, das Sie auch später gern benutzen. Deshalb haben wir für Ihre Notizen auf den Seiten Platz gelassen.

— Am Ende ist „Ihr" Buch entstanden —

Möglich wurde dieses Lernbuch für Sie nur durch die Bereitschaft der Autoren und die intensive Unterstützung durch den Verlag und seine Mitarbeiter. Allen sollten wir herzlich danken.
Nun darf ich Ihnen viel Freude und Erfolg beim Lernen wünschen!

Manfred Mettke

Inhalt

1. Homogene Halbleiter 13
   1.1. Der Kaltleiter oder PTC-Widerstand 13
      1.1.1. Werkstoffe und PTC-Effekt des Kaltleiters 13
      1.1.2. Elektrische Eigenschaften von PTC-Widerständen 16
         1.1.2.1. Die statische Strom-Spannungs-Kennlinie des Kaltleiters 17
         1.1.2.2. Abkühlungskurven von Kaltleitern 18
         1.1.2.3. Die dynamische Strom-Spannungs-Kennlinie von Kaltleitern . . . 19
         1.1.2.4. Charakteristische elektrische Werte von Kaltleitern 20
      1.1.3. Anwendungen des Kaltleiters 22
         1.1.3.1. Die Reihenschaltung von Kaltleitern mit ohmschem Widerstand . . 22
         1.1.3.2. Der Kaltleiter als Temperaturfühler 24
         1.1.3.3. Kaltleiter als selbstregelnder Thermostat und Flüssigkeits-
                  Niveaufühler 27
         1.1.3.4. Der Kaltleiter als Verzögerungsschaltglied 30
         1.1.3.5. Kaltleiter als Überstromsicherung 31
   1.2. Der Heißleiter oder NTC-Widerstand 31
      1.2.1. Werkstoffe für Heißleiter 32
      1.2.2. Elektrische Eigenschaften von NTC-Widerständen 33
         1.2.2.1. Die Bestimmung des B-Wertes von Heißleitern 34
         1.2.2.2. Die statische Strom-Spannungs-Kennlinie von NTC-Widerständen 36
         1.2.2.3. Erwärmungszeitkonstante und die Berechnung des Spannungs-
                  maximums der stationären I-/U-Kennlinie des Heißleiters 37
         1.2.2.4. Thermische Zeitkonstante von Heißleitern 39
      1.2.3. Korrektur der Kennlinien von Heißleitern 40
      1.2.4. Die Anwendung von Heißleitern 43
         1.2.4.1. Temperaturmessung mit Heißleitern 43
         1.2.4.2. Übertemperaturüberwachungsschaltung 44
         1.2.4.3. Einschaltstrombegrenzung durch Heißleiter 45
         1.2.4.4. Spannungsstabilisierung mit Heißleiter 46
         1.2.4.5. Kompensation von positiven TK-Werten mit Heißleitern 47
   1.3. Spannungsabhängiger Widerstand oder Varistor 47
      1.3.1. Herstellung von Varistoren 48
      1.3.2. Die elektrischen Eigenschaften von Varistoren 48
         1.3.2.1. Temperaturverhalten von spannungsabhängigen Widerständen . . 54
         1.3.2.2. Belastung und Betriebstemperatur von Varistoren 54
         1.3.2.3. Serien- und Parallelschaltung von Varistoren 55
         1.3.2.4. Varistoren im Wechselstromkreis 57
         1.3.2.5. Frequenzverhalten von Varistoren 59
      1.3.3. Anwendung von Varistoren 60
         1.3.3.1. Spannungsbegrenzung mit Varistoren 60
         1.3.3.2. Spannungsstabilisierung mit Varistoren 61
         1.3.3.3. Funkenlöschung mit Hilfe von Varistoren 63
         1.3.3.4. Skalendehnung mittels Varistor 65
   1.4. Der Fotowiderstand 65
      1.4.1. Herstellung von Fotowiderständen 65
      1.4.2. Die elektrischen Eigenschaften von Fotowiderständen 67
      1.4.3. Anwendung von Fotowiderständen 77

1.4.3.1. Hellschaltungen mit Fotowiderständen	78
1.4.3.2. Dunkelschaltungen mit Fotowiderständen	79
1.4.3.3. Schaltungen mit Fotowiderständen zur Signalspeicherung und Signalüberwachung	82
1.5. Feldplatte	83
1.5.1. Physikalische Vorgänge in der Feldplatte	84
1.5.2. Werkstoffe, Herstellung und Aufbau von Feldplatten	86
1.5.3. Die elektrischen Eigenschaften von Feldplatten	94
1.5.3.1. Der Verlauf des Widerstandes als Funktion der magnetischen Induktion	94
1.5.3.2. Temperaturabhängigkeit von Feldplatten	95
1.5.3.3. Belastbarkeit von Feldplatten	97
1.5.3.4. Grenz- und Kenndaten von Feldplatten	98
1.5.4. Anwendungen von Feldplatten	101
1.5.4.1. Die Feldplatte in der Brückenschaltung	101
1.5.4.2. Die Ansteuerung von Transistoren mittels Feldplatten	104
1.5.4.3. Prellfreier elektronischer Schalter	108
1.5.4.4. Messung von Gleichströmen mittels Feldplatte	109
1.5.4.5. Umformung von Drehzahlen in elektrische Impulse	109
1.5.4.6. Zusammenfassung	110
1.6. Hallgeneratoren	111
1.6.1. Der Aufbau von Hallgeneratoren	112
1.6.2. Die Kennlinie des Hallgenerators	112
1.6.3. Kenn- und Grenzdaten des Hallgenerators	114
1.6.3.1. Leerlaufhallspannung U_{20}	114
1.6.3.2. Nennstrom I_N	115
1.6.3.3. Magnetische Steuerinduktion M, magnetischer Nennsteuerfluß Φ_N und magnetische Nenndurchflutung Θ_N	115
1.6.3.4. Induktionsempfindlichkeit $A_{(B)}$	116
1.6.3.5. Definition des Linearisierungsfehlers von Hallgeneratoren	117
1.6.3.6. Ersatzschaltbild des Hallgenerators	117
1.6.3.7. Ohmsche Nullkomponente R_O und induktive Nullkomponente A_H	119
1.6.3.8. Temperaturabhängigkeit der Hallspannung	119
1.6.3.9. Grenzdaten des Hallgenerators	120
1.6.4. Die Anwendungen des Hallgenerators	121
1.6.4.1. Magnetfeldmessung und Magnetfeldabtastung	122
1.6.4.2. Hochstrommessung, Rechenschaltung und Modulatoranwendung	123
1.6.4.3. Hallgenerator als Schalter	123
1.6.4.4. Leistungsmesser mit Hallgenerator	124
1.6.4.5. Hochstrommessung bis 500 A mit Hallgeneratoren	124
1.6.4.6. Divisionsschaltung mit Hallgenerator und Optokoppler	125
1.7. Lernzielorientierter Test	126
2. Zweischichthalbleiter	133
2.1. Der pn-Übergang	133
2.1.0. Grundsätzliches	133
2.1.1. Potentialverhältnisse am pn-Übergang	134
2.1.2. pn-Übergang in Sperrichtung	136
2.1.3. pn-Übergang in Durchlaßrichtung	138
2.1.4. Kennlinie des pn-Überganges	139

2.2. Anwendungen der Halbleiterdiode als Gleichrichter und in Spannungsverdopplerschaltungen 152
    2.2.0. Einführung 152
    2.2.1. Einweggleichrichterschaltung 153
    2.2.2. Vollweggleichrichterschaltung (Brückengleichrichter, Graetzschaltung) . . . 154
    2.2.3. Spannungsverdopplerschaltung (Delon-Schaltung) 156
    2.2.4. Spannungsverdopplerschaltung (Villard-Schaltung) 156
    2.2.5. Spannungsvervielfacherschaltung (Greinacher-Schaltung) 157
2.3. Diode als Schalter 158
    2.3.0. Einführung 158
    2.3.1. Diode in Spannungsbegrenzerschaltungen 162
2.4. Fotodiode 170
2.5. Kapazitätsdiode 172
2.6. Doppelbasistransistor (UJT = Unijunction-Transistor) 174
    2.6.0. Einführung 174
    2.6.1. Aufbau des UJT 174
    2.6.2. Kennlinie des UJT 176
    2.6.3. Einsatz des UJT als Impulsgenerator 177
2.7. Spezialdioden 178
    2.7.1. Tunneldiode 178
    2.7.2. Backward-Diode 181
    2.7.3. Hot Carrier Diode 182
    2.7.4. Feldeffektdiode 182
2.8. Lernzielorientierter Test 183

3. Bipolare Transistoren 189

3.1. Aufbau eines Transistors 189
3.2. Transistorkennlinien 197
3.3. Grenzdaten und Kenndaten des Transistors 211
    3.3.1. Grenzdaten des Transistors 211
    3.3.2. Kenndaten des Transistors 212
3.4. Grundschaltungen des Transistors 226
    3.4.1. Überblick 226
    3.4.2. Die Emittergrundschaltung 227
    3.4.3. Die Kollektorgrundschaltung 236
    3.4.4. Die Basisgrundschaltung 241
3.5. Steuern des Transistors 246
    3.5.1. Einführung 246
    3.5.2. Spannungssteuerung 247
    3.5.3. Stromsteuerung 248
3.6. Widerstandsgerade und Arbeitskennlinien 250
3.7. Arbeitspunkteinstellung bei den drei Transistorgrundschaltungen 257
    3.7.1. Arbeitspunkteinstellung bei der Emitterschaltung 260
    3.7.2. Arbeitspunkteinstellung bei der Kollektorschaltung (Emitterfolger) 267
    3.7.3. Arbeitspunkteinstellung bei der Basisschaltung 270
3.8. Gegenkopplung bei der Emitterschaltung 272
    3.8.1. Begriff 273
    3.8.2. Stromgegenkopplung bei der Emitterschaltung 274
    3.8.3. Spannungsgegenkopplung bei der Emitterschaltung 296
    3.8.4. Arbeitspunktstabilisierung mit NTC-Widerstand 299

3.8.5. Arbeitspunktstabilisierung bei der Kollektorschaltung und bei der Basisschaltung 300
3.9. Transistor als Schalter 302
    3.9.1. Einführung 302
    3.9.2. Einflußgrößen beim Transistor als Schalter 303
    3.9.3. Dimensionierung nach dem ungünstigsten Betriebsfall 304
3.10. Lernzielorientierter Test 307

4. **Feldeffekttransistoren** 311
    4.1. Sperrschicht-Feldeffekttransistoren (JFET) 315
        4.1.1. Aufbau und Wirkungsweise des JFET 315
        4.1.2. Eingangskennlinienfeld des n-Kanal-JFET's 316
        4.1.3. Ausgangskennlinienfeld des n-Kanal-JFET's 320
        4.1.4. Grenzdaten von JFET's 323
        4.1.5. Grundschaltungen des JFET's 323
            4.1.5.1. Die Sourceschaltung 323
            4.1.5.2. Arbeitspunkteinstellung bei der Sourceschaltung mit JFET's . . . 324
            4.1.5.3. Der Sourcefolger oder die Drainschaltung 328
            4.1.5.4. Die Gateschaltung 332
    4.2. Feldeffekttransistoren mit isolierter Steuerelektrode (IGFET). 333
        4.2.1. MOS-Feldeffekttransistoren (MOSFET) 333
            4.2.1.1. Kennlinien von MOSFET's 335
            4.2.1.2. Grenz- und Kennwerte von MOSFET's 338
        4.2.2. Anwendung von MOSFET's 341
            4.2.2.1. Sourceschaltung mit MOSFET's 342
            4.2.2.2. Drainschaltung oder Sourcefolger mit MOSFET's 343
            4.2.2.3. Gateschaltung 344
    4.3. Dual-Gate-MOSFET's 344
    4.4. Lernzielorientierter Test 345

5. **Bauelemente der Leistungselektronik** 349
    5.1. Der Thyristor 349
        5.1.1. Einführung 349
        5.1.2. Aufbau und Wirkungsweise des Thyristors 351
        5.1.3. Kennlinien des Thyristors 353
        5.1.4. Kenn- und Grenzdaten des Thyristors 354
        5.1.5. Grundschaltungen des Thyristors 356
    5.2. Der Triac 359
        5.2.1. Aufbau und Wirkungsweise 359
        5.2.2. Kennlinien. 361
        5.2.3. Kenn- und Grenzdaten 362
        5.2.4. Grundschaltungen des Triacs 362
    5.3. Diac 365
    5.4. Vierschichtdiode 366
    5.5. Lernzielorientierter Test 368

6. **Optoelektronische Bauelemente** 371
    6.1. Lumineszenzdioden (Light Emitting Diodes — LED) 371
        6.1.1. Funktionsweise von Luminiszenzdioden 372
        6.1.2. Grenz- und Kennwerte von LED's 376

Inhalt

   6.1.3. Anwendungen von Luminiszenzdioden (LED's) 379
      6.1.3.1. Ansteuerung von LED's 379
  6.2. Alpha-Numerische Anzeigeeinheiten (Displays) 386
    6.2.1. Sieben-Segment-Anzeigen 386
    6.2.2. Alpha-Numerische Anzeigeneinheiten 388
  6.3. Opto-Koppler 389
    6.3.1. Anwendung von Opto-Kopplern 390
  6.4. Lernzielorientierter Test 398

7. Elektronen- und Ionenröhren 401
  7.1. Elektronenaustritt aus Metallen 403
  7.2. Röhrendiode 404
    7.2.1. Der Sperrbereich und das Anlaufstromgebiet 406
    7.2.2. Raumladungsgebiet 407
    7.2.3. Sättigungsbereich 407
    7.2.4. Direkte und indirekte Heizung der Katode 408
    7.2.5. Anwendungen von Röhrendioden 409
  7.3. Triode 409
    7.3.1. Kennlinien der Triode 410
    7.3.2. Anodenrückwirkung, Spannungsverstärkung und Anodenverlustleistung
       der Triode 414
    7.3.3. Anwendungen der Triode 416
  7.4. Pentode 423
    7.4.1. Kennlinien und Kenndaten der Pentode 424
    7.4.2. Spannungsverstärkung der Pentode, Vor- und Nachteile gegenüber
       der Triode 426
  7.5. Elektronenstrahlröhren 427
    7.5.1. Strahlerzeugung und -bündelung 428
    7.5.2. Strahlablenkung 431
    7.5.3. Äußere Beschaltung der Oszilloskopröhre 436
    7.5.4. Die Schwarzweißfernsehbildröhre 437
    7.5.5. Die Farbbildröhre 444
    7.5.6. Die Trinitron-Farbbildröhre 456
  7.6. Gasentladungsröhren 457
    7.6.1. Die unselbständige Gasentladung 458
    7.6.2. Die selbständige Gasentladung 459
    7.6.3. Anwendungen von Gasentladungsröhren 460
  7.7. Lernzielorientierter Test 467

Literaturverzeichnis 471
Lösungsteil 473
Stichwortverzeichnis 523

1. Homogene Halbleiter

1.1. Der Kaltleiter oder PTC-Widerstand

Lernziele

Der Lernende kann...
... Werkstoffe von Kaltleitern nennen.
... den PTC-Effekt bei den Kaltleitern beschreiben.
... die statischen und dynamischen I-/U-Kennlinien in einem Diagramm darstellen.
... die charakteristischen elektrischen Werte von Kaltleitern aus Datenblättern entnehmen und dieselben interpretieren.
... konkrete Anwendungsfälle für Kaltleiter beschreiben.
... einfache Schaltungen mit Kaltleitern mit Hilfe von Datenblättern und unter Vorgabe der Arbeitstemperatur berechnen.

Kaltleiter oder PTC-Widerstände (**P**ositive **T**emperature **C**oeffizient) sind Bauelemente auf der Basis von halbleitender Keramik. In einem bestimmten Temperaturbereich zeichnen sich diese Bauelemente durch einen großen positiven Temperaturkoeffizienten (α_K) des elektrischen Widerstandes aus.

$$\alpha_K \approx +7\frac{\%}{°C} \ldots +70\frac{\%}{°C}$$

Da die elektrische Leitfähigkeit im kalten Zustand sehr viel größer als im warmen Zustand ist, werden sie auch als Kaltleiter bezeichnet.

1.1.1. Werkstoffe und PTC-Effekt des Kaltleiters

Kaltleiter oder PTC-Widerstände werden auf der Basis von Bariumtitanat (BaTiO$_3$) oder aus einer festen Lösung von Bariumtitanat und Strontiumtitanat (SrTiO$_3$) in einem Sinterprozeß hergestellt.

Der eigentliche PTC-Effekt wird dadurch erreicht, daß die keramischen Scheiben unter Zusatz von Sauerstoff gesintert werden. Der Sauerstoff dringt nach dem Brennprozeß und während des Abkühlungsvorganges entlang der Poren und Kristallgrenzen in das polykristalline Gefüge ein. Die Sauerstoffatome lagern sich an den Kristalloberflächen an. Dieser angelagerte Sauerstoff besitzt in der zweiten Schale anstelle von 8 nur 6 Elektronen. Er ist damit in der Lage, in einer dünnen Schicht freie Elektronen des halbleitenden

Basismaterialien zur Herstellung von PTC-Widerständen

a) Bariumtitanat (BaTiO$_3$)

b) feste Lösung aus Barium-Strontiumtitanat (BaTiO$_3$ + SrTiO$_3$)

Kristallgefüges zu binden. Die Folge sind elektrische Potentialbarrieren, die aus den negativen Oberflächenladungen bestehen.

Zu beiden Seiten dieser negativen Oberflächenladungen bilden sich dünne Zonen mit positiven Raumladungen von nicht mehr abgesättigten Fremdatomen aus. Hieraus resultiert ein zusätzlicher Widerstand R_B des PTC-Widerstandes oder des Kaltleiters. Eine weitere physikalische Eigenschaft von ferroelektrischen Materialien (z. B. BaTiO$_3$) ist die sehr starke Temperaturabhängigkeit der relativen Dielektrizitätskonstanten ε_r. Der Zusammenhang zwischen der Dielektrizitätskonstanten ε_r und der Temperatur ϑ ist oberhalb der Curie-Temperatur ϑ_c[1]) durch das Curie-Weißsche-Gesetz gegeben.

Zwischen dem Potential einer Barriere und der relativen Dielektrizitätskonstanten der Ferrokeramik besteht eine umgekehrte Proportionalität. Dies hat aber eine starke Abhängigkeit des Widerstandes R_B (Gl. 1) von der Dielektrizitätskonstanten ε_r zur Folge. Aus Gl. (1) und Gl. (2) ergibt sich direkt der Widerstandsanstieg von R_B mit steigender Temperatur ϑ oberhalb der Curie-Temperatur ϑ_c. Unterhalb der Curie-Temperatur sind die Potentialbarrieren φ_B sehr schwach ausgeprägt bzw. gar nicht mehr vorhanden. Dies erklärt sich aus der hohen Dielektrizitätskonstanten ε_r von BaTiO$_3$ unterhalb der Curie-Temperatur ϑ_c sowie einer spontanen Polarisation im Einzelkristall, die eine Ladungskompensation an den Korngrenzen der Kristallite im polykristallinen Material bewirkt.

Oberhalb einer Temperatur von 160 °C bis 200 °C (433 K bis 473 K) werden Elektronen freigesetzt, die bis dahin von den Sauerstoffatomen gebunden waren. Die Folge ist der Abbau der Potentialbarrieren sowie eine Ablösung des positiven Temperaturkoeffizienten durch einen negativen TK-Wert. Hier liegt der Grund, weshalb PTC-Widerstände oder Kaltleiter nur innerhalb eines ganz bestimmten Temperaturbereiches einsetzbar sind.

$$R_B \approx \frac{1}{n} \cdot e^{\frac{e \cdot \varphi_B}{k \cdot \vartheta}} \qquad (1)$$

R_B = zusätzlicher Widerstand des Kaltleiters aufgrund der Potentialbarrieren

n = Anzahl der Potentialbarrieren pro Längeneinheit des Kaltleiters

φ_B = Höhe des elektrischen Potentials einer Barriere

e = Basis des natürlichen Log.
$e = 2,718282$

e = elektrische Elementarladung
$e = 1,602 \cdot 10^{-19}$ As

k = Boltzmannkonstante
$k = 1,37 \cdot 10^{-23} \frac{W \cdot s}{K}$

ϑ = Temperatur der Ferrokeramik [K]

$$\varepsilon_r = \frac{C}{\vartheta - \vartheta_c} \qquad (2)$$

ε_r = relative Dielektrizitätskonstante der Ferrokeramik

C = Konstante $C \approx 10^5$ K

ϑ_c = Curie-Temperatur [K]

$$\varphi_B \sim \frac{1}{\varepsilon_r} \qquad (3)$$

---

[1]) gewissen Stoffen eigener Temperaturpunkt, oberhalb dessen sie ihre ferromagnetischen Eigenschaften verlieren.

1.1. Der Kaltleiter oder PTC-Widerstand

Faßt man zusammen, dann liegen die Ursachen des PTC-Effektes in den Potentialbarrieren der Ferrokeramik. Die Barrieren verursachen Raumladungsgebiete. Raumladungen sind jedoch nichts anderes als gespeicherte räumlich verteilte elektrische Ladungen, d. h. Kapazitäten, die hier parallel zum Widerstand R_B auftreten und relativ hohe Werte annehmen können. Diese Kapazitäten werden in der Größe C_B zusammengefaßt. Der resultierende Widerstand eines Kaltleiters, die Impedanz Z_B, ist also frequenzabhängig.

Oberhalb von 1 MHz bis ca. 5 MHz wird Z_B praktisch zu Null.

PTC-Widerstände oder Kaltleiter sind deshalb sinnvoll nur bei niedrigen Frequenzen einzusetzen. Die angegebenen Daten dieser Bauelemente beziehen sich daher in der Regel auf Gleichstrom-, Gleichspannungswerte oder auf Meßspannungen mit sehr niedriger Frequenz (z. B. $f_{Meß} = 50$ Hz).

Die Herstellung von PTC- und auch NTC-Widerständen ist ähnlich. Man geht von einer Mischung aus Bariumcarbonat, Titan- und Strontiumoxyden sowie Zusätzen von Metallsalzen und Metalloxyden aus. Die Zusammensetzung der Mischung bestimmt die elektrischen Eigenschaften. Die Stoffe werden gemahlen und anschließend in die gewünschte Form gepreßt. Nach Durchlaufen eines Trocknungsprozesses werden die Formen bei sehr hohen Temperaturen gesintert. Im Anschluß an den Sinterprozeß werden die Widerstände kontaktiert und die Anschlußdrähte an die Kontaktflächen gelötet. Zum Schutz gegen atmosphärische Einflüsse werden die Widerstände mit einer Schutzlackierung versehen. Der letzte Arbeitsgang besteht in der Kennzeichnung mit einem Farbcode. Die häufigsten Bauformen sind die Scheiben- und die Stabform.

Der Bereich, in dem Widerstandwerte bei einer vorgegebenen Nenntemperatur ϑ_N gefertigt werden, reicht von ca. 3 Ohm bis 1000 Ohm, wobei Werte zwischen 20 Ohm und 300 Ohm am gebräuchlichsten sind. Der ausnutzbare Temperaturbereich, in dem der gewünschte positive TK-Wert auftritt, ist nach oben und unten begrenzt und reicht von ca. $-20\,°C$ bis $+200\,°C$.

1.1.2. Elektrische Eigenschaften von PTC-Widerständen

Die Funktion $R = f(\vartheta)$ ist bei PTC-Widerständen nicht in einer geschlossenen Form mathematisch darstellbar. Den typischen Verlauf dieser Funktion zeigt Bild 1.1.–1. Die Kennlinie des PTC-Widerstandes zerfällt grob in drei Bereiche:

1. steigende Temperatur unterhalb der Curie-Temperatur ϑ_c: *TK-Wert negativ*,
2. steigende Temperatur oberhalb der Curie-Temperatur ϑ_c: *TK-Wert stark positiv* und
3. steigende Temperatur weit oberhalb der Curie-Temperatur ϑ_c: *TK-Wert negativ*.

Der Beginn des Temperaturbereiches mit positivem Temperaturbeiwert wird durch die Anfangstemperatur ϑ_A angegeben. Der zugehörige Wert des Kaltleiterwiderstandes wird mit R_A bezeichnet.

Für die Anwendung wichtig ist der Beginn des steilen Widerstandsanstieges. Dieser wird gekennzeichnet durch die Nenntemperatur ϑ_N, die ungefähr der ferroelektrischen Curie-Temperatur ϑ_c entspricht. Den Widerstandswert des Kaltleiters bezeichnet man als Nennwiderstand R_N.

In den Datenblättern der Hersteller von Kaltleiterwiderständen wird das Ende des steilen Widerstandsanstieges durch den Widerstandswert R_E und die Temperaturangabe ϑ_E gekennzeichnet. Nach Überschreiten der Endtemperatur geht der α_K-Wert allmählich zu negativen Werten über.

Neben der Temperaturabhängigkeit des Widerstandswertes ist aufgrund des inneren Aufbaus auch eine Spannungsabhängigkeit vorhanden. Diese äußert sich in einer Widerstandsabnahme des Kaltleiters mit steigender Spannung. Sein Verhalten ähnelt dem eines spannungsabhängigen Widerstandes. Diese Spannungsabhängigkeit ist bei der Betrachtung der statischen Kennlinie $I = f(U)$ zu berücksichtigen, denn sie prägt neben der Temperaturabhängigkeit wesentlich den Verlauf der Kennlinie mit. Dies ist auch der Grund, weshalb die Funktion $R = f(\vartheta)$ nur mit einer Meßspannung $\leq 1{,}5\,\text{V}$ aufgenommen wird.

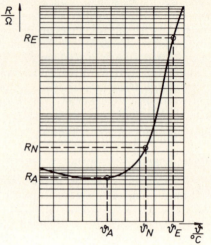

Bild 1.1.–1. Widerstandsverlauf als Funktion der Temperatur bei einem Kaltleiter

Merke: R_A stellt den kleinsten Widerstandswert dar, den der Kaltleiter annehmen kann.

ϑ_A = Anfangstemperatur (Beginn des positiven TK-Wertes des Kaltleiters)

R_A = Anfangswiderstand des Kaltleiters bei der Temperatur ϑ_A

ϑ_N = Nenntemperatur (Beginn des steilen Widerstandsanstieges des Kaltleiters)

R_N = Nennwiderstand bei der Temperatur ϑ_N

ϑ_E = Endtemperatur (Beginn des negativen TK-Wertes)

R_E = Endwiderstand bei der Temperatur ϑ_E

Merke: Die Nenntemperatur ϑ_N wird für den einzelnen Kaltleitertyp als diejenige Temperatur definiert, bei welcher der Widerstand den Wert $R_N = 2 \cdot R_A$ annimmt. Die Angabe von ϑ_N ist üblicherweise mit $\pm 5\,°C$ toleriert. Näherungsweise gilt ferner:

$\vartheta_N \approx \vartheta_C$

1.1. Der Kaltleiter oder PTC-Widerstand

Denn nur so kann die Eigenerwärmung und Spannungsabhängigkeit in Grenzen gehalten werden.

Bild 1.1.−2 zeigt den Einfluß von Wechselspannungen unterschiedlicher Frequenz auf den Funktionsverlauf $R = f(\vartheta)$. Deutlich wird die Abnahme des Scheinwiderstandes mit steigender Frequenz sichtbar.

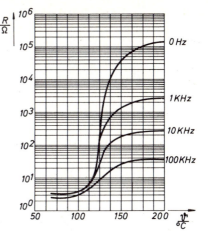

Bild 1.1.−2. Verlauf des Scheinwiderstandes des Kaltleiters als Funktion der Temperatur und der Frequenz als Parameter

Übung 1.1.2.−1

Das folgende Diagramm stellt die Funktion $R = f(\vartheta)$ dar. Zu welchem Bauelement gehört die dargestellte Funktion? Begründen Sie Ihre Antwort.

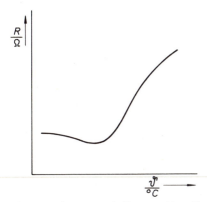

○ a) Potentiometer mit linearer Kennlinie
○ b) Heißleiter oder NTC-Widerstand
○ c) Kaltleiter oder PTC-Widerstand
○ d) Potentiometer mit pos. log. Kennlinie
○ e) Potentiometer mit neg. log. Kennlinie

1.1.2.1. Die statische Strom-Spannungs-Kennlinie des Kaltleiters

Die strombegrenzende Eigenschaft eines PTC-Widerstandes tritt deutlich in seiner statischen Strom-Spannungskennlinie hervor (Bild

1.1.–3). Im Bereich kleiner Spannungen verhält sich der Kaltleiter wie ein ohmscher Widerstand. Nach Überschreiten der Nenntemperatur ϑ_N durch Stromerwärmung nimmt der Strom durch den Kaltleiter rasch ab. Mitbestimmend für den Verlauf $I = f(U)$ sind die Umgebungstemperatur ϑ_u sowie der Wärmeübergang vom Widerstand zum umgebenden Medium.

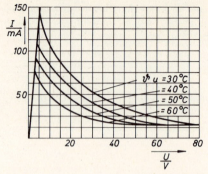

Bild 1.1.–3. Lineare Darstellung der Strom-Spannungs-Kennlinie

Wegen des großen Strom-Spannungsbereiches werden die Kennlinien in der Regel in Datenblättern der Hersteller in einem doppelt logarithmischen Maßstab dargestellt (Bild 1.1.–4).

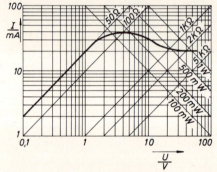

Bild 1.1.–4. Doppelt logarithmische Darstellung der Strom-Spannungs-Kennlinie

1.1.2.2. Abkühlungskurven von Kaltleitern

Für die Aufeinanderfolge von Lastwechseln ist es von Bedeutung zu wissen, in welcher Zeit der Ausgangszustand am Kaltleiter wieder hergestellt ist.

Hierüber gibt die Abkühlungskurve (Bild 1.1.–5) Auskunft.

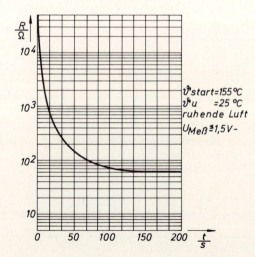

Bild 1.1.–5. Abkühlungskurve eines Kaltleiters

1.1.2.3. Die dynamische Strom-Spannungs-Kennlinie von Kaltleitern

Bei der Besprechung der elektrischen Eigenschaften von Kaltleitern wurde bereits auf die Spannungsabhängigkeit derselben hingewiesen. Um diese Abhängigkeit darzustellen, geht man über auf die dynamischen Strom-Spannungs-Kennlinien. Diese beschreiben den Zusammenhang zwischen Strom und Spannung bei konstanter Temperatur des Kaltleiters. Sie werden mit dem Oszilloskop bei einer Frequenz von 50 Hz aufgezeichnet, im Gegensatz zur statischen Kennlinie, die mit Gleichstrom bei konstanter Wärmeableitung aufgenommen ist.

Bei einer Frequenz von 50 Hz hat der PTC-Widerstand nicht die Zeit, in das thermische Gleichgewicht zu kommen. Der Kennlinienverlauf wird allein durch die spannungsabhängigen Eigenschaften des Widerstandsmaterials bestimmt (Bild 1.1.−6).

Der Zusammenhang zwischen statischer und dynamischer Kennlinie ist in Bild 1.1.−7 verdeutlicht.

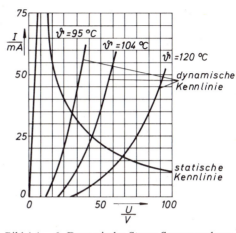

Bild 1.1.−6. Dynamische Strom-Spannungskennlinien

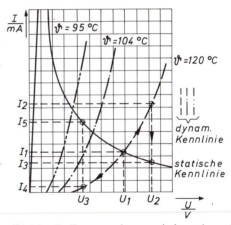

Bild 1.1.−7. Zusammenhang zwischen dynamischer und statischer Strom-Spannungskennlinie

Bei plötzlicher Spannungserhöhung von U_1 auf U_2 nimmt infolge der Spannungsabhängigkeit des Kaltleiters der Strom von I_1 nach I_2 längs der dynamischen Kennlinie zu, um nach Erreichen konstanter Wärmeableitung den Wert I_3 anzunehmen. Bei plötzlicher Verringerung der Spannung auf U_3 verläuft der Arbeitspunkt wiederum längs der dynamischen Kennlinie von I_1 nach I_4, um nach Erreichen der konstanten Wärmeableitung den Stromwert I_5 anzunehmen.

1.1.2.4. Charakteristische elektrische Werte von Kaltleitern

Nenntemperatur ϑ_N:

ϑ_N ist die Temperatur des Kaltleiters, bei der die Funktion $R = f(\vartheta)$ deutlich in den Bereich mit positiven TK-Wert eintritt. Die Nenntemperatur ϑ_N ist die höhere von zwei Temperaturen, bei der sich der Wert des Nennwiderstandes R_N gegenüber dem Anfangswiderstand R_A im Kennlinienminimum verdoppelt hat.

Nenn- oder Ansprechtemperatur

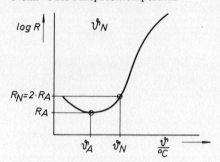

Bild 1.1.—8. Bestimmung von R_N und ϑ_N bei vorgegebener Kennlinie eines Kaltleiters

$$R_N = 2 \cdot R_A \mid (\vartheta_N > \vartheta_A) \qquad (4)$$

Temperaturkoeffizient α_K:

Der Temperaturbeiwert α_K des Kaltleiters ist in jedem Punkt der Kennlinie durch die Beziehung

$$\alpha_K = \frac{1}{R} \cdot \frac{\Delta R}{\Delta \vartheta} = \frac{\Delta (\ln R)}{\Delta \vartheta} \qquad (5)$$

definiert (Bild 1.1.—9).

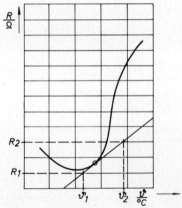

Bild 1.1.—9. Bestimmung von α_K bei gegebener Kennlinie des Kaltleiters

In den Herstellerunterlagen für PTC-Widerstände gibt man in der Regel nur den maximalen TK-Wert (α_{Kmax}) an. Der Zahlenwert entspricht der Steilheit im Wendepunkt der Widerstands-Temperatur-Kennlinie (Bild 1.1.—10).

$$\alpha_K = \frac{\Delta (\ln R)}{\Delta \vartheta}$$

Durch Rückführung auf den Briggschen Logarithmus gilt dann:

$$\alpha_K = \frac{\Delta \left(\dfrac{\log R}{\log e} \right)}{\Delta \vartheta}$$

1.1. Der Kaltleiter oder PTC-Widerstand

$$\log e = \log 2{,}718\,28 = 0{,}434\,3$$

$$\alpha_K = \frac{1}{0{,}4343} \cdot \frac{\Delta \log R}{\Delta \vartheta} \qquad (6)$$

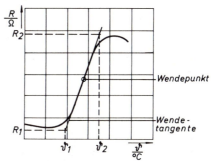

Bild 1.1.−10. Bestimmung von $\alpha_{K\max}$ aus vorgegebener Kennlinie

Thermische Zeitkonstante τ_K:

Die thermische Zeitkonstante τ_K gibt die Zeit an, die ein Kaltleiter benötigt, um seine Temperatur um $(1-1/e) \cdot 100\% = 63{,}2\%$ der gesamten Temperaturdifferenz $\Delta \vartheta$ zwischen der Anfangstemperatur ϑ_A und der Endtemperatur ϑ_E zu ändern, wenn der Widerstand einem Temperatursprung $\Delta \vartheta = \vartheta_E - \vartheta_A$ bei einer elektrischen Leistung $P = 0$ ausgesetzt ist.

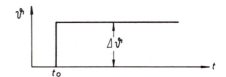

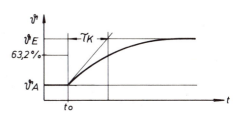

Bild 1.1.−11. Bestimmung der thermischen Zeitkonstanten

für $\vartheta_N > 25\,°C$:

$$\tau_K = \frac{t}{\ln\left(\dfrac{\vartheta_1 - \vartheta_U}{\vartheta_N - \vartheta_U}\right)} \qquad (7)$$

ϑ_1 = Temperatur des Kaltleiters bei $U_{\max}$ und $\vartheta_U = 25\,°C$

ϑ_N = Nenntemperatur

t = die Zeit, die der Kaltleiter benötigt, um von ϑ_1 auf ϑ_N in ruhiger Luft bei $\vartheta_U = 25\,°C$ abzukühlen

Maximale Spannung U_{max} des Kaltleiters:

Die an einem Kaltleiter anliegende Spannung darf U_{max} nicht überschreiten, da sonst die Gefahr eines elektrischen Durchschlags entsteht. U_{max} läßt sich auch nicht durch eine Reihenschaltung zweier PTC-Widerstände erhöhen. Die Reihenschaltung führt zum elektrischen Durchschlag desjenigen PTC-Widerstandes, der die thermisch kleinere Zeitkonstante besitzt, d. h. sich schneller erwärmt, wodurch sein Widerstand stark zunimmt und somit die an ihm abfallende Spannung zu groß wird und u. U. U_{max} überschreitet.

1.1.3. Anwendungen des Kaltleiters

Für die Anwendung von Kaltleitern lassen sich zwei große Gebiete unterscheiden:

1. Anwendungen, bei denen die Temperatur des PTC-Widerstandes im wesentlichen durch die Umgebungstemperatur ϑ_U bestimmt wird und

2. Anwendungen, bei denen die Kaltleitertemperatur im wesentlichen durch eigene Stromerwärmung bestimmt wird.

1. *Gebiet der Anwendung:*
   Temperaturregler
   Motorschutz
   Geräteschutz

2. *Gebiet der Anwendung:*
   Stromstabilisierung
   Strombegrenzung
   Verzögerungsschaltungen
   Flüssigkeitsniveauanzeige

1.1.3.1. Die Reihenschaltung von Kaltleiter mit ohmschem Widerstand

Bei geschickter Positionierung der Widerstandsgeraden ergeben sich mit der I-/U-Kennlinie drei Schnittpunkte, die Arbeitspunkte A_1, A_2 und A_3 (Bild 1.1.–12). A_1 und A_3 sind stabil, während A_2 instabil ist. Wird die Betriebsspannung U_B an die Reihenschaltung angelegt, stellt sich zunächst der Arbeitspunkt A_1 ein. Durch drei verschiedene Maßnahmen läßt sich nun der Arbeitspunkt A_3 einstellen. Die Bilder 1.1.–13 bis 1.1.–15 geben die Maßnahmen wieder.

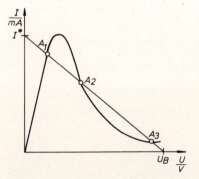

Bild 1.1.–12. I–/U-Kennlinie bei Serienschaltung mit einem ohmschen Widerstand

1.1. Der Kaltleiter oder PTC-Widerstand

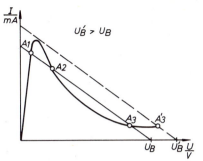

Bild 1.1.–13. Verschiebung des Arbeitspunktes von A_1 nach A_3 durch Spannungserhöhung

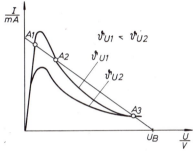

Bild 1.1.–14. Verschiebung des Arbeitspunktes von A_1 nach A_3 durch Änderung der Umgebungstemperatur von ϑ_{U1} auf ϑ_{U2}

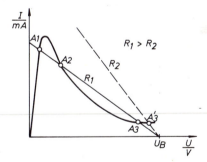

Bild 1.1.–15. Verschiebung des Arbeitspunktes von A_1 nach A_3 durch Widerstandserniedrigung

Besitzt die I-/U-Kennlinie eines Kaltleiters nur einen Schnittpunkt mit der Widerstandsgeraden (Bild 1.1.−16), dann erwärmt sich der Kaltleiter direkt bis zum stabilen Arbeitspunkt A_3. Die hierzu benötigte Zeit ist abhängig von der Umgebungstemperatur und der Größe des ohmschen Serienwiderstandes R (siehe Bild 1.1.−17).

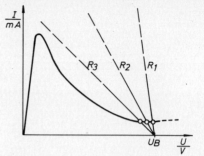

Bild 1.1.−16. I−/U-Kennlinie mit stabilem Arbeitspunkt A_3

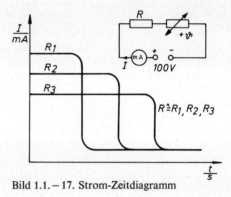

Bild 1.1.−17. Strom-Zeitdiagramm

Übung 1.1.3.1.−1

Welches der sechs angegebenen Schaltzeichen stellt einen Kaltleiter oder PTC-Widerstand dar?

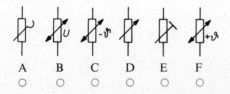

1.1.3.2. Der Kaltleiter als Temperaturfühler

Hält man die Eigenerwärmung von Kaltleitern vernachlässigbar klein − dies ist bis zu Feldstärken von 1 V/mm bis 1,5 V/mm im PTC-widerstand der Fall − dann besteht eine eindeutige Beziehung zwischen dem Widerstandswert des Kaltleiters und der (Umgebungs-)Temperatur, d. h. der Kaltleiter kann im Bereich des steilen Widerstandsanstieges Meß- und Regelaufgaben übernehmen. Als wichtig-

1.1. Der Kaltleiter oder PTC-Widerstand

stes Anwendungsfeld ist der Schutz elektrischer Maschinen vor Übertemperatur zu nennen. Die Bilder 1.1.−18 bis 1.1.−21 zeigen Anwendungsbeispiele für den Kaltleiter als Temperaturfühler.

Bild 1.1.−18 stellt eine Temperaturkontrollschaltung mit Zweipunktverhalten dar. Erreicht der Kaltleiter R_1 seine Nenntemperatur, wird der Differenzverstärker T_1, T_2 angesteuert, der wiederum über den Schaltverstärker T_3 die Kontrollampe oder ein Relais zum Ansprechen bringt. Die Abschalttemperatur wird mit Hilfe des Potentiometers P eingestellt.

Elektromotoren erwärmen sich bei Ausfall einer Phase, der Lüftung oder bei anhaltender Überlastung sehr stark. Um eine Motorüberhitzung und damit Wicklungsschäden zu vermeiden, kann die in Bild 1.1.−19 dargestellte Schaltung dienen. Den Temperaturfühler bildet der Kaltleiter R_1, der sehr dicht bei der auftretenden Wärmequelle angebracht und selbst eine geringe Masse besitzen muß, um möglichst trägheitslos zu reagieren. Das von R_1 gelieferte Signal wird von dem Transistor T_1 verstärkt, der wiederum ein Relais ansteuert, welches dann zum Schutz des Motors z. B. in den Steuerstromkreis eingreift und ihn abschaltet.

Eine interessante Überwachungsschaltung zum Schutz gegen Übertemperatur in elektronischen Geräten mit hoher Packungsdichte ergibt sich bei Verwendung des Kaltleiter-Strömungsmessers T 101 der Firma Siemens. Dieser Kaltleitertyp erfüllt zwei Funktionen gleichzeitig. Er wirkt als Meßkaltleiter, veranlaßt somit einen Wärmestrom in das ihn umgebende Medium, und als Fühler, denn durch seine Stromaufnahme mißt er die abgegebene Wärme. Die großen Widerstandsänderungen dieses Kaltleitertyps gestatten den einfachen Aufbau von Schaltverstärkern. Die Bilder 1.1.−20 und 1.1.−21 geben eine Gleich- und eine Wechselstromausführung wieder. Die Widerstände R_1 und R_2 fixieren den Arbeitspunkt des Transistors so, daß dieser nur schaltet, wenn der Meßkaltleiter einen hohen und der Überwachungskaltleiter einen niedrigen Widerstand besitzen.

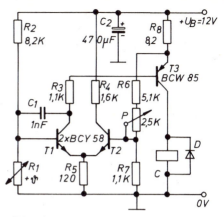

Bild 1.1.−18. Temperaturkontrollschaltung mit Zweipunktverhalten

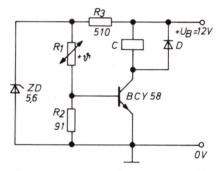

Bild 1.1.−19. Schaltverstärker für den Übertemperaturschutz von elektrischen Maschinen

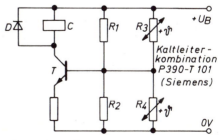

Bild 1.1.−20. Übertemperaturschutzschaltung für den Einsatz in elektrischen Geräten mit hoher Packungsdichte

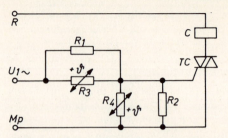

Abb. 1.1.−21. Übertemperaturschutzschaltung in Wechselstromausführung (Fa. Siemens)

Tabelle 1.1.−1. Schaltfunktionen des Kaltleiter-Strömungsmessers für die Bilder 1.1.−20 und 1.1.−21

Betriebszustand	Überwachungskaltleiterwiderstand R_4	Meßkaltleiterwiderstand R_3	Transistor bzw. Triac
Luftströmung in Ordnung, Heizer in Ordnung: Einschalten	hochohmig	niederohmig	leitet
Luftströmung zu schwach, Heizer in Ordnung: Abschalten	hochohmig	hochohmig	sperrt
Fehler in der Überwachungsanlage: Abschalten	niederohmig	hochohmig	sperrt
Keine Heizung: Abschalten	niederohmig	niederohmig	sperrt

Übung 1.1.3.2.−1

Bei einer Umgebungstemperatur ϑ_U von 22°C mißt man eine Spannung $U_2 = 10$ V über dem Widerstand R_2. Der Kaltleiter R_1 arbeitet als Fühler. Seine Nenntemperatur beträgt 80°C. Wie ändert sich die Spannung U_1, wenn am Meßort sich die Temperatur auf 100°C erhöht? Der mittlere α_K-Wert beträgt $\alpha_K = 50\%/°C$.

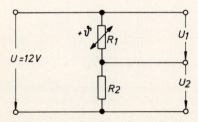

1.1.3.3. Kaltleiter als selbstregelnder Thermostat und Flüssigkeits-Niveaufühler

Heizt man einen Kaltleiter auf Temperaturen oberhalb seiner Nenntemperatur auf, dann stellt sich ein Gleichgewichtszustand zwischen aufgenommener elektrischer Leistung und abgegebener Wärmemenge ein. Vergrößert sich nun die abgegebene Wärmemenge, z. B. durch Abkühlung der Umgebungstemperatur, dann reagiert der Kaltleiter aufgrund seines positiven TK-Wertes mit einer vergrößerten Stromaufnahme. Eine Verringerung der Stromaufnahme tritt im umgekehrten Fall ein. Der Kaltleiter wirkt wie ein Thermostat. In einem abgeschlossenen Raum kommt dies einer Temperaturstabilisierung gleich.

Die Tatsache, daß der Kaltleiter auf Änderung der äußeren Abkühlbedingungen mit einer Änderung der Strom- bzw. Leistungsaufnahme reagiert, nutzt man auch aus, wenn der Kaltleiter als Flüssigkeits-Niveau-Fühler eingesetzt wird. Wie groß die Änderungen in der Stromaufnahme sein können, zeigt Bild 1.1.−22.

Die Empfindlichkeit von Kaltleitern läßt sich sogar soweit treiben, daß diese in der Lage sind − neben der Flüssigkeits-Niveau-Abtastung − die Entscheidung zu fällen, ob eine Flüssigkeit ruht oder strömt.

Bild 1.1.−23 zeigt eine Schaltung nach Siemens-Unterlagen, die drei Niveau-Stände abtastet und so den Flüssigkeitsstand im Behälter regeln kann.

Der Fühler für das Niveau *1* wirkt als Überlaufschutz und sitzt damit am oberen Ende des Behälters (z. B. kurz vor dem Überlauf). Das Absinken des Flüssigkeitspegels auf einen vorgegebenen Minimalwert wird vom Fühler *2* erfaßt, der gleichzeitig den Nachfüllvorgang einleitet. Fühler *3* wird am Behälterboden angeordnet und signalisiert eine Störung, wenn der Behälter leerzulaufen droht.

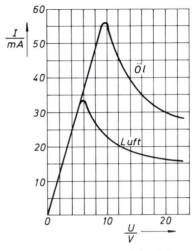

Bild 1.1.−22. $I-U$-Kennlinie bei unterschiedlichen umgebenden Medien

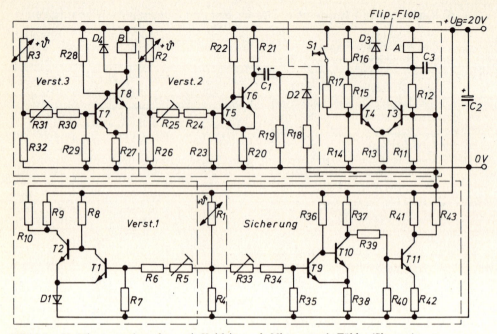

Bild 1.1.–23. Niveaustandsregelung mit Kaltleitern als Niveaustands-Fühler (Siemens)

Stückliste:

$T_1 \ldots T_{11}$	BCY 58
R_1, R_2, R_3	Kaltleiter P 390 – E1 (Siemens)
R_{20}, R_{27}, R_{38}	2,7 Ohm
R_{13}, R_{42}	20 Ohm
R_4, R_{26}, R_{32}	50 Ohm
R_{16}	600 Ohm
R_9, R_{21}, R_{41}	1 kOhm
R_{14}	1,6 kOhm
R_{11}, R_{37}, R_{40}	2 kOhm
$R_6, R_{24}, R_{30}, R_{34}$	8,2 kOhm
$R_7, R_8, R_{18}, R_{22}, R_{23}, R_{28}, R_{29}, R_{35}, R_{36}$	10 kOhm
$R_{10}, R_{12}, R_{15}, R_{17}, R_{19}, R_{43}$	15 kOhm
R_{39}	20 kOhm
$D_2 \ldots D_4$	BAY 44
D_1	BZY 83 D1
C_1	5 µF – 25/30 V
C_2	1500 µF – 30/40 V
C_3	1 µF – 25/30 V
A, B	Relais (600 Ohm) z. B. Siemens-Kammrelais
$R_5, R_{25}, R_{31}, R_{33}$	5 Ohm – linear – Trimmer

Übung 1.1.3.3.–1

Beschreiben Sie stichwortartig die Folge für die in Bild 1.1.–25 dargestellte Schaltung und ihr Verhalten, wenn in den einzelnen Fühlern
a) ein Kurzschluß und
b) eine Leiterunterbrechung auftritt.

Die Anlage wird über den Taster S_1 in Betrieb gesetzt. Der Transistor T_4 der bistabilen Kippstufe bekommt über den Widerstand R_{17} eine positive Basisspannung und schaltet durch. Das Magnetventil A (oder Relais) kommt unter Strom und der Füllvorgang beginnt. Der Füllvorgang wird erst beendet, wenn der Fühler R_1 in die Flüssigkeit eintaucht. Der Widerstand des Fühlers verringert sich hierbei so sehr, daß sich das Potential an der Basis von T_1 in positiver Richtung ändert. T_1 steuert durch und sperrt somit T_2. Am Kollektor von T_2 steht annähernd die volle Betriebsspannung. Über R_{10} wird der Transistor T_3 durchgesteuert. Über den gemeinsamen Emitterwiderstand R_{13} erfolgt die Rückkopplung auf T_4, der nun sperrt. Das Magnetventil A (Relais) wird nun stromlos. Die Freilaufdiode D_3 schließt die Induktionsspannungen während des Abschaltvorganges kurz. Der Flüssigkeitsstand beginnt nun im Behälter zu fallen solange bis der Fühler R_2 aus der Flüssigkeit auftaucht und sich aufgrund der geringeren Wärmeableitung stärker erwärmt. Der Transistor T_5 wird zugesteuert, denn der Fühler R_2 wird hochohmig und damit die Basis-Masse-Spannung von T_5 negativer. Durch den Potentialsprung am Kollektor von T_5 steuert T_6 durch. Über das Differenzierglied $C_1 R_{19}$, die Diode D_2 den Entkopplungswiderstand R_{18} wird an der Basis von T_3 ein negativer Impuls erzeugt, der T_3 sperrt. Über die Rückkopplung (R_{13}) wird T_4 und damit das Magnetventil A durchgesteuert. Es setzt der Füllvorgang wieder ein. Das Magnetventil A bleibt nun wieder eingeschaltet, bis der Fühler R_1 Signal gibt und das Flip-Flop wider umsteuert.

Läuft nun in einem Störungsfalle der Behälter leer, dann gibt der Fühler R_3 Signal. Die Schaltstufe mit den Transistoren T_7, T_8 ist identisch mit der Verstärkerstufe 2. Im Kollektorkreis von T_8 liegt ein Relais mit Freilaufdiode, welches durch die Signalgabe des Fühlers R_3 angesteuert wird und dann z. B. ein akustisches Signal steuert. Die Sicherung (T_9, T_{10}) dient zum sicheren Sperren des Magnetventils bei Bruch des Fühlers R_1.

1.1.3.4. Der Kaltleiter als Verzögerungsschaltglied

Will man einen Kaltleiter an einer Spannung betreiben, die groß genug ist, ihn über die Nenntemperatur ϑ_N aufzuheizen, so hängt die Zeit, in der die Nenntemperatur erreicht wird, und damit des „Hochohmigwerdens" von der vorgegebenen Anfangsleistung ab. Eine Variation der Schaltzeit in weiten Grenzen erreicht man durch freie Wahl von Vorwiderstand, Kaltleitertyp, Wärmekapazität und der Betriebsspannung.

Der Kaltleiter eignet sich also besonders zum verzögerten Abschalten von Geräten und Systemen.

Als Beispiel gibt das Bild 1.1.–24 die Entmagnetisierungsschaltung für Farbfernsehgeräte wieder. Die Entmagnetisierung ist erforderlich, um Störungen der Farbreinheit und der Konvergenz zu vermeiden. Man ordnet deshalb zwischen Farbbildröhre und Abschirmmantel derselben eine Spule L an, die bei jedem Einschalten des Gerätes die Lochmaske und alle ferromagnetischen Teile in der Nähe der Bildröhre entmagnetisiert. Dazu schickt man durch die Spule einen Wechselstrom der allmählich gegen Null abklingt (Bild 1.1.–24a) Im Einschaltmoment ist der PTC-Widerstand sehr niederohmig (ca. 50 Ohm), damit liegt an dem spannungsabhängigen Widerstand R_2 und der Spule L fast die volle Netzspannung von 220 V/50 Hz. Es ergibt sich ein Anfangsspitzenstrom I_S von rund 3 A. Die Entmagnetisierung geschieht durch das abklingende magnetische Wechselfeld.

Die Schaltzeit t_S ergibt sich zu:

$$t_S \approx \frac{M \cdot V(\vartheta_N - \vartheta_{K0})}{P} \qquad (8)$$

mit

$$P \approx \frac{U_B^2 \cdot R_{K0}}{(R_V + R_{K0})^2}$$

und

$$M \approx (2 \ldots 4) \cdot \frac{W \cdot s}{K \cdot cm^3}$$

$$M_g \approx 3 \, \frac{W \cdot s}{K \cdot cm^3}$$

wird

$$t_S \approx \frac{3 \cdot \frac{W \cdot s}{K \cdot cm^3} \cdot V(\vartheta_N - \vartheta_{K0}) \cdot (R_V + R_{K0})^2}{U_B^2 \cdot R_{K0}}$$

t_S = Schaltzeit [S]
M = Produkt aus spez. Wärme des Kaltleitermaterials $C = \left[\frac{W \cdot s}{K \cdot g}\right]$
und der Dichte $\delta = \left[\frac{g}{cm^3}\right]$
ϑ_{K0} = Kaltleitertemperatur vor dem Einschalten [K] der Betriebsspannung
P = Anfangsheizleistung des Kaltleiters [W]
U_B = Betriebsspannung [V]
R_{K0} = Widerstandswert des Kaltleiters bei der Temperatur ϑ_{K0} [Ω]
R_V = Vorwiderstand [Ω]

Verzögerte Abschaltungen durch Kaltleiter:

1. bei Entmagnetisierungsschaltungen (Farbfernsehen),
2. beim Start von Gasentladungslampen und
3. bei der Steuerung der Anlaufshilfsphase von Wechselstrommotoren.

Beispiel 1.1.3.4.–1

$$I_S \approx \frac{U_s}{R_1 + R_2 + R_L}$$

R_3 vernachlässigt

$$J_S \approx \frac{220V \cdot \sqrt{2}}{50\Omega + 22\Omega + 32\Omega}$$

$\underline{\underline{I_S \approx 2,99 \, A}}$

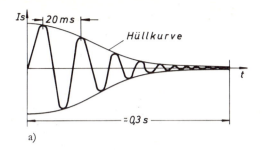
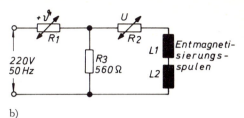

Bild 1.1.–24. Entmagnetisierungsschaltung bei Farbfernsehempfängern
a) Verlauf des Entmagnetisierungsstromes
b) Schaltung

1.1.3.5. Kaltleiter als Überstromsicherung

Die Charakteristik der I-/U-Kennlinie eines Kaltleiters ermöglicht unter ganz bestimmten Voraussetzungen den Einsatz desselben als Überstrom- und Kurzschlußsicherung. In beiden Fällen ergibt sich eine Reihenschaltung von Kaltleiter und Verbraucher. Die Schutzmaßnahme bleibt ferner auf kleine Leistungen beschränkt. Bild 1.1.–25 verdeutlicht in der I-/U-Kennlinie die Wirkungsweise des Schutzes.

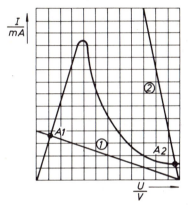

Bild 1.1.–25. Wirkungsweise des Überstromschutzes
$A_1 \triangleq$ Normalbetrieb *1*
$A_2 \triangleq$ Kurzschluß *2*

1.2. Der Heißleiter oder NTC-Widerstand

Lernziele

Der Lernende kann...
... Werkstoffe für die Herstellung von Heißleitern nennen.
... den Leitungsmechanismus von NTC-Widerständen beschreiben.
... die Funktionen $I = f(\vartheta)$ und $R = f(\vartheta)$ eines Heißleiters zeichnen.
... die wichtigsten charakteristischen elektrischen Werte von Heißleitern aus Datenblättern entnehmen und dieselben interpretieren.
... konkrete technische Anwendungen für Heißleiter in der Meßtechnik und Elektronik beschreiben.
... einfache Schaltungen mit Heißleitern berechnen.

NTC-Widerstände (Negative **T**emperature **C**oeffi**z**ient) sind elektrische Widerstände mit stark ausgeprägten negativen TK-Werten. Sie werden auch als Heißleiter oder Thermistoren (Thermally Sensitive Resistors) bezeichnet. Der TK-Wert von Heißleitern liegt zwischen $-2\%/°C$ bis $-6\%/°C$ bei einer Umgebungstemperatur von $25°C$.

Widerstandsänderungen des Heißleiters werden hervorgerufen durch:

1. Änderung der Temperatur des umgebenden Mediums und
2. innere Erwärmung durch unterschiedliche elektrische Belastung.

Diese beiden Möglichkeiten – in der Kombination oder einzeln – bilden die Grundlage für alle praktischen Anwendungen der Heißleiter.

TK-Wert von Heißleitern

$$\boxed{\alpha_H \approx -2\,\frac{\%}{°C} \ldots -6\,\frac{\%}{°C}}$$

α_H = Temperaturkoeffizient von Heißleitern in $\%/°C$

1.2.1. Werkstoffe für Heißleiter

Die zur Herstellung von Heißleitern verwendeten Werkstoffe zählen zu den Halbleitern, die durch einen spezifischen Leitwert in der Größenordnung

$\varkappa = (5 \cdot 10^{-9} \ldots 5 \cdot 10^{-1})\,Sm/mm^2$

gekennzeichnet sind.

Die Forderungen, die an Heißleiter gestellt werden, erfüllen die folgenden Metalloxide und oxidischen Mischkristalle, die alle ein gemeinsames Sauerstoffgitter besitzen.

Um eine bessere Reproduzierbarkeit und Stabilität der Kennlinien zu erreichen, werden zur Stabilisation noch weitere Oxide beigegeben. Die Anwendung der drei genannten Stoffgruppen hängt von dem zu erzielenden TK-Wert und dem spezifischen Widerstand des NTC-Materials ab.

Die große Palette der Anwendungen von Heißleitern erfordert in Bezug auf die max. zul. Belastung, die Erwärmungszeitkonstanten, die thermischen Zeitkonstanten sowie das Widerstands-Temperaturverhalten bei vorgegebener Leistung unterschiedliche Bauformen.

Basismaterialien zur Herstellung von Heißleitern

1. Mischkristalle aus Fe_3O_4 (Spinell) mit Stoffen, die gleichfalls Spinell-Gitter-Struktur aufweisen, wie z. B. Zn_2TiO_4 und $MgCr_2O_4$,
2. Nickeloxid NiO oder Cobaltoxid CoO bzw. deren Kombinationen mit Zusätzen von Lithiumoxid Li_2O und
3. Eisen-III-Oxid(Fe_2O_3) mit Zusätzen von Titan-II-Oxid(TiO_2).

Neben den verwendeten Basismaterialien bestimmt die Bauform wesentlich die elektrischen Eigenschaften von Heißleitern.

Im wesentlichen existieren drei Bauformen auf dem Markt.

Die sorgfältig ausgesuchten Rohmaterialien werden oxidiert und zu einer pulvrigen Masse aufbereitet. Anschließend wird ein plastisches Bindemittel hinzugegeben und das Ganze in die gewünschte Form gebracht.

Durch Aufbringen eines Tropfens Oxidmasse auf zwei parallel geführte Platindrähte entsteht der Miniatur-NTC-Widerstand. Hervorstechende Eigenschaften sind das sehr kleine Bauvolumen und die geringe Wärmekapazität.

Die scheibenförmigen NTC-Widerstände werden in Rundformen unter einem Druck von mehreren Tonnen gepreßt. Die große Oberfläche garantiert bei diesem Typ einen guten Wärmekontakt mit dem umgebenden Medium.

Durch Strangpressen entstehen die stabförmigen Heißleiter. Die äußere Formgebung entspricht den für ohmsche Widerstände üblichen Bauformen.

Nach der äußeren Formgebung werden die NTC-Widerstände bei hohen Temperaturen gesintert. Bei der Miniaturbauform entsteht ein fester Kontakt zwischen den Spanndrähten und der Oxidmasse. Man kann hier die Spanndrähte direkt als Anschlußdrähte verwenden. Zum Schutz gegen atmosphärische Einflüsse werden Miniatur-NTC-Widerstände in der Regel noch glasiert.

Die beiden anderen Bauformen werden in üblicher Weise mit Anschlußkontakten versehen, d. h. durch Einbrennen von Silberpaste, auf galvanischem Wege oder mittels Metallspritzverfahren.

Bauformen von Heißleitern
1. Miniatur-NTC-Widerstände,
2. scheibenförmige NTC-Widerstände und
3. stabförmige NTC-Widerstände

1.2.2. Elektrische Eigenschaften von NTC-Widerständen

Die Abhängigkeit eines Heißleiters von der Temperatur zeigt einen exponentiellen Charakter.

In Bild 1.2.−1 sind drei Funktionen $R = f(\vartheta)$ für unterschiedliche R_∞- und B-Werte dargestellt.

$$R_T = R_\infty \cdot e^{\frac{B}{T}} \qquad (9)$$

R_T = Heißleiterwiderstand, gemessen in Ohm, bei der absol. Temperatur in Kelvin

R_∞ = Konstante mit der Dimension Ohm, im wesentlichen abhängig von der äußeren Form

e = Basis des natürlichen Log. ($e = 2{,}718$)

B = Konstante, bestimmt durch den verwendeten NTC-Werkstoff und die äußere Form des Heißleiters

T = absolute Temperatur in Kelvin

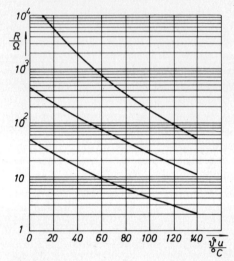

Bild 1.2.−1. $R = f(\vartheta)$ für unterschiedliche R_∞- und B-Werte

Übung 1.2.2.−1

a) Wie ist das Schaltsymbol zu verändern, damit es einen Heißleiterwiderstand darstellt?

─────▭─────

b) Wie ändert sich bei einem Heißleiter der Widerstandswert in Abhängigkeit von der Temperatur?

1.2.2.1. Die Bestimmung des B-Wertes von Heißleitern

Eine Bestimmung des B-Wertes für einen vorgegebenen NTC-Widerstand läßt sich folgendermaßen durchführen:

1. Man bestimmt die Widerstandswerte des Heißleiters bei der Temperatur T_u und bei der Temperatur T. Beide Temperaturen werden in Kelvin gemessen.
2. Man dividiert die beiden Gleichungen.

$$R_{Tu} = R_\infty \cdot e^{\frac{B}{T_u}}$$

$$R_T = R_\infty \cdot e^{\frac{B}{T}}$$

T_u = Bezugstemperatur in Kelvin

R_{Tu} = Heißleiterwiderstand in Ohm bei einer bestimmten Bezugstemperatur T_u (normal 298 K)

1.2. Der Heißleiter oder NTC-Widerstand

3. Beide Seiten werden nach der Division logarithmiert.

Die *B*-Werte in den Datenblättern der Hersteller von Heißleitern sind durch die dargestellte Rechnung ermittelt worden. Als Bezugstemperaturen für die Widerstandsmessungen gelten in der Regel $T_u = 298$ K und $T = 328$ K ($\vartheta_u = 25\,°C$ und $\vartheta = 55\,°C$) bzw. die in den IEC-Richtlinien festgelegten Temperaturen ($T_u = 298$ K; $T = 358$ K).

Man kann die Bezugstemperaturen als Index zum *B*-Wert hinzufügen, z. B. $B_{25/55}$ oder $B_{25/85}$. Hierbei entspricht der Index der Bezugstemperatur in °C.

Aus Gl. (9) läßt sich durch Logarithmieren und anschließende Differentiation der TK-Wert eines Heißleiters bestimmen.

Die *B*-Werte variieren für die verschiedenen Werkstoffe zwischen 2000 K und 6000 K. Dies ergibt für eine Temperatur von 298 K (= 25 °C Raumtemperatur) und einen mittleren *B*-Wert von 3600 K einen α_H-Wert von rund $-4\%/K$.

$$\frac{R_{Tu}}{R_T} = \frac{R_\infty \cdot e^{\frac{B}{T_u}}}{R_\infty \cdot e^{\frac{B}{T}}}$$

$$\frac{R_{Tu}}{R_T} = e^{\frac{B}{T_u} - \frac{B}{T}}$$

$$\frac{R_{Tu}}{R_T} = e^{B\left(\frac{1}{T_u} - \frac{1}{T}\right)} \Big/ \ln$$

$$\ln \frac{R_{Tu}}{R_T} = B \left(\frac{1}{T_u} - \frac{1}{T}\right) \ln e$$

$$B = \frac{\ln \dfrac{R_{Tu}}{R_T}}{\dfrac{1}{T_u} - \dfrac{1}{T}}$$

$$B = \frac{\ln R_{Tu} - \ln R_T}{\dfrac{1}{T_u} - \dfrac{1}{T}}$$

Auf den Briggschen Logarithmus umgestellt, gilt dann:

$$B = 2{,}303 \frac{\lg R_{Tu} - \lg R_T}{\dfrac{1}{T_u} - \dfrac{1}{T}} \tag{10}$$

$$\alpha_H \approx \frac{1}{R_T} \cdot \frac{\Delta R_T}{\Delta T} = -\frac{B}{T_u^2} \tag{11}$$

Die Bilder 1.2.–2 und 1.2.–3 gestatten die Berechnung der Widerstandswerte von Heißleitern bei bekannten Werten von R_{Tu} und B innerhalb der zulässigen Grenzwerte für jede Temperatur. Für die internationale Bezugstemperatur von 25 °C ergibt sich somit die Gl. (12).

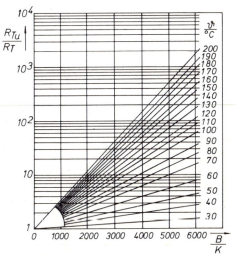

Bild 1.2.–2. $\dfrac{R_{Tu}}{R_T} = f(B)$ für Temperaturen $T > 298$ K

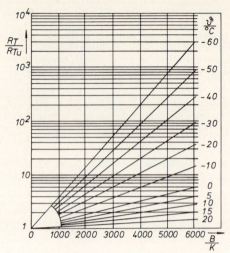

Bild 1.2.−3. $\dfrac{R_{Tu}}{R_T} = f(B)$ für Temperaturen $T < 298$ K

$$\frac{R_{Tu}}{R_T} = e^{B\left(\frac{1}{298\,\text{K}} - \frac{1}{T}\right)} \tag{12}$$

1.2.2.2. Die statische Strom-Spannungs-Kennlinie von NTC-Widerständen

Bild 1.2.−4 gibt den typischen Verlauf zwischen Strom und Spannung an einem Heißleiter wieder. Die Kurve wurde bei konstanter Umgebungstemperatur für den Beharrungszustand aufgenommen, d. h. während der Messung befinden sich die aufgenommene und die abgegebene Leistung im Gleichgewicht. Die stationäre Strom-Spannungs-Kennlinie zeichnet sich durch verschiedene Bereiche aus:

1. den geradlinigen Anstiegsteil,
2. den verzögerten Anstieg bis zum Spannungsmaximum U_1 und
3. den fallenden Teil.

Im geradlinigen Anstiegsteil ist die zugeführte Leistung so klein, daß keine nennenswerte Eigenerwärmung auftritt. Der Heißleiterwiderstand wird praktisch von der Umgebungstemperatur bestimmt (Bild 1.2.−4 bis ca. 10 mW).

Der verzögerte Anstieg ist der Bereich der Kennlinie, bei dem die relative Widerstandsabnahme gleich der relativen Stromzunahme ist. Dieser Bereich endet im Spannungsmaxi-

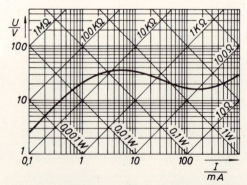

Bild 1.2.−4. Statische Strom-Spannungskennlinie eines Heißleiters

mum der Kurve. Das Spannungsmaximum wird in seiner Lage bestimmt durch die Größe des Kaltwiderstandes, die Umgebungstemperatur sowie der Größe der Oberfläche des Heißleiters.

Im fallenden Teil der Kennlinie bestimmt die Heißleitertemperatur nur noch der durch ihn fließende Strom. Es werden im Innern zusätzliche Ladungsträger freigesetzt, die die Leitfähigkeit weiter vergrößern, so daß der Strom bei sinkender Spannung weiter zunimmt.

Übung 1.2.2.2.—1

In dem nachfolgenden Diagramm sind Kennlinien verschiedener Bauelemente eingetragen. Ordnen Sie mit Hilfe der Kennbuchstaben die Kennlinien den aufgeführten Bauelementen zu.

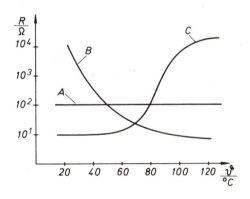

○ a) Ohmscher Widerstand
○ b) Siliziumdiode
○ c) Kaltleiter (PTC)
○ d) Germaniumdiode
○ e) Heißleiter (NTC)
○ f) VDR-Widerstand

1.2.2.3. Erwärmungszeitkonstante und die Berechnung des Spannungsmaximums der stationären I-/U-Kennlinie des Heißleiters

Geht man davon aus, daß die Gl. (9) für Heißleiter unabhängig von der Spannung Gültigkeit besitzt, dann erkennt man sehr schnell, daß diese Gleichung zur analytischen Behandlung der stationären I-/U-Kennlinie allein nicht ausreicht, denn die Wärmeableitung zur Umgebung wird durch die Gl. (9) nicht erfaßt. Man führt deshalb die Erwärmungszeitkonstante C ein. Mit C läßt sich nun die Leistung im Heißleiter angeben Gl. (13).

Ferner gilt aber auch für die Leistung
$P = U^2/R = I^2 \cdot R$.

$$R_T = R_\infty \cdot e^{\frac{B}{T}} \qquad (9)$$

Merke: Die Erwärmungszeitkonstante C ist die Leistung, die die Temperatur des Heißleiters bei einer Umgebungstemperatur $\vartheta_u = 25\,°C$ und ruhender Luft um $1\,°C$ erhöht.

C = Erwärmungszeitkonstante in W/°C oder W/K

$$P_H = C \cdot (T - T_u) \qquad (13)$$

P_H = Leistung im Heißleiter in W
T = Temperatur des Heißleiters in K
T_u = Umgebungstemperatur in K

Faßt man beide Gleichungen zusammen, ergibt sich die Gl. (14).

Aus den Kombinationen der Gleichungen Gl. (13) und (14) erhält man die Parameterdarstellungen für U und I Gl. (15) und Gl. (16). Aus Gl. (15) läßt sich durch die Bildung der 1. Ableitung dU/dT und Nullsetzen derselben das Strom-Spannungs-Maximum der Kennlinie berechnen. Gl. (17) gibt das Ergebnis der Bestimmung des Maximums an.

Ist $T_{(U\text{max})}$ bekannt, kann nach Gl. (15) und Gl. (16) das Koordinatenpaar für das Spannungsmaximum direkt berechnet werden.

Legt man einmal den B-Werte-Bereich aus Abschn. 1.2.2.1 zugrunde, dann ergibt sich für eine Umgebungstemperatur von 25 °C (= 298 K) ein Temperaturbereich, in dem das Spannungsmaximum auftritt, von:

$T_{(U\text{max})} = 364 \text{ K} \dots 314 \text{ K}$
$\vartheta_{(U\text{max})} = 91\,°\text{C} \dots 41\,°\text{C}$

Ferner erkennt man aus Gl. (17) daß NTC-Widerstände mit B-Werten unter 1192 K kein Spannungsmaximum besitzen, da der Wurzelausdruck negativ wird (Umgebungstemperatur $T_u = 298$ K vorausgesetzt).

$$P_H = \frac{U^2}{R_T} = I^2 \cdot R_T \tag{14}$$

$$U = \sqrt{C \cdot (T - T_u) \cdot R_\infty \cdot e^{\frac{B}{T}}} \tag{15}$$

$$I = \sqrt{\frac{C(T - T_u)}{R_\infty \cdot e^{\frac{B}{T}}}} \tag{16}$$

$$T_{(U\text{max})} = \frac{B}{2} - \sqrt{\frac{B^2}{4} - B \cdot T_u}$$

$$T_{(U\text{max})} = \frac{B}{2}\left(1 - \sqrt{1 - 4\frac{T_u}{B}}\right) \tag{17}$$

$T_{(U\text{max})}$ = Temperatur des Heißleiters in Kelvin im Spannungsmaximum der I-U-Kennlinie

Beispiel 1.2.2.3.—1

$B = 2000 \dots 6000$ K

$B = 2000$ K

$$T_{(U\text{max})} = \frac{B}{2}\left(1 - \sqrt{1 - 4\frac{T_u}{B}}\right)$$

$$= \frac{2000\,\text{K}}{2} \cdot \left(1 - \sqrt{1 - 4\frac{298\,\text{K}}{2000\,\text{K}}}\right)$$

$T_{(U\text{max})} = 364{,}4$ K

$\vartheta_{(U\text{max})} = 91{,}4\,°\text{C}$

$B = 6000$ K

$$T_{(U\text{max})} = \frac{6000\,\text{K}}{2}\left(1 - \sqrt{1 - 4\frac{298\,\text{K}}{6000\,\text{K}}}\right)$$

$T_{(U\text{max})} = 314{,}5$ K

$\vartheta_{(U\text{max})} = 41{,}5\,°\text{C}$

1.2.2.4. Thermische Zeitkonstante von Heißleitern

Wird ein Heißleiter durch elektrische Belastung auf eine Übertemperatur aufgeheizt und schlagartig diese Belastung zu Null gemacht, so nimmt die Übertemperatur nach einer e-Funktion ab.

Nach der Zeit $t = \tau_H$ beträgt die Übertemperatur nur noch $1/e$ vom Anfangswert.

τ_H = thermische Zeitkonstante des Heißleiters in Sekunden

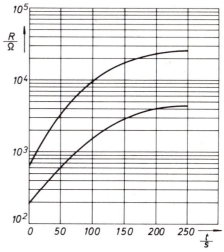

Bild 1.2.−5. Abkühlungskurven von zwei Stabheißleitern

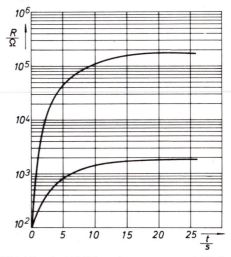

Bild 1.2.−6. Abkühlungskurven von zwei Miniatur-Heißleitern (nach Valvo-Unterlagen)

Übung 1.2.2.4.—1

Gegeben ist die folgende Schaltung. Beschreiben Sie stichwortartig die Funktionsweise.

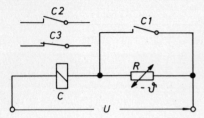

1.2.3. Korrektur der Kennlinien von Heißleitern

Wird in Spezialschaltungen ein ganz bestimmter Kennlinienverlauf des Heißleiters verlangt, so kann man eine Anpassung an den gewünschten Kennlinienverlauf durch Reihen und/oder Parallelschaltung von linearen Widerständen erreichen. Bei einer solchen Kombination ist der TK-Wert der Gesamtschaltung stets kleiner als der TK-Wert des NTC-Widerstandes.

Die resultierende Funktion

$R_{\text{ges}} = f(\vartheta)$

gibt für eine Reihen- und eine Parallelschaltung das Bild 1.2.—7 wieder.

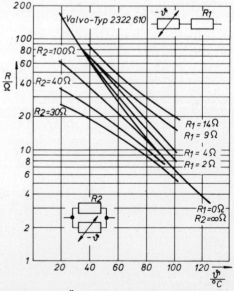

Bild 1.2.—7. Änderung des Widerstandes eines Heißleiters durch Reihenschaltung bzw. Parallelschaltung von linearen Widerständen (nach Valvo-Unterlagen)

1.2. Der Heißleiter oder NTC-Widerstand

Die rechnerische Behandlung von Reihen- und Parallelschaltungen von Heißleitern geben Gl. (18) bis Gl. (25) wieder. Wird statt eines Heißleiters ein ohmscher Widerstand in die Gleichungen eingesetzt, dann wird natürlich der zugehörige B-Wert der Gleichung zu Null.

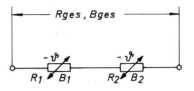

$$R_{ges} = R_1 + R_2 \tag{18}$$

$$B_{ges} = \frac{R_1 \cdot B_1 + R_2 \cdot B_2}{R_1 + R_2} \tag{19}$$

Bild 1.2.−8. Reihenschaltung von zwei NTC-Widerständen

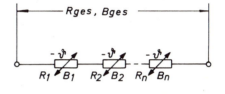

$$R_{ges} = \sum_{\nu=1}^{n} R\nu = R_1 + R_2 + \ldots + R_n \tag{20}$$

$$B_{ges} = \frac{1}{R_{ges}} \cdot \sum_{\nu=1}^{n} R\nu \cdot B\nu = \frac{1}{R_{ges}} \cdot$$
$$\cdot (R_1 \cdot B_1 + R_2 \cdot B_2 + \ldots + R_n \cdot B_n) \tag{21}$$

Bild 1.2.−9. Reihenschaltung von n-NTC-Widerständen

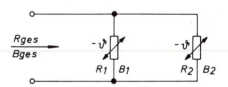

$$R_{ges} = \frac{R_1 \cdot R_2}{R_1 + R_2} \tag{22}$$

$$B_{ges} = \frac{R_1 \cdot B_2 + R_2 \cdot B_1}{R_1 + R_2} \tag{23}$$

Bild 1.2.−10. Parallelschaltung von zwei NTC-Widerständen

$$\frac{1}{R_\text{ges}} = \frac{1}{R_1} + \frac{1}{R_2} + \dots + \frac{1}{R_n} \qquad (24)$$

$$B_\text{ges} = R_\text{ges} \cdot \sum_{v=1}^{n} \frac{B_v}{R_v} =$$

$$= R_\text{ges}\left(\frac{B_1}{R_1} + \frac{B_2}{R_2} + \dots + \frac{B_n}{R_n}\right) \qquad (25)$$

Bild 1.2.−11. Parallelschaltung von n-NTC-Widerständen

Anmerkung: Bei der Parallelschaltung von NTC-Widerständen fließt über den Heißleiter mit dem kleinsten Widerstandswert der größte Strom. Es besteht die Gefahr der Überlastung.

Übung 1.2.3.−1

Gegeben ist die Widerstands-Temperaturkennlinie eines Widerstandes mit pos. TK-Wert. Innerhalb des Arbeitsbereiches soll der positive TK-Wert durch einen NTC-Widerstand kompensiert werden. Die Widerstands-Temperaturkennlinien der zur Verfügung stehenden Heißleiter sind im Diagramm 2 abgebildet.

a) Welche Kennlinie ist zu wählen?
b) Welche resultierende Widerstands-Temperaturkennlinie ergibt sich?

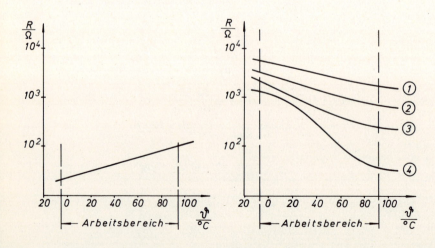

1.2.4. Die Anwendung von Heißleitern

Aufgrund der spezifischen Eigenschaften von Heißleitern lassen sich vier Hauptanwendungen unterscheiden:

1. Schaltungen, bei denen der Einfluß der Umgebungstemperatur auf den Widerstandswert des Heißleiters ausgenutzt wird (Eigenerwärmung des Heißleiters vernachlässigt),
2. Schaltungen, bei denen die unterschiedliche Erwärmungszeitkonstante durch verschiedene umgebende Medien ausgenutzt wird.
3. Schaltungen, die die Nichtlinearität der I-/U-Kennlinie des Heißleiters bei Eigenerwärmung ausnutzen und
4. Schaltungen, bei denen das zeitliche Verhalten des Heißleiters bei Erwärmung und Abkühlung ausgenutzt wird.

Anwendungen von Heißleitern
1. Temperaturmessung,
2. Niveaustandsmessung,
3. Unterdrückung von hohen Einschaltströmen,
4. Zeitverzögerungsschaltungen,
5. Messung von Effektivwerten nichtsinusförmiger Spannungen und Ströme,
6. Einsatz als ferngesteuertes Potentiometer (fremdgeheizter NTC) und
7. Gasanalyse-, Vakuum- sowie Strömungsmessungen.

1.2.4.1. Temperaturmessung mit Heißleitern

Durch den Einsatz von Heißleitern als Temperaturfühler wird die Messung der Temperatur auf eine Widerstandsmessung zurückgeführt. Der Meßbereich umspannt Temperaturen von $-80\,°C$ bis $+300\,°C$. Vorteile dieses Meßverfahrens liegen in der hohen Empfindlichkeit sowie der Möglichkeit der Fernmessung der Temperatur.

Zur Temperaturmessung kommen Heißleiter mit kleinen Abmessungen in Betracht. Denn nur so läßt sich die thermische Trägheit dieser Bauelemente in Grenzen halten.

Bild 1.2.–12 zeigt drei Grundschaltungen, die eine Temperaturmessung mittels NTC gestatten. Die Brückenschaltung ist in der Anwendung besonders stark verbreitet, da mit ihr der Anfangsbereich unterdrückt werden kann. Außerdem kann diese Anordnung auch mit Wechselspannung in Verbindung mit einem Anzeigeverstärker betrieben werden.

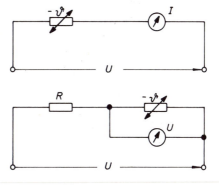

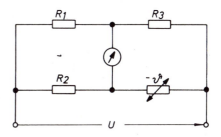

Bild 1.2.–12. Temperaturmessung mit Heißleitern

Übung 1.2.4.—1

Bei der Bezugstemperatur von 25°C wird zwischen den Klemmen 1–2 eine Spannung von $U_{1-2} = 12$ V gemessen. Durch Änderung der Umgebungstemperatur steigt die Heißleitertemperatur auf 90°C.

In welchen Grenzen ändert sich die Spannung zwischen den Klemmen 2–3?

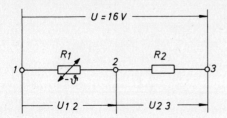

Übung 1.2.4.—2

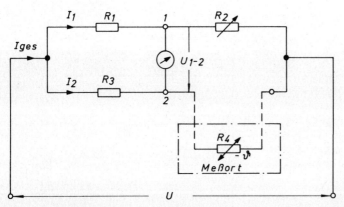

Die Heißleiterbrücke ist so abgeglichen, daß die Brückenspannung $U_{1-2} = 0$V ist (bei $\vartheta_U = 25$°C am Meßort).
Wie ändert sich die Brückenspannung, wenn die Temperatur am Meßort
a) steigt und
b) sinkt
bezogen auf $\vartheta_U = 25$°C?

1.2.4.2. Übertemperaturüberwachungsschaltung

Im normalen Betrieb ist der Transistor T_1 leitend und der Transistor T_2 aufgrund der Emitetrkopplung gesperrt. Dadurch liegen die Basis und der Emitter von T_3 annähernd auf gleichem Potential. Der Transistor T_3 sperrt

1.2. Der Heißleiter oder NTC-Widerstand 45

und das Relais bleibt stromlos. Steigt die Umgebungstemperatur, verringert der Heißleiter seinen Widerstand, T_1 sperrt und T_2 steuert durch. Die Basis von T_3 wird negativ gegenüber dem Emitter. Es fließt ein Kollektorstrom der das Relais R ansprechen läßt.

In dieser Schaltung wird die Widerstandsänderung des Heißleiters ausgenutzt, die sich aufgrund der Temperaturänderung des umgebenden Mediums ergibt. Die Eigenerwärmung des Heißleiters ist vernachlässigbar. Für diese Schaltung bietet sich der Einsatz als Temperaturüberwachungsschaltung z. B. in Tiefkühltruhen an.

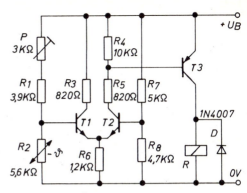

Abb. 1.2.–13. Übertemperaturüberwachungsschaltung

Übung 1.2.4.2.–1

a) Erklären Sie stichwortartig die Funktion der folgenden Schaltung und die Aufgabe des Heißleiters.

b) Wie groß muß R_1 gewählt werden, wenn der Widerstandswert von R_2 bei 25°C gleich dem von R_3 ist und der Querstrom $I_q = 10 \cdot I_B$ betragen soll.
   Der Arbeitspunkt des Transistors ist mit $I_B = 100$ μA und $U_{BE} = 0{,}7 V$ bei 25°C gegeben.

c) Welcher α_H-Wert ergibt sich für die Parallelschaltung von R_2 und R_3, wenn der Heißleiter einen B-Wert von 3 600 K besitzt?

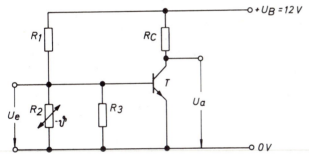

1.2.4.3. Einschaltstrombegrenzung durch Heißleiter

Die in Bild 1.2.–14 dargestellte Schutzschaltung findet in Allstromgeräten Verwendung. Die Heizfäden der Elektronenröhren und die Skalenlampe liegen in Serie. Infolge des sehr niedrigen Kaltwiderstandes dieser Anordnung ergäbe sich ein sehr großer Einschaltstromstoß. Dieser wird durch Einschalten des Heißleiters vermieden, denn der NTC besitzt im kalten Zustand einen hohen Widerstand und

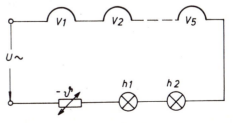

Abb. 1.2.–14. Rundfunkgeräteschutzschaltung

läßt den Strom erst nach seiner Eigenerwärmung auf den vorgeschriebenen Wert ansteigen. Das Prinzip der Einschaltstrombegrenzung findet auch in der Schaltung nach Bild 1.2.–15 Anwendung. Durch den hohen Kaltwiderstand des NTC kann das Relais A nicht anziehen. Erst nach der Eigenerwärmung des Heißleiters steigt der Strom über den Anzugsstrom des Relais. Dieses schaltet und schließt mit dem a_1-Kontakt den Heißleiter kurz, der nun wieder abkühlt.

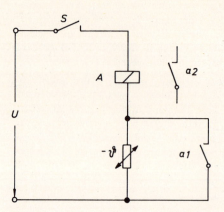

Bild 1.2.–15. Einschaltverzögerte Relaisschaltung

1.2.4.4. Spannungsstabilisierung mit Heißleiter

In der Spannungsstabilisierungsschaltung wird der negative TK-Wert des Heißleiters ausgenutzt. Die Addition der beiden Kurven U_{R1} und U_{R2} zeigt innerhalb der gestrichelten Linien einen zur I-Achse waagerechten Verlauf, d. h. Stromschwankungen in diesem Abschnitt haben keinen Einfluß auf die Ausgangsspannung U_A. U_A ist somit konstant.

Dies ist jedoch nur unter zwei Bedingungen zutreffend:

1. die Stromschwankungen verlaufen sehr langsam (thermische Trägheit des Heißleiters) und

2. der Vorwiderstand R_V ist so groß gewählt, daß der Gesamtstrom I_E eingeprägt wird.

Aus Punkt 2 geht hervor, daß sich der Strom I_H immer in entgegengesetzter Richtung zum Laststrom I_A ändert.

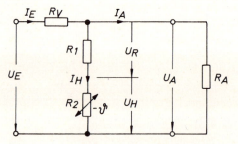

Bild 1.2.–16. Spannungsstabilisierung mit Heißleiterwiderstand

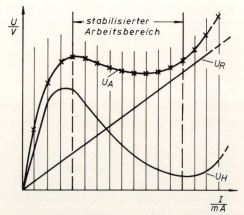

Bild 1.2.–17. Darstellung der Wirkungsweise der Spannungsstabilisierung im I-/U-Kennlinienfeld des Heißleiters

1.2.4.5. Kompensation von positiven TK-Werten mit Heißleitern

Eine Kompensation des Temperaturganges läßt sich erreichen, wenn man zwei Bauteile in Reihe schaltet, deren TK-Werte gleiche Beträge, aber unterschiedliche Vorzeichen aufweisen (Bild 1.2.–18).

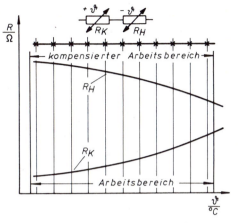

Bild 1.2.–18. Kompensation eines positiven TK-Wertes

1.3. Spannungsabhängiger Widerstand oder Varistor

Lernziele

Der Lernende kann...
... den Leitungsmechanismus spannungsabhängiger Widerstände beschreiben und Basiswerkstoffe für die Herstellung von Varistoren nennen.
... den Kennlinienverlauf von Varistoren skizzieren.
... den Arbeitspunkt bei vorgegebener Kennlinie festlegen.
... mit Hilfe von Datenblättern den passenden VDR für eine vorgegebene Problemstellung herausfinden.
... den VDR als Überlastungsschutz in Schaltungen einsetzen.
... einfache Schaltungen mit Varistoren zeichnen und berechnen.

In der Elektrotechnik steht man oft vor dem Problem, Geräte, Bausteine und teure Bauelemente vor Überspannung oder Störspannungsspitzen zu schützen.

Eine äußerst preiswerte Lösung bietet hier der spannungsabhängige Widerstand.

Spannungsabhängige Widerstände, VDRs (Voltage Dependent Resistors) oder Varistoren sind elektrische Widerstände, die sich durch eine starke Spannungsabhängigkeit auszeichnen.

Benennung:

1. spannungsabhängiger Widerstand,
2. VDR (Voltage Dependent Resistor),
3. Varistor und
4. Thyrit-Widerstand.

Das Basismaterial dieser Widerstände besteht aus Siliziumkarbid. Die Spannungsabhängigkeit ist auf einen veränderlichen Kontaktwiderstand zwischen den einzelnen Siliziumkarbidkristallen der Keramik zurückzuführen. Ein komplexes Netzwerk aus parallel und in Reihe geschalteten Kristallkontakten (Elementargleichrichterzellen) bestimmt das elektrische Verhalten des Bauelements.

Basismaterial von Varistoren

Siliziumkarbid (SiC)

1.3.1. Herstellung von Varistoren

Ähnlich wie bei der Herstellung von PTC- und NTC-Widerständen geht man bei der Fertigung der Varistoren von Granulaten aus, hier nur auf der Basis von Siliziumkarbid. Dieses Siliziumkarbidgranulat wird zusammen mit einem Keramikbinder unter hohem Druck zu Stäben und Scheiben verpreßt. Nach Durchlaufen eines Trocknungsprozesses werden die Rohlinge nochmals bei hohen Temperaturen gesintert. Hierbei entsteht ein polykristallines Gefüge.

Die elektrischen und mechanischen Eigenschaften des Varistors werden von den Parametern Sintertemperatur und Sinterzeit bestimmt.

Die Kontaktierung der Varistoren erfolgt durch Aufdampfen von Zink und Kupfer bzw. durch Einbrennen von Pasten aus diesen beiden Materialien. Den atmosphärischen Schutz erhalten die Bauelmente durch eine Imprägnierung und anschließende Lackierung.

Durch den Herstellungsprozeß bedingt, verhält sich der VDR in den mechanischen Eigenschaften wie unglasiertes Steingut.

1.3.2. Die elektrischen Eigenschaften von Varistoren

Der Varistor stellt ein komplexes Netzwerk von parallel und in Reihe liegenden Elementargleichrichterzellen dar.

Bild 1.3.–1 gibt eine Modellvorstellung des VDR wieder.

Die Elementargleichrichterzellen sind völlig unregelmäßig angeordnet. Dies hat zur Folge, daß kein Gleichrichtereffekt auftritt. Der Varistor besitzt also eine Strom-Spannungs-

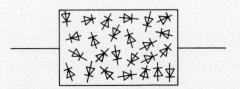

Bild 1.3.–1. Modellvorstellung über das innere Gefüge eines VDR

1.3. Spannungsabhängiger Widerstand oder Varistor

charakteristik, die genau wie beim NTC- bzw. PTC-Widerstand unabhängig von der Polarität der anliegenden Spannung ist. Dieser Zusammenhang kommt auch im Ersatzschaltbild nach Bild 1.3.−2 zum Ausdruck.

Durch Anlegen einer Spannung baut sich im Kristallgefüge ein elektrisches Feld auf, welches die pn-Sperrschichten der Elementarzellen teilweise abbaut.

Mit steigender Spannung wächst auch die Feldstärke und somit die Anzahl der abgebauten Sperrschichten, der Varistor wird niederohmig.

Dieses Verhalten des Varistors an Gleichspannung wird annähernd durch Gl. (26) beschrieben.

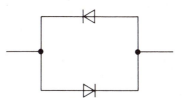

Abb. 1.3.−2. Einfaches Ersatzschaltbild eines Varistors

Die Polarität der am Varistor anliegenden Spannung spielt keine Rolle. Mit zunehmender Spannung nimmt der Widerstand des Varistors nach einer Exponentialfunktion ab

$$U = C \cdot I^\beta \tag{26}$$

Hierbei gilt:

U = Spannungsabfall am Varistor in Volt

C = Konstante, die von den geometrischen Abmessungen und dem Material abhängt. C entspricht der Spannung, die durch den Varistor einen Strom der Stärke $I = 1$ A treiben würde. C wird aus der Kennlinie extrapoliert oder impulsmäßig gemessen. C nimmt Werte zwischen 15 und 5000 Ohm an.

β = Regelfaktor

β ist eine Werkstoffkonstante, die ein Maß für die Steigung der I-/U-Kennlinie (Nichtlinearitätskoeffizient) darstellt.

β nimmt Werte zwischen 0,15 und 0,4 an.

β und C ändern sich praktisch nicht zwischen Stromdichten von 0,1 mA/cm² und 1A/cm², d. h. innerhalb dieser Stromdichten können beide Werte als konstant betrachtet werden.

Zur Darstellung der I-/U-Kennlinienfelder von Varistoren muß man die Gl. (26) nach I umstellen Gl. (27).

$$U = C \cdot I^\beta \tag{26}$$

$$I^\beta = \frac{1}{C} \cdot U \,/\log$$

$$\beta \cdot \log I = \log\left(\frac{1}{C} \cdot U\right)$$

$$\log I = \frac{1}{\beta} \cdot \log\left(\frac{1}{C} \cdot U\right)$$

$$I = \left(\frac{1}{C} \cdot U\right)^{\frac{1}{\beta}} \tag{27}$$

Mit Gl. (27) und rückblickend auf Bild 1.3.−2 erkennt man, daß die I-/U-Kennlinie symmetrisch bezogen auf den Nullpunkt des Koordinatenkreuzes verlaufen muß (Antiparallelschaltung der beiden Ersatzdioden in Bild 1.3.−2). Bild 1.3.−3 zeigt ein Beispiel einer I-/U-Kennlinie eines spannungsabhängigen Widerstandes. Aufgrund der Nullpunktsymmetrie geben die Datenblätter in der Regel die Varistorkennlinien nur im I. Quadranten in Form der Funktion $U = f(I)$ an (siehe Bild 1.3.−4).

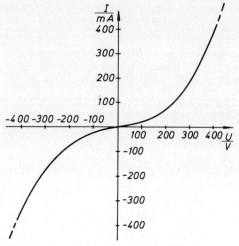

Bild 1 3.−3. I-/U-Kennlinie eines Varistors

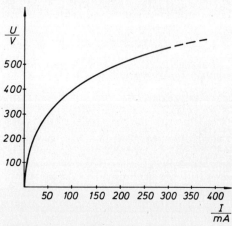

Bild 1.3.−4. U-/I-Kennlinie eines Varistors im I. Quadranten (Darstellungsart in Datenblättern der Hersteller)

Um zu zeigen, daß der Regelfaktor β die Steigung der Kennlinie darstellt, formt man die Gl. (26) um, indem beide Seiten der Gleichung logarithmiert werden.

$$U = CI^{\beta} / \log \qquad (26)$$
$$\log U = \log C + \beta \cdot \log I \qquad (28)$$

1.3. Spannungsabhängiger Widerstand oder Varistor

Bild 1.3.–5 zeigt die Darstellung Gl. (28) im doppeltlogarithmischen U-/I-Diagramm. Man erkennt deutlich, daß sich eine Gerade ergibt, bei der β die Steigung der Geraden angibt.

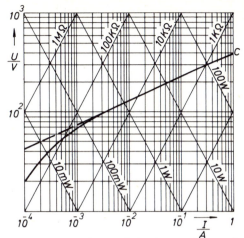

Abb. 1.3.–5. U-/I-Kennlinie eines Varistors mit $C = 400$ Ohm und $= 0,25$

Für kleine Ströme durch den Varistor weicht die U-/I-Charakteristik von der Geraden ab. Die Gl. (26) bis Gl. (28) sind in Bereichen kleiner Varistorströme nicht mehr gültig. Klammert man den Kennlinienteil aus, der durch kleine Ströme gekennzeichnet ist, dann kann man aus der doppeltlogarithmischen Darstellung ein Verfahren zur Bestimmung der Konstanten C und des Regelfaktors β ableiten. Meßtechnisch ermittelt man für drei verschiedene Stromwerte die zugehörigen Spannungswerte des Varistors.

Diese drei Meßwertepaare trägt man im doppeltlogarithmischen U-/I-Kennlinienfeld ein. Ist die Verbindung der drei Punkte eine Gerade, so ergibt die Steigung der Geraden den Regelfaktor des Varistors.

Die Gerade wird nun bis zum 1A-Punkt verlängert und die dann am Varistor anstehende Spannung aus dem Diagramm abgelesen. Der Quotient aus Spannung zu Strom ergibt direkt die Konstante C in Ohm. Ergibt die Verbindung der drei Meßpunkte keine Gerade, dann werden die Messungen mit größeren Stromwerten wiederholt. Bei Nichtbeachtung würde sowohl der Regelfaktor β als auch die Konstante C zu große Werte annehmen.

Neben der doppeltlogarithmischen verwendet man auch die lineare Darstellung. Diese eignet sich besonders bei der Behandlung einer Rei-

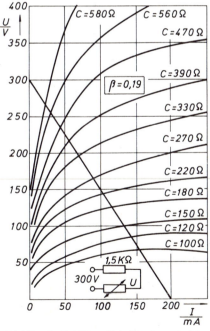

Bild 1.3.–6. U-/I-Kennlinie für einen Varistor mit $\beta = 0,19$ und eingetragener Arbeitsgeraden für $R = 1,5$ kOhm und $U_B = 300$ V

henschaltung von einem Varistor mit einem ohmschen Widerstand. Die Spannungs- und Stromverteilung auf die beiden Bauelemente ergibt sich direkt aus dem Strom- und Spannungswert des Schnittpunktes der Arbeitsgeraden des ohmschen Widerstandes mit der Varistorkennlinie.

Bild 1.3.−6 gibt hierfür ein Beispiel.

Bild 1.3.−7 zeigt ein Nomogramm für die Ermittlung der Strom-, Spannungs- und Leistungswerte von spannungsabhängigen Widerständen.

Die Handhabung des Diagramms geschieht folgendermaßen:

1. Man sucht sich auf der I-Skala den Strom, der in den Datenblättern von VDR-Widerständen dem Meßstrom entspricht.

2. Den Meßwert der I-Skala verbindet man geradlinig mit dem zugehörigen Spannungswert der U-Skala.

3. Man verlängert die Gerade, bis diese den zum Widerstand gehörigen β-Wert schneidet.

4. Die vom Schnittpunkt mit der β-Linie ausgehenden Geraden schneiden die I-, U- und P-Skala immer bei zusammengehörenden I-, U- und P-Werten.

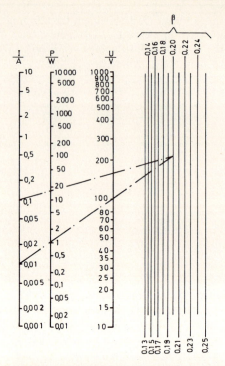

Bild 1.3.−7. Nomogramm zur Bestimmung von Strom, Spannung und Leistung eines VDR

Neben den U-/I-Kennlinien interessieren außerdem noch die Funktionen $R = f(I)$ und $R = f(U)$ eines spannungsabhängigen Widerstandes. Ausgehend von Gl. (26) erhält man die Funktion $R = f(I)$, wenn man Gl. (26) auf beiden Seiten durch I dividiert.

$$U = C \cdot I^\beta / : I \tag{26}$$

$$\frac{U}{I} = \frac{C \cdot I^\beta}{I}$$

$$R = \frac{U}{I}$$

$$R = \frac{C \cdot I^\beta}{I}$$

$$I = I^1$$

$$R = C \cdot I^\beta \cdot I^{-1}$$

$$R = C \cdot I^{(\beta-1)} \tag{29}$$

Unter Zuhilfenahme von Gl. (27) gewinnt man dann die Funktion für $R = f(U)$.

$$R = \frac{U}{I}$$

$$I = \left(\frac{1}{C} \cdot U\right)^{\frac{1}{\beta}} \tag{27}$$

$$R = \frac{U}{\left(\frac{1}{C} \cdot U\right)^{\frac{1}{\beta}}}$$

1.3. Spannungsabhängiger Widerstand oder Varistor

$$R = \frac{C^{\frac{1}{\beta}}}{U^{\frac{1}{\beta}-1}}$$

$$R = \frac{C^{\frac{1}{\beta}}}{U^{\frac{1-\beta}{\beta}}} \quad (30)$$

Die Bilder 1.3.−8 und 1.3.−9 zeigen deutlich die nichtlinearen Zusammenhänge zwischen Strom, Spannung und Widerstand eines Varistors.

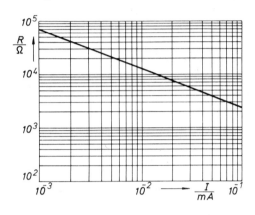

Bild 1.3.−8. $R = f(I)$ eines Varistors für $C = 400$ Ohm und $\beta = 0{,}25$

Die in den Datenblättern angegebenen Toleranzen beziehen sich auf den Spannungsabfall am Varistor bei Meßströmen von 1 mA, 10 mA und 100 mA. Übliche Werte sind $\pm 10\%$ und $\pm 20\%$.

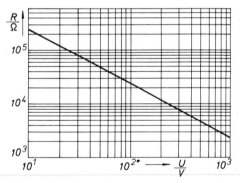

Bild 1.3.−9. $R = f(U)$ eines Varistors für $C = 400$ Ohm und $\beta = 0{,}25$

Übung 1.3.2.−1

Durch welches Schaltzeichen wird ein Varistor dargestellt?

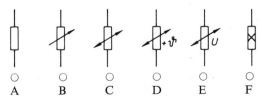

1.3.2.1. Temperaturverhalten von spannungsabhängigen Widerständen

Der Regelfaktor β eines Varistors zeigt praktisch keine Temperaturabhängigkeit.

Die Konstante C läßt mit steigender Temperatur ein fallendes Verhalten erkennen, d. h. α_U, der Temperaturkoeffizient des spannungsabhängigen Widerstandes, ist negativ. Legt man die Bezugstemperatur bei $\vartheta = 0\,°C$, dann gilt für $C = f(\vartheta)$ mit guter Näherung Gl. (31).

α_u = Temperaturkoeffizient des Varistors

$$a_U = -0,1\,\frac{\%}{°C} \ldots -0,2\,\frac{\%}{°C}$$

$$C_\vartheta = (1 + a_U \cdot \vartheta) \cdot C_0 \qquad (31)$$

Bezieht man Gl. (31) unter Berücksichtigung des Temperaturkoeffizienten α_U auf die Spannung am Varistor bei konstantem Strom, dann gilt

a) I = const.
  U nimmt pro °C um 0,1% bis 0,2% ab.

Entsprechendes gilt bei konstanter Spannung

b) U = const.
  I nimmt pro °C um 0,1% bis 0,2% zu.

1.3.2.2. Belastung und Betriebstemperatur von Varistoren

Entsprechend dem „Ohmschen Gesetz" gilt für die Verlustleistung im Varistor

$$P = U \cdot I$$

Mit Gl. (26) und Gl. (27) läßt sich nun $P = U \cdot I$ in Gl. (32) und Gl. (33) umschreiben.

$$U = C \cdot I^\beta \qquad (26)$$

$$P = C \cdot I^\beta \cdot I$$

$$P = C \cdot I^{(\beta+1)} \qquad (32)$$

$$I = \left(\frac{1}{C} \cdot U\right)^{\frac{1}{\beta}} \qquad (27)$$

$$P = U \cdot \left(\frac{1}{C} \cdot U\right)^{\frac{1}{\beta}}$$

$$P = \frac{1}{C^{\frac{1}{\beta}}} \cdot U^{\left(1+\frac{1}{\beta}\right)} \qquad (33)$$

Die Bilder 1.3.–10 und 1.3.–11 zeigen den Zusammenhang der Gl. (32) und Gl. (33) in einem Diagramm.

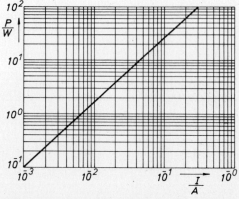

Bild 1.3.–10. $P = f(I)$ bei ϑ_u = const. mit $\beta = 0,2$ und $C = 400$ Ohm

1.3. Spannungsabhängiger Widerstand oder Varistor

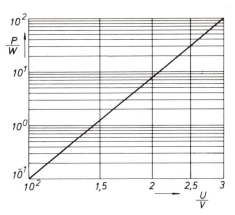

Aus Bild 1.3.–11 ersieht man deutlich, daß ein Regelfaktor $\beta = 0{,}2$ die Verlustleistung P des Varistors mit der 6. Potenz ansteigen läßt.

Ein Spannungsanstieg von rund 12% würde die Verlustleistung des Varistors verdoppeln.

Die sich hierbei einstellende Temperatur des VDR ist natürlich abhängig von der Wärmeabgabe an das umgebende Medium. Die Wärmeabfuhr kann durch Ventilation oder Einbringen des Varistors in ein Ölbad vergrößert werden.

Bild 1.3.–11. $P = f(U)$ bei $\vartheta_u = $ const. mit $\beta = 0{,}2$ und $C = 400$ Ohm

Die Maximaltemperatur des spannungsabhängigen Widerstandes wird bestimmt durch die Imprägnierung zum Schutz gegen atmosphärische Einflüsse. Sie liegt bei ca. $+120\,°C$, ohne Imprägnierung bei ca. $+150\,°C$.

1.3.2.3. Serien- und Parallelschaltung von Varistoren

Bei der Reihenschaltung werden alle Varistoren vom gleichen Strom I durchflossen. Die Einzelspannungsabfälle müssen sich also addieren.

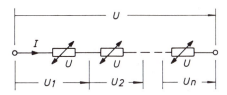

Bild 1.3.–12. Reihenschaltung von Varistoren

$$U = U_1 + U_2 + \ldots + U_n$$
$$U_1 = C_1 \cdot I^{\beta_1}$$
$$U_2 = C_2 \cdot I^{\beta_2}$$
$$U_n = C_n \cdot I^{\beta_n}$$
$$U = C_1 \cdot I^{\beta_1} + C_2 \cdot I^{\beta_2} + \ldots + C_n \cdot I^{\beta_n} \quad (34)$$

mit $C_1 = C_2 = C_n = C$
und $\beta_1 = \beta_2 = \beta_n = \beta$

Verwendet man in der Reihenschaltung Varistoren gleichen Typs, dann geht die Gl. (34) über in Gl. (35). Man erkennt, daß die Konstante C durch Serienschaltung beliebig vergrößert werden kann.

$$U = n \cdot C \cdot I^\beta$$
$$C^* = n \cdot C$$
$$U = C^* \cdot I^\beta \quad (35)$$

Die Parallelschaltung von Varistoren besitzt in der Praxis nur eine geringe Bedeutung. Sie soll deshalb hier der Vollständigkeit halber nur für n gleiche Varistoren dargestellt werden.

Hierfür spricht außerdem die Tatsache, daß bei Verwendung von Varistoren mit unterschiedlichen Regelfaktoren die Stromverteilung stark spannungsabhängig ist und somit die Gefahr der Überlastung für einzelne Exemplare wächst. In der Parallelschaltung ist die Spannung U an den einzelnen Verbrauchern gleich der Gesamtspannung U_{ges}. Sind die Verbraucherwiderstände gleich groß, ergibt sich der Gesamtstrom I_{ges} aus der Summe der Einzelströme $(I_1 + I_2 + \ldots + I_n = I_{ges})$.

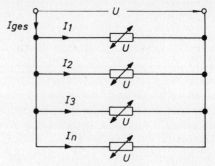

Bild 1.3.–13. Parallelschaltung von Varistoren

$$U_{ges} = U_1 = U_2 = U_n = U$$
$$I_{ges} = I_1 + I_2 + \ldots + I_n$$
$$I = I_1 = I_2 = I_n$$
$$I_{ges} = n \cdot I$$

Für die Parallelschaltung der Varistoren ergibt sich somit:

$$U = C^* \cdot (I_{ges})^\beta$$
$$U = C^* \cdot (n \cdot I)^\beta$$
$$U = C \cdot I^\beta \tag{26}$$

Unter Verwendung der Gl. (26) läßt sich C^* bestimmen Gl. (36).

$$C \cdot I^\beta = C^* \cdot (n \cdot I)^\beta$$
$$C^* = \frac{C \cdot I^\beta}{(n \cdot I)^\beta}$$
$$C^* = \frac{C}{n^\beta} \tag{36}$$

Untersucht man Gl. (36) näher, dann zeigt sich ein weiterer Grund, weshalb in der Praxis die Parallelschaltung keine große Bedeutung hat.

Beispiel 1.3.2.3.−1

Will man den C-Wert der verwendeten Varistoren halbieren, so ergibt sich für einen β-Wert von 0,4 die Parallelschaltung von rund 6 Varistoren, wirtschaftlich gesehen eine sehr teure Lösung.

$$C^* = \frac{1}{2} C$$
$$\frac{1}{2} C = \frac{C}{n^{0,4}}$$
$$n^{0,4} = 2$$
$$0,4 \lg n = \lg 2$$
$$\lg n = \frac{1}{0,4} \lg 2$$
$$= 0,753$$
$$n = 10^{0,753}$$
$$n = 5,65$$
$$\underline{\underline{n \approx 6}}$$

1.3.2.4. Varistoren im Wechselstromkreis

Betrachtet man den Varistor in erster Näherung als eine Antiparallelschaltung von zwei Dioden, dann erklärt sich aus dem Ersatzschaltbild heraus direkt das starke nichtlineare Verhalten des Bauelementes im Wechselstromkreis.

Die Bilder 1.3.−14 und 1.3.−15 geben die Verhältnisse für eine sinusförmige Spannung und einen sinusförmigen Strom am Varistor wieder.

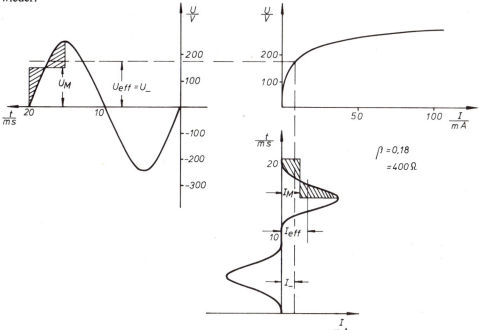

Trägt man in Bild 1.3.−14 zusätzlich eine Gleichspannung U ein, die dem Effektivwert der sinusförmigen Wechselspannung entspricht, dann erkennt man, daß der sich ergebende Gleichstromwert stark vom Effektivwert I_{eff} und vom Mittelwert I_M des Wechselstromes abweicht. Die Verhältnisse $I_M : I$ und $I_{eff} : I$ werden von dem Regelfaktor β bestimmt.

Bild 1.3.−14. Nichtlineares Verhalten des Varistors bei sinusförmiger Wechselspannung

Übung 1.3.2.4.−1

An einem Varistor soll die Zeitfunktion $I = f(t)$ bestimmt werden.
a) Geben Sie die notwendigen Geräte an, die Sie zur Bestimmung der Zeitfunktion benötigen.
b) Erstellen Sie eine einfache Meßschaltung zur Aufnahme der Funktion $I = f(t)$.
c) Skizzieren Sie rein qualitativ die Funktion $I = f(t)$.

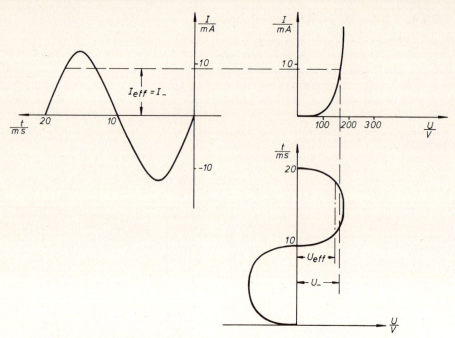

Bild 1.3.–15. Nichtlineares Verhalten des Varistors bei sinusförmigen Wechselstrom

Ganz ähnlich liegen die Verhältnisse in Bild 1.3.–15. Auch hier weichen Mittelwert und Effektivwert der Wechselspannung stark vom Gleichspannungswert ab. Auch hier werden die Spannungsverhältnisse durch den Regelfaktor β bestimmt.

In der Praxis werden die Fälle, bei denen eine reine Wechselspannung am Varistor anliegt bzw. ein reiner Wechselstrom durch den Varistor fließt, äußerst selten sein. Bei den meisten Schaltungen liegen lineare Ohmsche Widerstände in Reihe mit dem Varistor. Die Strom- und Spannungskurven weichen dann von den in den Bildern 1.3.–14 und 1.3.–15 dargestellten mehr oder minder stark ab. Je größer der Vorwiderstand wird, um so sinusförmiger wird der Stromverlauf (Stromeinprägung). Die nichtlineare Beziehungen zwischen sinusförmigem Wechselstrom und sinusförmiger Wechselspannung führen bei Messungen dieser Größen mit Drehspulinstrumenten mit Gleichrichtern u. U. zu erheblichen Meßfehlern, denn dieser Instrumententyp erfaßt nur den arithmetischen Mittelwert von Strom und Spannung. Die Skala ist in der Regel aber auf Effektivwerte für rein sinusförmige Größen geeicht.

1.3. Spannungsabhängiger Widerstand oder Varistor

Übung 1.3.2.4.—2

In einem Laborversuch stand die nachfolgende Meßschaltung zur Verfügung:

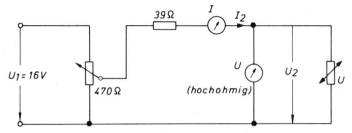

Es wurde während der Versuchs die Meßreihe aufgenommen:

lfd. Nr. der Messung	1	2	3	4	5	6	7	8	9	10	11
$\dfrac{U_2}{V}$	0	1	2	3	4	5	6	7	8	9	10
$\dfrac{J_z}{mA}$	0	1	2,7	5,4	5,7	14,7	22	33	46	65	100

a) Stellen Sie die Meßreihe im I-/U-Kennlinienfeld dar.
b) Ermitteln Sie die Verformung des Stromes, wenn anstelle der Gleichspannung am Varistor eine sinusförmige Spannung von $U{\rm ss} = 16$ V eingeprägt wird.
c) Dem Varistor wird ein Strom von 150 mAss eingeprägt. Welche Spannungsverformung ergibt sich?
d) Erstellen Sie anhand der Meßreihe die Funktion $R = f(U_2)$.

1.3.2.5. Frequenzverhalten von Varistoren

Aufgrund des Aufbaus und der geometrischen Abmessungen von Varistoren ergeben sich zum Teil erhebliche Eigenkapazitäten und damit verbunden andere Kennlinien als bei reiner Gleichspannung. Den Einfluß der Frequenz im Bereich von 50 Hz bis 50 kHz stellt das Bild 1.3.—16 dar. Es zeigt sich in dieser Abb. eine starke Frequenzabhängigkeit im Bereich kleiner Ströme und Spannungen, die im Bereich hoher Spannungen immer mehr zurückgedrängt wird.

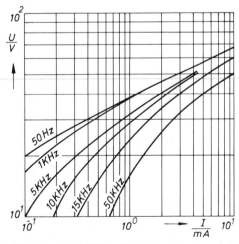

Bild 1.3.—16. U-/I-Kennlinie eines Varistors mit der Frequenz f als Parameter

1.3.3. Anwendung von Varistoren

Die Anwendung von Varistoren wird durch vier Bereiche beschrieben.

Es existiert eine Vielzahl von Schaltungen, die sich jedoch alle auf die vier Grundbereiche reduzieren lassen. Deshalb sollen hier nur exemplarisch typische Schaltungen für die unter 1. bis 4. genannten Anwendungen beschrieben werden.

Anwendung von Varistoren zur:
1. Spannungsbegrenzung,
2. Spannungsstabilisierung,
3. Funkenlöschung und
4. Skalendehnung von Meßgeräten.

1.3.3.1. Spannungsbegrenzung mit Varistoren

Eine Spannungsbegrenzung wird in der Elektrotechnik immer dann notwendig, wenn empfindliche Bauelemente wie Gleichrichter, Transistoren, Elektrolytkondensatoren oder Gleichstromwandler vor Störspannungsspitzen oder Überspannung durch Lastausfall geschützt werden sollen.

Die Bilder 1.3.−17 und 1.3.−18 zeigen zwei Möglichkeiten des Überspannungsschutzes von Relais bzw. Transistoren und Elektrolytkondensatoren.

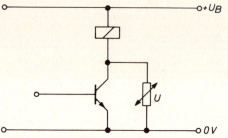

Bild 1.3.−17. Überspannungsschutz der Kollektor-Emitter-Strecke eines Transistors

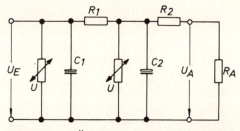

Bild 1.3.−18. Überspannungsschutz von Elektrolytkondensatoren

Übung 1.3.3.1.−1

Geben Sie eine stichwortartige Funktionsbeschreibung der folgenden Schaltungen

a)

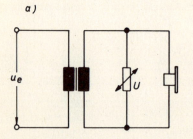

b)

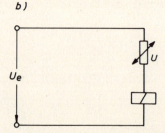

1.3.3.2. Spannungsstabilisierung mit Varistoren

Die Qualität der Spannungsstabilisierung mit Varistoren genügt keinen hohen Ansprüchen. Sie läßt sich außerdem nur für kleine Leistungen einsetzen. Bild 1.4.–18 zeigt die Möglichkeit, mit einem Varistor eine Parallelstabilisierung aufzubauen, die in gewissen Grenzen sowohl die Eingangsspannungsschwankungen als auch die Lastschwankungen ausgleicht. Wird der Lastwiderstand z. B. niederohmiger, dann sinkt zunächst die Spannung am und der Strom durch den Varistor. Der Varistor vergrößert seinen Widerstand, am Vorwiderstand R_V fällt weniger Spannung ab und damit steigt die Spannung an der Last wieder an.

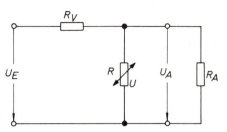

Bild 1.3.–19. Parallelstabilisierung mit Varistor

Ähnlich reagiert die Schaltung auf Eingangsspannungsänderungen. Sinkt die Eingangsspannung, so sinkt auch der Strom durch den Varistor. Dieser vergrößert seinen Widerstand und wirkt somit dem Spannungsverlust entgegen.

Der maximale Stabilisierungsfaktor S_{max} liegt bei dieser Stabilisierung sehr niedrig und erreicht Werte zwischen 3 und 5.

Auf die Ableitung des Stabilisierungsfaktors wurde an dieser Stelle verzichtet.

$$S_{max} \approx 3 \dots 5$$

$$S = \frac{\frac{\Delta U_E}{U_E}}{\frac{\Delta U_A}{U_A}}$$

$$S = \frac{1}{\beta} - \frac{1-\beta}{\beta} \cdot \frac{\frac{U_A}{U_E} + \frac{R}{R_A}}{1 + \frac{R}{R_A}} \tag{37}$$

Bild 1.3.–20 stellt eine Serienstabilisierung mit Varistor dar. Die Wirkungsweise erklärt sich direkt aus der Schaltung.

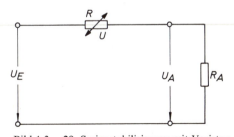

Bild 1.3.–20. Serienstabilisierung mit Varistor

Bild 1.3–21 zeigt die Zeilenendstufe eines Schwarzweißfernsehgerätes. Diese Stufe ist über einen Varistor spannungsstabilisiert.

Über C_1 gelangen die Zeilenrückschlagimpulse von 1 kVss auf den Varistor. Diese Impulsspannung, die über C_1 gleichspannungsfrei am Zeilentransformator ausgekoppelt wird, ist unsymmetrisch. Sie wird am Varistor gleichgerichtet und zur Gittervorspannungserzeugung der Zeilenendröhre verwendet.

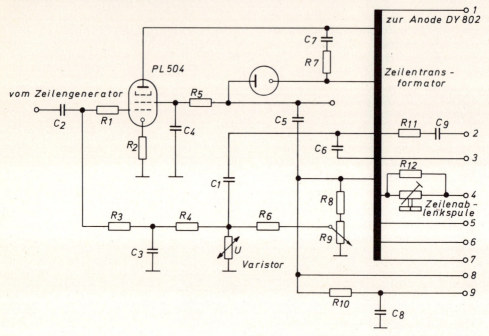

Bild 1.3.−21. Stabilisierte Zeilenendstufe eines Schwarzweißgerätes

Übung 1.3.3.2.−1

Berechnen Sie den folgenden Spannungsteiler, wenn die Ausgangsspannung 150 V betragen soll.

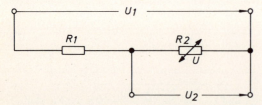

Die Eingangsspannung ist mit 250 V ±2% festgelegt. Die Verlustleistung des Varistors beträgt 3 W, der β-Wert ist mit 0,19 gegeben. Ferner steht das U-/I-Kennlinienfeld mit $\beta = 0{,}19$ und C als Parameter zur Verfügung (siehe Bild 1.3.−6).

1.3.3.3. Funkenlöschung mit Hilfe von Varistoren

Spannungsspitzen, die beim Schalten von Induktivitäten (z. B. Spulen, Relais usw.) hohe Werte erreichen, führen bei Schaltkontakten automatisch beim Öffnen zur Funkenbildung, wenn die Spannung über 300 V ansteigt.

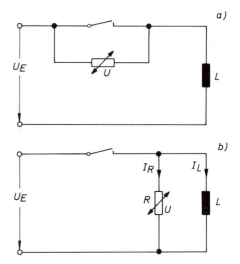

Einen wirtschaftlichen Schutz gegen die Funkenbildung an Kontakten bietet hier der Varistor, der entweder parallel zu den Kontakten oder parallel zur Induktivität geschaltet wird (siehe Bild 1.3.–22). Im Abschaltmoment bleibt der Strom durch die Induktivität zuerst in seiner Größe und Richtung aufgrund der Selbstinduktion erhalten. Dieser Strom fließt über den Varistor. Die Spannung, die sich am Varistor aufbaut, errechnet sich nach Gl. (38).

Bild 1.3.–22. Kontaktschutz gegen Abbrand durch Einsatz von Varistoren

$$U_R = U_E \cdot \left(\frac{I_L}{I_R}\right)^\beta \tag{38}$$

U_R = Spannung am Varistor in Volt
U_E = Eingangsspannung der Schaltung in Volt
I_R = Strom durch den Varistor bei geschlossenem Stromkreis in Ampere
I_L = Strom durch die Induktivität bei geschlossenem Stromkreis in Ampere

Legt man z. B. ein Stromverhältnis von $I_L/I_R = 15/1$ zugrunde, dann erhöht sich die Spannung U_R bei einem Regelfaktor von $\beta = 0{,}19$ und einer Eingangsspannung von $U_E = 100\,\text{V}$ auf

Beispiel 1.3.3.3.—1

$U_R = 100\,\text{V} \left(\dfrac{15}{1}\right)^{0,19}$

$ = 100\,\text{V} \cdot 1{,}673$

$\underline{\underline{U_R = 167{,}3\,\text{V}}}$

Bei Verwendung eines rein Ohmschen Widerstandes ($\beta = 1$) würde hingegen die Spannung auf den rund 15fachen Wert ansteigen, was unweigerlich zu einer Funkenbildung an den Kontakten führen würde. Der einzusetzende

Varistortyp ist abhängig von den Daten der Induktivität und der Tatsache, daß die Spannung an den Schaltkontakten unter 300 V liegen muß, um Funkenbildung zu vermeiden. Hieraus folgt die Forderung

$$300 \text{ V} \geq U_E + U_R.$$

Der Varistortyp bestimmt sich somit zu

$$U_R \leq 300 \text{ V} - U_E.$$

Der Strom durch die Spule errechnet sich aus der Eingangsspannung und dem Verlustwiderstand der Induktivität.

$$I_L = \frac{U_E}{R_L}$$

R_L = Verlustwiderstand der Spule in Ohm

Die Belastung des Varistors wird bestimmt durch die Anzahl der Schaltzyklen und die Größe der Induktivität L.

Die in der Spule abgespeicherte Energie errechnet sich zu

$$W = \frac{1}{2} L \cdot I_L^2$$

L = Induktivität in Henry
I_L = Spulenstrom in Ampere

Multipliziert man die Spulenenergie mit der Schaltfrequenz f_s, d. h. der Anzahl der Schaltzyklen pro Zeiteinheit, dann erhält man die Leistung, die der Varistor in Wärme umsetzen muß. Vernachlässigt wird bei dieser Betrachtung die Leistung $U_R \cdot I_R$ des Varistors selbst.

$$P_R = \frac{1}{2} \cdot L \cdot I_L^2 \cdot f_s \qquad (39)$$

Vergleicht man Gl. (38) und Gl. (39) miteinander, dann erkennt man sehr rasch, daß die Schaltung nach Bild 1.3.–22b nur bis zu Eingangsspannungen von 100 V einsetzbar ist.

Für Eingangsspannungen über 100 V empfiehlt sich die Verwendung der Schaltung nach Bild 1.3.–22a.

Übung 1.3.3.3.–1

Bis zu welchen Spannungen setzt man die Schaltung a) bzw. b) ein. Begründen Sie kurz Ihre Antwort.

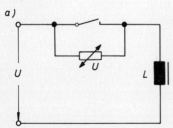
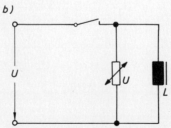

1.3.3.4. Skalendehnung mittels Varistor

Eine Beeinflussung des Skalenverlaufs von Spannungsmessern ist mit Hilfe von Varistoren möglich. Bild 1.3.−23 zeigt ein Beispiel.

Bei kleinen Spannungen stellt der Varistor einen relativ hochohmigen Widerstand dar, der mit zunehmender Spannung kleiner wird.

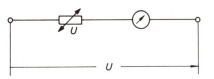

Bild 1.3.−23. Skalendehnung bei Voltmetern durch Einsatz von Varistoren

Bezogen auf den Skalenverlauf ist der obere Teil somit stark gedehnt, während der untere gedrängt erscheint.

Die Dehnung des oberen Skalenverlaufs ist allein eine Funktion des Regelfaktors β. Die Dehnung nimmt mit fallenden β-Werten zu.

1.4. Der Fotowiderstand

Lernziele

Der Lernende kann...
... den Zusammenhang zwischen der Beleuchtungsstärke und dem Widerstand eines Fotowiderstandes erklären und den inneren Fotoeffekt darstellen.
... eine vorgegebene Dunkelschaltung in eine Hellschaltung umwandeln und umgekehrt.
... die Kennlinienbeeinflussung eines Fotowiderstandes durch die Parallelschaltung von ohmschen Widerständen darstellen.
... einfache Schaltungen mit Fotowiderständen dimensionieren.

Ein Fotowiderstand stellt ein elektrisches Bauelement dar, dessen Widerstand sich mit dem auf ihn auffallenden Lichtstrom bzw. mit der auf ihn einwirkenden Beleuchtungsstärke ändert. Der Fotowiderstand gehört damit zu den optoelektronischen Bauelementen und findet Anwendung in Lichtschranken zur Produktionskontrolle und als Schutzvorrichtung, wie z. B. Dämmerungsschalter, Feuermelder usw. oder in numerisch gesteuerten Werkzeugmaschinen zur Winkel- und Positionsmessung.

Im angloamerikanischen Sprachgebrauch wird der Fotowiderstand als LDR (light dependent resistor) bezeichnet.

1.4.1. Herstellung von Fotowiderständen

Fotowiderstände bestehen aus Halbleitermischkristallen. Zur Herstellung derselben sind besonders Materialien auf der Basis von

Cadmiumsulfid (CdS) und Bleisulfid (PbS) geeignet. Neben diesen beiden genannten Stoffen kommen auch Bleiselenid (PbSe) und Bleitellurid (PbTe) zur Anwendung.

In der Fertigung von lichtempfindlichen Materialien für LDRs unterscheidet man zwischen:

Das Sinter-Preß-Verfahren geht von einem hochreinen CdS-Niederschlag aus. Dieser Niederschlag wird erzeugt, indem Schwefelwasserstoff (H_2S) durch die Lösung eines Cadmiumsalzes geführt wird.

Der CdS-Niederschlag ist pulverförmig und besitzt Korngrößen von ca. 10^{-4} mm.

In einer Gasatmosphäre, die mit den Aktivatoren Kupfer (Cu), Silber (Ag) und Gallium (Ga) durchsetzt ist, wird das Pulver erhitzt und für eine bestimmte Zeit auf Temperatur gehalten.

Das Korn wächst bei diesem Prozeß auf Größen von 10^{-2} mm bis 10^{-1} mm. Außerdem verteilen sich die Aktivatormaterialien gleichmäßig auf die einzelnen Gefügekörner.

Das so geschaffene Basismaterial ist bereits lichtsensitiv, aber aufgrund zu geringer molekularer Packungsdichten und Unregelmäßigkeiten im Gitteraufbau zur Herstellung von Fotowiderständen noch ungeeignet. Es schließt sich ein Preß- und Sintervorgang an, der das Basismaterial nochmals verdichtet und dabei gleichzeitig in die gewünschte Form bringt.

Keramik-, Glas- oder Quarzplatten sind beim Vakuum-Aufdampf-Verfahren die Trägermaterialien für die lichtsensitiven Schichten.

Diese werden durch Aufdampfen von Cadmium und Selen gewonnen.

Durch Änderung der Verdampfungszeiten der Basismaterialien (Cd und Se) sowie der Reaktionstemperaturen hat man es in der Hand, Schichtdicken zwischen 3 µm bis 20 µm zu erreichen. Die geringe Schichtdicke ist der Grund dafür, daß die so erzeugten Schichten hochohmig und relativ lichtunempfindlich sind.

Es findet deshalb anschließend nochmals bei 500 °C ein Tempervorgang des bedampften Trägers in einem mit Halogenen angereicher-

Basismaterialien für Fotowiderstände:

1. Cadmiumsulfid (CdS),
2. Bleisulfid (PbS),
3. Bleiselenid (PbSe) und
4. Bleitellurid (PbTe).

Herstellungsverfahren für lichtempfindliche Materialien:

1. dem Sinter-Preß-Verfahren und
2. dem Vakuum-Aufdampf-Verfahren.

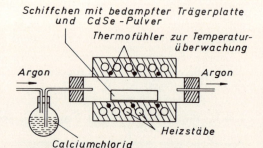

Bild 1.4.—1. Temperprozeß der mit CdSe bedampften Trägerplatte

1.4. Der Fotowiderstand

ten CdSe-Pulver statt. Der Tempervorgang läuft unter einer wasserdampffreien Argonschutzgasatmosphäre ab. Es werden hierbei die aufgedampften Schichten verstärkt und außerdem Dotierungsstoffe aufgenommen. Bild 1.4.–1 zeigt den Tempervorgang in einer schematischen Skizze.

Die Elektrodenanschlüsse werden nach Abschluß beider Herstellungsverfahren aus Gold (Au), Silber (Ag), Aluminium (Al) oder Indium (In) ausgeführt. Dies geschieht durch Aufdampfen unter Vakuum, wobei die lichtsensitiven Schichten durch Masken abgedeckt sind.

Als geometrisch günstigste Form des Fotowiderstandes hat sich die Mäanderform herausgestellt (siehe Bild 1.4.–2).

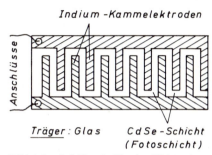

Bild 1.4.–2. Mäanderförmige Elektrodenanschlüsse bei Fotowiderständen

Diese Form vereinigt den Vorteil der größten lichtempfindlichen Halbleiterschicht mit dem kleinstmöglichen Elektrodenabstand. Der geringe Elektrodenabstand ist notwendig, damit möglichst alle vom Licht freigesetzten Elektronen abgesaugt werden können, bevor diese wieder rekombinieren. Die Grundsubstanzen von Fotowiderständen sind stark hygroskopisch. Deshalb wird die lichtsensitive Schicht Luft- und wasserdicht in Glaskolben, Metallgehäusen mit Plan- oder Linsenfenster bzw. lichtdurchlässigen Kunststoffgehäusen eingebettet.

Übung 1.4.1.–1

Welches sind die Basismaterialien für die Herstellung von Fotowiderständen?
- ○ a) Germanium (Ge)
- ○ b) Silizium (Si)
- ○ c) Selen (Se)
- ○ d) Indiumantimonid (InSb)
- ○ e) Indiumphosphid (InP)
- ○ f) Bleisulfid (PbS)
- ○ g) Kupferoxydul (Cu_2O)
- ○ h) Galliumarsenid (GaAs)
- ○ i) Cadmiumselenid (CdSe)

1.4.2. Die elektrischen Eigenschaften von Fotowiderständen

Führt man einem Halbleiter Energie in Form von Wärme oder Licht zu, so wird seine Eigenleitfähigkeit erhöht.

Diese Tatsache nutzt man auch beim Fotowiderstand aus (siehe Bild 1.4.–3). Die Energie der einfallenden Lichtquanten wird auf die Elektronen des Valenzbandes übertragen, so daß diese sich aus der molekularen Gitterstruktur bzw. den atomaren Gitterbindungen herauslösen, wenn die Energie des Lichtquants (Photons) größer als die Bindungsenergie des Elektrons ist.

Die Folge ist eine freie Bewegung der Elektronen im Kristallgitter bis zu ihrer Rekombination. Die freie Bewegung der Elektronen kommt aber einer erhöhten Leitfähigkeit des Materials gleich. Da diese praktisch ausschließlich von Lichtquanten erzeugt wird, spricht man beim Ablauf dieses Vorganges auch vom *inneren fotoelektrischen Effekt*.

Die Energie eines Photons ist abhängig von der Frequenz des Lichtes.

Die Energie errechnet sich zu:

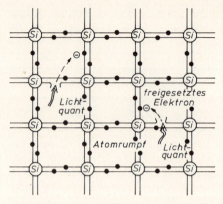

Bild 1.4.–3. Lichtquanten als Ursache der Auslösung von Valenzelektronen aus dem Gitterverband

$$W = h \cdot f$$

W = Energie in Ws

h = Planksches Wirkungsquantum

h = $6{,}624 \cdot 10^{-34}$ Ws²

f = Frequenz des einfallenden Lichtes in 1/s bzw. Hz

Um verschiedene fotoelektrische Bauelemente besser miteinander vergleichen zu können, benötigt man ein einheitliches Bezugssystem. Man hat hierfür das menschliche Auge mit einer spektralen Empfindlichkeit von 380 nm bis 780 nm gewählt. Innerhalb dieser angegebenen Wellenlängen zeigt das Auge seine maximale spektrale Empfindlichkeit bei einer Wellenlänge von 555 nm. Der Wellelänge 555 nm entspricht etwa der Farbe Hellgrün des sichtbaren Lichtes.

Die relative spektrale Empfindlichkeit läßt sich nun als Funktion der Wellelänge darstellen, indem man das Verhältnis spektrale Empfindlichkeit zur maximalen spektralen Empfindlichkeit über λ aufträgt. In Bild 1.4.–4 ist dies für das normale menschliche Auge dargestellt.

S = spektrale Empfindlichkeit

S_{max} = maximale spektrale Empfindlichkeit

S_{rel} = relative spektrale Empfindlichkeit

$$S_{rel} = \frac{S}{S_{max}} \cdot 100\,\%$$

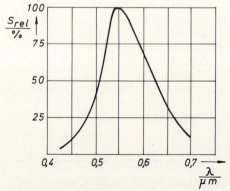

Abb. 1.4.–4. Relative spektrale Empfindlichkeit des menschlichen Auges

1.4. Der Fotowiderstand

Vergleicht man nun fotoelektrische Bauelemente mit der relativen Spektralempfindlichkeit des menschlichen Auges so erkennt man, daß diese zum Teil kurzwelligeres oder auch langwelligeres Licht besser registrieren als das Auge. Dies zeigt sich besonders bei Fotobauelementen auf der Basis von Silizium und Germanium. Bei diesen beiden Elementen liegt die spektrale Empfindlichkeit mit ihrem Maximum zwischen 850 nm und 1600 nm.

Die unterschiedliche spektrale Empfindlichkeit ist also eine Funktion des Materials und natürlich darüber hinaus auch eine Frage des Dotierungsgrades.

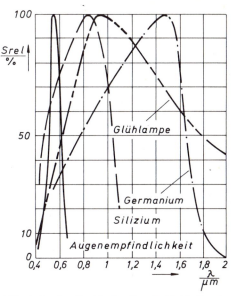

Abb. 1.4.—5. Spektrale Empfindlichkeit des menschlichen Auges im Vergleich zu Fotobauelementen aus Silizium und Germanium und dem Spektralbereich einer Glühlampe

Die Erhöhung der Fotoleitfähigkeit des Halbleitermaterials erfolgt für die Basisstoffe Cadmiumsulfid (CdS) und Cadmiumselnid (CdSe) mit Hilfe von Halogenen wie Brom, Jod und Chlor. Die Donatoren ersetzen im Kristall die Plätze des Schwefels bzw. des Selens.

Die auf diese Weise eingebrachten Donatoren binden bei Lichteinfall die erzeugten Löcher (oder Defektelektronen) und verhindern somit eine vorzeitige Rekombination derselben mit den durch die Lichtquanten freigesetzten Elektronen.

Die freie Weglänge der Elektronen nimmt also zu und damit die elektrische Leitfähigkeit der belichteten Schicht.

Als Nachteil zeigt sich durch das Einbringen von Donatoren eine erhöhte Dunkelleitfähigkeit des Materials, d. h. eine Zunahme der Leitfähigkeit im unbelichteten Zustand. Diese erhöhte Dunkelleitfähigkeit kommt einer Abnahme der Empfindlichkeit gleich.

Man versucht, diesen Nachteil durch das Einbringen von sog. „Aktivatoren" wie Kupfer (Cu) und Silber (Ag) wiederauszugleichen.

Der Anteil der einzubringenden Aktivatoren ($\hat{=}$ Akzeptoren) muß während der Fertigung exakt konstant gehalten werden, da sonst unkompensierte Zentren von Donatoren (bzw. Akzeptoren) im Material zurückbleiben, die die Fotoleitfähigkeit verringern.

Donatorstoffe für Cadmiumsulfid (CdS) *und Cadmiumselenid* (CdSe):

die Halogene

1. Brom,
2. Jod und
3. Chlor.

Bild 1.4.−6 zeigt die Funktion $R = f(E)$, d. h. den Widerstand des LDR als Funktion der Beleuchtungsstärke E.

Die Steigung der Widerstandskurve ist hier u. a. eine Funktion der Zusammensetzung und Konzentration der Aktivatoren.

Man erkennt aus der Kurve ganz deutlich, daß die Empfindlichkeit der Fotoschicht mit steigender Beleuchtungsstärke abnimmt.

Zu erklären ist dieser Effekt durch die hohen Photonenzahlen, die mehr Löcher entstehen lassen als die Aktivatorstoffe kompensieren können. Es kommt somit zu Rekombinationen zwischen den Löchern und den durch die Lichtquanten freigesetzten Elektronen. Die freie Weglänge der Elektronen sinkt und damit zwangsweise auch die Empfindlichkeit der Fotoschicht. Aus dem eben gesagten lassen sich die folgenden Schlüsse ziehen:

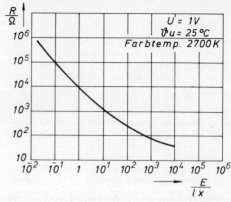

Bild 1.4.−6. Widerstand eines LDR als Funktion der Beleuchtungsstärke E

1. *Messung der Beleuchtungsstärke E*
   sollte mit einem Fotowiderstand geschehen, dessen Kennlinie eine geringe Steigung aufweist, d. h. einem Bauelement mit geringem Aktivatorgehalt, und

2. *Messungen von Beleuchtungsstärkeänderungen E*
   sollten mit Fotowiderständen steiler Kennlinie und damit hoher Aktivatorkonzentration durchgeführt werden.

Bild 1.4.−7 zeigt die *I-/U*-Kennlinie eines Fotowiderstandes mit der Beleuchtungsstärke E als Parameter.

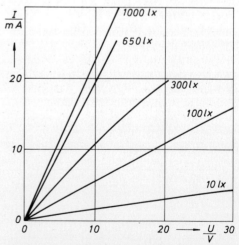

Bild 1.4.−7. *I-/U*-Kennlinie eines CdS-Fotowiderstandes mit der Beleuchtungsstärke E als Parameter

Übung 1.4.2.—1

Erläutern Sie die Begriffe
a) spektrale Empfindlichkeit S
b) maximale spektrale Empfindlichkeit S_{max} und
c) relative spektrale Empfindlichkeit S_{rel}.

Untersucht man das „Ansprechen" eines Fotowiderstandes auf eine bestimmte Beleuchtungsstärke E, dann zeigt sich, daß dies verzögert geschieht (Bild 1.4.—8). Die Ursache dieser Verzögerung liegt in der Rekombination der von den Photonen freigesetzten Elektronen mit dem im Kristallgitter vorhandenen Defektelektronen oder Löchern.

Die Zahl der freien Elektronen nimmt bei Bestrahlung der Fotoschicht mit einer konstanten Beleuchtungsstärke E zunächst zu, d. h. die Leitfähigkeit des Materials steigt. Dieser Vorgang läuft solange ab, bis sich ein Gleichgewichtszustand zwischen den rekombinierten und den freigesetzten Elektronen sowie den durch thermische Aufbrüche gebildeten Ladungsträgern gebildet hat.

Der sich im Gleichgewichtszustand einstellende Widerstand wird als Hellwiderstand R_H bezeichnet. Die Verzögerungszeit ist also eine Funktion der Beleuchtungsstärke E, des Dotierungsgrades und der Temperatur des Fotowiderstandes (siehe Bild 1.4.—9).

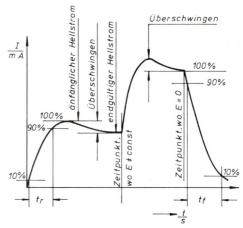

Bild 1.4.—8. Anstiegs- und Abfallzeit des Stromes eines Fotowiderstandes bei Änderung der Beleuchtungsstärke E

R_H = Hellwiderstand des Fotowiderstandes in Ohm

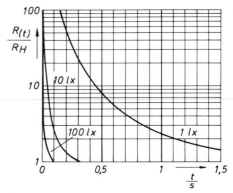

Bild 1.4.—9. Relative Widerstandsabnahme eines CdS-Fotowiderstandes bei E = const als Funktion der Zeit t

Neben der Einschaltverzögerung besitzt der Fotowiderstand auch eine Ausschaltverzögerung (siehe Bilder 1.4.—8 und 1.4.—10).

Die von den Photonen freigesetzten Elektronen im Halbleitermaterial finden nicht sofort Rekombinationspartner in Form von Löchern, denn ein Teil der Löcher ist ja an die zusätzlich eingebrachten Donatoren gebunden. Hinzu kommen außerdem die durch Temperaturaufbrüche im Material freigesetzten Ladungsträger. Der Fotowiderstand benötigt also eine ganz bestimmte Zeit, um von seinem Hellwiderstand R_H auf den Dunkelwiderstand R_0 umzuschalten.

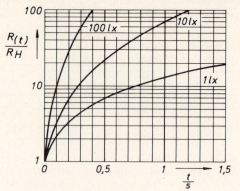

Bild 1.4.−10. Relative Widerstandszunahme eines CdS-Fotowiderstandes bei $E = 0$ als Funktion der Zeit t

Die Ein- und Ausschaltverzögerung eines Fotowiderstandes werden bestimmt durch:

1. die Beleuchtungsstärke E,
2. den Dotierungsgrad des LDR,
3. die Temperatur des LDR.

R_0 = Dunkelwiderstand des Fotowiderstandes in Ohm

Die Ein- und Ausschaltverzögerung von Fotowiderständen (Trägheit) beschränkt ihre Anwendung auf Frequenzen unterhalb 100 Hz.

Übung 1.4.2.−2

Erläutern Sie stichwortartig, warum Fotoschichten mit Halogenen wie Chlor, Brom oder Jod versetzt werden.

Übung 1.4.2.−3

Wie kann man beim Herstellungsprozeß von Fotowiderständen deren Kennliniensteigung verändern?

Übung 1.4.2.−4

Womit erklärt sich die Anstiegsgeschwindigkeit t_r eines Fotowiderstandes?

1.4. Der Fotowiderstand

Außer der Ein- und Ausschaltverzögerung ist das thermische Verhalten von Fotowiderständen von Interesse. Man kann experimentell nachweisen, daß bei Temperaturzunahme der Dunkelwiderstand R_0 fallende, der Hellwiderstand R_H steigende Tendenz zeigt.

Die fallende Tendenz des Dunkelwiderstandes läßt sich mit der Zunahme der Leitfähigkeit bei wachsender Temperatur erklären. Pro Zeit- und Volumeneinheit werden mehr Ladungsträgerpaare durch Generation erzeugt als vorher, d. h. der Dunkelwiderstand R_0 muß kleiner werden.

Bild 1.4.–11 gibt die Temperaturabhängigkeit des relativen Hellwiderstandes R_{Hrel} bei konstanter Beleuchtungsstärke E wieder. Man erkennt den wachsenden Widerstandswert bei steigender Temperatur. Die Ursache der Widerstandszunahme von R_H liegt in den verstärkten Gitterschwingungen des Halbleitermaterials bei steigender Temperatur.

Die größeren Schwingungsweiten der Gitteratome schränken die Bewegungsfreiheit der Elektronen (freien Ladungsträger) stark ein. Es kommt zu einer Leitfähigkeitsabnahme des Materials.

Die zunehmende Temperatur führt außerdem zu einer erhöhten Generationsrate im Material, die auf der anderen Seite auch eine Steigerung der Rekombinationsrate mit sich bringt, denn beide Effekte sind immer im Gleichgewicht.

Der Ausfall von Fotowiderständen kann in fast allen Fällen auf zwei Ursachen zurückgeführt werden.

Der erste Grund ist eine Undichtigkeit des Gehäuses, so daß der Fotowiderstand aufgrund seines hygroskopischen Verhaltens zuviel Feuchtigkeit aus der Umgebung aufgenommen hat und damit inaktiv geworden ist. Der zweite Grund liegt in der zeitweisen oder dauernden elektrischen Überlastung des Fotowiderstandes.

Die Überschreitung der maximalen Verlustleistung P_{tot} hat eine Änderung des Gefüges des Halbleitermaterials zur Folge, so daß dadurch der Fotowiderstand unbrauchbar wird.

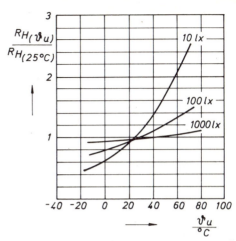

Bild 1.4.–11. Temperaturabhängigkeit des relativen Hellwiderstandes mit E als Parameter

Die Zunahme des Hellwiderstandes R_H bei steigender Temperatur ist bedingt durch

1. größere Gitterschwingungen der Atome und
2. höhere Rekombinationsraten der Löcher und Elektronen.

Gegen Gehäusebruch oder Undichtwerden desselben kann wenig Vorsorge getroffen werden.

Die dem Fotowiderstand zuzumutende Verlustleistung hat man jedoch bei der Schaltungsauslegung selbst in der Hand.

Die maximale Verlustleistung des Fotowiderstandes wird im wesentlichen

1. von der Geometrie und
2. von der Gehäuseform

bestimmt. Sie ist der wichtigste Grenzwert, der vom Hersteller angegeben wird.

Die Leistung des Fotowiderstandes errechnet sich in der Schaltung zu

$$P_V = U \cdot I.$$

Bezogen auf die maximale Verlustleistung gilt für alle Betriebsfälle des Fotowiderstandes

$$P_V \leqq P_{tot}$$
$$P_{tot} \geqq U \cdot I$$

Bild 1.4.–12 zeigt das I-/U-Kennlinienfeld eines Fotowiderstandes mit eingetragener Verlustleistungshyperbel. Die maximale Verlustleistung von Fotowiderständen liegt je nach Typ zwischen

$$P_{tot} \approx 0{,}04\,\text{W} \ldots 1{,}5\,\text{W}.$$

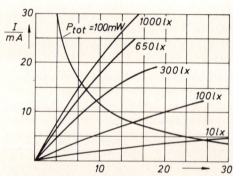

Bild 1.4.–12. I-/U-Kennlinienfeld mit eingetragener Verlustleistungshyperbel

Neben den Systemgrößen eines Fotowiderstandes bestimmt auch die Umgebungstemperatur die maximale Verlustleistung. Der Einfluß der Umgebungstemperatur auf die Verlustleistung ist in Bild 1.4.–13 wiedergegeben.

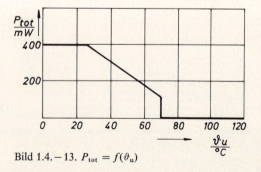

Bild 1.4.–13. $P_{tot} = f(\vartheta_u)$

1.4. Der Fotowiderstand

Um den Fotowiderstand vor Überlast zu schützen, wendet man deshalb sehr häufig die Schaltung nach Bild 1.4.−14 an. In dieser Schaltung fungiert der Widerstand R gleichzeitig als Arbeitswiderstand und als Überlastschutz.

Die Reihenschaltung ist dann optimal ausgelegt, wenn Anpassung vorliegt. Dies ist dann der Fall, wenn der Hellwiderstand R_H bei einer vorgegebenen Beleuchtungsstärke E gleich dem Arbeitswiderstand R ist.

Legt man nun noch die Betriebsspannung fest, dann ergibt sich der Arbeitswiderstand zu

Weitere vom Hersteller angegebene Grenzdaten für Fotowiderstände sind die Arbeitsspannung U_a und der Arbeitstemperaturbereich bzw. die maximale Umgebungstemperatur

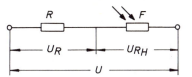

Bild 1.4.−14. Reihenschaltung ohmscher Widerstand mit Fotowiderstand

Anpassung bei: $R = R_H$

$$R = \frac{U_B^2}{4 \cdot P_{tot}}.$$

Grenzdaten des Fotowiderstandes:
1. maximale Verlustleistung P_{tot},
2. Arbeitsspannung U_a und
3. maximale Umgebungstemperatur ϑ_u

$P_{tot} \approx 40\ mW \ldots 1{,}5\ W$

$U_a \approx 75\ V \ldots 400\ V$

$\vartheta_{Umax} \approx 80\,°C$

Zu den Kenndaten von Fotowiderständen zählen u. a.

1. der *Dunkelwiderstand* R_0 (vorgegeben nach 1 min Verdunkelung),

2. der *Hellwiderstand* R_H (für eine Beleuchtungsstärke von $E = 1000$ lx),

3. *die Wellenlänge* λ_{ES} *der maximalen Fotoempfindlichkeit*,

4. *Temperaturkoeffizient* α_F (bei $E = 1000$ lx, $\vartheta_u = 25\,°C$) und

5. *Ansprechzeit* t_r (für den Abfall des Widerstandswertes von R_0 auf 65 % von $R_{H(E=1000\,lx)}$)

Kenndaten von Fotowiderständen:

1. Dunkelwiderstand R_0 nach 1 min Verdunklung gemessen

$R_0 \approx 10^6\ Ohm \ldots 10^8\ Ohm$

2. Hellwiderstand R_H bei einer Beleuchtungsstärke von

$E = 1000\ lx$

$R_H \approx 10^2\ Ohm \ldots 10^4\ Ohm$

3. Wellenlänge der maximalen Fotoempfindlichkeit

4. Temperaturkoeffizient α_F (bei $E = 1000$ lx, $\vartheta_u = 25\,°C$)

$\alpha_F \approx 0{,}2\%/K \ldots 1\%/K$

5. Ansprechzeit t_r

$t_r \approx 10^{-3}\ s \ldots 5 \cdot 10^{-3}\ s$

In der Tabelle 1.4.−1 sind die wichtigsten Daten des Fotowiderstandes RPY 62 der Fa. Siemens zusammengestellt. Die Bilder 1.4.−15 bis 1.4.−17 geben zum gleichen Typ die wichtigsten Kennlinien wieder, die auch bei späteren Berechnungen zugrundegelegt werden.

RPY 62 ist ein Cadmiumsulfoselnenid-Fotowiderstand. Er ist in ein hermetisch dichtes Gehäuse ähnlich TO-5 mit Glasfenster eingebaut und für frontale Beleuchtungsrichtung vorgesehen. Das Gehäuse ist von den Anschlußdrähten isoliert. Der Fotowiderstand zeichnet sich besonders durch kurze Abklingzeiten aus. Gewicht ca. 2 g.

Tabelle 1.4.−1. Daten des Fotowiderstandes RPY 62 (nach Siemensunterlagen)

Grenzdaten		RPY 62	
Verlustleistung	P_{tot}	50	mW
Arbeitsspannung	U_a	100	V
Umgebungstemperatur	T_U	−40 bis +75	°C
Kenndaten ($T_U = 25\,°C$)			
Dunkelwiderstand 1 min nach Verdunkelung	R_0	$= 1 \cdot 10_8$	Ohm
Hellwiderstand ($E = 1000$ lx)	R_{1000}	3500	Ohm
Wellenlänge der maximalen Fotoempfindlichkeit Smax	λ_{Smax}	0,55	um
Temperaturkoeffizient ($E = 1000$ lx, $T_U = -25$ bis $+75\,°C$)	TK	0,4	%/K
Ansprechzeit für den Abfall des Widerstandes von R_0 auf 65% von R_{1000}	t_r	10 bis 20	ms

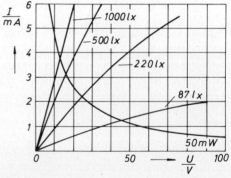

Bild 1.4.−15. *I-/U*-Kennlinie des Fotowiderstandes RPY 62 (nach Siemensunterlagen)

Übung 1.4.2.−5

Ermitteln Sie aus der Kennlinie des Fotowiderstandes Typ RPY 62 (Bild 1.4.−15) die Ströme für eine Betriebsspannung von $U_B = 10$ V bei den Beleuchtungsstärken von $E = 1000$ lx und $E = 87$ lx.

1.4. Der Fotowiderstand

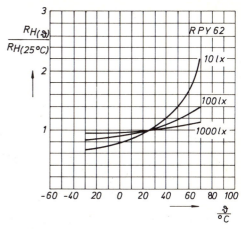

Bild 1.4.−16. Temperaturabhängigkeit des Hellwiderstandes R_H des Fotowiderstandes RPY 62 (nach Siemensunterlagen)

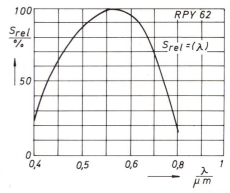

Bild 1.4.−17. Relative spektrale Empfindlichkeit des Fotowiderstandes RPY 62 (nach Siemensunterlagen)

1.4.3. Anwendung von Fotowiderständen

Die Anwendung von Fotowiderständen läßt sich in fast allen Fällen auf zwei Grundschaltungen reduzieren:

1. die Hellschaltung und
2. die Dunkelschaltung.

Im folgenden sollen alle Schaltungen zu den Hellschaltungen gezählt werden, die bei Beleuchtung des Fotowiderstandes ein Steuersignal abgeben. Alle anderen werden dann zu den Dunkelschaltungen gezählt.

1.4.3.1. Hellschaltungen mit Fotowiderständen

Bild 1.4.–18 gibt eine sehr einfache Hellschaltung für ein Relais wieder. Im unbeleuchteten Zustand ist der Fotowiderstand F hochohmig. Der Gesamtstrom der Schaltung liegt unter dem Anzugsstrom des Relais A. Mit zunehmender Beleuchtungsstärke E nimmt der Widerstand des Fotowiderstandes ab. Der Strom steigt, bis die Beleuchtungsstärke ihren endgültigen Wert erreicht hat. Überschreitet der Strom hierbei den Anzugsstromwert des Relais, zieht dieses an und schließt die beiden Arbeitskontakte.

Eine optimale Anpassung des Relais an den Fotowiderstand F liegt vor, wenn der Wicklungswiderstand des Relais gleich dem Hellwiderstand des LDR ist.

Eine Hellschaltung mit Kaltkatodenröhre, die sowohl an Wechsel- als auch an Gleichspannung betrieben werden kann zeigt Bild 1.4.–19. Bei Lichteinfall verringert der Fotowiderstand F seinen Widerstand. Das Potential an der Zündelektrode wird dadurch positiver. Die Kaltkatodenröhre zündet, das Relais zieht an. Der 100 kOhm-Widerstand dient als Schutzwiderstand für den Fotowiderstand F, wenn der Trimmwiderstand P_1 ganz herausgedreht ist, d. h. den Widerstand O Ohm hat. Die Ansprechempfindlichkeit der Schaltung ist mit P_1 kontinuierlich einstellbar.

Der Transistor T in Bild 1.4.–20 arbeitet als Emitterfolger, d. h. immer wenn der Fotowiderstand F beleuchtet wird, schaltet auch der Transistor T und damit das Relais A. Die Diode D dient hier als Freilaufdiode, um die Induktionsspannungen beim Abschalten des Relais wegzunehmen.

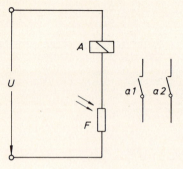

Bild 1.4.–18. Hellschaltung eines Relais

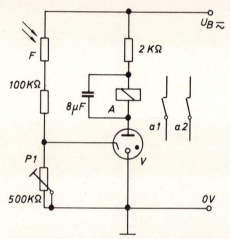

Bild 1.4.–19. Fotoelektrischer Schalter mit Kaltkatodenröhre

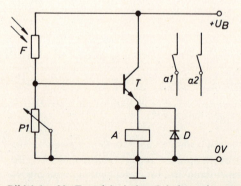

Bild 1.4.–20. Fotoelektrischer Schalter mit npn-Transistor

1.4.3.2. Dunkelschaltungen mit Fotowiderständen

Die Dunkelschaltung mit Fotowiderständen soll dann nach Definition ein Signal liefern, wenn die Beleuchtungsstärke gegen Null geht. Betrachtet man daraufhin nochmals die Bilder 1.4.–19 und 1.4.–20, dann erkennt man, daß beide Schaltungen direkt in Dunkelschaltungen umgewandelt werden können, wenn der Fotowiderstand F mit dem Trimmwiderstand P_1 getauscht wird. Im beleuchteten Zustand des Fotowiderstandes F ist dieser dann niederohmig, so daß sich das Potential für die Zündung der Kaltkatodenröhre bzw. die Basis-Emitterspannung des Transistors nicht aufbauen kann. Im unbeleuchteten Zustand steigt das Potential in beiden Fällen an, so daß die Relais schalten können.

Bild 1.4.–21 gibt einen Dämmerungsschalter wieder, der bei Unterschreiten einer bestimmten Beleuchtungsstärke E über die Signalleuchten ein Blinksignal abgibt, d. h. die Schaltung arbeitet bei kleinen Beleuchtungsstärken als astabiler Multivibrator. Bei der angegebenen Dimensionierung liegt die Blinkfrequenz zwischen 1 und 2 Hz.

Bei steigenden Beleuchtungsstärken wird der Fotowiderstand F (LDR 03) niederohmig, der Transistor T_1 leitet und die Signallampen h verlöschen. Um T_2 sicher zu sperren, sind zwei Siliziumdioden in Reihe geschaltet. Anstelle von zwei Siliziumdioden kann man auch eine Leuchtdiode nehmen, die mit ihrer Durchlaßspannung U_F ebenfalls in der Größe $2 \times 0{,}7\ \text{V} = 1{,}4\ \text{V}$ liegt. Über den Taster b und den 1 kOhm-Widerstand ist ein Lampentest jederzeit möglich.

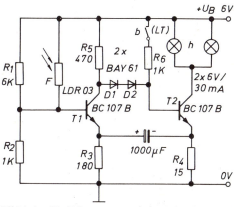

Bild 1.4.–21. Dämmerungsschalter

Beispiel 1.4.3.2.–1

Abschließend soll nun die Dunkelschaltung nach Bild 1.4.–22 berechnet werden. Zur Verfügung steht der Fotowiderstand RPY 62 (Daten siehe Bilder 1.4.–15 bis 1.4.–17 und Tabelle 1.4.–1).

Als Last soll eine Glühlampe von 6V und 30 mA gesteuert werden. Zur Realisierung der Schaltung steht der Transistor BSY 56 mit einer Mindestgleichstromverstärkung von $B = 100$ zur Verfügung.

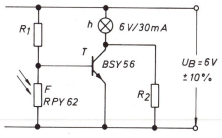

Bild 1.4.–22. Dunkelschaltung mit dem Fotowiderstand RPY 62

Die Stromverhältnisse für den Ausgangskreis der Schaltung errechnen sich zu:

$$\bar{I}_C = \frac{\bar{U}_B - U_{CEsat}}{\underline{R}_C}$$

Da $U_{CEsat} \ll U_B$ ist, gilt als Näherung auch

$$\bar{I}_C \approx \frac{\bar{U}_B}{\underline{R}_C}$$

$\bar{I}_C$ = maximaler Kollektorstrom
$\bar{U}_B$ = maximale Betriebsspannung
U_{CEsat} = Sättigungsspannung zwischen Kollektor und Emitter des Transistors T
$\underline{R}_C$ = minimaler Lastwiderstand
$U_B = 6 \text{ V} \pm 10\%$
$\bar{U}_B = 6 \text{ V} + 6 \text{ V} \cdot 0{,}1$
$\underline{\underline{\bar{U}_B = 6{,}6 \text{ V}}}$

$U_{CEsat} = 0{,}4 \text{ V}$ aus Datenblatt des Transistors
$\underline{\underline{\bar{I}_C = I_C = 30 \text{ mA}}}$

$\underline{R}_C = \bar{R}_C = R_C$
$R_C = \dfrac{6 \text{ V}}{30 \text{ mA}}$
$\underline{\underline{R_C = 0{,}2 \text{ k}\Omega = 200\,\Omega}}$

R_2 erfüllt die Funktion eines Vorheizwiderstandes für die Glühlampe h. Um die Einschaltstromspitzen klein zu halten, wählt man R_2 etwa 3mal so groß, wie der Warmwiderstand der Glühlampe.

$R_2 = 3 \cdot R_W$
$R_2 = 3 \cdot R_C$
$R_2 = 3 \cdot 200\,\Omega$
$\underline{\underline{R_2 = 600\,\Omega}}$

$\underline{\underline{R_{2gew} = 560\,\Omega}}$

Der zur Steuerung der Lampe aufzubringende Basisstrom berechnet sich zu

$$\underline{B} = \frac{\bar{I}_C}{\bar{I}_B}$$

$$\bar{I}_B = \frac{\bar{I}_C}{\underline{B}}$$

$\underline{B}$ = minimaler Gleichstromverstärkungsfaktor
$\bar{I}_B$ = maximaler Basisstrom

Da die Schaltung als Dunkelschaltung arbeitet, ist F im unbeleuchteten Zustand hoch-

1.4. Der Fotowiderstand

ohmig. $\bar{I}_B$ wird dann praktisch allein von R_1 bestimmt. Es gilt

$$\bar{I}_B = \frac{\bar{U}_B - U_{BE}}{R_1}$$

$$\bar{I}_B = \frac{\bar{I}_C}{\underline{B}}$$

$$\bar{I}_C \approx \frac{\bar{U}_B}{\underline{R}_C}$$

$$\bar{I}_B \approx \frac{\bar{U}_B}{R_1}$$

Für $U_{BE} \ll U_B$ folgt dann

$$\frac{\bar{U}_B}{R_1} = \frac{\bar{U}_B}{\underline{B} \cdot \underline{R}_C}$$

$$R_1 = \underline{B} \cdot \underline{R}_C$$

Um die Bauteiletoleranzen zu erfassen, gibt man nun noch einen Sicherheitszuschlag von 20 %.

$$R_1 = 0{,}8 \cdot \underline{B} \cdot \underline{R}_C$$
$$R_1 = 0{,}8 \cdot 100 \cdot 0{,}2\,k\Omega$$
$$\underline{\underline{R_1 = 16\,k\Omega}}$$

$$\underline{\underline{R_{1\,gew} = 15\,k\Omega}}$$

Bei einer Beleuchtungsstärke von $E = 1000$ lx beträgt der Hellwiderstand R_H des Typs RPY 62 3,5 KOhm, bei $E = 500$ lx wird $R_H = 5$ kOhm.

$$R_{H(E=1000\,lx)} = 3{,}5\,k\Omega$$
$$R_{H(E=500\,lx)} = 5\,k\Omega$$

Die Daten sind aus der Tabelle 1.4.–1 und Bild 1.4.–15 entnommen

Dies bedeutet für den Eingangsspannungsteiler der Schaltung ein Teilerverhältnis von

$$\frac{R_1}{R_{H(E=1000\,lx)}} = \frac{15\,k\Omega}{3{,}5\,k\Omega}$$
$$\underline{\underline{\approx 4{,}3:1}}$$

$$\frac{R_1}{R_{H(E=500\,lx)}} = \frac{15\,k\Omega}{5\,k\Omega}$$
$$\underline{\underline{= 3:1}}$$

Bei 6 V Betriebsspannung und abgetrennter Basis bedeutet dies am Fotowiderstand F eine Spannung von

für $R_{H(E=1000\,lx)}$
$$U_{RH} \approx 1{,}13\,V$$
für $R_{H(E\,500\,lx)}$
$$U_{RH} \approx 1{,}5\,V$$

In beiden Fällen ist $U_{RH} \gg U_{BE}$ und der Transistor wäre ständig durchgesteuert.

Um dies zu verhindern, werden zwei Siliziumdioden der Basis vorgeschaltet. Diese Maßnahme kommt einer Erhöhung der Durchschaltespannung des Transistors T auf $3 \times 0,7\,\text{V} = 2,1\,\text{V}$ gleich. Diese Spannung wird vom Fotowiderstand bei einer Beleuchtungsstärke von $E = 220\,\text{lx}$ erreicht, d. h. die Glühlampe h brennt, wenn die Beleuchtungsstärke $E = 220$ Lux unterschreitet.

Bild 1.4.–23 zeigt die fertig dimensionierte Schaltung.

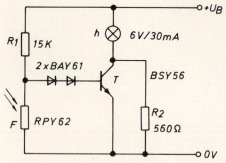

Bild 1.4.–23. Dimensionierte Dunkelschaltung

Übung 1.4.3.2.–1

Berechnen Sie den folgenden Spannungsteiler

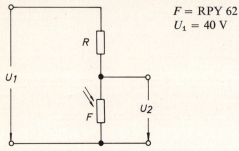

$F = \text{RPY 62}$
$U_1 = 40\,\text{V}$

Es soll sich bei einer Beleuchtungsstärke von $E = 500\,\text{lx}$ eine Spannung U_2 von $10\,\text{V}$ einstellen.

1.4.3.3. Schaltungen mit Fotowiderständen zur Signalspeicherung und Signalüberwachung

Eine einfache Rufanlage mit Rufspeicherung gibt Bild 1.4.–24 wieder. Bei Betätigung von b_1 wird der Wecker in Betrieb gesetzt und gleichzeitig die Lampe h angesteuert. Durch das Aufleuchten der Glühlampe h verringert der Fotowiderstand F seinen Widerstand. Der Lampenstromkreis bleibt durch den niederohmigen Fotowiderstand geschlossen, während der Wecker nach Betätigung von b_1 stromlos wird. Der Ruf ist zwischengespeichert.

Das Löschen der Rufspeicherung geschieht durch Betätigung des Öffners b_2.

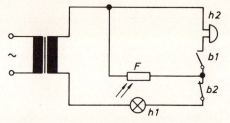

Bild 1.4.–24. Rufspeicherung mit einem Fotowiderstand

1.5. Feldplatte

Bild 1.4.–25 zeigt das Grundprinzip der Schaltung nach Bild 1.4.–24, ist jedoch als Rufschaltung mit Rufspeicherung für vier Personen ausgelegt.

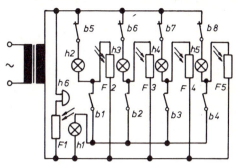

Bild 1.4.–25. Rufanlage für vier Personen mit Rufspeicherung

Eine Lampenüberwachungsschaltung zeigt Bild 1.4.–26. Nur wenn die Signalleuchten h_1 und h_2 brennen, leuchtet auch die Kontrolleuchte h_3.

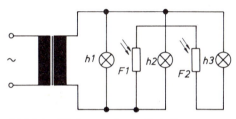

Bild 1.4.–26. Lampenkontrollschaltung

Die Möglichkeit eines fernbedienbaren Spannungsteilers gibt die Schaltung nach Bild 1.4.–27 wieder.

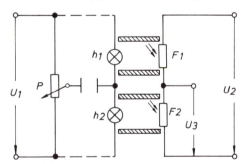

Bild 1.4.–27. Fernbedienbarer Spannungsteiler mit Fotowiderständen

1.5. Feldplatte

Lernziele

Der Lernende kann...

- ... den prinzipiellen Aufbau von Feldplatten beschreiben und die Basismaterialien zu deren Herstellung angeben.
- ... den Zusammenhang zwischen magnetischer Feldstärke und dem Widerstand von Feldplatten anhand von Diagrammen erklären.
- ... die Wirkung eines konstanten und eines wechselnden Feldes auf die Feldplatte beschreiben.

... typische Kennwerte und Grenzdaten von Feldplatten aus vorgegebenen Datenblättern entnehmen und kurz interpretieren.
... Anwendungsfälle für Feldplatten nennen und kurz beschreiben.
... einfache Grundschaltungen mit Feldplatten entwickeln.

Feldplatten sind elektrische Bauelemente, die ihren Widerstandswert aufgrund eines sie durchdringenden Magnetfeldes ändern. Das Grundmaterial der Feldplatte besteht aus Indiumantimonid (InSb). Die Anwendung von Feldplatten ist der kontakt- und stufenlos steuerbare elektrische Widerstand. Die Steuerung wird dabei entweder von einem Dauermagneten oder dem sich ändernden Strom eines Elektromagneten übernommen.

Der große Vorteil dieser mit Feldplatten aufgebauten Signalgeber ist ihre Verschleiß- und Prellfreiheit.

Hier liegt auch der Grund, weshalb das Haupteinsatzgebiet in der Meß-, Steuerungs- und Regelungstechnik als kontakt- und berührungslos arbeitender Fühler liegt, um mechanische Größen in elektrische Signale umzuwandeln.

Im angloamerikanischen Sprachgebrauch wird die Feldplatte mit MDR (magnetical dependent resistor) bezeichnet.

Das Schaltzeichen der Feldplatte ist in Bild 1.5.−1 dargestellt.

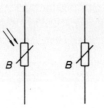

Bild 1.5.−1. Schaltzeichen der Feldplatte

1.5.1. Physikalische Vorgänge in der Feldplatte

Aus den Grundlagen der Elektrotechnik ist bekannt, daß ein Magnetfeld auf eine sich bewegende elektrische Ladung eine Kraft ausübt.

Diese Kraft wirkt senkrecht zur Bewegungsrichtung der elektrischen Ladung und zur Richtung des magnetischen Feldes (bzw. der magnetischen Feldlinien).

Man bezeichnet diese Kraft als Lorenzkraft $\vec{F}_L$.

Die Richtung der Lorenzkraft $\vec{F}_L$ kann durch die „Linke-Hand-Regel" bestimmt werden.

1.5. Feldplatte

Die mathematische Gesetzmäßigkeit ist gegeben durch die Gleichungen (1.5.1.−1) und (1.5.1.−2).

$$\vec{F}_L = e \cdot (\vec{v} \times \vec{B}) \quad (1.5.1.-1)$$

$\vec{F}_L$ = Lorenzkraft

e = Elementarladung des Elektrons

$\vec{v}$ = gerichtete Geschwindigkeit des Elektrons

$\vec{B}$ = magnetische Induktion

$$\vec{F}_L = e \cdot (\vec{v} \times \vec{B}) \cdot \sin(\sphericalangle \vec{v}, \vec{B}) \quad (1.5.1.-2)$$

Die vom Magnetfeld ausgeübte Lorenzkraft $\vec{F}_L$ steht also senkrecht auf der durch die beiden Vektoren $\vec{B}$ und $\vec{v}$ gebildeten Ebene. Wie in Bild 1.5.−2 dargestellt, durchläuft ein Elektron mit der Elementarladung e in einem homogenen elektrischen und magnetischen Feld im Vakuum zykloide Bahnen. Die Auslösung der Bewegung des Elektrons erfolgt dabei durch das elektrische Feld. Sie verläuft senkrecht zu beiden Feldern.

Überträgt man die in Bild 1.5.−2 dargestellten Verhältnisse auf ein Halbleitermaterial, so können sich die zykloiden Bahnen nicht ausbilden, denn die sich auf diesen Bahnen bewegenden Elektronen werden mit den Atomen des Kristallgitters zusammenstoßen. Die Geschwindigkeit des Elektrons nimmt aber mit jedem Zusammenstoß ab. Wie die Gleichungen (1.5.1.−1) und (1.5.1.−2) zeigen, ist die Lorenzkraft $\vec{F}_L$ der Geschwindigkeit $\vec{v}$ direkt proportional, d. h. der Einfluß der Lorenzkraft nimmt immer stärker ab, das Elektron unterliegt dadurch stärker dem elektrischen Feld und folgt diesem (Bild 1.5.−3).

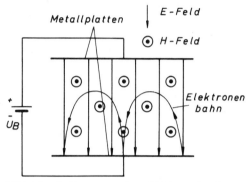

Bild 1.5.−2. Bewegung eines Elektrons in einem homogenen und senkrecht zueinander stehenden $\vec{H}$- und $\vec{E}$-Feld im Vakuum

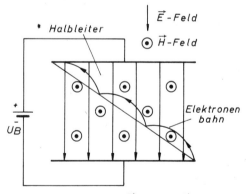

Bild 1.5.−3. Einfluß des $\vec{H}$- und des $\vec{E}$-Feldes auf die Bewegung eines Elektrons im Halbleitermaterial

Die Bewegungen der Elektronen in einem Halbleitermaterial erfolgen unter dem Einfluß eines magnetischen und eines elektrischen Feldes senkrecht zur Richtung des $\vec{H}$-Feldes, aber schräg zur Richtung des $\vec{E}$-Feldes.

Das Elektron wird also unter dem Einfluß des $\vec{H}$-Feldes von der Bewegungsrichtung, die

Betrachtet man nun den vom Elektron zurückgelegten Weg, so erkennt man, daß dieser unter dem Einfluß des Magnetfeldes größer geworden ist. Diese Tatsache kann man mit einer absoluten Erhöhung des Widerstandes des Materials gleichsetzen.

Man besitzt also ein Bauelement, welches seinen Widerstand in Abhängigkeit eines Magnetfeldes ändert.

Die Widerstandsänderung des Bauelements ist um so größer, je länger der Elektronenweg im Halbleitermaterial wird.

Bei der Herstellung von Feldplatten sollte man deshalb bemüht sein, den Elektronenweg möglichst lang zu machen.

Der Begriff des Hall-Winkels ϑ ist nochmals in Bild 1.5.−4 dargestellt.

durch das $\overline{E}$-Feld allein entsteht, um den Hall-Winkel ϑ abgelenkt.

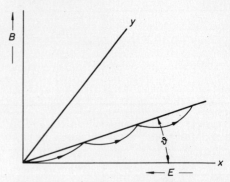

Bild 1.5.−4. Darstellung des Hall-Winkels ϑ im elektrischen und im magnetischen Feld bei Festkörpern

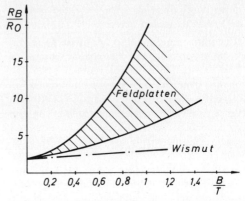

Bild 1.5.−5 zeigt für Wismut und für Feldplatten das auf den Grundwiderstand R_0 bezogene Widerstandsverhältnis R/R_0 als Funktion der magnetischen Induktion B.

Bild 1.5.−5. Widerstandsänderung von Feldplatten und von Wismut in Abhängigkeit von der Induktion B

Übung 1.5.1.−1

Erläutern Sie stichwortartig den Begriff des Hall-Winkels ϑ!

1.5.2. Werkstoffe, Herstellung und Aufbau von Feldplatten

Bei der Herstellung von Feldplatten oder ganz allgemein von magnetisch steuerbaren Bauelementen besteht die Forderung, Materialien mit sehr hoher Ladungsträgerbeweglichkeit μ zu verwenden. Man versteht hierunter das

1.5. Feldplatte

Verhältnis der Ladungsträgergeschwindigkeit zur elektrischen Feldstärke.

Im Halbleitermaterial unterscheidet man zwischen den Elektronen und den Löchern als Ladungsträger.

Entsprechend läßt sich eine Elektronenbeweglichkeit μ_n und eine Löcherbeweglichkeit μ_p definieren.

Die Tabelle 1.5.−1 gibt eine Kurzübersicht der Ladungsträgerbeweglichkeit der wichtigsten Halbleitermaterialien geordnet nach fallender Elektronenbeweglichkeit μ_n.

$$\mu = \frac{\vartheta}{E} \qquad (1.5.2.-1)$$

$$[\mu] = \frac{\frac{cm}{s}}{\frac{V}{cm}} = \frac{cm^2}{Vs}$$

μ_n = Elektronenbeweglichkeit (1.5.2.−2)
μ_p = Löcherbeweglichkeit (1.5.2.−3)

Tabelle 1.5.−1. Übersicht über die Ladungsträgerbeweglichkeit in verschiedenen Halbleitermaterialien

Name	chem. Kurzzeichen	Elektronenbeweglichkeit μ_n in cm²/Vs	Löcherbeweglichkeit μ_p in cm²/Vs
Indiumantimonid	InSb	78 000	750
Indiumarsenid	InAs	33 000	450
Galliumarsenid	GaAs	4 000	450
Germanium	Ge	3 900	1 900
Indiumphosphid	InP	3 500	650
Silizium	Si	1 350	480
Cadmiumsulfid	CdS	250	20

Der in Bild 1.5.−4 dargestellte Hall-Winkel ϑ steht nun im direkten Zusammenhang mit der Elektronenbeweglichkeit μ_n des verwendeten Materials.

Je größer μ_n, um so größer wird auch der Hall-Winkel ϑ, d. h. die Ablenkung des Elektrons aus seiner ursprünglichen Bahn.

Zwei weitere wichtige Materialeigenschaften für magnetisch steuerbare Bauelemente sind der Hall-Koeffizient R_H und der spezifische Widerstand ϱ.

R_H = Hall-Koeffizient
ϱ = spez. Widerstand des verwendeten Halbleitermaterials

Der Hall-Koeffizient wird bestimmt durch die Art und die Konzentration der Ladungsträger im Material.

Für ein n-leitendes Material gilt die Gl. (1.5.2.−4).

$$R_\mathrm{H} = \frac{1}{e \cdot n} \qquad (1.5.2.-4)$$

e = Elementarladung des Elektrons

$e = 1{,}602 \cdot 10^{-19}\,\mathrm{As}$

n = Anzahl der Elektronen pro Volumeneinheit

Aus der Gl. (1.5.2.−4) ergibt sich für R_H die Einheit:

$$[R_\mathrm{H}] = \frac{\mathrm{cm}^3}{\mathrm{A} \cdot \mathrm{s}}$$

Der spezifische Widerstand ϱ eines Materials wird bestimmt durch

1. die Art der Ladungsträger,
2. die Konzentration der Ladungsträger pro Volumeneinheit und
3. die Ladungsbeweglichkeit.

Es gilt für den spezifischen Widerstand ϱ der Zusammenhang nach der Gl. (1.5.2.−5):

$$\varrho = \frac{1}{e \cdot n \cdot \mu_\mathrm{n}} = \frac{R_\mathrm{H}}{\mu_\mathrm{n}} \qquad (1.5.2.-5)$$

Die Einheit von ϱ ergibt sich nach Gl. (1.5.2.−5) zu:

$$[\varrho] = \frac{\mathrm{cm}^3 \cdot \mathrm{V} \cdot \mathrm{s}}{\mathrm{A} \cdot \mathrm{s} \cdot \mathrm{cm}^2}$$
$$= \frac{\mathrm{V} \cdot \mathrm{cm}}{\mathrm{A}}$$
$$= \Omega \cdot \mathrm{cm}$$

Die Eigenschaften der für die Herstellung von Feldplatten in Frage kommenden Materialien liegen aus dem bisher Gesagten fest mit:

1. große Ladungsträgerbeweglichkeit μ
   Folge: a) großer Hall-Winkel ϑ und
   b) große Widerstandsänderung bei Auftreten von Magnetfeldern,
2. großer Hall-Koeffizient R_H
   Folge: a) hoher spezifischer Widerstand ϱ und
   b) geringe Ladungsträgerkonzentration pro Volumeneinheit und
3. geringe Temperaturabhängigkeit der Größen μ und R_H

Die unter den Punkten 1 bis 3 aufgeführten Forderungen werden annähernd nur von den Halbleitermaterialien Indiumantimonid (InSb) und Indiumarsenid (InAs) erfüllt (vgl. auch Tabelle 1.5.−1). Für die Herstellung von Feldplatten werden die Verbindungen InSb und InAs mit einer Störstellenkonzentration von ca. einem Fremdatom auf 10^6 Gitterbausteine benötigt.

Diese Forderung bedingt bereits eine gründliche Reinigung der Basismaterialien Indium, Antimon und Arsen.

1.5. Feldplatte

Für die Reindarstellung von Indium findet die sog. Amalgamelektrolyse nach Fischer Politycki Anwendung (Bild 1.5.–6).

99,95%iges Rohindium wird als Anode in eine Mehrkammerelektrolysewanne gebracht. Als Elektrolyt wird eine 5%ige Salzsäure-Lösung verwendet. An der Katode wird dann das Reinindium nach dreimaliger anodischer Auflösung und dreimaliger katodischer Abscheidung abgenommen.

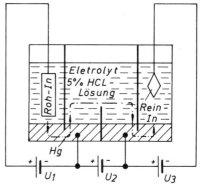

Bild 1.5.–6. Amalgamelektrolyse nach Fischer und Polittycki zur Darstellung von Reinindium

Das in geringen Mengen mitabgeschiedene Quecksilber wird durch Aufheizen des Indiums im Vakuum bei 1000 °C ausgeschieden.

Der Reinheitsgrad liegt nach dieser Behandlung bei besser als 10^{-6}.

Die Reinigung des Antimons geschieht auf rein chemischem Wege.

99% reines Antimon wird in einem Chlorstrom in $SbCl_5$ überführt und anschließend durch Auftropfen auf festes Antimon zu $SbCl_3$ reduziert. Es erfolgt nun eine Destillation von $SbCl_3$.

Das Destillat $SbCl_3$ wird unter Zugabe von Chlor wieder zu $SbCl_5$ aufoxidiert und mit Salzsäure zu $HSbCl_6$ umgesetzt.

Unter Verwendung von Wasser und Ammoniak schließt sich eine Hydrolyse zu SbO_5 an.

Durch einen Glühprozeß bei 800 °C wird durch Reduktion SbO_4 erzeugt.

Die endgültige Reduktion zu Reinantimon geschieht in einem Wasserstoffstrom.

Das Reinantimon wird dann nochmals einem Zonenschmelzverfahren unterworfen.

Arsen wird ebenfalls auf rein chemischem Wege gewonnen.

Bei 630 °C wird Arsen sublimiert und in einem Chlorstrom in $AsCl_3$ überführt.

Das $AsCl_3$ wird mit Salzsäure und Tetrachlorkohlenstoff extrahiert. Hierbei löst sich nur $AsCl_3$ im Tetrachlorkohlenstoff CCl_4, nicht aber die Verunreinigungen.

Nach Trennen der beiden Phasen wird unter Zugabe von Wasser das Arsen als As_2O_3 aus dem Tetrachlorkohlenstoff ausgefällt, gewaschen und getrocknet.

In einem Wasserstoffstrom bei 1000 °C erfolgt die Reduktion zu reinem Arsen. Bei einer Temperatur von 450 °C kondensiert das Arsen in α-Kristallen.

Die Herstellung von Indiumantimonid erfolgt nach der stöchiometrischen Einwaage der beiden reinen Elemente Indium und Antimon durch einen Schmelzvorgang in einem Quarzschiffchen bei einer Temperatur von 550 °C unter einer Schutzgasatmosphäre. Nach der Abkühlung ergibt sich InSb in Stabform.

Dieser InSb-Stab wird zur weiteren Reinigung einem Zonenschmelzverfahren unterworfen (siehe Bild 1.5.−7).

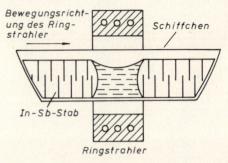

Bild 1.5.−7. InSb-Stab im Zonenschmelzverfahren

Das Indiumantimonid wird nun nochmals geschmolzen. Dieser Schmelze wird im Verhältnis 1:1 Nickel und Antimon zugesetzt. Beim Abkühlen der Schmelze kristallisieren die sich bildenden NiSb-Kristalle in Nadelform aus. Wird der Kristall aus der Schmelze gezogen, verlaufen die NiSb-Nadeln zueinander und zur Ziehrichtung parallel. Die mittleren Abmessungen der Nadeln liegen bei einer Länge von 50 μm und einem Durchmesser von ca. 1 μm.

Wie später noch erläutert wird, ist es von ausschlaggebender Bedeutung für die absolute Größe der Widerstandsänderung bei Feldplatten, daß die NiSb-Nadeln im Indiumantimonid überall die gleiche Richtung haben.

Man erreicht dies durch eine entsprechende Temperaturführung und Kristallisationsgeschwindigkeit beim Ziehvorgang.

Die Darstellung von Indiumarsenid geschieht nach dem „Zweitemperaturverfahren".

In einem evakuierten Quarzrohr befinden sich räumlich getrennt die beiden Materialien Arsen und Indium. Das Indium wird hierbei zusätzlich in einem Quarzschiffchen gelagert. Das Quarzrohr wird in zwei Rohröfen eingeschoben, die auf eine Temperatur von 650 °C für die Arsenseite und eine Temperatur von 960 °C für die Indiumseite gebracht werden (siehe Bild 1.5.−8).

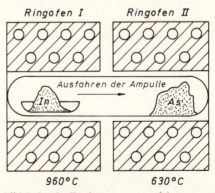

Bild 1.5.−8. Zweitemperaturverfahren zur Herstellung von Indiumarsenid

1.5. Feldplatte

Hierbei wandert nun Arsen über die Dampfphase zum Indium und reagiert mit dem Indium zu Indiumarsenid InAs. Ist die Reaktion abgeschlossen, wird die Schmelze über die kältere Ofenseite langsam aus dem Ofen herausgefahren. Hierbei ergibt sich eine einseitig gerichtete Kristallisation des Indiumarsenids. Die Elektronenbeweglichkeit liegt für InSb bei 78000 cm²/Vs und für InAs bei ca. 24000 cm²/Vs. Die Hallkonstanten für InSb und für InAs liegen bei -380 cm³/As und -100 cm³/As.

Um die Temperaturdrift beider Materialien klein zu halten, werden sie zusätzlich mit Tellur dotiert.

Aus dem bisher Gesagten ergibt sich ein schematischer Aufbau der Feldplatte wie in Bild 1.5.–9 dargestellt.

Parallel zu den Anschlußelektroden verlaufen die elektrisch gut leitenden NiSb-Nadeln.

Legt man nun an die Elektroden eine Spannung U_B an, dann ergeben sich die in Bild 1.5.–10 dargestellten Strombahnen und Äquipotentiallinien. Man erkennt die homogene Verteilung der Strombahnen über die Breite der Feldplatte, d. h. die Strombahnen verlaufen parallel zueinander. Wirkt jetzt zusätzlich noch ein Magnetfeld mit der Induktion B senkrecht zur Feldplatte ein, dann ergibt sich eine Drehung der Strombahnen nahezu um den Hall-Winkel ϑ (siehe Bild 1.5.–11).

Man erkennt, daß die NiSb-Nadeln im Indiumantimonid wie Äquipotentialflächen wirken und über den gesamten Querschnitt der Feldplatte im Eingriff stehen.

Die NiSb-Nadeln bewirken aufgrund ihrer guten elektrischen Leitfähigkeit einen Ausgleich der durch das Magnetfeld in einzelnen Zonen der Feldplatte entstandenen ungleichmäßigen Stromdichten.

Außerdem wird durch die Nadeln eine große Bahnänderung für die Ladungsträger erreicht. Diese ist gleichbedeutend mit einer hohen Widerstandsänderung des Materials. Ferner erreicht man durch die Nadelstruktur selbst bei kleinen Baugrößen ein für die Feldplatte günstiges Seitenverhältnis, da sich die Nadeln nur in einem Abstand von wenigen μm gegenüberstehen.

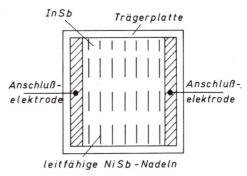

Bild 1.5.–9. Schematischer Aufbau einer Feldplatte

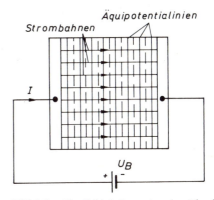

Bild 1.5.–10. Feldplatte unter der Einwirkung einer äußeren Spannung

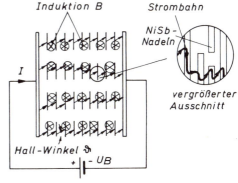

Bild 1.5.–11. Feldplatte unter der Einwirkung einer äußeren Spannung U_B und eines Magnetfeldes H senkrecht zur Feldplatte

Übung 1.5.2.—1

Warum sind elektrische Leiter (speziell Metalle) zur Herstellung von Feldplatten ungeeignet?

Übung 1.5.2.—3

Welche elektrische Erscheinung ändert die elektrischen Eigenschaften einer Feldplatte?

Der Einfluß des Seitenverhältnisses auf den Widerstand einer Feldplatte ist in Bild 1.5.—12 dargestellt.

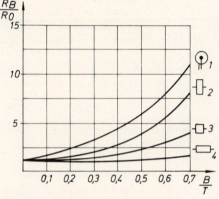

Bild 1.5.—12. Einfluß der Seitenverhältnisse einer Feldplatte auf ihren Widerstand
1 = Kreisscheibe
2 = Länge:Breite = 1:3
3 = Länge:Breite = 1:1
4 = Länge:Breite = 10:1

Vom Aufbau der Feldplatten unterscheidet man zwei Grundtypen:

Grundtypen der Feldplatte:

1. den Eisentyp und
2. den Kunststofftyp.

Bei beiden Typen geht man von InSb-NiSb-Stäben aus.

Parallel zur NiSb-Nadelrichtung werden aus den Stäben Platten in der Größe von ca. $16 \times 18 \times 0{,}7$ mm³ geschnitten. Aufgebracht auf einen Keramikträgerring mit hoher Dickengenauigkeit werden diese Platten auf eine Stärke von 25 μm geschliffen.

Diese geschliffenen Rohlinge werden mit Fotolack abgedeckt und nach dem Aufbringen einer Ätzmaske belichtet. Die belichteten Stellen werden in einem Arbeitsgang herausgeätzt.

Die geätzte Platte wird dann anschließend gründlich von Fotolackresten gesäubert und zu den beiden Grundtypen weiterverarbeitet.

1.5. Feldplatte

Der Eisentyp einer Feldplatte liegt vor, wenn diese durch eine dünne Isolierschicht getrennt auf einem ferromagnetischen Material (dünnes Eisenblech oder Ferrite) aufgebracht ist.

Ein viel verwendetes Trägermaterial für die Eisentypen ist Permenorm 5000 H2.

Dieses Material zeichnet sich aus durch eine hohe Sättigungsinduktion $B_S = 1{,}55$ T, eine kleine statische Koerzitivfeldstärke $H_K = 0{,}04$ A/cm und eine sehr große Permeabilität $\mu = 6 \cdot 10^4$ bis $8 \cdot 10^4$.

Bei den Kunststofftypen besteht der Träger aus Keramik oder Kunststoff. Er ist in der Regel 0,1 mm dick. Die Feldplatte mit einer Stärke von ca. 25 μm wird direkt auf dem Träger aufgebracht.

Die Größen der aktiven Flächen von Feldplatten liegen zwischen 1 mm² und 2 cm².

Die Halbleiterschicht, die die eigentliche Feldplatte darstellt, ist meistens mäanderförmig ausgeführt. Durch diese Formgebung hat man die Möglichkeit, durch Änderung der Anzahl, der Breite, der Dicke sowie der Länge der einzelnen Stege den Grundwiderstand der Feldplatte zwischen wenigen Ohm und mehreren Kiloohm zu ändern und dadurch ein breites Typenprogramm zu erreichen.

Bild 1.5.–13 zeigt den Grundaufbau sowie verschiedene Mäanderausführungen von Feldplatten.

Der Einsatz von Feldplatten des Eisentyps ist nur bei einem festen Einbau im Magnetkreis möglich, da aufgrund des ferromagnetischen Trägers eine mechanische Beanspruchung der Feldplatte durch Anziehung auftritt.

Die Kunststofftypen finden dort Anwendung, wo die Feldplatte frei beweglich in einem Luftspalt z. B. zwischen zwei Polschuhen angebracht werden muß.

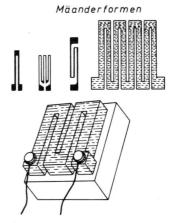

Bild 1.5.–13. Aufbau und mechanische Ausführung von Feldplatten

1.5.3. Die elektrischen Eigenschaften von Feldplatten

1.5.3.1. Der Verlauf des Widerstandes als Funktion der magnetischen Induktion

Bei der Untersuchung von Feldplatten geht man von dem Grundwiderstand R_0 aus, den diese Platten ohne Einwirkung eines Magnetfeldes dem Strom entgegensetzen. Der Grundwiderstand R_0 bildet die Bezugsgröße in fast allen Kennliniendarstellungen von Feldplatten.

R_0 = Grundwiderstand der Feldplatte bei $B = 0T$

Die zweite Größe, die die Feldplatte charakterisiert, ist der Widerstand R_B, der unter dem Einfluß eines Magnetfeldes gemessen wird.

R_B = Widerstand bei Vorhandensein einer magnetischen Induktion B

Bild 1.5.–14 zeigt nun den Zusammenhang zwischen dem Verhältnis R_B/R_0 in Abhängigkeit von der Induktion B für die drei häufigsten Basismaterialien von Feldplatten.

Diese drei Grundmaterialien werden mit D, L und N bezeichnet.

Bild 1.5.–14 zeigt den annähernd quadratischen Verlauf für die Funktion $R_B/R_0 = f(B)$ in einem Bereich von $B = 0 \ldots 0,3$ T. Nach höheren Induktionswerten hin wird die Funktion praktisch linear.

Die dargestellten Kurven gelten nur unter der Voraussetzung, daß das Magnetfeld, welches die Feldplatte durchsetzt, senkrecht zur Stromrichtung und auch senkrecht zur Nadelrichtung wirken muß. Diese Richtung ist als Richtung „höchster Empfindlichkeit der Feldplatte" gekennzeichnet.

Tritt nun zu dieser ausgezeichneten Richtung des Magnetfeldes ein Fehlwinkel φ auf, so vermindert sich der Einfluß der Induktion B auf den Widerstandswert R_B und somit auch auf das Verhältnis R_B/R_0 der Feldplatte. Wie stark der Einfluß des Fehlwinkels φ auf das Verhältnis R_B/R_0 ist, zeigt das Bild 1.5.–15.

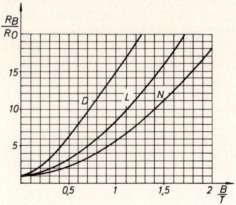

Bild 1.5.–14. $R_B/R_0 = f(B)$ für D-, L- und N-Material für $\vartheta = 25\,°C$

D-Material:
eigenleitendes Indiumantimonid

L- und N-Material:
mit Tellur dotiertes Indiumantimonid

D-Material: $\kappa \approx 200\,\dfrac{s}{cm}$

L-Material: $\kappa \approx 550\,\dfrac{s}{cm}$

N-Material: $\kappa \approx 800\,\dfrac{s}{cm}$

1.5. Feldplatte

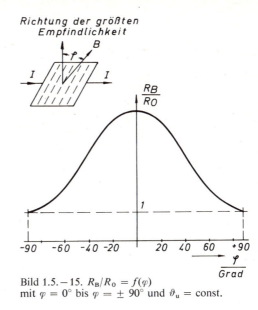

Bild 1.5.−15. $R_B/R_0 = f(\varphi)$
mit $\varphi = 0°$ bis $\varphi = \pm 90°$ und $\vartheta_u = $ const.

Übung 1.5.3.1.−1

Welche Voraussetzungen müssen erfüllt sein, damit beim Eintauchen einer Feldplatte in ein Magnetfeld mit der Induktion B die Widerstandsänderung möglichst groß wird?

Übung 1.5.3.1.−2

Welche Richtung im Indiumantimonid müssen die NiSb-Nadeln haben, damit der Quotient R_B/R_0 maximal wird?

1.5.3.2. Temperaturabhängigkeit von Feldplatten

Unterliegt eine Feldplatte einer Temperaturschwankung, dann ändern sich bei konstanter Induktion B der Grundwiderstand R_0 und der Widerstand R_B und somit auch das Verhältnis R_B/R_0.

Wie stark sich die Temperaturschwankung auf die Widerstände R_B und R_0 auswirkt, ist in erster Linie von der Dotierung abhängig.

Die Temperaturdrift der Feldplatte läßt sich über die Änderung der Ladungsträgerbeweglichkeit μ erklären.

Ein Maß für die Stärke der Temperaturdrift stellen die Temperaturkoeffizienten α_F der drei Grundmaterialien D, L und N dar.

$\alpha_F = $ Temperaturkoeffizient der Feldplatte

$$\alpha_F = \frac{\Delta R}{R \cdot \Delta \vartheta} \qquad (1.5.3.2.-1)$$

In den Bildern 1.5.−16 bis 1.5.−18 ist das Temperaturverhalten der Materialien *D*, *L* und *N* bezogen auf den Widerstand der Feldplatte bei 25 °C dargestellt. Als Parameter tritt in allen drei Fällen die Induktion *B* auf.

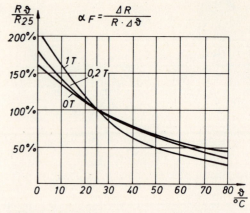

Bild 1.5.−16. $R_\vartheta/R_{25} = f(\vartheta)$ für *D*-Material mit *B* als Parameter

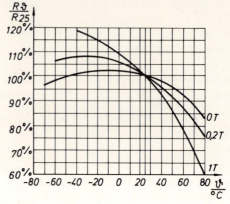

Bild 1.5.−17. $R_\vartheta/R_{25} = f(\vartheta)$ für *L*-Material mit *B* als Parameter

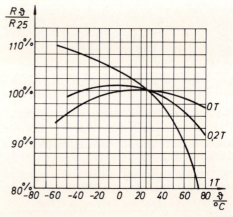

Bild 1.5.−18. $R_\vartheta/R_{25} = f(\vartheta)$ für *N*-Material mit *B* als Parameter

1.5. Feldplatte

Alle drei Bilder zeigen bei steigender Temperatur unter Einwirkung eines Magnetfeldes eine stärkere Widerstandsabnahme als ohne Magnetfeld ($B = 0$ T), d. h. man kann sagen:

„Das Widerstandsverhältnis R_B/R_0 nimmt bei Feldplatten mit steigender Temperatur grundsätzlich ab."

Wie Bild 1.5.–19 zeigt, erhält man bei Induktionswerten oberhalb von 0,3 T immer einen negativen Temperaturkoeffizienten

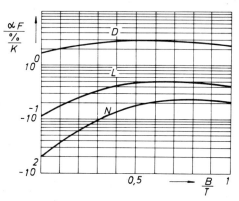

Bild 1.5.–19. $\alpha_F = f(B)$, $\vartheta_G = 25\,°C$ für D-, L- und N-Material

Vergleicht man die Bilder 1.5.–16 bis 1.5.–19 miteinander, dann erkennt man folgenden Zusammenhang:

Oberhalb von Induktionswerten von 0,3 T ist der TK-Wert von Feldplatten negativ.

1. Ein kleinerer Temperaturkoeffizient des Feldplattenmaterials ist stets mit einer Verkleinerung der Widerstandszunahme verbunden und
2. der Temperaturkoeffizient ist über einen großen Temperaturbereich nicht konstant.

Eine gewisse Kompensation des Temperaturganges ist möglich, wenn man Feldplatten mit L-Material mit Si- und Feldplatten mit D-Material mit Ge-Transistoren kombiniert.

1.5.3.3. Belastbarkeit von Feldplatten

In den Datenblättern der Hersteller von Feldplatten wird die Übertemperatur der Halbleiterschicht gegenüber der Umgebung bzw. des Gehäuses bei einer Belastung von 1 Watt angegeben.

Die Angaben gelten für den Betrieb der Feldplatte in ruhender Luft. Die maximale Halbleitertemperatur der Feldplatte darf hierbei 95 °C nicht überschreiten.

R_{thG} = Wärmewiderstand der Feldplatte zwischen Halbleiterschicht und Gehäuse in °C/W

R_{thU} = Wärmewiderstand der Feldplatte zwischen Halbleiterschicht und Umgebung in °C/W

$\vartheta_{jmax} \approx 95\,°C$

Bild 1.5.—20 zeigt den Zusammenhang zwischen der Verlustleistung P_{tot} und der Halbleitertemperatur ϑ einer Feldplatte. Mit diesen Angaben und der vorgegebenen Umgebungstemperatur ϑ_U liegt die zulässige Verlustleistung P_{Vzul} der Feldplatte fest. Diese Leistung kann jedoch nur ausgenutzt werden, wenn die durch die Erwärmung bedingte Widerstandsabnahme in einer Schaltung nicht zu Funktionsstörungen führt.

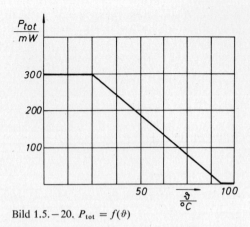

Bild 1.5.—20. $P_{tot} = f(\vartheta)$

1.5.3.4. Grenz- und Kenndaten von Feldplatten

Zu den Grenzdaten von Feldplatten zählen:

1. die maximale Betriebstemperatur

   $\vartheta_{jmax} \approx 95\,°C$

2. die höchstzulässige elektrische Belastung für = 25 °C

   $P_{tot} \approx 0{,}2\ W\ \ldots\ 0{,}5\ W,$

3. die höchstzulässige Spannung zwischen Feldplattensystem und metallischem Träger

   $U_I \approx 100\,V$

   und

4. Wärmewiderstand

   $R_{thU} \approx 2000\,°C/W \ldots 1000\,°C/W$

Die Kenndaten der Feldplatte sind gegeben durch die folgenden Größen:

1. Grundwiderstand (Widerstand ohne Einwirkung eines Magnetfeldes)

   $R_0 \approx 10\ Ohm \ldots 10\ kOhm,$

2. Toleranz des Grundwiderstandes R_0

   $R_0\text{-Tol.} \approx \pm\,10\% \ldots +20\%,$

3. Widerstand bei einer bestimmten Induktion B

   $R_B \approx (2 \ldots 20)R_0,$

4. relative Widerstandsänderung für bestimmte Induktionswerte

   $R_B/R_0 \approx 5 \ldots 10$ für $B = \pm\,1\,T$

   und

1.5. Feldplatte

5. Temperaturkoeffizient (abhängig von der Induktion B und vom Grundmaterial der Feldplatte)

$$\alpha_F \approx -0{,}2\%/K \ldots -0{,}5\%/K$$

Ein komplettes Datenblatt ist für den Feldplattentyp FP 30 L 50 E der Firma Siemens in den folgenden Abbildungen wiedergegeben.

Allgemeines

FP 30 L 50 E stellt einen magnetisch steuerbaren Widerstand aus InSb-NiSb dar. Der Grundwiderstand liegt bei $R_0 = 50$ Ohm. Das L-Material besitzt gegenüber dem D-Material einen kleineren Temperaturkoeffizienten und damit verbunden auch eine kleinere Widerstandsänderung R_B/R_0 im Magnetfeld.

Die Feldplatte ist auf einem Eisenträger aufgebracht, d. h. dieser Feldplattentyp eignet sich nur zum mechanisch festen Einbau in ein Magnetfeld.

Tabelle 1.5.–2. Grenz- und Kenndaten des Feldplattentyps FP30L50E der Fa. Siemens

Grenzdaten			
Max. Betriebstemperatur	ϑ_{max}	95	°C
Max. elektr. Belastung ($\vartheta_G = 25\,°C$)	P_{tot}	300	mW
Isolationsspannung zwischen System und Unterlage	U_I	100	V
Lagertemperatur	ϑ_S	95	°C
Wärmeleitwert einseitig auf Metall liegend	G_{thG}	6	mW/K
frei in Luft	G_{thU}	0,6	mW/K
Kenndaten ($\vartheta_U = 25\,°C$)			
Grundwiderstand	R_0	50	Ohm
Toleranz des Grundwiderstandes	R_0-Tol.	±20	%
relative Widerstandsänderung:			
$B = \pm 0{,}3\,T$	R_B/R_0	1,85 (> 1,7)	–
$B = \pm 1\,T$	R_B/R_0	8,5 (> 7)	–
Temperaturkoeffizient:			
$B = 0\,T$	α_{F25}	–0,16	%/K
$B = \pm 0{,}3\,T$	α_{F25}	–0,38	%/K
$B = \pm 1\,T$	α_{F25}	–0,54	%/K

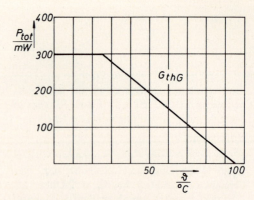

Bild 1.5.–21. Temperaturabhängigkeit der zulässigen Gesamtverlustleistung (nach Unterlagen der Fa. Siemens)

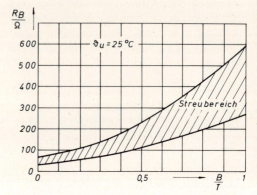

Bild 1.5.–22. Streubereich des Feldplattenwiderstandes R_B bei verschiedenen magnetischen Induktionen B und $\vartheta_U = 25\,°C$ (nach Unterlagen der Fa. Siemens)

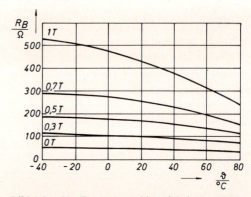

Bild 1.5.–23. Temperaturabhängigkeit des Feldplattenwiderstandes mit der magnetischen Induktion B als Parameter (nach Unterlagen der Fa. Siemens)

1.5. Feldplatte

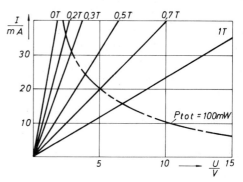

Bild 1.5.–24. I-/U-Kennlinie mit $\vartheta_U = 25\,°C$ und der magnetischen Induktion B als Parameter (nach Unterlagen der Fa. Siemens)

Übung 1.5.3.4.—1

Zeichnen Sie die Funktion $R = f(B)$ mit dem Parameter $\vartheta_U = 25°C$ für positive und negative Induktionswerte.

Übung 1.5.3.4.—2

Zeichnen Sie den Verlauf von $R_B = f(t)$, wenn die Feldplatte einem magnetischen Wechselfeld mit der Frequenz $f = 50$ Hz ausgesetzt ist. Zur Lösung verwenden Sie die unter Übung 1.5.3.4.—1 gezeichnete Funktion $R_B = f(B)$.

1.5.4. Anwendungen von Feldplatten

Feldplatten werden in praktisch drei verschiedenen Bereichen eingesetzt.

Einsatz von Feldplatten als:
1. Meßfühler für magnetische Größen,
2. Meßfühler für elektrische Größen und
3. Meßfühler zum Messen von
   a) Drücken
   b) Positionen
   c) Wegen
   d) Drehzahlen usw.

Die elektrischen Grundschaltungen, in denen die Feldplatte in fast allen Fällen betrieben wird, sind der Spannungsteiler bestehend aus Feldplatte und ohmschen Widerstand oder eine Brückenanordnung aus Feldplatten und ohmschen Widerständen.

1.5.4.1. Die Feldplatte in der Brückenschaltung

Brückenanordnungen mit Feldplatten werden immer dann eingesetzt, wenn es z. B. darum geht, mechanische Wegänderungen in analoge elektrische Signale umzusetzen oder die Erregung eines Magnetkreises durch einen elektrischen Strom z. B. mit dem Oszilloskop sichtbar zu machen.

Die Grundschaltung der Brückenanordnung ist in Bild 1.5.−25 dargestellt.

Um die Temperaturdrift der Brücke zu verringern, baut man den einen Brückenzweig aus zwei Feldplatten gleichen Typs auf. Der andere Brückenzweig wird durch zwei ohmsche Widerstände gebildet. Von den beiden Feldplatten taucht nur eine in ein Magnetfeld ein. Die andere Platte befindet sich außerhalb des Feldes. Dies hat den Vorteil, daß der Temperaturkoeffizient der Gesamtschaltung (den Temperaturgang der ohmschen Widerstände vernachlässigt) sich praktisch aus der Differenz der beiden TK-Werte der Feldplatte mit und ohne Magnetfeldeinwirkung ergibt.

Die Brücke ist nun so abgeglichen, daß die vom Galvanometer angezeigte Brückenspannung 0 V beträgt, wenn beide Feldplatten nicht vom Magnetfeld erfaßt sind.

Es gilt dann:

In allen anderen Fällen stellt die Spannung U_G am Galvanometer G ein Maß für die Änderung des Widerstandswertes der im Magnetfeld befindlichen Feldplatte dar. Ein praktisches Beispiel ist in Bild 1.5.−26 dargestellt für den Feldplattentyp FP 30 L 50 E der Fa. Siemens.

Beispiel 1.5.4.1.−1

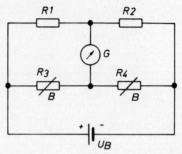

Bild 1.5.−25. Brückenanordnung mit Feldplatten

$$R_1 \cdot R_4 = R_2 \cdot R_3 \qquad (1.5.4.1.-1)$$

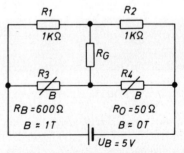

Bild 1.5.−26. Brückenanordnung mit Feldplatten vom Typ FP 30 L50E; Galvanometerinnenwiderstand $R_G = 100\,\text{kOhm}$; $R_3 = R_4 = $ FP 30 L50E

1.5. Feldplatte

Nach dem Umzeichnen der Brückenanordnung unter Verwendung der Dreieck-Stern-Umwandlung ergibt sich Bild 1.5.–27.

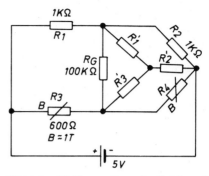

Bild 1.5.–27. Umwandlung der Brückenschaltung

$$R'_1 = \frac{R_2 \cdot R_G}{R_2 + R_4 + R_G}$$

$$R'_2 = \frac{R_2 \cdot R_4}{R_2 + R_4 + R_G}$$

$$R'_3 = \frac{R_4 \cdot R_G}{R_2 + R_4 + R_G}$$

Die Rechnung liefert:

$$\underline{\underline{R'_1 = 989{,}61\,\Omega}}$$

$$\underline{\underline{R'_2 = 0{,}4948\,\Omega}}$$

$$\underline{\underline{R'_3 = 49{,}48\,\Omega}}$$

Die Schaltung wandelt sich in eine Reihen-Parallelschaltung (Bild 1.5.–28).

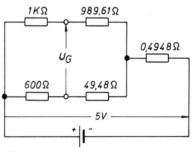

Bild 1.5.–28. Brückenschaltung nach der Dreieck-Stern-Umwandlung

Unter der Verwendung des Ohmschen Gesetzes berechnet sich U_G zu:

$$U_G = 2{,}09\,\text{V}$$

$$\underline{\underline{U_G \approx 2\,\text{V}}}$$

Prüfen Sie das Ergebnis durch eigene Rechnung nach!

Diese Spannung von $U_G \approx 2\,\text{V}$ wird in ihrer Temperaturdrift praktisch nur noch von der Differenz der TK-Werte beider Feldplatten beeinflußt. Die Spannung ist somit proportional der Widerstandsänderung im Magnetfeld und damit auch ein Maß für die Stärke desselben.

Übung 1.5.4.1.–1

Berechnen Sie die aus zwei Feldplatten aufgebaute Brückenschaltung.

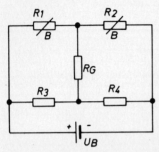

a) Wann ist die Brücke abgeglichen?
b) Welche Diagonalspannung U_{RG} stellt sich für die nachfolgenden Werte ein?
   $R_1 = 100$ Ohm $(B = 0$ T$)$, $R_2 = 600$ Ohm $(B = 1$ T$)$, $R_G = 200$ kOhm
   $R_3 = R_4 = 1,5$ kOhm und $U_B = 10$ V.

1.5.4.2. Die Ansteuerung von Transistoren mittels Feldplatten

Für die Ansteuerung von Transistoren durch Feldplatten gibt es grundsätzlich die in den Bildern 1.5.–29 und 1.5.–30 dargestellten beiden Möglichkeiten.

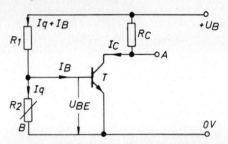

Bild 1.5.–29. Ansteuerung des Transistors durch eine Feldplatte im Basis-Emitter-Kreis

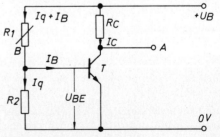

Bild 1.5.–30. Wie Bild 1.5.–29, nur mit Feldplatte im Basis-Kollektor-Kreis

1.5. Feldplatte

Die günstigsten Arbeitsbedingungen für eine Feldplatte im Steuerkreis eines Transistors sind dann gegeben, wenn der Feldplattenstrom annähernd konstant bleibt, egal ob die Feldplatte in ein Magnetfeld eintaucht oder nicht. Betrachtet man daraufhin die Schaltung in Bild 1.5.–29, dann ergeben sich die folgenden Verhältnisse:

1. $R_1 \gg R_2$
$R_1 \geqq (10 \ldots 20) \cdot R_2$ (1.5.4.2.–1)

2. $I_q = \dfrac{U_{BE}}{R_2}$ (1.5.4.2.–2)

3. $I_q + I_B = \dfrac{U_{R1}}{R_1}$

$U_{R1} = U_B - U_{BE}$

$I_q + I_B = \dfrac{U_B - U_{BE}}{R_1}$ (1.5.4.2.–3)

Aus den Gleichungen (1.5.4.2.–2) und (1.5.4.2.–3) erhält man den zur Durchsteuerung des Transistors T erforderlichen Feldplattenwiderstand R_2:

$R_2 = \dfrac{U_{BE}}{I_q}$

Aus Gl. (1.5.4.2.–3) folgt:

$I_q + I_B = \dfrac{U_B - U_{BE}}{R_1}$ (1.5.4.2.–3)

$I_q = \dfrac{U_B - U_{BE}}{R_1} - I_B$

In die Gleichung für R_2 eingesetzt, ergibt sich:

$R_2 = \dfrac{U_{BE}}{\dfrac{U_B - U_{BE}}{R_1} - I_B}$

Durch Umformen erhält man die endgültige Form:

$R_2 = \dfrac{U_{BE} \cdot R_1}{U_B - (U_{BE} + I_B \cdot R_1)}$ (1.5.4.2.–4)

In Bild 1.5.–30 liegt die Feldplatte im Basis-Kollektor-Kreis des Transistors. Bei der Berechnung von R_1 geht man ähnlich vor wie an der Schaltung nach Bild 1.5.–29 gezeigt.

Es gilt auch hier:

1. $R_1 > R_2$
2. $I_q = \dfrac{U_{BE}}{R_2}$ (1.5.4.2.–2)
3. $I_q + I_B = \dfrac{U_{R1}}{R_1}$

$I_q + I_B = \dfrac{U_B - U_{BE}}{R_1}$ (1.5.4.2.–3)

Durch Umstellen erhält man die Gleichung für den Widerstand der Feldplatte:

$$R_1 = \frac{U_B + U_{BE}}{I_q + I_B}$$

$$I_q = \frac{U_{BE}}{R_2}$$

$$R_1 = \frac{U_B - U_{BE}}{\frac{U_{BE}}{R_2} + I_B}$$

$$R_1 = \frac{(U_B - U_{BE}) \cdot R_2}{U_{BE} + I_B \cdot R_2} \qquad (1.5.4.2.-5)$$

Bei den Berechnungen der Schaltungen nach den Bildern 1.5.−29 und 1.5.−30 beginnt man zweckmäßigerweise mit der Festlegung der Arbeitsgeraden und des Arbeitspunktes. Für die Arbeitsgerade gelten die Gleichungen (1.5.4.2.−6) und (1.5.4.2.−7).

$$U_B = U_{CE} + I_C \cdot R_C \qquad (1.5.4.2.-6)$$

$$R_C = \frac{U_B - U_{CE}}{I_C} \qquad (1.5.4.2.-7)$$

Nach der Wahl des Arbeitspunktes, der von den Daten des Transistors bestimmt wird, kann man die Basis-Emitterspannung U_{BE} aus der Eingangskennlinie bestimmen und damit dann den Widerstandswert der Feldplatte in beiden Fällen berechnen.

Beispiel 1.5.4.2.−1

Bestimmen Sie den Feldplattenwiderstand für die Grundschaltung nach Bild 1.5.−29, wenn Ihnen die folgenden Daten zur Verfügung stehen.

U_B = 24 V
R_C = 534,0 Ohm
U_{CE} = 12 V
R_1 = 9,1 kOhm

Lösung:

Transistorausgangskennlinienfeld

$I_C = f(U_{CE})$

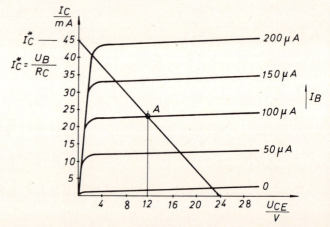

1.5. Feldplatte

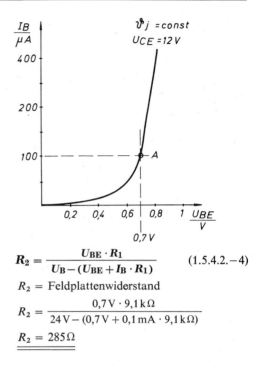

$$R_2 = \frac{U_{BE} \cdot R_1}{U_B - (U_{BE} + I_B \cdot R_1)} \qquad (1.5.4.2.-4)$$

R_2 = Feldplattenwiderstand

$$R_2 = \frac{0{,}7\,\text{V} \cdot 9{,}1\,\text{k}\Omega}{24\,\text{V} - (0{,}7\,\text{V} + 0{,}1\,\text{mA} \cdot 9{,}1\,\text{k}\Omega)}$$

$$\underline{\underline{R_2 = 285\,\Omega}}$$

Der Feldplattenwiderstand, der in der Schaltung nach Bild 1.5.−29 eingesetzt werden muß, liegt mit seinem Widerstandswert bei 285 Ohm.

Untersucht man die beiden Schaltungen in den Bildern 1.5.−29 und 1.5.−30 hinsichtlich ihres Temperaturverhaltens, dann stellt man fest, daß die Schaltung nach Bild 1.5.−29 eine gewisse Temperaturkompensation zuläßt.

Die TK-Werte der Feldplatte und des Transistors sind beide negativ.

Steigt die Temperatur, so sinkt die Basis-Emitterspannung U_{BE} des Transistors um ca. 2 mV/°C. Aber auch der Feldplattenwiderstand nimmt mit steigender Temperatur ab. Der Basisstrom bleibt also annähernd konstant, da der zusätzliche Strom über die Feldplatte und nicht über den Transistor nach Masse abfließt.

I_B und damit das Ausgangssignal der Schaltung sind somit nur im geringen Umfang temperaturabhängig.

Eine Kombination von Feldplatten aus L-Material mit Siliziumtransistoren sowie von D-Material mit Germaniumtransistoren hat sich in der Praxis als besonders vorteilhaft erwiesen. Bei der Schaltung nach Bild 1.5.−30 ergibt sich keine Temperaturkompensation.

Mit steigender Temperatur sinkt der Feldplattenwiderstand und der Strom $I_q + I_B$ steigt an. Da I_q durch den Widerstand R_2 praktisch konstant bleibt, muß die Stromzunahme sich in einer Erhöhung des Basisstromes niederschlagen. Der Arbeitspunkt der Schaltung verschiebt sich.

Hinzu kommt noch die temperaturbedingte Abnahme der Basis-Emitterspannung U_{BE} des Transistors mit steigender Temperatur, d. h. das Ausgangssignal der Schaltung nach Bild 1.5.−30 ist mit einem TK-Wert behaftet, der sich aus der Summe der TK-Werte von Feldplatte und Transistor zusammensetzt.

Aus diesem schlechten Temperaturverhalten heraus wird diese Schaltung in der Praxis auch nur dann eingesetzt, wenn der Transistor T als Schalter arbeitet und hierbei die Sperrphasen sehr viel länger andauern als die Leitphasen.

1.5.4.3. Prellfreier elektronischer Schalter

In der Steuerungstechnik werden als Eingangssignalgeber oft prellfreie und vor allem auch verschleißfreie Schalter benötigt.

Eine Möglichkeit bietet hier die Feldplatte in Verbindung mit einem Schmitt-Trigger.

Diese Kombination hat außerdem den Vorteil, daß sie in Ex-gefährdeten Räumen eingesetzt werden kann.

Die Schaltung sowie eine mechanische Ausführungsform zeigt das Bild 1.5.−31.

Die Anordnung wird über den Taster betätigt. Im Innern verschiebt sich der Dauermagnet mit seinen beiden Jochen. Die Feldplatte R_1 wird vom magnetischen Fluß des Dauermagneten durchsetzt und erhöht dadurch ihren Widerstand. Das Basis-Masse-Potential des Transistors T_1 wird auf den Schwellwert des Schmitt-Triggers angehoben. T_1 schaltet durch, während T_2 sperrt. Am Ausgang A erhält man ein logisches „1-Signal" von hoher Flanken-

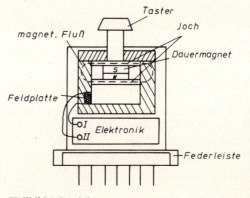

(Teilbild 1.5.−31)

steilheit. Der Kondensator C dient als Beschleunigungskondensator. Er verringert die Umschaltzeit des Transistors T_2 von der Leit- in die Sperrphase. Die Schaltungsberechnung des Schmitt-Triggers erfolgt zu einem späteren Zeitpunkt.

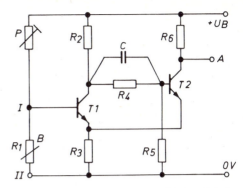

Bild 1.5.–31. Kontaktloser prellfreier Schalter mit Feldplatte und nachgeschaltetem Schmitt-Trigger

1.5.4.4. Messung von Gleichströmen mittels Feldplatte

Das Bild 1.5.–32 zeigt eine Schaltungsanordnung zum Messen von Gleichströmen bis zu 400 A. Das Kernstück der Schaltung bildet eine Brückenanordnung von zwei Feldplatten und zwei ohmschen Widerständen. Die Diagonalspannung der Brücke wird von einem Rechen- oder Operationsverstärker verarbeitet (vgl. auch Abschnitt 1.5.4.1).

Der Ausgang des Rechenverstärkers arbeitet auf eine zusätzliche Wicklung des Stromübertragers und bewirkt hier eine Gegenkopplung. Die Ausgangsgröße ist ein Gleichstrom, der direkt proportional und vorzeichenrichtig zum Meßstrom in der Meßspule (K, L) ist.

Der Meßkreis und der zu messende Stromkreis sind galvanisch völlig voneinander getrennt.

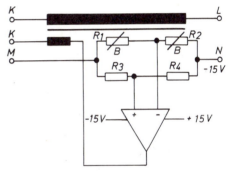

Bild 1.5.–32. Gleichstrommeßwandler mit Feldplatten

1.5.4.5. Umformung von Drehzahlen in elektrische Impulse

Bild 1.5.–33 gibt eine Prinzipanordnung wieder, die geeignet ist, der Drehzahl proportionale elektrische Impulse zu erzeugen.

Vorteil dieser Anordnung ist, daß die Drehbewegung ohne mechanische Belastung des sich drehenden Systems gemessen werden kann.

Ein umlaufender Anker erzeugt einen Anstieg der Induktion B, wenn er sich genau gegenüber der Feldplatte befindet. Die vergrößerte Induktion hat in der Feldplatte eine Wider-

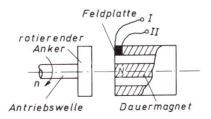

Bild 1.5.–33. Prinzip der Messung von Drehzahlen mit einer Feldplatte

standserhöhung zur Folge, die elektrisch ausgewertet werden kann. Da bei der gesamten Anordnung nur die Widerstandsänderungen von Interesse sind, wirkt sich auch der Temperaturgang der Feldplatte nicht negativ auf die Meßgenauigkeit aus.

Den Nachteil, daß der rotierende Anker pro Umlauf zwei Widerstandsänderungen und damit zwei elektrische Impulse erzeugt, kann man durch die Nachschaltung eines Schmitt-Triggers zur Impulsformung und einer bistabilen Kippstufe zur 2:1 Untersetzung aufheben.

1.5.4.6. Zusammenfassung

Feldplatten sind universell einsetzbare elektrische Bauelemente, die sich besonders für Meßzwecke eignen. Als Meßwertgeber und auch als Meßwertumformer werden von der Feldplatte eine gute Linearität und ein minimaler Temperaturgang gefordert.

Dies erreicht man durch Brückenschaltungen elektrisch gleichwertiger Feldplattenpaare sowie durch die Abstimmung der Magnetspaltinduktion mit der mechanischen Ausführung der Feldplatten.

Werden Transistoren mit Feldplatten angesteuert, ist eine Kompensation des Temperaturganges durch geeignete Auswahl der Halbleitermaterialien möglich. In der Praxis hat sich hier die Kombination

1. Feldplatte aus L-Material mit Siliziumtransistor und
2. Feldplatte aus D-Material mit Germaniumtransistor.

durchgesetzt.

Realisiert man mit Feldplatten digitale Funktionen (Impulszählungen, kontaktloses Schalten usw.), so kann man weitestgehend auf eine Kompensation des Temperaturganges und eine Linearisierung der Feldplatte verzichten. Auch aufwendige Brückenschaltungen sind nicht erforderlich. Man kommt in der Regel mit einer Feldplatte als Initiatorelement aus.

1.6. Hallgeneratoren

Lernziele

Der Lernende kann...
... das genormte Schaltsymbol des Hallgenerators zeichnen.
... den prinzipiellen Aufbau des Hallgenerators beschreiben.
... den Zusammenhang zwischen der magnetischen Feldstärke, dem Hilfsstrom und der Hallspannung anhand von Diagrammen und Skizzen erklären.
... die Wirkung eines konstanten und eines wechselnden Magnetfeldes auf den Hallgenerator beschreiben.
... einfache Schaltungen mit Hallgeneratoren skizzieren und deren Wirkungsweise beschreiben.

Hallgeneratoren sind elektrische Bauelemente. Ihre Wirkung beruht auf dem Hall-Effekt.

Dieser Effekt entsteht, wenn ein langgestrecktes Halbleiterplättchen von der Dicke d, welches in der Längsrichtung von einem Strom durchflossen wird, senkrecht von einem Magnetfeld durchsetzt wird.

Aufgrund der Lorenz-Kraft, die auf jedes Elektron im Halbleitermaterial wirkt, tritt eine Verdichtung der Elektronen in der einen Randzone des Plättchens auf, während die andere einen Elektronenmangel zeigt.

Zwischen beiden Zonen bildet sich aufgrund der Ladungsverschiebung eine elektrische Spannung, die Hallspannung aus.

Der Hall-Effekt ist in der Physik seit 1879 bekannt. Er konnte aber erst in den letzten Jahren aufgrund der verbesserten Halbleitertechnologien technisch genutzt werden.

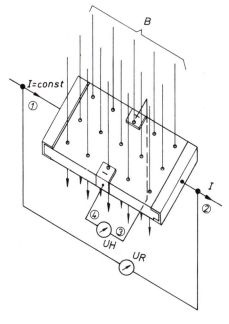

Bild 1.6.–1. Die Ausbildung des Hall-Effektes bei einem Halbleiterplättchen, welches senkrecht von einem magnetischen Feld durchsetzt wird

Technische Anwendungsgebiete des Hallgenerators sind:

1. die Messung von magnetischen Flußdichten,
2. der Aufbau von Multiplizierern,
3. der Aufbau von Modulatoren und Wechselrichtern, und
4. die Umwandlung von mechanischen Größen in elektrische.

1.6.1. Der Aufbau von Hallgeneratoren

Das elektrische System eines Hallgenerators besteht aus dem Halbleiterplättchen, den Elektroden sowie den Zuführungsdrähten.

Zur Kennzeichnung der Elektroden werden arabische Ziffern von *1* bis *4* verwendet. Bild 1.6.−2 zeigt das genormte Schaltsymbol eines Hallgenerators.

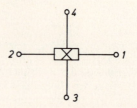

Bild 1.6.−2. Schaltsymbol eines Hallgenerators

Über die Elektroden *1* und *2* wird der Steuerstrom zugeführt. An den Elektroden *3* und *4* die Hallspannung U_H abgenommen.

Um das elektrische System vor mechanischer Beanspruchung zu schützen, wird es mit einem Mantel aus Sinterkeramik und Gießharz umgeben.

Hierbei entsteht zwangsweise im magnetischen Kreis ein Luftspalt. Um diesen Luftspalt zu umgehen bzw. zu verkleinern, stehen sog. Ferrit-Hallgeneratoren zur Verfügung. Bei diesen Typen besteht der Mantel aus ferromagnetischen Material.

Der Luftspalt wird praktisch auf die Dicke des Halbleiterplättchens reduziert (wenige µm).

Eine andere Bauform von Hallgenerator entsteht, indem auf einen Träger eine halbleitende Schicht aus InSb oder InAs aufgedampft wird. Man erreicht durch dieses Verfahren Schichtdicken von einigen µm. Diese Hallgeneratoren mit Aufdampfschicht zeichnen sich durch eine hohe thermische Belastbarkeit aus.

Die Gewinnung von InSb und InAs geschieht auf die gleiche Weise, die bereits in Abschn. 1.5 ausführlich beschrieben wurde.

1.6.2. Die Kennlinie des Hallgenerators

Den Zusammenhang zwischen Hallspannung, Steuerstrom und magnetischer Induktion *B* ist durch Gl. (1.6.2.−1) gegeben. Diese Gleichung beschreibt bei konstantem Steuerstrom auch die Kennlinie $U_H = f(B)$ des Hallgenerators. Die Kennlinie selbst ist in Bild 1.6.−3 dargestellt.

$$U_H = \frac{R_H}{d} \cdot I \cdot B \qquad (1.6.2.-1)$$

Von der Gleichung ausgehend stellt R_H den Hall-Koeffizienten dar (vgl. Abschn. 1.5.2). *d* ist die aktive Schichtdicke des Hallgenerator-

1.6. Hallgeneratoren

plättchens. In diesem Zusammenhang spricht man auch von der Zungendicke d des Hallgenerators.

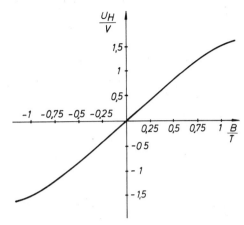

Bild 1.6.–3. Kennlinie des Hallgenerators mit konstantem Steuerstrom I

I stellt den Steuerstrom durch den Generator und B die wirksame Induktion senkrecht zum Hallplättchen dar. Da der Quotient R_H/d in erster Näherung für einen betrachteten Hallgenerator eine Konstante darstellt, kann man die Gl. (1.6.2.–1) umschreiben in Gl. (1.6.2.–2).

$$U_H = A \cdot I \cdot B \qquad (1.6.2.-2)$$

$$A = \frac{R_H}{d}$$

$$A = \frac{1}{d \cdot e \cdot n} \qquad (1.6.2.-3)$$

Bei konstantem Steuerstrom I und Induktionswerten unterhalb der Sättigung muß die Kennlinie gerade verlaufen.

Die Hallspannung stellt das Produkt aus zwei veränderlichen elektrischen Größen dar. Hieraus folgt sofort, daß das Bauelement Hallgenerator zum Einsatz als Multiplizierer geeignet ist.

Das Wort Generator zeigt außerdem, daß das Bauelement „aktiv" sein muß, d. h. es läßt sich mit dem Hallgenerator eine Verstärkung erzielen. Bei aktiven Elementen läßt sich außerdem stets ein Wirkungsgrad angeben.

Dieser Wirkungsgrad berechnet sich allgemein zu:

$$\eta = \frac{P_{ab}}{P_{zu}} \cdot 100\%$$

P_{ab} = abgegebene Leistung

P_{zu} = zugeführte Leistung

Speziell für den Hallgenerator errechnet sich der Wirkungsgrad

$$\eta = \frac{I_H \cdot U_H}{I \cdot U} \cdot 100\% \qquad (1.6.2.-4)$$

I_H = Hallstrom durch den Abschlußwiderstand

U_H = Hallspannung zwischen den Elektroden *3* und *4*

I = Steuerstrom durch den Hallgenerator
U = Spannung zwischen den Elektroden *1* und *2*

Übung 1.6.2.—1

a) Welche der angegebenen Schaltzeichen stellen magnetfeldabhängige Bauelemente dar?

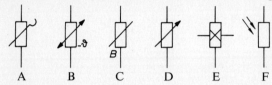

A   B   C   D   E   F

b) Welches der von Ihnen bestimmten Schaltzeichen stellt einen Hallgenerator dar?

Übung 1.6.2.—2

Gegeben ist die folgende Kennlinie eines Hallgenerators.

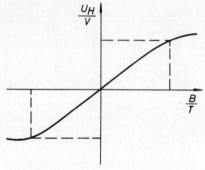

a) Zwischen welchen Induktionswerten liegt der lineare Bereich der Hallspannung U_H?
b) Welche Hallspannungsänderung ΔU_H stellt sich für den gesamten linearen Bereich der Kennlinie etwa ein?

1.6.3. Kenn- und Grenzdaten des Hallgenerators

Wie bei fast allen Bauelementen wird auch beim Hallgenerator die Angabe der technischen Daten bei einer Bezugstemperatur von 25 °C vorgenommen.

1.6.3.1. Leerlaufhallspannung U_{20}

Die Leerlaufhallspannung ist die Spannung an den Klemmen *3* und *4*, die der unbelastete Hallgenerator beim Nennwert des Steuerstromes I_N sowie beim vorgegebenen Steuerfeld B liefert.

Die in den Applikationen und Datenblättern vorgegebene Leerlaufspannung stellt einen unteren Grenzwert dar. Die oberen Maximalwerte liegen bis zum 1,5fachen höher.

U_{20} = Leerlaufhallspannung in Volt
I_N = Nennwert des Steuerstromes in mA
B = magnetische Induktion des Steuerfeldes in Tesla
Φ = magnetischer Steuerfluß in Vs bzw. Weber
Θ = magnetische Durchflutung in A

1.6. Hallgeneratoren

Je nach Ausführung oder Einsatz des Hallgenerators sind die Bezugsgrößen unterschiedlich gewählt.

In allen Fällen ist jedoch der Nennwert des Steuerstromes eine Bezugsgröße.

Bei Hallgeneratoren mit ferromagnetischer Ummantelung stellt der Steuerfluß Φ die zweite Bezugsgröße für die Leerlaufspannung dar. Wird der Hallgenerator als Multiplizierer oder Modulator eingesetzt, dann tritt anstelle des Steuerflusses die Durchflutung als zweite Bezugsgröße.

1.6.3.2. Nennstrom I_N

Dieser Strom wird bei Hallgeneratoren so festgelegt, daß sich im Betrieb in ruhender Luft eine Übertemperatur von 10 °C bis 15 °C in der Halbleiterschicht einstellt.

Aufgrund dieser Temperaturerhöhung ergeben sich Änderungen in der Hallkonstanten R_H und damit zwangsweise auch in der Leerlaufspannung U_{20}. Die Funktion $R_H = f(\vartheta)$ ist in Bild 1.6.–4 dargestellt.

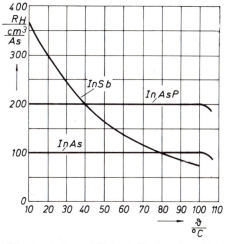

Bild 1.6.–4. $R_H = f(\vartheta)$ für InSb, InAsP und InAs

1.6.3.3. Magnetische Steuerinduktion B, magnetischer Nennsteuerfluß Φ_N und magnetische Nenndurchflutung Θ_N

Der Steuerfeldbereich (Induktion B) ist in den Datenblättern angegeben. Damit ist man in die Lage versetzt, eine zahlenmäßige Aussage über die Proportionalität zwischen Hallspannung und dem Steuerfeld zu machen. Der Nennwert des Steuerflusses Φ_N wird nur bei Hallgeneratoren mit ferromagnetischem Mantel angegeben. Der angegebene Wert des Steuerflusses wird dabei so gewählt, daß der magnetische Fluß das ferromagnetische Material nicht in die Sättigung treibt.

Bei Multiplikatoren und Modulatoren wird der Nennwert der Durchflutung Θ_N angegeben, der ebenfalls so gewählt ist, daß er unterhalb der Sättigung bleibt.

1.6.3.4. Induktionsempfindlichkeit $A_{(B)}$

Stellt man die Gleichung (1.6.2.−2) nach der Konstanten A um, dann ergibt sich:

$$A = \frac{U_H}{I \cdot B}$$

Für den Leerlauffall und den vorgegebenen Steuerfeldbereich folgt bei Nennsteuerstrom I_N die Gleichung (1.6.3.4.−1).

$$A_{(B)} = \frac{U_{20}}{I_N \cdot B} \qquad (1.6.3.4.-1)$$

$A_{(B)}$ wird hierbei als Induktionsempfindlichkeit bezeichnet.

Bild 1.6.−5 zeigt die Funktion $U_H = f(B)$ mit dem Abschlußwiderstand R_A des Hallgenerators als Parameter.

Bei der Betrachtung der Kurven erkennt man ganz deutlich, daß die Linearität derselben sehr stark von der Größe des Abschlußwiderstandes R_A bestimmt wird.

In der dargestellten Kurvenschar wird die beste Linearität mit dem Abschlußwiderstand R_{A2} erreicht. In den Datenblättern des Herstellers wird dieser Widerstand als Abschlußwiderstand für optimale Linearität R_{AL} bezeichnet. Der Hersteller ermittelt für die von ihm gefertigten Hallgeneratoren nur einen R_{AL}-Bereich. Den genauen Widerstandswert für optimale Linearität muß man durch Versuch ermitteln.

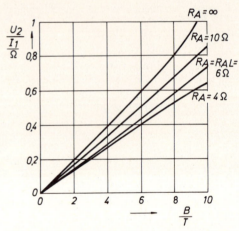

Bild 1.6.−5. Normierte Hallspannung als Funktion der Induktion B mit R_A als Parameter

Übung 1.6.3.4.−1

Der Hallgenerator ist ein Bauelement, welches auf magnetische Felder durch Ausbilden einer Hallspannung reagiert, wenn es von einem Steuerstrom durchflossen wird.
Unter der Voraussetzung, daß der Steuerstrom konstant gehalten wird und das einwirkende Magnetfeld senkrecht auf die aktive Fläche des Generators auftrifft, ändert sich die Hallspannung U_H mit der Stärke dieses Feldes
- a) linear
- b) quadratisch
- c) nach einer e-Funktion
- d) überhaupt nicht
- e) proportional zum magnetischen Fluß.

1.6.3.5. Definition des Linearisierungsfehlers von Hallgeneratoren

Die Funktion $U_H = f(B)$ ist auch im Falle des Abschlusses mit R_{AL} nicht ideal.

Aus diesem Grunde führt man den sog. Linearitätsfehler des Hallgenerators ein.

Hierzu legt man eine Gerade so durch die Kurve $U_H = f(B)$, daß die maximalen Abweichungen oberhalb und unterhalb der Kurve etwa gleich groß sind. Bild 1.6.−6 zeigt diesen Vorgang.

Der Tangens des Winkels φ, den die Gerade mit der B-Achse bildet, wird als mittlere Empfindlichkeit bei Abschluß mit R_{AL} bezeichnet. Mit Hilfe der Fehlerberechnung aus der Meßtechnik wird die maximale Abweichung der Hallspannung von der eingezeichneten Geraden mit dem Tangens des Winkels φ ins Verhältnis gesetzt und auf den Induktionswert B_h des Meßbereichsendwertes bezogen, Gl. (1.6.3.5.−1).

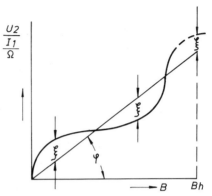

Bild 1.6.−6. Definition des Linearisierungsfehlers

$$F_{\text{lin}} = \frac{\xi_{\max}}{B_h \cdot \tan \varphi} \qquad (1.6.3.5.-1)$$

1.6.3.6. Ersatzschaltbild des Hallgenerators

In Bild 1.6.−7 ist ein mögliches Ersatzschaltbild des Hallgenerators dargestellt.

Man erkennt, daß sowohl der Steuerstromkreis als auch der Hallkreis mit einem Widerstand behaftet ist, der Magnetfeldabhängigkeit zeigt.

$R_{1(B)}$ stellt hierbei den Innenwiderstand der Steuerseite und $R_{2(B)}$ den Innenwiderstand der Hallseite dar. In den Datenblättern wird der steuerseitige Eingangswiderstand in der Regel in einer normierten Darstellung angegeben.

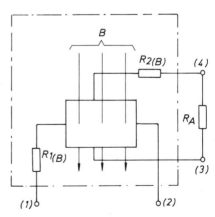

Bild 1.6.−7. Ersatzschaltbild des Hallgenerators

Man bezieht hierbei den steuerseitigen Eingangswiderstand auf den Eingangswiderstand, der eingangsseitig bei einer magnetischen Induktion von $B = 0$ und offenem Hallkreis gemessen wird (vgl. Bild 1.6.−8).

Übung 1.6.3.6.—1

Gegeben ist das Schaltzeichen des Hallgenerators. Seine Elektrodenanschlüsse sind mit den Ziffern 1 bis 4 bezeichnet.

a) Zwischen welchen beiden Elektroden wird die Steuerspannung angelegt?

a	b	c	d	e	f
○ 1; 3	○ 1; 4	○ 2; 4	○ 2; 1	○ 1; 2	○ 4; 1

b) Zwischen welchen beiden Elektrodenanschlüssen wird die Hallspannung U_H abgenommen?

a	b	c	d	e	f
○ 1; 3	○ 3; 4	○ 1; 4	○ 4; 3	○ 2; 1	○ 3; 2

Aus der in Bild 1.6.—8 dargestellten Magnetfeldabhängigkeit des steuerseitigen Eingangswiderstandes heraus, empfiehlt es sich, den Steuerkreis des Hallgeneratos speziell bei Magnetfeldmessungen mit einem eingeprägten Strom zu betreiben. Bei der Behandlung des hallseitigen Innenwiderstandes $R_{2(B)}$ geht man ähnlich vor wie bei $R_{1(B)}$. Man bestimmt bei offenem Steuerkreis den zwischen den Hallelektroden auftretenden Widerstand für $B = 0$ und für $B \neq 0$. Die Meßdaten werden wieder in einer normierten Darstellung aufgetragen und zwar mit dem Bezug auf $R_{2(B=0)}$. Es ergibt sich der in Bild 1.6.—9 dargestellte prinzipielle Verlauf, der praktisch identisch ist mit der Funktion in Bild 1.6.—8.

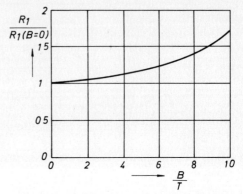

Bild 1.6.—8. Normierter steuerseitiger Eingangswiderstand als Funktion der magnetischen Induktion B

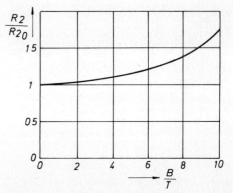

Bild 1.6.—9. Normierte Darstellung des hallseitigen Innenwiderstandes als Funktion der magnetischen Induktion B

1.6.3.7. Ohmsche Nullkomponente R_0 und induktive Nullkomponente A_H

Die Homogenität von Hallgeneratorplättchen bzw. Hallgeneratoren mit Aufdampfschicht ist aus technologischen Gründen niemals ganz gewährleistet. Dies ist der Grund, weshalb der Hallspannung ein geringer ohmscher Spannungsanteil überlagert ist, d. h. bei der Induktion $B = 0$ ist bereits an den Hallelektroden eine Spannung meßbar. Diese Spannung berechnet sich zu:

$$U_{H(R0)} = R_0 \cdot I \qquad (1.6.3.7.-1)$$

Von der ohmschen Nullkomponente spricht man, wenn die Spannung $U_{H(R0)}$ auf die Größe des Steuerstromes bezogen wird. Gl. (1.6.3.7.-2).

$$R_0 = \frac{U_{H(R0)}}{I} \qquad (1.6.3.7.-2)$$

Die Zuführungsdrähte zu den Hallelektroden bilden eine Induktionsschleife, die die Fläche A umschließt. Diese Fläche kann fertigungstechnisch niemals zu Null gemacht werden.

Bei magnetischen Wechselfeldern führt dies dazu, daß bei offenem Steuerkreis ($I = 0$) eine Induktionsspannung an den Hallelektroden zu messen ist.

$$U_{H(AH)} = A_H \cdot \frac{dB}{dt} \qquad (1.6.3.7.-3)$$

$$U_{H(AH)} \approx A_H \cdot \frac{\Delta B}{\Delta t} \qquad (1.6.3.7.-4)$$

A_H wird als induktive Nullkomponente bezeichnet.

Sie trägt die Einheit einer Fläche (in der Regel in cm²). Aus den Gleichungen (1.6.3.7.-3) und (1.6.3.7.-4) geht außerdem hervor, daß die induzierte Spannung sehr stark von der Frequenz ($1/\Delta t$) und der Amplitude (ΔB) des Wechselfeldes abhängt.

Beispiel 1.6.3.7.—1

Die induktive Nullkomponente A_H liegt in der Größenordnung von ca. 0,05 cm². Dies bedeutet eine Hallspannung bei einer Induktion von $B = 1$ T und $f = 100$ Hz von:

$$U_{H(AH)} \approx 0{,}05 \text{ cm}^2 \cdot \frac{10^{-4} \frac{Vs}{cm^2}}{5 \text{ ms}}$$

$$\approx 1 \cdot 10^{-3} \text{ V}$$

$$\underline{\underline{U_{H(AH)} \approx 1 \text{ mV}}}$$

1.6.3.8. Temperaturabhängigkeit der Hallspannung

Bei der Temperaturabhängigkeit von Hallgeneratoren unterscheidet man zwei Ursachen:

1. die Temperaturabhängigkeit der Hallkonstanten R_H mit dem Temperaturkoeffizienten β und

In den Datenblättern werden für einen Temperaturbereich von 0°C bis 100°C die mittleren Werte für α und β angegeben.

Da der hallseitige Innenwiderstand nur bei Belastung des Hallgenerators auftritt, kann auch der Temperaturkoeffizient α nur bei Belastung wirken.

Es gilt daher:

Je nach der Ausführung des Hallgenerators schwanken die Temperaturkoeffizienten zwischen

Für den Leerlauffall kann man die Änderung der Hallspannung bei einer Temperaturschwankung bei bekanntem β-Wert nach der Beziehung (1.6.3.8.−1) berechnen:

2. die Temperaturabhängigkeit des hallseitigen Innenwiderstandes mit dem Temperaturkoeffizienten α.

1. Im Leerlauf des Hallgenerators ist nur der Temperaturkoeffizient β wirksam und
2. im Lastfall des Hallgenerators treten beide Temperaturkoeffizienten α und β auf.

$$\alpha \approx -2\,\frac{\%}{K} \ldots 0{,}1\,\frac{\%}{K}$$

$$\beta \approx -2\,\frac{\%}{K} \ldots 0{,}1\,\frac{\%}{K}$$

$$\Delta U_H = U_{H25} \cdot \beta \cdot \Delta \vartheta \qquad (1.6.3.8.-1)$$

ΔU_H = Änderung der Hallspannung

U_{H25} = Hallspannung bei der Bezugstemperatur von 25°C

β = Temperaturkoeffizient der Hallkonstanten

$\Delta \vartheta$ = Temperaturänderung in °C

1.6.3.9. Grenzdaten des Hallgenerators

Als Grenzdaten gelten für Hallgeneratoren die folgenden Größen:

1. der maximal zulässige Steuerstrom I_{1max},
2. der Wärmewiderstand zwischen Halbleiterschicht und Gehäuse des Hallgenerators R_{thG} und
3. die höchstzulässige Oberflächentemperatur.

Der maximale Steuerstrom I_{1max} des Hallgenerators ist sehr stark von den jeweiligen Betriebsbedingungen abhängig (Umgebungstemperatur, Kühlungsverhältnisse, gewählte Betriebsart usw.).

Die Herstellerangaben beziehen sich auf den Betrieb in ruhender Luft ohne zusätzliche Kühlung.

1.6. Hallgeneratoren

Ein Überschreiten des maximal zulässigen Steuerstromes führt zur Überhitzung und damit zur Zerstörung der aktiven Halbleiterschicht des Hallgenerators.

Wie bereits oben erwähnt, richtet sich der maximale Steuerstrom nach den jeweils vorliegenden Betriebs- bzw. Kühlverhältnissen. Um den Strom für den jeweils vorliegenden Betriebsfall berechnen zu können, gibt der Hersteller den Wärmewiderstand zwischen Halbleiterschicht und Gehäuse des Hallgenerators an.

Hierbei ist jedoch zu beachten, daß sich die Angabe des R_{thR}-Wertes auf eine allseitige Wärmeabfuhr bezieht. Die maximal zulässige Temperatur der Halbleiterschicht liegt bei 120 °C. Aus Sicherheitsgründen ist deshalb die maximale Oberflächentemperatur auf 90 °C festgelegt. Diese maximale Gehäusetemperatur ϑ_R ist bei der Schaltungsauslegung und damit bei der Festlegung des maximalen Steuerstromes unbedingt zu berücksichtigen.

maximale Halbleitertemperatur des Hallgenerators

$\vartheta_H = 120\,°C$

maximale Oberflächentemperatur des Hallgenerators

$\vartheta_G = 90\,°C$

Übung 1.6.3.9.—1

Der Hallgenerator ist ein Bauelement zum Messen von
○ a) Temperaturen
○ b) Lichtstärken
○ c) elektrischen Feldstärken
○ d) magnetischen Flüssen
○ e) Drücken
○ f) magnetischen Feldern

1.6.4. Die Anwendungen des Hallgenerators

Die Anwendungsgebiete des Hallgenerators kann man ganz grob in sechs Bereiche einteilen:

1. Magnetfeldmessung,
2. Hochstrommessung,
3. Magnetbandabtastung,
4. Rechenschaltungen in Regelungsanlagen
   Multiplizierer,
   Dividierer,
   Radizierer,
5. Schalteranwendung und
6. Modulatoranwendung.

1.6.4.1. Magnetfeldmessung und Magnetfeldabtastung

Bei der Messung von Magnetfeldern wird der Hallgenerator mit einem Konstantstrom gespeist und dem unbekannten Magnetfeld ausgesetzt. Der Hallgenerator befindet sich in einem offenen magnetischen Kreis und die Steuerung erfolgt durch das auf den Generator einwirkende Magnetfeld.

Die auftretende Hallspannung ist direkt proportional der Magnetfeldinduktion B (vgl. Gl. 1.6.2.−1).

Der Hallgenerator selbst wird als Feldsonde ausgebildet, die sogar die Abtastung von Tangentialfeldern gestattet.

Außerdem kann der Hallgenerator in Verbindung mit Regelschaltungen zur Konstanthaltung und Stabilisierung von Magnetfeldern eingesetzt werden.

Die Magnetbandabtastung geschieht mit Ferrithallgeneratoren.

Die aktive Halbleiterschicht des Generators ist hierbei zwischen zwei Ferritplättchen angeordnet, vergleichbar mit einem induktiven Wiedergabekopf herkömmlicher Bauart.

Der Magnetisierungsstrom des Aufzeichnungsträgers durchströmt den Hallgenerator und erzeugt eine dem Fluß proportionale Hallspannung.

Der Vorteil von Hallgeneratoren gegenüber induktiven Wiedergabeköpfen liegt in der wesentlich besseren Frequenzlinearität.

Übung 1.6.4.1.−1

Skizzieren Sie den Verlauf der Hallspannung U_H als Funktion der Zeit, wenn der Hallgenerator bei konstantem Steuerstrom einer sich senkrecht zur aktiven Fläche sinusförmig ändernden magnetischen Induktion B ausgesetzt wird.

1.6.4.2. Hochstrommessung, Rechenschaltungen und Modulatoranwendung

Die Messung von großen Gleichströmen erfolgt mit dem Hallgenerator auf dem Umweg über das Magnetfeld des zu messenden Stromes. Der Hallgenerator befindet sich hierbei im Luftspalt eines zweiteiligen Eisenjoches, daß den zu messenden Strom umschließt.

Unter Verwendung der Gl. (1.6.2.−1) läßt sich der Hallgenerator auch als Multiplizierer einsetzen, denn die Hallspannung ist dem Produkt aus Steuerstrom und Feldstrom direkt proportional.

Die einfachste Anwendung ist hier die Leistungsmessung. Das Steuerfeld B wird von der Verbraucherspannung, der Steuerstrom vom Verbraucherstrom erzeugt.

Eine besondere Anwendung stellt der Hallgenerator im geschlossenen magnetischen Kreis als Modulator dar.

Hierbei wird die Feldwicklung mit einem Wechselstrom der Kreisfrequenz ω erregt (Ausbildung eines Wechselfeldes) und die zu verstärkende Signalgröße dem Hallgenerator als Steuerstrom zugeführt. Die entstehende Hallspannung ist eine Wechselspannung ebenfalls mit der Frequenz ω, deren Amplitude direkt dem Steuerstrom proportional ist.

1.6.4.3. Hallgenerator als Schalter

Bei abgeschaltetem Magnetfeld ist die Hallspannung, die ohmsche Komponente wird vernachlässigt, unabhängig vom Steuerstrom ebenfalls Null.

Im Moment des Einschaltens des Magnetfeldes tritt praktisch unverzögert auch die Hallspannung an den Klemmen *3* und *4* des Generators auf.

Diese Tatsache nutzt man aus, wenn der Hallgenerator als kontakt- und berührungsloser Schalter arbeitet. Man hat hierbei den Vorteil der galvanischen Trennung zwischen Schaltstrom und Schaltkreis sowie die unmittelbare Schaltwirkung durch Steuermagnete in Förderbändern, Förderanlagen und Stellvorrichtungen.

1.6.4.4. Leistungsmesser mit Hallgenerator

Das Steuerfeld B des in Bild 1.6.–10 dargestellten Leistungsmessers wird durch die Verbraucherspannung U erzeugt. Der Vorwiderstand R_{V1} begrenzt den Spulenstrom auf ein zulässiges Maß. Der Widerstand R_{V2} arbeitet hier als Meßumformer. Er hat die Aufgabe, den Verbraucherstrom (Strom durch R_L) in eine proportionale Spannung umzusetzen, die den Steuerstrom für den Hallgenerator liefert.

Damit ist $B \sim U$ und $I \sim I_L$ und es gilt die Gl. (1.6.2.–1).

Die Produktbildung $U \cdot I_L$ der Leistungsmessung ist damit auf das Produkt $I_S \cdot B$ zurückgeführt. Bei der Festlegung von R_{V2} ist darauf zu achten, daß der Maximalwert des Steuerstromes nicht überschritten wird.

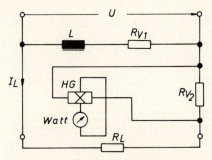

Bild 1.6.–10. Leistungsmessung mit dem Hallgenerator

$$U_H = \frac{R_H}{d} \cdot I_S \cdot B \qquad (1.6.2.-1)$$

1.6.4.5. Hochstrommessung bis 500 A mit Hallgeneratoren

Der Hallgenerator HG ist in eine Stromzange eingebaut, die im Prinzip einen Ring aus ferromagnetischen Material darstellt.

Um den stromdurchflossenen Leiter entsteht ein Magnetfeld, welches im ferromagnetischen Ring gebündelt wird.

Im Luftspalt des Ringes ist der Hallgenerator angeordnet, der mit einem konstanten einstellbaren Steuerstrom versorgt wird.

Die entstehende Hallspannung ist wieder proportional dem erzeugten Magnetfeld und somit auch dem Leiterstrom I.

Die Stromzange wird so ausgelegt, daß bei der maximalen Stromstärke eine Luftspaltinduktion von 1 Tesla erzeugt wird.

Der Spannungsteiler bestehend aus den Widerständen R_1, P_1 und P_2 dient der Kompensation der ohmschen Nullkomponente. Um den Linearitätsfehler möglichst klein zu halten, muß der Hallgenerator mit dem Widerstand R_{AL} abgeschlossen sein, d. h. der Innenwiderstand des verwendeten Instrumentes sollte möglichst genau dem Widerstandswert des Widerstandes R_{AL} des Hallgenerators angepaßt sein.

Das Instrument selbst kann direkt in Ampere geeicht werden.

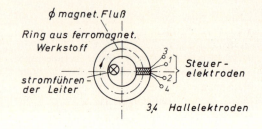

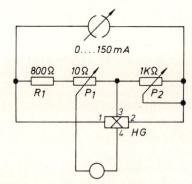

Bild 1.6.–11. Hochstrommessung mit dem Hallgenerator

1.6.4.6. Divisionschaltung mit Hallgenerator und Optokoppler

Das Kernstück der Schaltung nach Bild 1.6.–12 stellt der Hallmultiplizierer HM dar. Er besteht aus dem Hallgenerator HG und der Feldspule L.

Die Hallspannung U_H des Hallmultiplizierers arbeitet auf einen Rechenverstärker (nichtinvertierender Eingang, +-Eingang).

Der invertierende oder Minus-Eingang des Rechenverstärkers wird der Zähler in Form einer Spannung zugeführt. Am Ausgang des Verstärkers bildet sich die Spannungsdifferenz $U_H - U_X$, die den Transistor T_1 steuert.

Dieser Transistor arbeitet auf die Leuchtdiode des Optokopplers OK und verändert somit in Abhängigkeit von der Spannungsdifferenz des Rechenverstärkers die Strahlungsintensität der Leuchtdiode.

Der sich ändernde Lichtstrom beeinflußt die Kollektor-Emitterstrecke des Fototransistors im Optokoppler OK und steuert über den Spannungsabfall am Widerstand R_5 den Transistor T_2, der über R_7 den Steuerstrom des Hallgenerators liefert.

T_1, Optokoppler OK und T_2 stellen für den Rechenverstärker eine Gegenkopplung dar, deren Gegenkopplungsfaktor aussteuerungsabhängig ist. Der Optokoppler hat außerdem den Vorteil der galvanischen Trennung zwischen Eingangs- und Ausgangskreis des Rechenverstärkers.

Über die Anschlußpunkte (1) und (2) der Feldspule L wird nun der Nenner des Quotienten in Form eines Magnetisierungsstromes zugeführt.

Durch den Widerstand R_7 fließt nun ein Strom, der dem Quotienten direkt proportional ist.

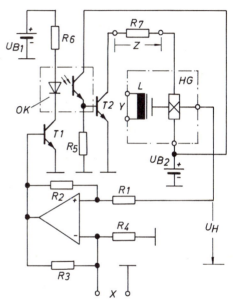

Bild 1.6.–12. Dividierschaltung mit Hallgenerator und Optokoppler

$$Z = k \cdot \frac{x}{y} \qquad (1.6.4.6.-1)$$

1.7. Lernzielorientierter Test

1.7.1. Welchen TK-Bereich weisen PTC-Widerstände auf?

○ a) $\alpha_K \approx -1\frac{\%}{K} \ldots +1\frac{\%}{K}$

○ b) $\alpha_K \approx +100\frac{\%}{°C} \ldots +200\frac{\%}{°C}$

○ c) $\alpha_K \approx +7\frac{\%}{°C} \ldots +70\frac{\%}{°C}$

1.7.2. Welche der folgenden Diagramme stellen die statische Strom-Spannungs-Kennlinie eines Kaltleiters dar?

○ a)
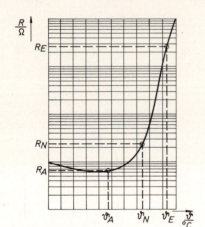

○ b)
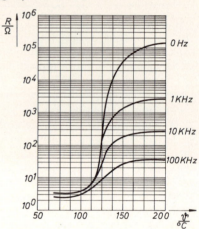

○ c)
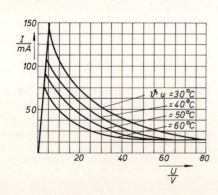

○ d)
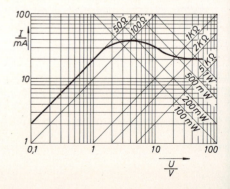

1.7.3. Stellen Sie in dem nachfolgenden Diagramm den Zusammenhang zwischen dynamischer und statischer Strom-Spannungs-Kennlinie dar, wenn sich der Strom von I_1 auf I_2 verändert.

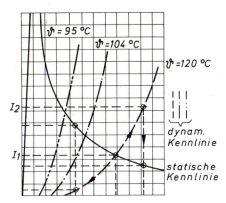

1.7.4. In welchen der nachfolgend aufgezählten Gebiete wird der PTC-Widerstand bevorzugt eingesetzt.
- ○ a) Temperaturregler
- ○ b) Druckmessung
- ○ c) Motor- und Geräteschutz
- ○ d) Überspannungsschutz
- ○ e) Stromstabilisierung

1.7.5. Welchen TK-Bereich weisen NTC-Widerstände auf?
- ○ a) $\alpha_H \approx -2\frac{\%}{°C} \ldots -6\frac{\%}{°C}$
- ○ b) $\alpha_H \approx +2\frac{\%}{°C} \ldots +4\frac{\%}{°C}$
- ○ c) $\alpha_H \approx -8\frac{\%}{°C} \ldots -14\frac{\%}{°C}$

1.7.6. Wird der Heißleiter (NTC) eingesetzt zur (kreuzen Sie die richtige Antwort an)
- ○ a) Spannungsstabilisierung.
- ○ b) Strömungsmessung von Flüssigkeiten.
- ○ c) Temperaturmessung.
- ○ d) Zeitverzögerung.

1.7.7. Skizzieren Sie eine Prinzipschaltung zur Temperaturmessung mit Hilfe eines NTC-Widerstandes.

1.7.8. Das Verhalten eines Varistors wird durch die Gleichung
$U = C \cdot I^\beta$
beschrieben. Von welchen Faktoren wird die Konstante C bestimmt?

- ○ a) Von der Spannung am Varistor.
- ○ b) Von den geometrischen Abmessungen des Varistors.
- ○ c) Von der Umgebungstemperatur.
- ○ d) Vom Strom durch den Varistor.
- ○ e) Vom Material des Varistors.

1.7.9. Bei einem sinusförmig eingeprägten Strom durch den Varistor, verläuft die Spannung am Varistor

- ○ a) sinusförmig
- ○ b) nichtsinusförmig
- ○ c) rechteckförmig
- ○ d) cosinusförmig

1.7.10. Ordnen Sie die Elektronenbeweglichkeit μ_n der nachfolgenden Materialien nach fallender Elektronenbeweglichkeit.

- ○ a) Indiumantimonid.
- ○ b) Cadmiumsulfid.
- ○ c) Indiumarsenid
- ○ d) Silizium.

1.7.11. Welchen Verlauf zeigt die Funktion $R_B/R_0 = f(\varphi)/\vartheta_u = $ const. einer Feldplatte?

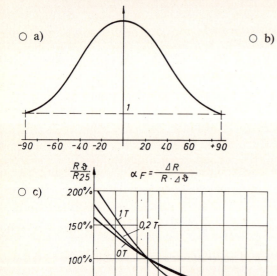
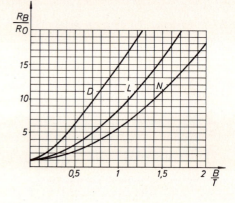

1.7. Lernzielorientierter Test

1.7.12. Ordnen Sie die folgenden Größen einer Feldplatte nach (1) Kenndaten und (2) Grenzdaten.

- ○ a) Maximale Betriebstemperatur ϑ_{jmax}
- ○ b) Temperaturkoeffizient α_F
- ○ c) Grundwiderstand R_O
- ○ d) die höchstzulässige Spannung zwischen Feldplatte und Träger

1.7.13. Warum wird beim Aufbau von Feldplatten die Mäanderform gewählt?

- ○ a) Um ein breites Typenspektrum von Feldplatten mit unterschiedlichen Grundwiderstand zu bekommen.
- ○ b) Um eine größere Oberfläche zur besseren Wärmeabstrahlung zu bekommen.
- ○ c) Die Mäanderform bei der Feldplatte wurde willkürlich gewählt.

1.7.14. Bei welcher magnetischen Induktion B wird der Grundwiderstand R_O der Feldplatte gemessen?

- ○ a) bei $B = 1$ T
- ○ b) bei $\Phi = 0,5$ Vs
- ○ c) bei $B = 0$ T
- ○ d) bei $I = 1$ mA

1.7.15. Welche der nachfolgend aufgeführten Daten von Feldplatten gehören zu den Grenzwerten?

- ○ a) $R_O = 1$ kOhm
- ○ b) $P_{tot} = 0,25$ W
- ○ c) $U_I = 80$ V
- ○ d) $\alpha_F = -0,3\%/K$
- ○ e) $R_B = 10 \cdot R_O$
- ○ f) $\vartheta_{jmax} = 95°C$

1.7.16. Feldplatten werden eingesetzt

- ○ a) zur Temperaturmessung
- ○ b) zur Wegstreckenerfassung
- ○ c) zur Spannungsmessung
- ○ d) zur Messung von Strömungsgeschwindigkeiten bei Flüssigkeiten
- ○ e) zur Widerstandsmessung
- ○ f) zur Messung von Induktivitäten

1.7.17. Feldplatten aus L-Material werden bevorzugt mit

- ○ a) Siliziumtransistoren
- ○ b) Germaniumtransistoren

zusammengeschaltet.

1.7.18. Welche Kennlinie des Varistors ist in dem folgenden Diagramm dargestellt. Beschriften Sie die Ordinate und Abszisse.

○ a) $U = f(I)_f$, $\delta u, \beta, C$
○ b) $P = f(U)$
○ c) $R = f(U)$

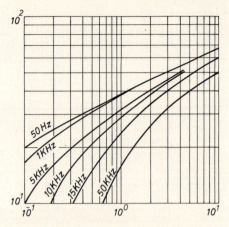

1.7.19. Was versteht man unter einer Hellschaltung mit einem Fotowiderstand?

○ a) eine Schaltung, die bei unbeleuchteten Zustand des Fotowiderstandes ein Signal abgibt
○ b) eine Anpassung des Arbeitswiderstandes der Schaltung an den Hellwiderstand des LDR
○ c) eine Schaltung, die bei beleuchteten Zustand des Fotowiderstandes, ein Signal abgibt.

1.7.20. Die folgende Schaltung läßt sich einsetzen als

○ a) Rufspeicherung mit einem LDR
○ b) Lampenkontrollschaltung
○ c) Dunkelschaltung
○ d) Hellschaltung
○ e) Rufanlage

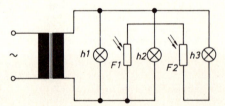

1.7.21. Das Bild zeigt das Schaltzeichen eines Hallgenerators

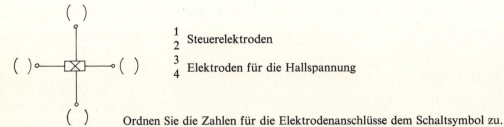

1
2 Steuerelektroden

3
4 Elektroden für die Hallspannung

Ordnen Sie die Zahlen für die Elektrodenanschlüsse dem Schaltsymbol zu.

1.7.22. Von welchen elektrischen Größen ist die Hallspannung eines Hallgenerators bei vorgegebenen Hall-Koeffizienten R_H und bekannter aktiver Schichtdicke d direkt abhäbgig?
- ○ a) vom Steuerstrom I
- ○ b) vom spezifischen Widerstand des Grundmaterials
- ○ c) von der Induktion B senkrecht zum Hallplättchen

1.7.23. Welche elektrische Größe kann mit der nachfolgenden Schaltung gemessen werden?
- ○ a) Strom
- ○ b) Spannung
- ○ c) Leistung
- ○ d) magnetischer Fluß

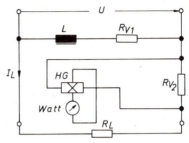

1.7.24. Die folgende Schaltung kann eingesetzt werden als
- ○ a) prellfreier Schalter
- ○ b) Drehzahlmesser
- ○ c) Feldstärkemesser
- ○ d) Gleichstrommeßwandler

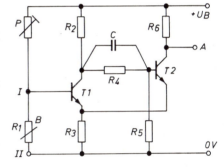

2. Zweischichthalbleiter

2.1. Der pn-Übergang

Lernziele

Der Lernende kann...
... den prinzipiellen Aufbau eines pn-Überganges beschreiben und die Vorgänge im pn-Übergang anhand einer Skizze erläutern.
... die Entstehung des Potentialgefälles am pn-Übergang als Folge der Ladungsträgerdiffusion erklären.
... das Verhalten eines in Sperrichtung betriebenen pn-Überganges meßtechnisch ermitteln und begründen.
... das Verhalten eines in Durchlaßrichtung betriebenen pn-Überganges meßtechnisch ermitteln und begründen.
... die Kennlinie des pn-Überganges in ihrem grundsätzlichen Verlauf beschreiben bzw. zeichnen, diesen Verlauf begründen und Aussagen über die Temperaturabhängigkeit machen.
... wichtige Unterschiede zwischen Germanium- und Silizium-Halbleiterdioden nennen.
... das Schaltsymbol der Halbleiterdiode erkennen und erläutern.

2.1.0. Grundsätzliches

Wird ein Halbleiterkristall in zwei aufeinanderfolgenden Zonen abwechselnd p- und n-dotiert, so entsteht an der Grenzfläche der beiden verschieden dotierten Zonen ein pn-Übergang (Bild 2.1.–1).

Die Vorgänge in der Nähe dieser Grenzfläche wollen wir zunächst für den Fall betrachten, daß noch keine äußere Spannung anliegt:

Infolge der Wärmeschwingungen der Kristallatome sind auch die freien Ladungsträger (Elektronen im n-dotierten und Löcher im p-dotierten Kristall) in ständiger unregelmäßiger Bewegung. Zwangsläufig wandern deshalb auch einige freie Ladungsträger über die Grenzfläche hinweg:

Elektronen aus dem n-dotierten in den p-dotierten Kristall und Löcher aus dem p-dotierten in den n-dotierten Kristall. Die Löcher und Elektronen diffundieren durch die Grenzfläche hindurch. Man nennt diesen Vorgang deshalb auch *Diffusion* (Bild 2.1.–2).

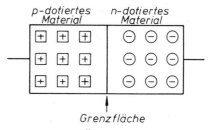

Bild 2.1.–1. pn-Übergang

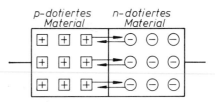

Bild 2.1.–2. Diffusion an einem pn-Übergang

Da die Löcher im n-dotierten Kristall genügend freie Elektronen und die Elektronen im p-dotierten Kristall genügend freie Löcher vorfinden, kommt es in beiden Kristallteilen in der Nähe der Grenzfläche zu Rekombinationen: Im p-dotierten Kristall vereinigen sich die aus dem n-dotierten Kristall herübergewanderten Elektronen mit den hier schon vorhandenen Löchern, und im n-dotierten Kristall vereinigen sich die aus dem p-dotierten Kristall herübergewanderten Löcher mit den hier schon vorhandenen Elektronen. Die Folge dieser Vorgänge (Diffusion + Rekombination) ist, daß zu beiden Seiten der Grenzfläche eine Zone entsteht, die praktisch frei von beweglichen Ladungsträgern ist. Das Fehlen von beweglichen Ladungsträgern bedeutet aber, daß diese Zone sich wie ein Isolator verhält. Sie wird deshalb als *Sperrschicht* bezeichnet (Bild 2.1.−3). Die Dicke der Sperrschicht liegt im µm-Bereich (1 ... 5 µm).

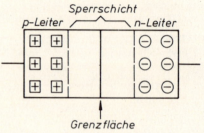

Bild 2.1.−3. Sperrschicht an einem pn-Übergang

Die vorstehend beschriebenen Vorgänge (Diffusion, Rekombination, Aufbau der Sperrschicht) finden bereits während der Herstellung einer Diode statt.

Übung 2.1.0.−1

Erläutern Sie den Begriff „Diffusion" im Zusammenhang mit einem pn-Übergang!

2.1.1. Potentialverhältnisse am pn-Übergang

Vor Einsetzen der Diffusion waren beide Kristallzonen (p- und n-Kristall) elektrisch neutral. Zwar entstehen durch Dotierung zusätzliche *freie* positive oder negative Ladungsträger, jedoch ist die Gesamtzahl von negativen Elektronen und positiven Protonen auch nach der Dotierung gleich, so daß elektrische Neutralität vorhanden ist.

Infolge der Diffusion gelangen jedoch positive Ladungsträger in den elektrisch neutralen n-Kristall und negative Ladungsträger in den elektrisch neutralen p-Kristall. Beide Kristallzonen können also in der Nähe der Grenzfläche, wo Ladungsträger aus der andersdotierten Zone zugewandert sind, nicht mehr elektrisch neutral sein. Zu beiden Seiten der

2.1. Der pn-Übergang

Grenzfläche hat sich eine Raumladung aufgebaut, und zwar im n-dotierten Kristall eine positive Raumladung, da hier Löcher zugewandert sind, und im p-dotierten Kristall eine negative Raumladung, da hier Elektronen zugewandert sind (Bild 2.1.−4).

Die Folge dieses Unterschiedes in der Ladungskonzentration zwischen den beiden Kristallteilen ist eine Spannung, die vom n-Kristall zum p-Kristall gerichtet ist und der weiteren Diffusion entgegenwirkt. Die Diffusion erreicht dann einen Gleichgewichtszustand, d. h. kommt praktisch zum Stillstand, wenn diese Spannung einen bestimmten Wert erreicht. Die positive Raumladung im n-Kristall ist dann so groß, daß alle aus dem p-Kristall kommenden Löcher zurückgestoßen werden. Das gleiche gilt für die aus dem n-Kristall kommenden Elektronen, die von der negativen Raumladung im p-Kristall zurückgestoßen werden.

Der Spannungswert, bei dem die Diffusion zum Stillstand kommt, heißt *Diffusionsspannung* U_D (genauer: Anti-Diffusionsspannung, da sie der Diffusion entgegenwirkt).

Zu beiden Seiten der Sperrschicht ist der Kristall nach wie vor elektrisch neutral. Nur in der Sperrschicht ist eine Raumladung vorhanden.

Die Diffusionsspannung kann deshalb von außen nicht direkt gemessen werden, sondern nur indirekt, indem man sie durch eine gleichgroße äußere Spannung kompensiert (Bild 2.1.−5).

Die Dicke der Sperrschicht hängt von der Dotierung ab. Ist die Dotierung schwach, so kommt die Diffusion erst bei einer wesentlich breiteren Sperrschicht zum Stillstand, als dies bei einem hohen Dotierungsgrad der Fall ist.

Mit stärker werdender Dotierung geht das Verhalten des pn-Überganges schließlich in das Verhalten eines Leiters über, mit schwächer werdender Dotierung geht das Verhalten des pn-Überganges schließlich in das Verhalten eines reinen Halbleiters (Eigenleitung) über.

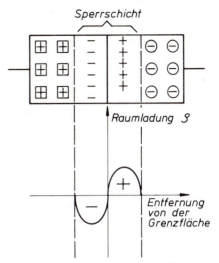

Bild 2.1.−4. Raumladung am pn-Übergang

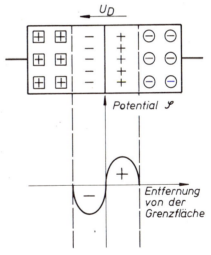

Bild 2.1.−5. Diffusionsspannung und Potentialverlauf am pn-Übergang

Merke: Je schwächer die Dotierung, um so breiter die Sperrschicht.

Die Diffusionsspannung hängt ab vom jeweiligen Kristallwerkstoff:

Für die beiden wichtigsten Kristalle Germanium und Silizium gelten folgende Werte:

$$\left. \begin{array}{l} \text{Ge:} \quad U_D \approx 0{,}2 - 0{,}4\,\text{V} \\ \text{Si:} \quad U_D \approx 0{,}5 - 0{,}8\,\text{V} \end{array} \right\} T_j = \text{const.}$$

Der genaue Wert der Diffusionsspannung hängt vom Dotierungsgrad und der Sperrschichttemperatur ab.

Übung 2.1.1.—1

Erläutern Sie, wie die Diffusionsspannung an der Grenzfläche eines pn-Überganges entsteht und warum sie von außen nicht direkt gemessen werden kann!

2.1.2. pn-Übergang in Sperrichtung

Die im vorhergehenden Abschnitt beschriebene Sperrschicht baut sich auf, ohne daß eine äußere Spannung am Kristall liegt.

Im folgenden soll nun untersucht werden, wie sich der pn-Übergang bzw. die Sperrschicht, verhalten, wenn eine äußere Spannung angelegt wird.

Diese Spannung soll so gepolt sein, daß der Minuspol am p-dotierten Kristall und der Pluspol am n-dotierten Kristall liegt (Bild 2.1.—6). Man erkennt sofort, welche Wirkung sich durch eine so gepolte äußere Spannungsquelle ergibt:

Die Löcher im p-Kristall werden vom Minuspol der Spannungsquelle angezogen und bewegen sich weiter von der Grenzfläche weg. Ebenso werden die Elektronen im n-Kristall vom Pluspol der Spannungsquelle angezogen und bewegen sich weiter von der Grenzfläche weg.

Diese beiden Ladungsverschiebungen führen dazu, daß die Sperrschicht breiter wird. Ein Stromfluß kommt jedoch nicht zustande, da die Sperrschicht frei von beweglichen Ladungsträgern ist und somit wie ein Isolator wirkt.

Diese Betriebsrichtung des pn-Übergangs bezeichnet man deshalb als Sperrichtung. Eine Einschränkung muß hier allerdings gemacht werden: Bei den vorangegangenen Betrachtungen haben wir immer nur die infolge der

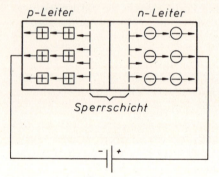

Bild 2.1.—6. pn-Übergang in Sperrichtung

2.1. Der pn-Übergang

Dotierung vorhandenen Majoritätsträger berücksichtigt, das heißt also, die Elektronen im n-Kristall und die Löcher im p-Kristall.

Tatsächlich ist jedoch wie beim undotierten Kristall in beiden Zonen auch eine Eigenleitfähigkeit vorhanden, d. h. durch Energiezufuhr erzeugte freie Ladungsträgerpaare tragen ebenfalls zur Gesamtleitfähigkeit bei. Im p-Kristall sind also auch Elektronen als freie Ladungsträger vorhanden und im n-Kristall Löcher. Beide, die Elektronen im p-Kristall und die Löcher im n-Kristall sind gegenüber den durch Dotierung vorhandenen freien Ladungsträgern (Majoritätsträger) in der Minderheit und heißen deshalb Minoritätsträger.

Diese Minoritätsträger bewegen sich, wenn eine äußere Spannung in der oben beschriebenen Weise angelegt wird, genau entgegengesetzt zu den Majoritätsträgern. Die Elektronen im p-Kristall bewegen sich zum Pluspol der Spannungsquelle, die Löcher im n-Kristall bewegen sich zum Minuspol der Spannungsquelle. Beide bewegen sich also zur Sperrschicht hin und über die Sperrschicht hinweg (Bild 2.1.–7).

Für die Minoritätsträger bildet die Sperrschicht also kein Hindernis. Es fließt ein kleiner Sperrstrom. Da dieser Sperrstrom auf der Eigenleitfähigkeit des Kristalls beruht, ist er stark temperaturabhängig.

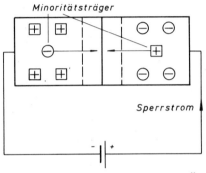

Bild 2.1.–7. Minoritätsträger am pn-Übergang, Sperrstrom

Übung 2.1.2.–1

Erläutern Sie das Verhalten eines pn-Überganges in Sperrichtung!

Eine weitere Eigenschaft der Sperrschicht soll noch erwähnt werden:

Die Sperrschicht wirkt wie ein Dielektrikum, an das sich auf beiden Seiten ein gut leitendes Material anschließt. Es ist deshalb leicht einzusehen, daß ein pn-Übergang in Sperrichtung wie ein Kondensator, allerdings mit sehr kleiner Kapazität, wirkt. Die Kapazität, die ein pn-Übergang in Sperrichtung hat, heißt *Sperrschichtkapazität*.

Die Sperrschichtkapazität ist abhängig von der außen angelegten Sperrspannung: Je höher die Sperrspannung wird, um so breiter wird die Sperrschicht, d. h. um so größer wird der Plattenabstand des Kondensators. Da die Kapazität eines Kondensators umgekehrt proportional dem Plattenabstand ist, nimmt also die Sperrschichtkapazität mit steigender Sperrspannung ab.

Die Ausnutzung dieser Eigenschaft des pn-Übergangs wird in einem späteren Abschnitt (2.5 Kapazitätsdiode) ausführlich behandelt.

Übung 2.1.2.—2

Überlegen Sie, ob die Sperrschichtkapazität eine erwünschte oder eine unerwünschte Eigenschaft einer Halbleiterdiode ist!

2.1.3. pn-Übergang in Durchlaßrichtung

Polen wir die im vorhergehenden Abschnitt an den pn-Übergang angelegte Spannung um, so ergibt sich ein völlig anderes Verhalten.

Der Pluspol der Spannungsquelle liegt jetzt am p-dotierten Kristall und stößt mit seinem positiven Potential die dort vorhandenen Löcher ab. Ebenso stößt der am n-Kristall liegende Minuspol die dort vorhandenen Elektronen ab.

Elektronen im n-Teil und Löcher im p-Teil wandern also zur Mitte hin, und die durch Diffusion aufgebaute Sperrschicht wird dünner (Bild 2.1.—8). Bei genügend hoher äußerer Spannung wird die Sperrschicht schließlich ganz abgebaut und es kann ein Strom fließen. Dies tritt ein, wenn die äußere Spannung den Wert der Diffusionsspannung erreicht. Da die Leitfähigkeit des Kristalls jetzt vor allem durch die Majoritätsträger bestimmt wird, ist sie natürlich wesentlich größer als die Leitfähigkeit des pn-Überganges in Sperrichtung, die ja auf den Minoritätsträgern (Eigenleitfähigkeit) beruht.

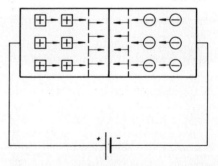

Bild 2.1.—8. pn-Übergang in Durchlaßrichtung

Als Ergebnis unserer Betrachtungen können wir also festhalten:

Der pn-Übergang ist stromrichtungsempfindlich.

Merke: Der pn-Übergang ist stromrichtungsempfindlich.

2.1. Der pn-Übergang

Übung 2.1.3.—1

Begründen Sie, warum der pn-Übergang in Durchlaßrichtung erst dann niederohmig wird, wenn die angelegte Spannung den Wert der Diffusionsspannung überschreitet!

Übung 2.1.3.—2

Für welche Anwendungen ist ein pn-Übergang vorzugsweise geeignet?

2.1.4. Kennlinie des pn-Überganges

Um das Verhalten des pn-Überganges noch genauer kennenzulernen, untersuchen wir im Labor, wie der Strom durch den pn-Übergang von der Spannung am pn-Übergang abhängig ist. Die sich ergebenden Wertepaare von Strom und Spannung stellen wir grafisch dar und erhalten so die Kennlinie des pn-Überganges.

a) *Kennlinie in Sperrichtung*
Zur Aufnahme dieses Kennlinienzweiges verwenden wir folgende Schaltung (Bild 2.1.—9):

Da die Leitfähigkeit des pn-Überganges in Sperrichtung nur sehr klein ist (Eigenleitfähigkeit), fließen nur sehr kleine Ströme (bei Germanium-Kristallen Ströme im μA-Bereich, bei Silizium-Kristallen Ströme im nA-Bereich). Deshalb führt man eine „stromrichtige Messung" durch. Würde das Spannungsmeßgerät direkt parallel zum pn-Übergang liegen, könnte der zusätzlich durch das Spannungsmeßgerät fließende Strom den Strommeßwert sehr stark verfälschen. Die hier auftretenden Spannungsmeßwerte sind jedoch so hoch, daß der kleine zusätzliche Spannungsabfall am niederohmigen Strommeßgerät zu keiner wesentlichen Verfälschung der Spannungsmeßwerte führt.

Die so ermittelten Meßwerte tragen wir in den dritten Quadranten eines Achsenkreuzes ein, auf dessen senkrechter Achse der Strom durch den pn-Übergang und auf dessen waagerechter Achse die Spannung am pn-Übergang abgetragen wird. Die hier vorliegende Betriebsrichtung des pn-Übergangs wird auch als „Rückwärtsrichtung" (engl.: reverse = rückwärts, umgekehrt) bezeichnet. Der in dieser

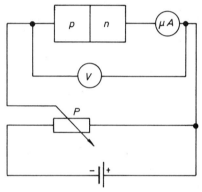

Bild 2.1.—9. Aufnahme der Kennlinie des pn-Übergangs in Sperrichtung

$T_j = 25\,°C = \text{const.}$

$I_{R(Ge)} \approx 10\,\mu A \ldots 500\,\mu A$

$I_{R(Si)} \approx 5\,nA \ldots 500\,nA$

Betriebsrichtung fließende Strom bzw. die anliegende Spannung werden deshalb mit dem Index „R" gekennzeichnet (Bild 2.1.−10).

Für die beiden Werkstoffe Germanium und Silizium verlaufen die Sperrkennlinien etwas unterschiedlich.

Für beide gilt, daß bei Überschreiten einer bestimmten Sperrspannung U_{Rmax} der Sperrstrom I_R plötzlich sehr stark ansteigt. Die Feldstärke in der Sperrschicht wird dann so groß, daß ein Stromdurchbruch erfolgt.

Dieser Vorgang ist bei normalen Dioden mit einer Zerstörung der Struktur des pn-Überganges verbunden, so daß er nicht wiederholbar ist. Die Diode wird zerstört. Lediglich Siliziumdioden und hier die speziell für diesen Betriebsbereich ausgelegten Z-Dioden überstehen den Stromdurchbruch schadlos, wenn die Verlustleistung den zulässigen Wert nicht überschreitet. Die Sperrkennlinie des Germanium-pn-Überganges ist gekennzeichnet durch verhältnismäßig große Sperrströme (μA-Bereich), einen nicht sehr ausgeprägten Knick beim Übergang in den Durchbruchbereich und eine Umkehr der Kennlinie bei Überschreiten der maximal zulässigen Sperrspannung U_{Rmax}. Dieser Spannungswert wird deshalb bei Germanium-pn-Übergängen auch als „Umkehrspannung U_u" bezeichnet. Die Sperrkennlinie des Silizium-pn-Überganges unterscheidet sich von der Germanium-Kennlinie durch wesentlich kleinere Sperrströme (nA-Bereich), einen schärferen Knick beim Übergang in den Durchbruchbereich und eine sehr hohe Flankensteilheit im Durchbruchbereich.

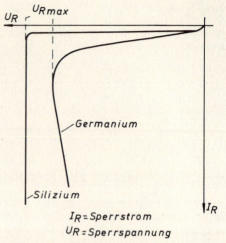

Bild 2.1.−10. Kennlinie des pn-Übergangs in Sperrichtung

Übung 2.1.4.−1

Begründen Sie die folgende Aussage: „Siliziumdioden haben eine bessere Ventilwirkung als Germaniumdioden".

Die maximal zulässige Sperrspannung U_{Rmax} liegt bei Silizium-pn-Übergängen wesentlich höher als bei Germanium-pn-Übergängen:

Si: $U_{Rmax} \approx 80\,\text{V}$ bis ca. $1500\,\text{V}$
Ge: $U_{Rmax} \approx 40\,\text{V}$ bis ca. $100\,\text{V}$

b) *Kennlinie in Durchlaßrichtung*
Die Aufnahme der Durchlaßkennlinie erfolgt anhand der nebenstehenden Meßschaltung (Bild 2.1.−11):

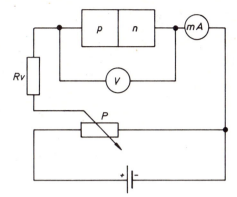

Bild 2.1.−11. Aufnahme der Kennlinie des pn-Übergangs in Durchlaßrichtung

Da die Leitfähigkeit des pn-Übergangs in Durchlaßrichtung verhältnismäßig groß ist, fließen wesentlich höhere Ströme als in Sperrrichtung. Dagegen sind die auftretenden Spannungen an der Diode im Durchlaßbereich ziemlich klein.

Wir führen deshalb eine „spannungsrichtige Messung" durch.

Wäre das Spannungsmeßgerät hier genauso geschaltet wie bei der Aufnahme der Sperrkennlinie, so würde der zusätzliche Spannungsabfall am Strommeßgerät unter Umständen die Spannungsmeßwerte erheblich verfälschen. Der durch das hochohmige Spannungsmeßgerät fließende kleine zusätzliche Strom wird jedoch in dieser Schaltung keine wesentlichen Meßfehler hervorrufen. Die mit der vorliegenden Schaltung ermittelten Meßwerte übertragen wir in den ersten Quadranten des bereits erwähnten Achsenkreuzes.

Die Durchlaßrichtung eines pn-Überganges wird auch als Betrieb in „Vorwärtsrichtung" (engl.: forward = vorwärts) bezeichnet. Der Strom durch den pn-Übergang und die Spannung am pn-Übergang erhalten deshalb den Index „F" (Bild 2.1.−12).

Ähnlich wie im Sperrbereich setzt auch im Durchlaßbereich erst nach Überschreiten einer bestimmten Spannung, der Diffusionsspannung U_D, ein nennenswerter Stromfluß ein. Allerdings ist dieser Spannungswert erheblich kleiner als im Sperrbereich, und eine Zerstörung des pn-Überganges ist erst bei hohen

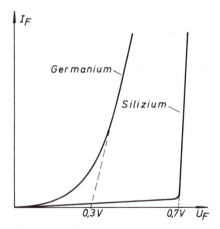

I_F = Durchlaßstrom
U_F = Durchlaßspannung

Bild 2.1.−12. Durchlaßkennlinie des pn-Übergangs

Strömen zu erwarten, nämlich, wenn die Verlustleistung im pn-Übergang bzw. die Sperrschichttemperatur den zulässigen Wert überschreitet.

Bei Germanium liegt die Diffusionsspannung etwa zwischen 0,2 und 0,4 V (typisch: 0,3 V) und bei Silizium etwa zwischen 0,5 und 0,8 V (typisch: 0,7 V), konstante Sperrschichttemperatur vorausgesetzt.

Übung 2.1.4.−2

Kupferoxydul (Cu_2O) ist ein Halbleiterwerkstoff, der sich besonders gut zur Herstellung von Meßgleichrichtern eignet, und zwar deshalb, weil aus diesem Werkstoff hergestellte pn-Übergänge eine .... Schwellspannung haben (niedrige – hohe).

Ähnlich wie im Sperrbereich ergibt sich noch ein weiterer Unterschied zwischen den beiden Durchlaßkennlinien: Die Kennlinie des Silizium-pn-Übergangs hat einen wesentlich schärferen Knick und eine wesentlich höhere Flankensteilheit als die Kennlinie des Germanium-pn-Übergangs.

Übung 2.1.4.−3

Welche der beiden Dioden, die Germanium- oder die Siliziumdiode, hat also ein exakteres Gleichrichterverhalten?

Die Kennlinie des pn-Übergangs soll nun noch einmal in ihrer Gesamtheit dargestellt werden. Gleichzeitig wollen wir uns von der in der Praxis nicht gebräuchlichen Bezeichnung „pn-Übergang" lösen und statt dessen den bekannten Ausdruck „Diode" verwenden. Denn eine Halbleiter-Diode bzw. ein Halbleiter-Gleichrichter ist genau das, was wir bisher als pn-Übergang bezeichnet haben. Das für dieses Bauelement in elektronischen Schaltungen verwendete Schaltzeichen ist in zwei Ausführungen gebräuchlich (Bild 2.1.−13):

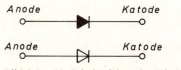

Bild 2.1.−13. Schaltzeichen der Diode

Die untere Version entspricht der DIN-Vorschrift.

Das Dreieck stellt den p-dotierten Kristallteil bzw. die Anode dar, der Querstrich an der Spitze des Dreiecks den n-dotierten Kristallteil bzw. die Kathode.

2.1. Der pn-Übergang

Wenn wir nun die Kennlinie des pn-Übergangs in ihrer Gesamtheit darstellen, so handelt es sich dabei um die Kennlinie eines in allen elektronischen Schaltungen sehr häufig verwendeten Bauteils, um die Kennlinie einer Halbleiterdiode (Bild 2.1.−14).

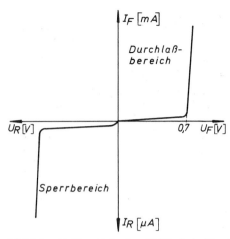

Bild 2.1.−14. Kennlinie einer Si-Diode im Durchlaß- und Sperrbereich (Der unregelmäßige Verlauf im Koordinatennullpunkt ist aus den unterschiedlichen Strom- und Spannungsmaßstäben im Durchlaß- und im Sperrbereich zu erklären)

Der Verlauf der Kennlinie zwischen den beiden fast geradlinigen, steil ansteigenden Flanken läßt sich durch folgende Funktionsgleichung beschreiben:

$$I = I_{Rmax}(1 - e^{U/U_T}) \qquad (2.1.-1)$$

I = Strom durch die Diode
U = Spannung an der Diode
I_{Rmax} = maximal zulässiger Sperrstrom (kurz vor dem Durchbruch)
U_T = Temperaturspannung (temperaturabhängige Konstante mit der Dimension einer Spannung)

Nach dem Durchbruch verläuft die Kennlinie selbstverständlich nicht mehr nach der vorstehenden Funktionsgleichung, da die Struktur des pn-Übergangs zerstört ist bzw. durch Zener- und Avalancheeffekt (siehe Kapitel: Spannungsstabilisierung) zusätzliche freie Ladungsträger entstehen und deshalb völlig andere Verhältnisse vorliegen.

Auch im Bereich des steilen Stromanstiegs im Durchlaßbereich gilt diese Gleichung nicht mehr, da hier der Widerstand des pn-Übergangs sehr niederohmig ist und der Bahnwider-

$$U_T = \frac{k \cdot T}{e}$$

k = Boltzmannkonstante
T = absolute Temperatur
e = Elementarladung

$$k = 1,37 \cdot 10^{-23} \frac{Ws}{K}$$
$$|e| = 1,602 \cdot 10^{-19} \, As$$

Umrechnung °C in K:

$$T = \left(\frac{\vartheta}{°C} + \frac{273}{°C}\right) \cdot °C \cdot K \qquad (2.1.-2)$$

ϑ = Celsiustemperatur

stand der beiden Kristallzonen links und rechts des pn-Übergangs überwiegt. Dies führt zu der fast linearen Abhängigkeit zwischen Strom und Spannung in diesem Bereich, wie bei einem ohmschen Widerstand.

Die angegebene Gleichung gilt also exakt nur für die sehr schmale Zone des pn-Übergangs.

Gleich- und Wechselstromwiderstand der Diode
Die Kennlinie der Diode gibt uns einen weiteren wichtigen Aufschluß über ihr Betriebsverhalten.

In der in Bild 2.1.–15 dargestellten Durchlaßkennlinie legen wir willkürlich im steilen Kennlinienteil einen Arbeitspunkt P_1 fest.

Praktisch bedeutet dies, daß an der Diode die Spannung U_{F1} liegt und daß als Folge dieser Spannung durch die Diode der Strom I_{F1} fließt.

Der Arbeitspunkt ist also durch die beiden Größen U_{F1} und I_{F1} gekennzeichnet und festgelegt.

Setzt man diese beiden Größen ins Verhältnis, so erhält man als Ergebnis eine Größe, die die Dimension eines Widerstandes hat. Diesen Widerstandswert haben wir genauso ermittelt, wie wir es bei einem ohmschen Widerstand tun würden: Wir dividieren die Gesamtspannung (Gleichspannung) durch den Gesamtstrom (Gleichstrom).

Deshalb nennen wir diese Größe den Gleichstromwiderstand der Diode und bezeichnen diesen Gleichstromwiderstand als R_{F1}.

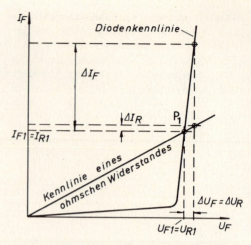

Bild 2.1.–15. Gleichstrom- und Wechselstromwiderstand einer Diode (grafische Ermittlung)

Gleichstromwiderstand der Diode

$= \dfrac{\text{Gesamtspannung an der Diode}}{\text{Gesamtstrom durch die Diode}}$

$$R_{F1} = \frac{U_{F1}}{I_{F1}} \qquad (2.1.-3)$$

Wegen des nichtlinearen Verlaufes der Diodenkennlinie erhält man, wie leicht einzusehen ist, immer wieder andere Werte für R_F, wenn man den Arbeitspunkt auf der Kennlinie verschiebt.

Der Index F bedeutet, wie schon erwähnt, daß der Arbeitspunkt P_1 im Durchlaßbereich liegt.

Der Widerstand R_F, den wir soeben ermittelt haben, gibt zwar wie bei einem ohmschen Widerstand das Verhältnis von Spannung und Strom für einen bestimmten Arbeitspunkt

2.1. Der pn-Übergang

richtig an. Ändern wir jedoch Spannung und Strom, so verhält sich die Diode ganz anders, als wir es von einem ohmschen Widerstand kennen. Erhöhen wir die Spannung an einem ohmschen Widerstand um den Betrag ΔU_R, wandert der Arbeitspunkt auf der in Bild 2.1.–15 eingezeichneten Widerstandskennlinie, und der Strom erhöht sich proportional zur Spannung um einen Betrag ΔI_R.

Erhöhen wir die Spannung an einer Diode um den gleichen Betrag ΔU_F, so wandert der Arbeitspunkt auf der Diodenkennlinie, und der Diodenstrom steigt, keineswegs proportional zur Spannung, um einen wesentlich größeren Betrag ΔI_F, als beim ohmschen Widerstand. Der Widerstand R_F sagt über dieses Verhalten nichts aus.

Wesentlich mehr Aufschluß über das Betriebsverhalten einer Diode in einem bestimmten Arbeitspunkt erhalten wir durch eine Größe, die angibt, welche Strom*änderung* bei einer bestimmten Spannungs*änderung* in diesem Arbeitspunkt auftritt. Setzen wir Spannungs- und Stromänderung in einem bestimmten Arbeitspunkt (genauer: von einem bestimmten Arbeitspunkt aus) ins Verhältnis, so erhalten wir eine Größe, die ebenfalls die Dimension eines Widerstandes hat. Da es sich hier um das Verhältnis von Wechselgrößen handelt, bezeichnen wir diesen Widerstand als Wechselstromwiderstand.

Ein anderer Name für diesen Widerstand ist „Differentieller Widerstand", da er das Verhältnis einer kleinen Spannungs- und einer kleinen Stromdifferenz darstellt. Wir nennen diesen Widerstand r_F. Der *kleine* Buchstabe „r" drückt aus, daß es sich um einen *Wechsel*stromwiderstand im Durchlaßbereich handelt. Auch dieser Widerstand ist, genau wie der Gleichstromwiderstand, vom Arbeitspunkt abhängig.

$$\text{Wechselstromwiderstand} = \frac{\text{kleine Spannungsänderung}}{\text{kleine Stromänderung}} \qquad r_F = \frac{\Delta U_F}{\Delta I_F}$$

Wie groß diese Strom- und Spannungsänderungen sind, ist nicht gleichgültig, wie wir durch folgende Überlegung leicht einsehen können:

Wir gehen von einer Kennlinie aus, die stark gekrümmt ist (Germaniumdiode) (Bild 2.1.–16).

Erhöhen wir vom Arbeitspunkt aus die Diodenspannung im einen Fall um ΔU_{F1}, im andern Fall um ΔU_{F2}, so erhalten wir, wenn wir in beiden Fällen das Verhältnis $\frac{\Delta U_F}{\Delta I_F}$ bilden, unterschiedliche Werte. Je kleiner Strom- und Spannungsänderung sind, um so größer wird das Verhältnis $\frac{\Delta U_F}{\Delta I_F}$. Erst wenn die beiden Änderungen unendlich klein sind, können wir vom differentiellen Widerstand *im Arbeitspunkt* sprechen. Die Hypotenuse des aus Sekante und den beiden Änderungen ΔU_F und ΔI_F gebildeten Steigungsdreiecks ist dann zur Tangente an die Kennlinie im Arbeitspunkt geworden.

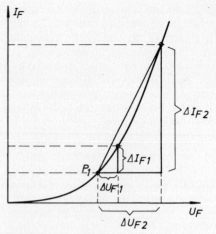

Bild 2.1.–16. Ermittlung des differentiellen Widerstandes einer Diode

Als Regel für die Ermittlung des differentiellen Widerstandes (und beliebiger anderer differentieller Größen) können wir uns also merken (Bild 2.1.–17):

1. Im Arbeitspunkt wird die Tangente an die Kennlinie gezeichnet.

2. Die Tangente wird zum Steigungsdreieck ergänzt.

   Die Größe des Dreiecks spielt keine Rolle da in jedem Fall die Hypotenuse die gleiche Steigung hat, also geometrisch ähnliche Dreiecke entstehen, bei denen die Seitenverhältnisse gleich sind.

3. Die Längen der Katheten des Steigungsdreiecks werden ins Verhältnis gesetzt.

Die Steigung der Kennlinie im Arbeitspunkt ist also ein Maß für den Wert des differentiellen Widerstandes. Je größer die Steigung ist, um so kleiner ist der differentielle Widerstand.

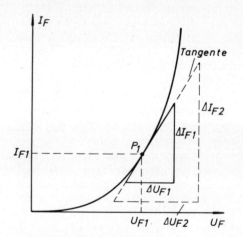

$$r_{F1} = \frac{\Delta U_{F1}}{\Delta I_{F1}} = \frac{\Delta U_{F2}}{\Delta I_{F2}} \qquad (2.1.-4)$$

Bild 2.1.–17. Ermittlung des differentiellen Widerstandes einer Diode in einem bestimmten Arbeitspunkt

Übung 2.1.4.—4

Überlegen Sie, welche Dioden, Germanium- oder Siliziumdioden, im allgemeinen einen kleineren differentiellen Widerstand haben!

Niedriger differentieller Widerstand bedeutet aber, daß bei großen Stromänderungen nur geringe Spannungsänderungen an der Diode auftreten. Wechselströme können also ohne wesentlichen Spannungsabfall durch eine Diode fließen, wenn der differentielle Widerstand der Diode klein ist.

Bei den vielfältigen Aufgaben, für die eine Diode in elektronischen Schaltungen eingesetzt werden kann, ist im allgemeinen ein niedriger differentieller Widerstand erwünscht. Will man den differentiellen Widerstand meßtechnisch ermitteln, so kann dies nur mit einem gewissen Fehler geschehen, da Strom- und Spannungsänderungen nicht beliebig klein gehalten werden können.

Übung 2.1.4.—5

Ermitteln Sie aus der folgenden Dioden-Kennlinie im angegebenen Arbeitspunkt graphisch den Gleichstrom- und den Wechselstrom-(differentiellen) Widerstand!

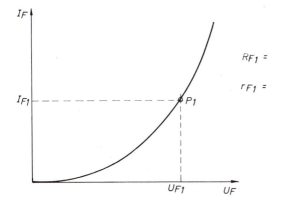

Widerstandsgerade, Einstellung des Arbeitspunktes

In der Regel liegt eine Diode nicht direkt an einer Betriebsspannungsquelle, sondern in Reihe mit einem oder mehreren ohmschen Widerständen (Bild 2.1.–18).

Die Lage des Arbeitspunktes wird hier bestimmt durch die Betriebsspannung und durch die Größe des ohmschen Widerstandes R.

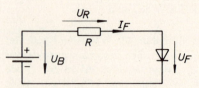

Bild 2.1.–18. Diode in Reihe mit einem Ohmschen Widerstand

Für den Strom durch den Widerstand gilt:

$$I_F = \frac{U_B - U_F}{R} = \frac{U_B}{R} - \frac{U_F}{R}$$
$$= -\frac{1}{R} \cdot U_F + \frac{U_B}{R} \quad (2.1.-5)$$

Vergleichen wir diese Funktionsgleichung mit der Normalform einer Geradengleichung:

$$y = mx + n$$

so erkennen wir, daß es sich hier ebenfalls um eine Geradengleichung handeln muß.

$$I_F \cong y \quad -\frac{1}{R} \cong m$$

$$U_F \cong x \quad \frac{U_B}{R} \cong n$$

Die durch die Gleichung beschriebene Abhängigkeit $I_F = f(U_F)$ (U_B und R sind konstant) läßt sich als Gerade in den ersten Quadranten des Koordinatenkreuzes einer Diodenkennlinie einzeichnen (Bild 2.1.–19).

Diese Gerade nennen wir Widerstandsgerade.

Für $U_F = 0$ ergibt sich der Abschnitt auf der I_F-Achse: $I_F^* = U_B/R$. Für $I_F = 0$ ergibt sich der Abschnitt auf der U_F-Achse: $U_F^* = U_B$. Da beide Bauelemente, Diode und Widerstand, in Reihe geschaltet sind, fließt durch beide der gleiche Strom, und die Summe beider Einzelspannungen muß gleich U_B sein. Diese beiden Bedingungen können nur für solche Punkte erfüllt sein, die sowohl auf der Diodenkennlinie als auch auf der Widerstandsgeraden liegen. Der Schnittpunkt der Diodenkennlinie mit der Widerstandsgeraden ist also der Arbeitspunkt, der sich im vorliegenden Fall einstellt.

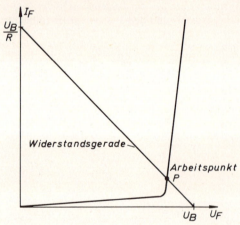

Bild 2.1.–19. Widerstandsgerade und Diodenkennlinie

Übung 2.1.4.–6

Welche beiden Größen müssen in der Schaltung nach Bild 2.1.–18 bekannt sein, damit die zugehörige Widerstandsgerade gezeichnet werden kann?

2.1. Der pn-Übergang

Ist U_B nicht konstant, sondern schwankt zwischen zwei Werten U_{Bmin} und U_{Bmax}, so verschiebt sich auch die Widerstandsgerade zwischen zwei Grenzlagen.

Diese Verschiebung ist eine Parallelverschiebung, da die Steigung der Widerstandsgeraden $-1/R$ nur abhängig vom Widerstand selbst ist, der sich ja nicht ändert (Bild 2.1.−20).

Obwohl die Betriebsspannung sehr stark schwankt, ändert sich die Spannung an der Diode nur um den sehr kleinen Betrag ΔU_F.

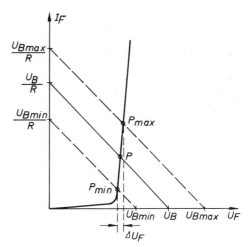

Bild 2.1.−20. Einfluß von Betriebsspannungsschwankungen auf die Diodenspannung

Übung 2.1.4.—7

Welche andere Anwendungsmöglichkeit, außer der als Gleichrichter, läßt sich für eine Halbleiterdiode, insbesondere für eine Siliziumdiode, aus den vorstehenden Betrachtungen ableiten?

Ist U_B konstant, dagegen R veränderlich, so ändert sich die Steigung der Widerstandsgeraden, während der Abschnitt auf der U_F-Achse konstant bleibt (Bild 2.1.−21).

Je größer R ist, um so flacher verläuft die Gerade. Ist $R = 0$, so verläuft die Gerade parallel zur I_F-Achse. Dann ist $U_F = U_B$.

Ist $R = \infty$, so deckt sich die Gerade mit der U_F-Achse. Dann ist $U_F = 0$ und $I_F = 0$.

Temperaturabhängigkeit der Diodenkennlinie

Im Durchlaß- wie im Sperrbereich werden durch Energiezufuhr, im allgemeinen in Form von Wärme, freie Ladungsträgerpaare erzeugt (Generation), die zu einer höheren Leitfähigkeit führen. Grundsätzlich wird also in beiden Bereichen bei Temperaturänderung der gleiche Effekt zu beobachten sein:

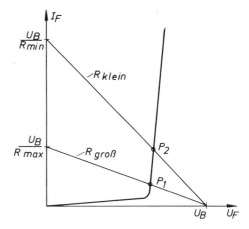

Bild 2.1.−21. Abhängigkeit der Widerstandsgeraden von R

Hält man die Diodenspannung konstant, so wird

a) bei sinkender Temperatur der Strom kleiner,

b) bei steigender Temperatur der Strom größer.

Auf den Gesamtwert des Stromes bezogen wird natürlich der Einfluß der Temperatur im Sperrbereich größer sein als im Durchlaßbereich, da die Leitfähigkeit im Sperrbereich eine reine Eigenleitfähigkeit ist, während im Durchlaßbereich die Eigenleitfähigkeit nur einen kleinen Anteil der Gesamtleitfähigkeit ausmacht.

Nehmen wir die Diodenkennlinie meßtechnisch bei zwei verschiedenen Temperaturen auf, so ergibt sich im Prinzip folgendes Bild (Bild 2.1.–22):

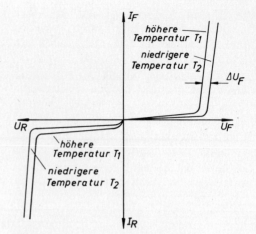

Bild 2.1.–22. Temperaturabhängigkeit der Diodenkennlinie

Übung 2.1.4.–8

Ist die in Bild 2.1.–22 dargestellte Temperaturabhängigkeit eine erwünschte oder eine unerwünschte Eigenschaft einer Halbleiterdiode?

Übung 2.1.4.–9

Überlegen Sie, wie die Temperaturabhängigkeit vom Dotierungsgrad abhängt!

Bei Temperaturänderung verschiebt sich die steile Flanke im Durchlaßbereich um einen bestimmten Betrag ΔU_F. Setzt man diesen Betrag ΔU_F ins Verhältnis zur Temperaturänderung ΔT, so erhält man den Temperaturkoeffizienten der Diodenspannung:

$$\alpha = \frac{\Delta U_F}{\Delta T} \approx -(2 \div 3)\,\frac{mV}{°C}$$

$(\Delta T = T_1 - T_2)$

(Negatives Vorzeichen, da Spannungs- und Temperaturänderung entgegengesetzt gerichtet sind.)

Für die Abhängigkeit des Sperrstromes von der Temperatur lassen sich folgende Zahlenwerte angeben:

Germaniumdioden:

Etwa Verdopplung des Sperrstromes je 10 °C Temperaturerhöhung.

Siliziumdioden:

Etwa Verdopplung des Sperrstromes je 8 °C Temperaturerhöhung.

2.1. Der pn-Übergang

Die Temperaturabhängigkeit des Sperrstromes ist also bei Siliziumdioden größer als bei Germaniumdioden.

$$I_{R(Ge)} = I_{R(TjA)} \cdot 2^{\frac{T_{jE}-T_{jA}}{10\,°C}}$$

$$I_{R(Si)} = I_{R(TjA)} \cdot 2^{\frac{T_{jE}-T_{jA}}{8\,°C}}$$

(2.1.−6)

T_{jE} = neue Endtemperatur der Sperrschicht
T_{jA} = Anfangstemperatur der Sperrschicht
$I_{R(TjA)}$ = Sperrstrom bei der Anfangstemperatur T_{jA}

In einer Tabelle sollen abschließend die Eigenschaften von Germanium- und Siliziumdioden, auch die Eigenschaften, die sich nicht aus den Kennlinien ablesen lassen, zusammengefaßt und gegenübergestellt werden.

Eigenschaft	Germaniumdiode	Siliziumdiode
Flankensteilheit der Kennlinie	klein	groß
Empfindlichkeit gegen Spannungsspitzen	klein	groß (wegen der großen Flankensteilheit)
Schärfe der Kennlinienknicke	klein	groß
Diffusionsspannung U_D	0,2−0,4 V	0,5−0,8 V
Zulässige Sperrschichttemperatur T_{jmax}*)	(70−90) °C	(150−200) °C
Zulässige Verlustleistung P_{Vmax}	mittel	groß (wegen der höheren Sperrschichttemperatur)
Sperrstrom	klein (µA-Bereich: 10 µA ··· 500 µA)	sehr klein (nA-Bereich: 5 nA ··· 500 nA)
Temperaturabhängigkeit des Sperrstromes	Verdopplung bei 10 °C Temperaturerhöhung	Verdopplung bei 8 °C Temperaturerhöhung

*) Index „j" = engl. „junction" = Verbindung.

2.2. Anwendungen der Halbleiterdiode als Gleichrichter und in Spannungsverdopplerschaltungen

Lernziele

Der Lernende kann...
... den Einsatz der Halbleiterdiode als Einweggleichrichter anhand einer Schaltskizze erläutern.
... den Einsatz der Halbleiterdiode in einer Brückengleichrichterschaltung anhand einer Schaltskizze erläutern.
... den prinzipiellen zeitlichen Verlauf der Ausgangsspannung bei sinusförmiger Eingangsspannung für die beiden genannten Gleichrichterschaltungen zeichnen und begründen.
... die Wirkungsweise einer Spannungsverdopplerschaltung (Delon- und Villard-Schaltung) anhand einer Schaltskizze erläutern.
... die Wirkungsweise einer Spannungsvervielfacherschaltung (Greinacherschaltung) anhand einer Schaltskizze erläutern.

2.2.0. Einführung

Eine elektronische Schaltung benötigt im allgemeinen als Stromversorgung eine oder mehrere Gleichspannungsquellen. Bei höherem Energiebedarf einer solchen Schaltung ist die Energieversorgung durch Batterien unwirtschaftlich, und es muß deshalb eine Versorgung aus dem Wechselspannungsnetz vorgenommen werden. Hierzu ist außer einem Auf- oder Abtransformieren auch eine Gleichrichtung der Wechselspannung notwendig. Die Halbleiterdiode ist wegen ihrer Stromrichtungsempfindlichkeit, ihrer hohen Belastbarkeit und ihrer niedrigen Schwellspannung (Durchlaßspannung) für diese Aufgabe sehr gut geeignet. Je nach Anwendungszweck verwendet man Selengleichrichter (für mittlere Spannungs- und Belastungswerte, wegen der Schwellspannung von ca. 0,6 V nur zur Gleichrichtung von Wechselspannungen ab 1 V), Siliziumgleichrichter (für hohe Spannungs- und Belastungswerte, wegen der Schwellspannung von ca. 0,7 V ebenfalls nur für Wechselspannungen über 1 V geeignet) und Kupferoxydulgleichrichter (Schwellspannung 0,2 V, deshalb zur Gleichrichtung kleiner Spannungen und wegen der Linearität der Kennlinie als Meßgleichrichter geeignet).

Für die Dimensionierung einer Gleichrichterschaltung ist vor allem die Kenntnis des mitt-

2.2. Anwendungen der Halbleiterdiode als Gleichrichter und in Spannungsverdopplerschaltungen

leren Durchlaßstromes, des Spitzenstromes, der maximalen Sperrspannung und des Transformatorinnenwiderstandes notwendig. Einige der wichtigsten Gleichrichterschaltungen sollen im folgenden näher beschrieben werden.

2.2.1. Einweggleichrichterschaltung

Die Diode in Bild 2.2.−1 wird nur bei den positiven Halbwellen der vom Transformator gelieferten Wechselspannung durchlässig, und zwar nur für Spannungen, die über der Diodenschwellspannung liegen. Am Lastwiderstand R_L kann also nur dann eine Spannung entstehen, wenn der Spitzenwert der Wechselspannung am Transformatorausgang größer ist als der Diodenschwellwert. Die Spannung am Lastwiderstand entspricht der positiven Halbwelle der Transformatorspannung, jedoch vermindert um den Wert der Schwellspannung (siehe Bild 2.2.−2).

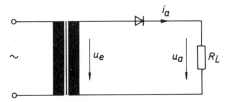

Bild 2.2.−1. Einweggleichrichterschaltung

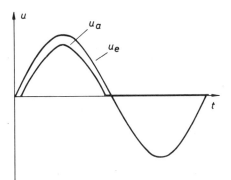

Da eine so stark pulsierende Gleichspannung im allgemeinen nicht zur Speisung von elektronischen Geräten geeignet ist, muß sie noch gesiebt werden, d. h. der überlagerte Wechselspannungsanteil muß mehr oder weniger gut herausgefiltert werden.

Dies kann im einfachsten Fall durch einen großen Kondensator C_S geschehen, der parallel zum Lastwiderstand geschaltet wird (Bild 2.2.−3).

Bild 2.2.−2. Ausgangsspannung der Gleichrichterschaltung nach Bild 2.2.−1. bei sinusförmiger Eingangsspannung

Dieser Kondensator wirkt als Speicher, der in den Zeitabschnitten, in denen die Diode gesperrt ist, den Strom und die Spannung für den Lastwiderstand liefert. Wie gut der Siebkondensator C_S die stark pulsierende Gleichspannung glätten kann, hängt von verschiedenen Bedingungen ab:

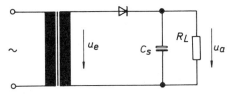

Bild 2.2.−3. Einweggleichrichterschaltung mit Siebkondensator

1. Je niedriger der Innenwiderstand des Transformators ist, um so schneller kann sich der Kondensator bei durchgeschalteter Diode aufladen, um so höher kann also die Kondensatorspannung werden.

2. Je größer der Lastwiderstand ist, um so weniger wird der Kondensator bei gesperr-

ter Diode entladen. Ist der Lastwiderstand unendlich, wird der Kondensator auf eine konstante Spannung aufgeladen, die etwa dem Spitzenwert der Transformatorausgangsspannung entspricht.

Grundsätzlich hängt die Wirksamkeit des Kondensators auch von der Frequenz der Wechselspannung ab. Da jedoch im allgemeinen die Netzfrequenz von 50 Hz vorliegt, fällt diese Abhängigkeit nicht ins Gewicht. Auch der Sperrwiderstand der Diode könnte einen Einfluß auf die Schwankung der Ausgangsspannung haben, wenn er sehr niederohmig wäre, da die Diode durch ihre Sperrwirkung das Entladen des Kondensators während der negativen Halbwellen der Transformatorspannung verhindern muß.

Da der Sperrwiderstand der Dioden in der Regel einige hundert Kiloohm und mehr beträgt, ist dieser Einfluß vernachlässigbar.

Der Verlauf der Ausgangsspannung einer Einweggleichrichterschaltung mit Siebkondensator wird in Bild 2.2.–4 wiedergegeben.

Sobald die Eingangsspannung u_e kleiner wird als die Ausgangs-(= Kondensator-)Spannung u_a, sperrt die Diode und verhindert ein Entladen des Kondensators über den Transformator. Die mittlere Ausgangsspannung hängt vom Lastwiderstand und vom Innenwiderstand des Transformators ab.

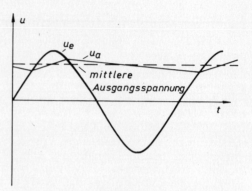

Bild 2.2.–4. Ausgangsspannung der Einweggleichrichterschaltung mit Siebkondensator bei sinusförmiger Eingangsspannung

2.2.2. Vollweggleichrichterschaltung (Brückengleichrichter, Graetzschaltung)

Wegen der hohen Welligkeit (Welligkeit = Wechselspannungsgehalt) der ungesiebten Gleichspannung bei der Einweggleichrichtung verwendet man zur Speisung von elektronischen Schaltungen fast ausschließlich die Vollweggleichrichtung, die beide Halbwellen der Eingangswechselspannung ausnutzt.

Der Siebkondensator in einer solchen Schaltung wird also nicht nur einmal (wie beim Einweggleichrichter) während einer Periode aufgeladen, sondern zweimal. Dies bedeutet, daß die Zeitspannen zwischen Auf- und Entladen kürzer sind, der Kondensator sich also nicht so stark entladen kann und die Spitzen-

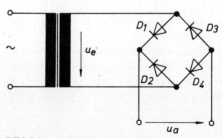

Bild 2.2.–5. Brückengleichrichter

2.2. Anwendungen der Halbleiterdiode als Gleichrichter und in Spannungsverdopplerschaltungen

ströme durch die Diode geringer sind. Von den möglichen Vollweggleichrichterschaltungen wird vorzugsweise die oben erwähnte Graetz- oder Brückenschaltung eingesetzt, da sie mit einem einfachen Transformator aufgebaut werden kann (im Gegensatz zur Mittelpunktschaltung, für die ein Transformator mit Mittelanzapfung der Sekundärwicklung und doppelter Ausgangsspannung erforderlich ist). Die Schaltung des Brückengleichrichters (ohne Siebkondensator) sowie die dazugehörige Ausgangsspannung sind in den Bildern 2.2.−5 und 2.2.−6 dargestellt.

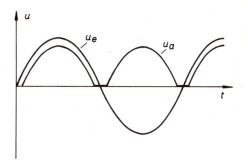

Bild 2.2.−6. Ausgangsspannung des Brückengleichrichters bei sinusförmiger Eingangsspannung

Bei der positiven Halbwelle der Eingangsspannung u_e sind die Dioden D_1 und D_4 durchgeschaltet, bei der negativen Halbwelle die Dioden D_2 und D_3. Die Ausgangsspannung u_a entspricht deshalb der positiven und der invertierten negativen Halbwelle der Eingangsspannung, jedoch für beide Halbwellen vermindert um die doppelte Schwellspannung der Dioden D_1, D_4 bzw. D_3, D_2. Auch beim Brückengleichrichter ist trotz geringerer Welligkeit der ungesiebten Ausgangsspannung noch eine Glättung erforderlich, im einfachsten Fall durch einen Siebkondensator (Bild 2.2.−7).

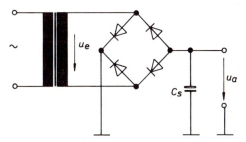

Bild 2.2.−7. Brückengleichrichter mit Siebkondensator

Im Gegensatz zum Einweggleichrichter ist die maximale Sperrspannung, die an einer Diode auftreten kann, nicht gleich dem doppelten, sondern nur gleich dem einfachen Spitzenwert der Eingangswechselspannung.

Auch dies ist ein Vorteil des Brückengleichrichters gegenüber anderen Einweg- und Vollweggleichrichterschaltungen.

Übung 2.2.2.−1

Zeichnen Sie in die folgende Darstellung eines Brückengleichrichters den Weg des Stromes für den Fall ein, daß am Eingang die positive Halbwelle liegt!

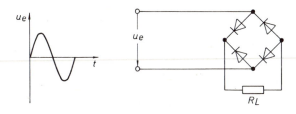

2.2.3. Spannungsverdopplerschaltung (Delon-Schaltung)

Diese Schaltung eignet sich, wie auch die folgenden Spannungsvervielfacherschaltungen, nur für Verbraucher mit niedrigem Stromverbrauch.

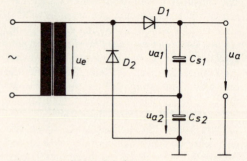

Anhand des Bildes 2.2.–8 soll die Funktionsweise der Schaltung erläutert werden:

Es ist leicht zu erkennen, daß diese Schaltung aus zwei Einweggleichrichtern besteht, von denen der eine (D_1, C_{S1}) die positive Halbwelle der Eingangsspannung übernimmt, so daß C_{S1} (ohne Belastung) auf etwa den Spitzenwert der Eingangsspannung aufgeladen wird, und der zweite (D_2, C_{S2}) die negative Halbwelle, so daß C_{S2} ebenfalls, mit der gleichen Polung wie C_{S1}, auf den Spitzenwert der Eingangsspannung aufgeladen wird. Die Ausgangsspannung wird an der Reihenschaltung beider Kondensatoren abgegriffen, so daß sie etwa doppelt so groß ist wie bei der Einweggleichrichterschaltung.

Bild 2.2.–8. Delon-Schaltung

2.2.4. Spannungsverdopplerschaltung (Villard-Schaltung)

Anhand des Bildes 2.2.–9 soll die Funktionsweise der Villardschaltung erläutert werden:

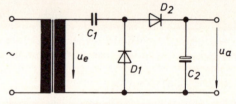

Bei der negativen Halbwelle der Eingangsspannung lädt sich der Kondensator C_1 über die Diode D_1 auf den Spitzenwert der Eingangsspannung auf.

Bei der darauffolgenden positiven Halbwelle sperrt die Diode D_1.

Bild 2.2.–9. Villard-Schaltung

Die sich an D_1 aufbauende Spannung ergibt sich aus der Maschengleichung für die Masche: Sekundärwicklung des Transformators, C_1, D_1:

$$u_{D1} - u_{C1} - \hat{u}_e = 0$$
$$u_{D1} = u_{C1} + \hat{u}_e$$
$$= 2 \cdot \hat{u}_e$$

Die an der Diode D_1 entstehende Spannung ist also gleich dem doppelten Spitzenwert der Eingangsspannung. Über die Diode D_2, die verhindert, daß der Kondensator C_2 durch die negative Halbwelle der Eingangsspannung aufgeladen wird, wird C_2 ebenfalls auf etwa den doppelten Spitzenwert der Eingangsspannung aufgeladen.

2.2.5. Spannungsvervielfacherschaltung (Greinacherschaltung)

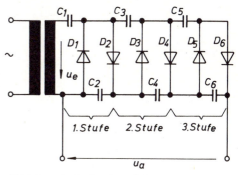

Bild 2.2.−10. Greinacherschaltung

$U_a = 6 \cdot \hat{u}_e$

Anhand des Bildes 2.2.−10 ist deutlich zu erkennen, daß es sich bei dieser Schaltung um mehrere (im vorliegenden Fall drei) hintereinandergeschaltete Spannungsverdopplerschaltungen (Villardschaltungen) handelt. Jeder der Kondensatoren C_2, C_4, C_6 usw. lädt sich auf den doppelten Spitzenwert der Eingangswechselspannung auf, so daß die Ausgangsspannung im unbelasteten Fall den Wert hat:

Der Vorteil der Schaltung liegt darin, daß trotz der hohen Ausgangsspannungen die Spannungen innerhalb der einzelnen Stufen nicht höher sind als bei der Spannungsverdopplerschaltung nach Bild 2.2.−9.

Übung 2.2.5.−1

a) Wie groß ist in der folgenden Greinacher-Schaltung (unbelastet) die Ausgangsspannung?
b) Wie ist die Ausgangsspannung gerichtet?

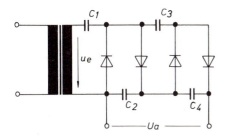

$U_e = 220\,V_{eff}$
$U_a =$

Übung 2.2.5.−2

Begründen Sie, warum eine Greinacher-Schaltung keine hohen Ströme abgeben kann!

2.3. Diode als Schalter

Lernziele

Der Lernende kann...
... wichtige Voraussetzungen für den Betrieb einer Diode als Schalter nennen.
... anhand eines vorgegebenen Betriebsfalles erkennen, ob der „Schalter" geöffnet oder geschlossen ist.
... den Einfluß eines ohmschen Widerstandes im Diodenstromkreis beschreiben und diesen Einfluß durch eine Widerstandsgerade im Achsenkreuz der Diodenkennlinie grafisch darstellen.
... den Verlauf der Widerstandsgeraden rechnerisch ableiten.
... wichtige Grenzdaten nennen, die beim Betrieb einer Diode als Schalter zu beachten sind.
... die Einflußgrößen nennen, von denen die maximale Schaltleistung einer Diode abhängt.
... den minimalen Lastwiderstand bestimmen, der bei vorgegebener Betriebsspannung und bekannten Diodenwerten möglich ist.
... den Begriff „Sperrverzug" erläutern.
... Schaltbeispiele für die Anwendung der Diode in Spannungsbegrenzerschaltungen zeichnen und deren Funktionsweise erläutern.
... den Verlauf der Ausgangsspannungen von Spannungsbegrenzerschaltungen bei gegebenen Eingangsspannungen skizzieren.
... den Zusammenhang zwischen Ausgangs- und Eingangsspannung von Spannungsbegrenzerschaltungen in Form einer Kennlinie $u_a = f(u_e)$ grafisch darstellen.

2.3.0. Einführung

Ein wichtiges Einsatzgebiet für Halbleiterdioden ist der Betrieb als Schalter.

Eine als Schalter arbeitende Diode sollte, um den Eigenschaften eines mechanischen Schalters möglichst nahezukommen, eine kleine, vom Durchlaßstrom unabhängige Durchlaßspannung und einen niedrigen, von der Sperrspannung unabhängigen Sperrstrom haben. Diese Forderungen werden am besten von Siliziumdioden erfüllt. Sollte die relativ hohe Diffusions-(Schwell-)Spannung der Siliziumdioden unerwünscht sein, so können auch Germanium-Golddrahtdioden und sogenannte „Hot-carrier-Dioden" als Schalter eingesetzt werden, die beide niedrige Schwellspannungen haben (0,2 ... 0,3 V) und für hohe Frequenzen geeignet sind. Beide werden z. B. in Logik-Schaltungen und Demodulatorschaltungen eingesetzt. Wegen des wesentlich steileren Kennlinienanstiegs ist die Hot-carrier-Diode der Germanium-Golddrahtdiode vorzuziehen.

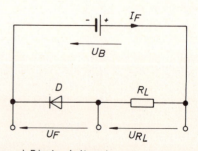

a) Diode leitend

2.3. Diode als Schalter

Die Diode ist ein Schalter, der durch die Richtung der angelegten Spannung auf- oder zugesteuert wird.

Im Gegensatz zum Relais oder zum Transistor als Schalter sind bei der Diode Steuerstromkreis und gesteuerter Stromkreis identisch.

Den grundsätzlichen Schaltaufbau einer Diode als Schalter zeigt Bild 2.3.−1.

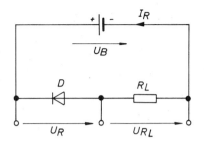

b) Diode gesperrt

Bild 2.3.−1. Diode als Schalter

Diode und Lastwiderstand R_L sind in Reihe geschaltet. Durch beide Bauelemente fließt der gleiche Strom I_F bzw. I_{RL}, und die Summe der Spannungen U_F und U_{RL} bzw. U_R und U_{RL} ist gleich der Betriebsspannung U_B.

Für den Strom I_F bzw. I_R gilt:

$$I_F = \frac{U_B - U_F}{R_L} = -\frac{1}{R_L} \cdot U_F + \frac{U_B}{R_L}$$

$$I_R = \frac{U_B - U_R}{R_L} = -\frac{1}{R_L} \cdot U_R + \frac{U_B}{R_L}$$

(2.3.−1) (2.3.−2)

Beide Funktionsgleichungen $I_F = f(U_F)$ und $I_R = f(U_R)$ sind Geradengleichungen. Diese Geraden lassen sich im Achsenkreuz einer Diodenkennlinie darstellen (Bild 2.3.−2).

Die Schnittpunkte der beiden Geraden mit der Durchlaß- bzw. Sperrkennlinie stellen die Arbeitspunkte der durchgeschalteten bzw. gesperrten Diode dar, denn nur für diese Punkte gilt:

1. $I_F = I_{RL}$ bzw. $I_R = I_{RL}$
2. $U_F + U_{RL} = U_B$ bzw. $U_R + U_{RL} = U_B$

Die beiden Geraden werden als Widerstandsgeraden bezeichnet.

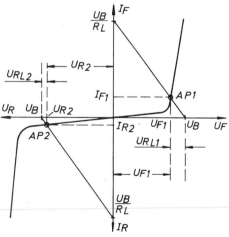

Bild 2.3.−2. Diodenkennlinie mit Widerstandsgerade

Für den gleichen Widerstandswert R_L und für gleiche Achsmaßstäbe im Durchlaß- und im Sperrbereich verlaufen sie parallel, da ihre Steigung $(-1/R_L)$ nur vom Widerstand R_L abhängt. Setzt man U_F bzw. U_R gleich Null, so erhält man die Abschnitte, die die Geraden auf der Stromachse bilden:

$$U_F = 0 \Rightarrow I_F = \frac{U_B}{R_L}$$
$$U_R = 0 \Rightarrow I_R = \frac{U_B}{R_L}$$

Setzt man I_F bzw. I_R gleich Null, so erhält man die Abschnitte, die die Geraden auf der Spannungsachse bilden:

$$I_F = 0 \Rightarrow U_F = U_B$$
$$I_R = 0 \Rightarrow U_R = U_B$$

Bei bekannter Betriebsspannung, bekanntem Lastwiderstand und gegebener Diodenkennlinie können nach Bild 2.3.−2 die im durchgeschalteten bzw. im gesperrten Zustand an der Diode auftretenden Spannungen, Ströme und Leistungen ermittelt werden.

Übung 2.3.0.−1

Gegeben ist die folgende Anordnung und die Kennlinie der als Schalter verwendeten Diode:

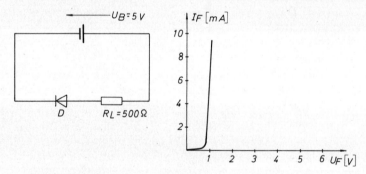

a) Ist die Diode leitend oder gesperrt?
b) Stellen Sie die Funktionsgleichung der Widerstandskennlinie auf!
c) Zeichnen Sie die Widerstandskennlinie in das Achsenkreuz der Diodenkennlinie ein!
d) Lesen Sie ab, welcher Strom fließt und welche Spannungen am Widerstand und an der Diode liegen!
e) Welche Spannungsschwankung tritt an der Diode auf, wenn die Betriebsspannung um 1 V nach oben schwankt?

2.3. Diode als Schalter

Bei der Auswahl der Diode ist zu beachten, daß in den Arbeitspunkten die folgenden Grenzdaten nicht überschritten werden:

Wichtigste Grenzdaten einer Diode:
1. die maximale Sperrspannung U_{Rmax}
2. der maximale Durchlaßstrom I_{Fmax}
3. die maximale Sperrschichttemperatur ϑ_{jmax}
4. die maximale Verlustleistung $P_{tot\,max}$

Sind die Diode und die Betriebsspannung vorgegeben, so ergibt sich die maximal mögliche Schaltleistung P_{Smax} der Diode:

$$P_S = U_{RL} \cdot I_{RL}$$

$$P_{Smax} = U_{RL} \cdot I_{Fmax}$$

$$P_{Smax} = U_{RL} \cdot \frac{P_{totmax}}{U_F}$$

$$P_{Smax} = (U_B - U_F) \cdot \frac{P_{totmax}}{U_F}$$

$$\boxed{P_{Smax} = \left(\frac{U_B}{U_F} - 1\right) \cdot P_{totmax}} \qquad (2.3.-3)$$

Die Schaltleistung der Diode ist also wesentlich größer als ihre zulässige Verlustleistung. Sie hängt bei gegebener Diode praktisch nur von der Betriebsspannung ab. Die Betriebsspannung darf, wie aus Bild 2.3.–2 zu erkennen ist, nicht wesentlich größer werden als die maximale Sperrspannung. Im Grenzfall ist:

$$P_{Smax} = \left(\frac{U_{Rmax}}{U_F} - 1\right) \cdot P_{totmax}$$

$$\boxed{P_{Smax} \approx \frac{U_{Rmax}}{U_F} \cdot P_{totmax}} \qquad (2.3.-4)$$

Der bei einer bestimmten Betriebsspannung und vorgegebener Diode mögliche minimale Lastwiderstand ergibt sich wie folgt:

$$P_{Smax} = \frac{U_{RL}^2}{R_{Lmin}}$$

$$\boxed{R_{Lmin} = \frac{U_{RL}^2}{P_{Smax}} = \frac{(U_B - U_F)^2}{P_{Smax}}} \qquad (2.3.-5)$$

Übung 2.3.0.—2

Bestimmen Sie bitte die maximale Schaltleistung einer Siliziumdiode, die in Reihe mit einem ohmschen Widerstand an einer Gleichspannung von 20 Volt betrieben wird! (P_{totmax} = 300 mW.) Wie groß muß der Lastwiderstand mindestens sein?

Außer den vorstehend erwähnten Grenzwerten einer Diode sind bei ihrer Auswahl in vielen Fällen vor allem die Schaltzeiten wichtig.

Eine Schaltverzögerung tritt in erster Linie beim Umschalten vom Durchlaß- in den Sperrbereich auf, weniger stark und deshalb im allgemeinen in den Datenblättern nicht angegeben auch beim Umschalten vom Sperr- in den Durchlaßbereich.

Die erstgenannte Schaltverzögerung (Sperrverzug t_{rr}) ist auf ein kapazitives Verhalten, die zweite auf ein induktives Verhalten der Diode zurückzuführen. Bild 2.3.–3 zeigt den Verlauf des Diodenstromes beim Umschalten vom Durchlaß- in den Sperrbereich. Die in Sperrichtung vorhandene Diodenkapazität (Sperrschichtkapazität) führt unmittelbar nach dem Stromnulldurchgang zu einer Überhöhung des Sperrstromes. Der Sperrstrom geht dann etwa nach einer e-Funktion zurück. Die Zeit vom Umschaltaugenblick an, nach der er auf einen bestimmten, im Datenblatt angegebenen Wert zurückgegangen ist, bezeichnet man als Sperrverzögerungszeit oder Sperrverzug.

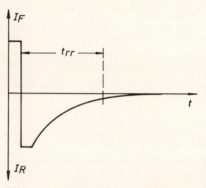

Bild 2.3.–3. Sperrverzögerung bei Dioden

Diese Zeit kann je nach Diodenart einige Nanosekunden bis einige hundert Nanosekunden betragen.

2.3.1. Diode in Spannungsbegrenzerschaltungen

Ein Einsatzgebiet der Diode als Schalter sind Begrenzerschaltungen, d. h. Schaltungen, die die Aufgabe haben, Spannungsamplituden oberhalb oder unterhalb eines bestimmten positiven oder negativen Pegels durchzulassen bzw. zu unterdrücken.

Derartige oder ähnliche Schaltungen werden z. B. zur Unterdrückung von Störspannungsspitzen oder zur Trennung der einzelnen Amplitudenhöhen eines Fernseh-BAS-Signals eingesetzt.

Einige Begrenzerschaltungen sollen hier kurz beschrieben werden:

a) Bild 2.3.–4 zeigt eine Begrenzerschaltung, die identisch ist mit der Einweggleichrichterschaltung. Die Diode schaltet bei jeder positiven Halbwelle der Eingangswechselspannung durch, sobald die Eingangsspannung den Wert der Diodenschwellspannung überschreitet. Bild 2.3.−4 zeigt auch die bei einer sinusförmigen Eingangsspannung entstehende Ausgangsspannung sowie die Kennlinie $u_a = f(u_e)$ der Schaltung.

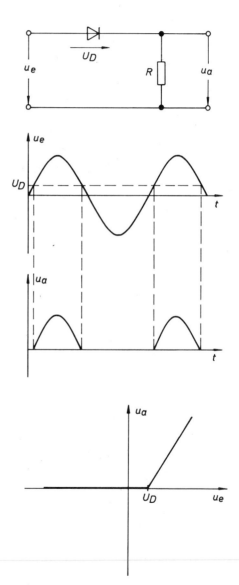

Bild 2.3.−4. Begrenzerschaltung zur Unterdrückung von negativen Spannungswerten

b) Die Begrenzerschaltung in Bild 2.3.−5 dient zum Begrenzen positiver Spannungswerte auf den Wert der Diffusionsspannung U_D, bei Reihenschaltung mehrerer Dioden auf entsprechend höhere Spannungswerte.

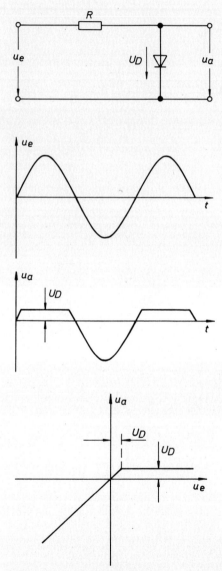

Bild 2.3.−5. Begrenzerschaltung zur Begrenzung von positiven Spannungswerten

c) Die Antiparallelschaltung von zwei oder mehr Dioden ermöglicht eine Begrenzung der Ausgangsspannung auf einen gewünschten positiven und negativen Wert, die je nach Anzahl der Dioden ein Vielfaches der Diffusionsspannung sind. (Anwendung in Meßgeräten als Überspannungsschutz.)

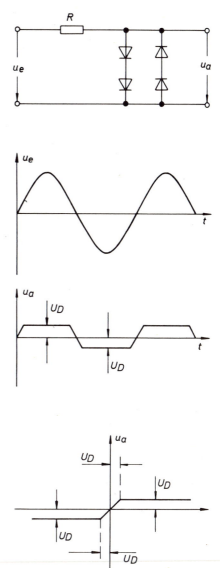

Bild 2.3.−6. Begrenzerschaltung zum Begrenzen positiver und negativer Spannungswerte

d) Die Schaltung in Bild 2.3.−7 ist praktisch identisch mit der Schaltung in Bild 2.3.−4. Statt einer Diode sind hier mehrere in Reihe geschaltete Dioden eingesetzt, so daß außer den negativen Spannungswerten auch ein erheblicher Anteil der positiven Spannungswerte unterdrückt wird. Statt der Dioden kann bei höheren Spannungen auch eine Z-Diode eingesetzt werden, die allerdings die negativen Spannungswerte nur bis zur Höhe der Schwellspannung unterdrücken kann.

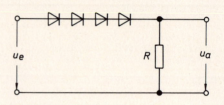

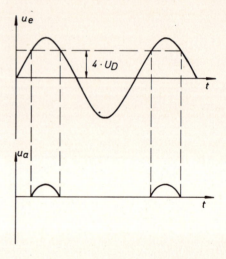

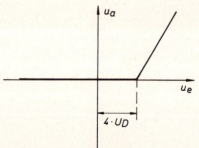

Bild 2.3.−7. Begrenzerschaltung zur Unterdrükkung negativer Spannungswerte und positiver Spannungswerte unterhalb eines bestimmten Spannungspegels

2.3. Diode als Schalter

Die vorstehenden vier Schaltungen, die alle aus der Reihenschaltung eines ohmschen Widerstandes und einer bzw. mehrerer Dioden bestehen, sollen anhand einer Diodenkennlinie mit Widerstandsgerade näher erläutert werden (Bild 2.3.−8). Die sinusförmige Eingangsspannung u_e entspricht der Betriebsspannung. Da die Betriebsspannung zu jedem Zeitpunkt einen anderen Wert hat, muß sich der Achsabschnitt der Widerstandsgeraden auf der Spannungsachse im Takt der Eingangsspannung ändern, und zwar zwischen einem negativen und einem positiven Maximalwert $\hat{u}_e$. Da der Widerstand R und damit auch die Steigung der Widerstandsgeraden $(-1/R)$ konstant bleibt, bedeutet dies eine Parallelverschiebung der Widerstandsgeraden im Takt der sinusförmigen Eingangsspannung.

Es ist deutlich zu erkennen, daß die Spannung am Widerstand immer die Differenz zwischen Eingangsspannung und Diodenspannung ist. Im Durchlaßbereich kann die Spannung U_{RF} am Widerstand große Werte annehmen, im Sperrbereich dagegen kann die Spannung U_{RR} am Widerstand wegen des hohen Sperrwiderstandes der Diode nur verschwindend kleine Werte annehmen.

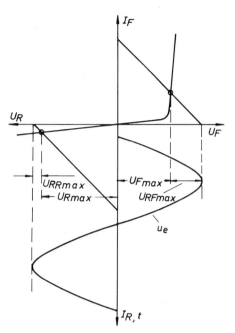

Bild 2.3.−8. Widerstandsgerade und Diodenkennlinie bei sinusförmiger Betriebsspannung

e) In Bild 2.3.−9 ist die Diode durch die Gleichspannungsquelle in Sperrichtung vorgespannt. Solange sie gesperrt ist, stellt sie den weitaus größten Widerstand im Generator- und Batteriestromkreis dar. Die Generatorspannung u_e fällt deshalb praktisch in voller Höhe an ihr ab. Da die Batteriespannung ebenfalls praktisch in voller Höhe an der Diode abfällt, leistet sie keinen Beitrag zur Ausgangsspannung.

Die Diode wird leitend, sobald ihre Anode um den Betrag der Schwellspannung positiver ist als die Kathode. Dies ist der Fall, wenn die Eingangsspannung mindestens einen positiven Wert von $U_B + U_D$ hat. Steigt die Eingangsspannung weiter an, bleibt die Ausgangsspannung auf diesen Wert begrenzt.

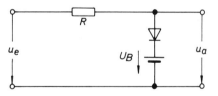

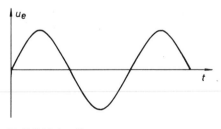

(Teilbild 2.3.−9)

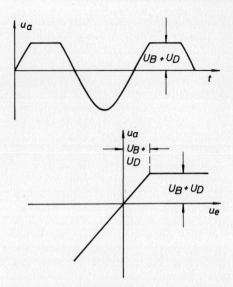

Bild 2.3.–9. Begrenzerschaltung zur Begrenzung positiver Spannungsspitzen

f) Die in Reihe zur Diode liegende Gleichspannungsquelle ist in Bild 2.3.–10 entgegengesetzt gepolt, so daß die Diode in Durchlaßrichtung vorgespannt ist. Die Diode ist schon durchlässig, wenn die Eingangsspannung noch gleich Null ist. Solange die Diode durchgeschaltet ist, liegt am Ausgang die Spannung $u_a = U_D - U_B$. Wird die Eingangsspannung positiv, ändert sich nichts.

Die Diode sperrt erst dann, wenn die Anode um weniger als U_D positiver ist als die Kathode, d. h. wenn die Eingangsspannung negativer wird als $U_D - U_B$. Dann liegt die Eingangsspannung praktisch in voller Höhe am Ausgang.

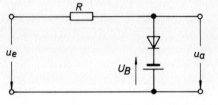

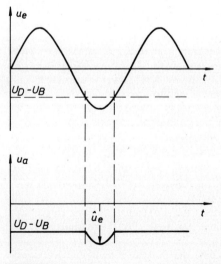

(Teilbild 2.3.–10)

2.3. Diode als Schalter

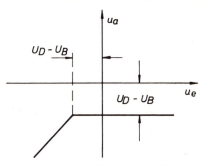

Bild 2.3.–10. Schaltung zur Abtrennung von Signalen, deren Amplitude einen bestimmten Pegel überschreitet

g) Die Schaltung nach Bild 2.3.–11 hat etwa die gleiche Wirkung wie die Schaltung nach Bild 2.3.–9, jedoch begrenzt sie sowohl positive als auch negative Eingangssignale. Durch die beiden Widerstände R_1 und R_2 wird die Spannung U_B in zwei gleiche Teile aufgeteilt. Diese Teilspannungen spannen die beiden Dioden in Sperrichtung vor, so daß immer dann eine der beiden Dioden durchlässig wird, wenn die Eingangsspannung in positiver oder negativer Richtung den Wert $U_B/2 + U_D$ überschreitet. Ist die Gleichspannungsquelle U_B einstellbar, kann der Begrenzungspegel variiert werden.

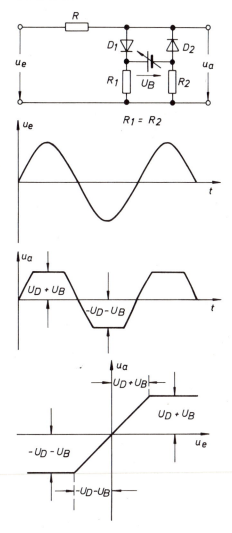

Bild 2.3.–11. Begrenzerschaltung zur variablen Begrenzung positiver und negativer Spannungswerte

Übung 2.3.1.—1

Zeichnen Sie zu der folgenden Begrenzerschaltung im Prinzip
a) die Kennlinie $u_a = f(u_e)$,
b) den zeitlichen Verlauf der Ausgangsspannung bei sinusförmiger Eingangsspannung!

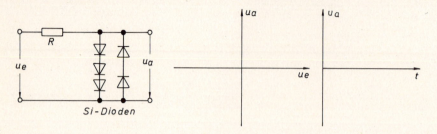

2.4. Fotodiode

Lernziele

Der Lernende kann...
... die grundsätzliche Funktionsweise der Fotodiode durch Rückführung auf das Verhalten einer normalen Halbleiterdiode erklären.
... den prinzipiellen Verlauf der Kennlinien einer Fotodiode darstellen und anhand der Kennlinien Aussagen über die Eigenschaften einer Fotodiode machen.
... Angaben über die Empfindlichkeit von Germanium- und Silizium-Fotodioden im Vergleich zum menschlichen Auge machen und die bevorzugten Wellenbereiche angeben.
... Unterschiede gegenüber Fotowiderständen nennen.

Alle Halbleiterdioden werden bei Energiezufuhr von außen in Form von Wärme oder Licht niederohmiger, da neue Ladungsträgerpaare gebildet werden, die die Eigenleitfähigkeit der Diode erhöhen. Dioden, bei denen dieser Effekt, nämlich die Abhängigkeit der Leitfähigkeit vom Lichteinfall, besonders stark auftritt, bezeichnet man als Fotodioden.

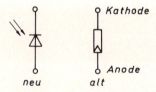

Bild 2.4.—1. Neues und altes Schaltsymbol einer Fotodiode

Das neue und das alte Schaltsymbol für derartige Bauelemente sind in Bild 2.4.—1 dargestellt.

Da die durch Diffusion entstandene Sperrschicht dicht unter der Oberfläche liegt, geben diese Halbleiterbauelemente eine Leerlaufspannung ab. Verbindet man Anode und Kathode, so fließt ein Kurzschlußstrom. Aus dem in Bild 2.4.–2 dargestellten Kennlinienfeld ist zu erkennen, daß der Diodenstrom fast unabhängig von der angelegten Sperrspannung ist und proportional mit der Beleuchtungsstärke ansteigt.

Fotodioden, die für den Einsatz als Stromquelle geeignet sind, nennt man Fotoelement. Derartige Fotoelemente werden aus Germanium, Silizium oder Selen hergestellt. Der Werkstoff Selen hat wegen der geringeren Empfindlichkeit von Selen-Fotoelementen an Bedeutung verloren. Bekannt geworden sind in den letzten Jahren unter dem Namen „Solarzellen" auf Siliziumbasis hergestellte Fotoelemente, die bisher vor allem zur Stromversorgung in der Raumfahrt und an schwer zugänglichen Stellen eingesetzt wurden, im Zeichen der Energieknappheit jedoch auch für die allgemeine Energieversorgung diskutabel geworden sind.

Jedes Fotoelement ist für den Einsatz als Fotodiode geeignet, d. h. kann im Sperrbereich betrieben werden. Je nach der gewünschten Spektralempfindlichkeit verwendet man Germanium- oder Silizium-Fotoelemente. Bild 1.4.–5 gibt die Spektralempfindlichkeit der beiden Werkstoffe Silizium und Germanium im Vergleich zur Empfindlichkeit des menschlichen Auges und zum Licht einer Glühlampe wieder (vgl. auch Abschnitt 1.4).

Gegenüber Fotowiderständen haben Fotodioden den Vorteil, daß ihre Grenzfrequenz wesentlich höher liegt. Ein Nachteil ist jedoch, daß sie wesentlich unempfindlicher sind und deshalb zum Betrieb ein Verstärker notwendig ist. Es gibt jedoch auch Fotodioden, die mit Hilfe des Avalanche-Effektes den Fotostrom vervielfachen (100- bis 800fach), so daß der Einsatz eines Verstärkers überflüssig wird. Die hierzu notwendigen Spannungen liegen je nach Diodentyp zwischen 8 V und 180 V.

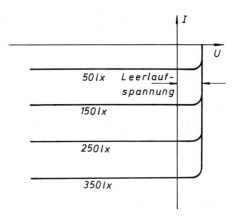

Bild 2.4.–2. Kennlinienfeld einer Fotodiode

Übung 2.4.—1

Begründen Sie, warum eine Fotodiode normalerweise in Sperrichtung betrieben wird!

Übung 2.4.—2

Nennen Sie einen Vorteil und einen Nachteil von Fotodioden gegenüber Fotowiderständen!

Übung 2.4.—3

Skizzieren Sie den prinzipiellen Verlauf des Kennlinienfeldes einer Fotodiode!

2.5. Kapazitätsdiode

Lernziele

Der Lernende kann...
... die grundsätzliche Funktionsweise der Kapazitätsdiode durch Rückführung auf das Verhalten einer normalen Halbleiterdiode erklären.
... den prinzipiellen Verlauf der Kennlinie $C = f(U_R)$ einer Kapazitätsdiode darstellen.
... einen typischen Anwendungsfall für eine Kapazitätsdiode nennen bzw. anhand einer vorgegebenen Prinzipschaltung die Aufgabe der Kapazitätsdiode innerhalb der Schaltung erläutern.

Wie bereits im Kapitel „Zweischichthalbleiter" erläutert wurde, besitzt jede Halbleiterdiode im gesperrten Zustand eine Kapazität, die sogenannte Sperrschichtkapazität. Während im allgemeinen (besonders bei Dioden, die als Schalter oder bei hohen Frequenzen eingesetzt werden) eine hohe Sperrschichtkapazität durch kleinflächige pn-Übergänge möglichst vermieden wird, gibt es Anwendungsfälle, wo eine hohe Sperrschichtkapazität erwünscht ist. Dioden, die für solche Anwendungsfälle geeignet sind (großflächige pn-Übergänge), werden als Kapazitätsdioden bezeichnet. Das neue und das ältere Schaltsymbol für eine Kapazitätsdiode sind in Bild 2.5.—1 dargestellt.

Bild 2.5.—1. Neues und altes Schaltsymbol einer Kapazitätsdiode

Die Nennkapazität dieser Dioden liegt im allgemeinen bei einigen zehn oder einigen hundert Picofarad. Sie wird vom Hersteller für eine bestimmte Sperrspannung angegeben. Erhöht man die Sperrspannung, nimmt die Sperrschichtkapazität nach einer quadrati-

2.5. Kapazitätsdiode

schen oder kubischen Funktion ab. Die Abhängigkeit der Kapazität von der Sperrspannung ist in Bild 2.5.−2 wiedergegeben. Da die Kapazität der Kapazitätsdiode in der Nähe der Diffusionsspannung sehr temperaturabhängig ist, sollte eine solche Diode nicht bei zu kleinen Sperrspannungen betrieben werden. Das Hauptanwendungsgebiet der Kapazitätsdioden liegt da, wo Spannungsänderungen praktisch trägheitslos in Kapazitätsänderungen umgewandelt werden müssen, z. B. in Frequenzmodulationsschaltungen oder bei der automatischen Scharfabstimmung (AFC) in UKW- und Fernsehempfängern.

Die Dioden bilden in diesen Schaltungen einen Teil der Schwingkreiskapazität. Durch Ansteuern mit einer Steuerspannung wird die Resonanzfrequenz des Schwingkreises verändert (Bild 2.5.−3).

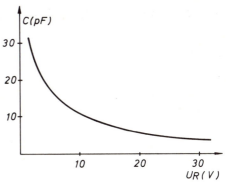

Bild 2.5.−2. Kennlinie einer Kapazitätsdiode

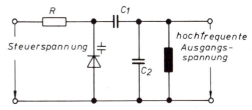

Bild 2.5.−3. Veränderung der Resonanzfrequenz eines Schwingkreises mit Hilfe einer Kapazitätsdiode

Übung 2.5.−1

Erläutern Sie den Begriff „Sperrschichtkapazität"!

Übung 2.5.−2

Skizzieren Sie den prinzipiellen Verlauf einer Kennlinie $C = f(U_R)$ und geben Sie an, wie die Sperrschichtkapazität von der angelegten Sperrspannung abhängt!

Übung 2.5.−3

Nennen Sie ein Hauptanwendungsgebiet für Kapazitätsdioden!

2.6. Doppelbasistransistor (UJT = Unijunction-Transistor)

Lernziele

Der Lernende kann...
... den grundsätzlichen Aufbau eines Doppelbasistransistors zeichnen und beschreiben.
... die Funktionsweise des Doppelbasistransistors anhand einer Skizze erläutern.
... ein zum Verständnis vorteilhaftes Ersatzschaltbild des Doppelbasistransistors angeben und erläutern.
... die Begriffe „inneres Spannungsverhältnis" und „Zündspannung" erläutern.
... den prinzipiellen Verlauf der Kennlinie eines Doppelbasistransistors wiedergeben und anhand des Kennlinienverlaufes Aussagen über Eigenschaften und Verhaltensweise des Bauelementes machen.
... eine einfache Impulsgeneratorschaltung mit einem Doppelbasistransistor (UJT) angeben und deren Funktionsweise erklären.

2.6.0. Einführung

Der Doppelbasistransistor oder Unijunctiontransistor ist ein Halbleiterbauelement mit ausgeprägter Schwellwertcharakteristik, dessen Kennlinie in einem bestimmten Strom- und Spannungsbereich einen negativen differentiellen Widerstand aufweist. Infolge dieser Eigenschaft ist der Doppelbasistransistor besonders zum Einsatz in Impulsgeneratoren, Kippschaltungen und zum Ansteuern von Thyristoren und Triacs geeignet. Gegenüber anderen Kippdioden hat er den Vorteil, daß sich seine Zündspannung durch die angelegte Betriebsspannung auf einen gewünschten Wert einstellen läßt.

Das Schaltzeichen des Doppelbasistransistors ist in Bild 2.6.–1 wiedergegeben.

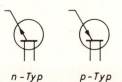

Bild 2.6.–1. Schaltsymbol des Doppelbasistransistors

Sind in einer elektronischen Schaltung die Elektroden nicht bezeichnet, so läßt sich normalerweise die Basis-1-Elektrode daran erkennen, daß der Emitterpfeil in ihre Richtung zeigt.

2.6.1. Aufbau des UJT

Beide Namen, Doppelbasistransistor und Unijunctiontransistor sagen etwas, jedoch nicht alles über den Aufbau dieses Bauelementes aus.

2.6. Doppelbasistransistor (UJT = Unijunction-Transistor)

Die Bezeichnung „Doppelbasistransistor" ist vom Schaltsymbol her einleuchtend. Die Bezeichnung „Unijunctiontransistor" besagt, daß in diesem Bauelement nur eine Sperrschicht (pn-Übergang) vorhanden ist. Wie bei der Beschreibung des Aufbaus noch deutlicher wird, ist dieses Halbleiterbauelement deshalb mehr in die Reihe der Dioden als der Transistoren einzuordnen.

Der Doppelbasistransistor besteht im Prinzip aus einem schwach dotierten, n-leitenden Siliziumplättchen, an dessen beiden Enden die beiden Basisanschlüsse B_1 und B_2 angebracht sind und an dessen einer Seite der p-leitende Emitter einlegiert ist (Bild 2.6.–2).

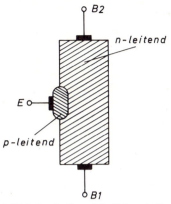

Bild 2.6.–2. Grundsätzlicher Aufbau des Doppelbasistransistors

Wegen der geringen Dotierung ist der Widerstand R_{BB} zwischen den beiden Basen sehr hochohmig. Auch bei Anlegen einer Spannung fließt nur ein kleiner Strom. Legt man jedoch zusätzlich zu einer positiven Spannung U_{BB} an B_2 noch eine positive Spannung U_E an den Emitter, so wird, falls diese Spannung groß genug ist, die Sperrschicht zwischen p- und n-Zone abgebaut, der n-Leiter wird mit Ladungsträgern überschwemmt und es kommt zu einem schlagartigen Anstieg des Stromes im n-Leiter. Dieses Verhalten des UJT kann man sich an einem vereinfachten Ersatzschaltbild noch besser verdeutlichen. Dieses Ersatzschaltbild ist in Bild 2.6.–3 dargestellt. Der Widerstand zwischen den beiden Basisanschlüssen (Interbasiswiderstand R_{BB}) wird durch den Emitteranschluß in zwei (ungleiche) Teile geteilt. Das Verhältnis des Widerstandes zwischen Emitter und Basis 1 zum Gesamtwiderstand wird mit dem griechischen Buchstaben η bezeichnet.

Es gilt:

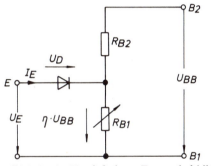

Bild 2.6.–3. Vereinfachtes Ersatzschaltbild des Doppelbasistransistors

$$\eta = \frac{R_{B1}}{R_{B1} + R_{B2}} = \frac{R_{B1}}{R_{BB}}$$

Wird η durch die zugehörigen Spannungen ausgedrückt, so gilt:

$$\eta = \frac{U_E - U_D}{U_{BB}}$$

η = inneres Spannungsverhältnis

Hieraus ergibt sich:

$$U_E = \eta \cdot U_{BB} + U_D \qquad (2.6.-1)$$

U_E = Zündspannung

$U_E = U_p$ = Höckerspannung

(p = engl.: peak = Spitze)

I_p = Höckerstrom

Ist die Spannung U_E zwischen Emitter und Basis 1 kleiner als der Wert $\eta \cdot U_{BB} + U_D$, so ist die Diode gesperrt. Es fließt nur ein kleiner Sperrstrom durch die Diode, da der Eingangswiderstand einige Megohm beträgt. Wird die Spannung U_E größer als $\eta \cdot U_{BB} + U_D$, so wird die Diode durchlässig und der Widerstandswert von R_{B1} verringert sich in Abhängigkeit vom Emitterstrom. Sobald dieser Vorgang einsetzt, ist der Kennlinienteil mit negativem differentiellem Widerstand erreicht.

Übung 2.6.1.—1

Skizzieren Sie den prinzipiellen Aufbau eines Doppelbasistransistors und erläutern Sie anhand dieser Skizze die Funktionsweise!

2.6.2. Kennlinie des UJT

Die in Bild 2.6.—4 dargestellte Kennlinie zeigt deutlich das typische Verhalten:

Bei kleinen Werten von U_E fließt ein minimaler Eingangsstrom, der (wegen der an der Diode liegenden Hilfsspannung) zunächst sogar der Emitterspannung entgegengerichtet ist. Erreicht U_E den Wert U_p der Zündspannung, so steigt der Strom I_E stark an, während die Spannung U_E zurückgeht. Der Doppelbasistransistor hat also in diesem Kennlinienbereich einen negativen differentiellen Widerstand. Die Kennlinie sinkt bei steigendem Emitterstrom bis auf einen kleinsten Spannungswert U_v ab. Der zugehörige Emitterstrom wird als I_v bezeichnet (v = engl.: valley = Tal).

Steigt der Strom über I_v hinaus an, so geht die Kennlinie in eine normale Diodenkennlinie über, die in Bild 2.6.—4 gestrichelt bis zum Nullpunkt verlängert wurde. Würde man die Hilfsspannung an Basis 2 bzw. den Strom

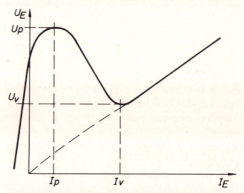

Bild 2.6.—4. Kennlinie des Doppelbasistransistors

U_v = Talspannung, Kniespannung

I_v = Talstrom

I_{B2} zu Null machen, so würde die Kennlinie des Doppelbasistransistors schon vom Nullpunkt an wie eine normale Diodenkennlinie verlaufen. Das Kippverhalten des Bauelements ist also in erster Linie auf die Hilfsspannung an Basis 2 zurückzuführen, in zweiter Linie auf die geringe Dotierung der Basiszone.

Übung 2.6.2.—1

Begründen Sie, warum man bei dem Kennlinienteil zwischen I_p und I_v von *negativem* differentiellem Widerstand spricht!

2.6.3. Einsatz des UJT als Impulsgenerator

In Bild 2.6.—5 ist das Prinzipschaltbild eines einfachen Impulsgenerators wiedergegeben:

Über den Widerstand R_1 lädt sich der Kondensator C langsam auf. Sobald die Spannung am Kondensator die Zündspannung U_p (Höckerpunkt der Kennlinie) überschreitet, kippt der UJT. Da dies mit einem erheblichen sprunghaften Abfall des Eingangswiderstandes verbunden ist, wird der Kondensator entladen, und die Kondensatorspannung wird kleiner. Schließlich sperrt der UJT wieder und die Aufladung des Kondensators beginnt von neuem.

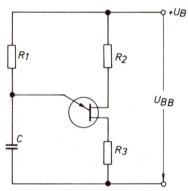

Bild 2.6.—5. Einfacher Impulsgenerator mit Doppelbasistransistor

Der Widerstand R_3 ist der Lastwiderstand, während R_2 zur Temperaturkompensation dient. Die Widerstandsgerade von R_1 muß die Kennlinie des UJT im Bereich der negativen Steigung schneiden, da sonst ein Kippen nicht möglich ist.

Soll der Verlauf der Kondensatorspannung ein linearer Sägezahn sein, so muß die Aufladung des Kondensators über eine Konstantstromquelle erfolgen. Der Einsatz des UJT zum Ansteuern von Thyristoren und Triacs wird im Kapitel „Bauelemente der Leistungselektronik" näher beschrieben.

Übung 2.6.3.—1

Welcher Teil der Kennlinie eines Doppelbasistransistors deutet darauf hin, daß dieses Bauelement bei entsprechender äußerer Beschaltung ein Kippverhalten zeigt?

2.7. Spezialdioden

Lernziele

Der Lernende kann...
... Funktionsweise und Kennlinie der Tunneldiode beschreiben und erläutern.
... ein Anwendungsgebiet für die Tunneldiode nennen.
... das Kippverhalten der Tunneldiode in einer Schaltung anhand einer in die Kennliniendarstellung eingezeichneten Widerstandsgeraden erläutern.
... Funktionsweise und Kennlinie der Backwarddiode erläutern und ihr Hauptanwendungsgebiet nennen.
... das Hauptanwendungsgebiet der Hot-Carrier-Diode nennen.
... die Kennlinie einer Feldeffektdiode darstellen und aus dem Verlauf der Kennlinie auf das Hauptanwendungsgebiet schließen.

2.7.1. Tunneldiode

Der Aufbau der Tunneldiode unterscheidet sich von dem anderer Halbleiterdioden dadurch, daß p- und n-Zone wesentlich stärker (etwa 2 bis 4 Zehnerpotenzen) dotiert sind.

Die Folge dieser hohen Dotierung ist, daß sich nur eine sehr schmale Sperrschicht aufbaut, die von den zu beiden Seiten vorhandenen freien Ladungsträgern bei Anlegen einer Spannung leicht überwunden (durchtunnelt) werden kann.

Diese Eigenschaft hat der Diode ihren Namen gegeben. Nach dem Entdecker dieser Eigenschaft, dem Japaner Esaki wird die Diode auch ESAKI-Diode genannt. Das Schaltsymbol ist in Bild 2.7.–1 dargestellt.

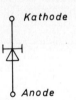

Bild 2.7.–1. Schaltsymbol der Tunneldiode

Wegen der sehr dünnen Sperrschicht weist die Diode nicht wie andere Dioden ein Sperrverhalten auf, sondern sie verhält sich im „Sperrbereich", d. h. wenn die Kathode positiv gegenüber der Anode ist, wie ein kleiner ohmscher Widerstand. Auch im Durchlaßbereich verläuft die Kennlinie der Tunneldiode recht ungewöhnlich (Bild 2.7.–2):

Bei kleinen Spannungen steigt der Strom durch die Diode sehr stark an, erreicht bei einer bestimmten Spannung ein Maximum und fällt dann mit steigender Spannung ab bis auf ein Minimum. Danach geht die Kennlinie in eine normale Diodenkennlinie über. Das zwischen den Punkten A und B zu be-

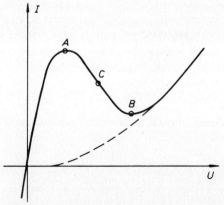

Bild 2.7.–2. Kennlinie der Tunneldiode

obachtende Kippverhalten ist gleichbedeutend mit einem negativen differentiellen Widerstand, da Strom- und Spannungsänderung entgegengesetzte Vorzeichen haben.

Dieses Verhalten läßt sich nur mit Hilfe der Quantenmechanik erklären, weshalb darauf nicht näher eingegangen werden soll. Man kann diese Eigenschaft ausnutzen, um einen positiven Wirkwiderstand zu kompensieren. Dies wird z. B. in Schwingkreisen von Oszillatoren gemacht, indem man durch Zuschalten einer Tunneldiode den Verlustwiderstand des Kreises kompensiert, d. h. den Schwingkreis entdämpft. Der Arbeitspunkt der Diode muß zu diesem Zweck durch eine Gleichspannung etwa auf die Mitte des Kennlinienteiles mit dem negativen differentiellen Widerstand gelegt werden (Punkt C in Bild 2.7.−2). Die Schaltung eines solchen Tunneldioden-Oszillators ist in Bild 2.7.−3 wiedergegeben.

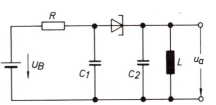

Bild 2.7.−3. Schaltung eines Tunneldiodenoszillators

Der Widerstand R dient zur Arbeitspunktstabilisierung (Einstellung des mittleren Diodenstromes), C_1 schließt die Wechselspannung kurz, damit die Diode wechselstrommäßig direkt parallel zum Schwingkreis liegt und die volle Amplitude an der Diode auftritt. C_2 und L bilden den Schwingkreis des Oszillators.

Wegen der dünnen Sperrschicht und der damit verbundenen kurzen Laufzeiten der Ladungsträger wird die Tunneldiode auch vorzugsweise in Impulsschaltungen (Digitaltechnik) als schneller Schalter eingesetzt. Die Einsatzmöglichkeiten werden allerdings durch den relativ hohen Preis eingeschränkt.

Übung 2.7.1.−1

Welche Eigenschaft hat die Kennlinie der Tunneldiode gemeinsam mit der Kennlinie des Doppelbasistransistors?

Liegt ein ohmscher Widerstand in Reihe zur Tunneldiode, so ergibt sich ein typisches Kippverhalten nur dann, wenn dieser Widerstand betragsmäßig größer ist als der negative Widerstand im abfallenden Teil der Diodenkennlinie. Dies läßt sich anhand der Darstellung in Bild 2.7.−4 leicht einsehen.

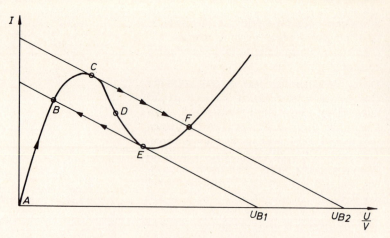

Bild 2.7.−4. Kennlinie der Tunneldiode mit Widerstandsgerade

Erhöht man die Betriebsspannung von Null an zu positiven Werten, so wandert der Arbeitspunkt entlang der Diodenkennlinie von *A* nach *B* und schließlich nach *C*. Wird die Betriebsspannung größer als U_{B2}, so springt der Arbeitspunkt augenblicklich entlang der oberen Widerstandsgeraden nach *F*. Wird U_B wieder kleiner, so wandert der Arbeitspunkt entlang der Kennlinie von *F* nach *E*. Wird die Betriebsspannung kleiner als U_{B1}, so springt der Arbeitspunkt augenblicklich entlang der unteren Widerstandsgeraden von *E* nach *B*. Die Arbeitspunkte auf dem abfallenden Teil der Diodenkennlinie (z. B. *D*) sind instabil. Erst wenn der Ohmsche Widerstand so klein wird, daß die Steigung der Widerstandsgeraden größer ist als die des abfallenden Kennlinienteils, ergibt sich beim Durchfahren dieses Kennlinienteils immer nur *ein* Arbeitspunkt, der auch stabil ist. In diesem Fall arbeitet die Schaltung nicht als Kippstufe, sondern als Verstärker.

Da r_D negativ ist, ergibt sich nach Bild 2.7.−5 für die Verstärkung:

$$v = \frac{|r_D|}{|r_D| - R} \qquad (2.7.-1)$$

(r_D = differentieller Diodenwiderstand)

Übung 2.7.1.−2

Zur Wiederholung: Wie wird der differentielle Widerstand in einem vorgegebenen Arbeitspunkt bestimmt, z. B. im Punkt D der Tunneldioden-Kennlinie in Bild 2.7.−4? (Graphisches Verfahren!)

2.7. Spezialdioden

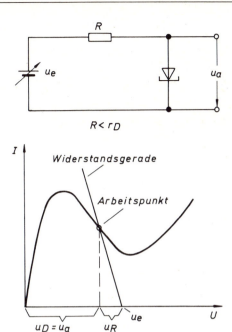

Bild 2.7.−5. Schaltbild und Widerstandsgerade einer Verstärkerschaltung mit Tunneldiode

2.7.2. Backward-Diode

Eine Sonderausführung der Tunneldiode ist die Backward-Diode, bei der der Maximalstrom vor dem Abkippen der Kennlinie gleich dem Minimalstrom nach dem Abkippen ist (Spitzenstrom I_p = Talstrom I_v). Bild 2.7.−6 gibt das Schaltsymbol dieses Bauelementes wieder, Bild 2.7.−7 die Kennlinie.

Die Backward-Diode wird vorzugsweise zur Hochfrequenzgleichrichtung verwendet. Der Kennlinienteil im ersten Quadranten wirkt hierbei als Sperrkennlinie, der Kennlinienteil im dritten Quadranten als Durchlaßkennlinie. Wegen der kleinen „Durchlaßspannung" ist die Diode besonders zur Gleichrichtung *kleiner* HF-Spannungen geeignet.

Bild 2.7.−6. Schaltsymbol der Backward-Diode

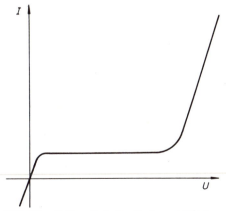

Bild 2.7.−7. Kennlinie der Backward-Diode

2.7.3. Hot Carrier Diode

Die bei normalen Halbleiterdioden auftretende Speicherwirkung der Sperrschicht, die beim Umschalten vom Durchlaß- in den Sperrbereich einen Sperrverzug zur Folge hat, ist bei den Hot Carrier Dioden, die eine Metall-Halbleiter-Sperrschicht haben, nicht so erheblich, da die Elektronen im Metall weit beweglicher sind als im Halbleitermaterial. Die hier am Stromfluß beteiligten sogenannten „heißen Ladungsträger" (→ hot carrier) bewegen sich mit sehr hohen Geschwindigkeiten, so daß Hot Carrier Dioden bis zu sehr hohen Frequenzen eingesetzt werden können, z. B. als schnelle Schalter oder in Modulator- bzw. Demodulatorschaltungen. Auch die niedrige Schwellspannung ist ein großer Vorteil dieser Dioden (ca. 0,2 V), die zur Zeit wegen des hohen Preises noch nicht universell eingesetzt werden können.

2.7.4. Feldeffektdiode

Die Kennlinie der Feldeffektdiode, die auch als Curristor bezeichnet wird, ist in Bild 2.7.–8 wiedergegeben. Es ist zu erkennen, daß der Strom durch die Diode nach einem verhältnismäßig steilen Anstieg bei kleinen Spannungen schließlich konstant bleibt und unabhängig von der angelegten Spannung ist. Die Feldeffektdiode läßt sich deshalb als Konstantstromquelle praktisch in allen Fällen einsetzen, in denen auch eine Transistor-Konstantstromquelle eingesetzt werden kann.

Der Vorteil der Diode gegenüber einer Transistor-Konstantstromquelle ist, daß der Aufwand an zusätzlichen Bauteilen geringer ist (z. B. ist keine Basisspannungsversorgung notwendig). Allerdings ist der Innenwiderstand der Diode in der Regel geringer als der einer Transistor-Stromquelle.

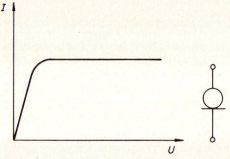

Bild 2.7.–8. Schaltsymbol und Kennlinie der Feldeffektdiode

Übung 2.7.4.–1

Wie groß ist der differentielle Widerstand der Feldeffektdiode im waagerechten Kennlinienteil?

2.8. Lernzielorientierter Test

2.8.1. Erläutern Sie die Begriffe: Diffusion, Sperrschicht und Diffusionsspannung anhand je einer Skizze!

2.8.2. Begründen Sie, warum die nachfolgend dargestellte Meßschaltung zur Aufnahme einer Dioden-Sperrkennlinie nicht geeignet ist!

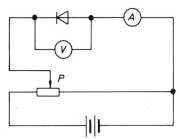

2.8.3. Tragen Sie in die folgende Skizze die richtige Polarität ein! Bezeichnen Sie die Elektroden!

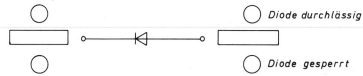

2.8.4. Welche der folgenden Kennlinien könnte die Durchlaßkennlinie einer Siliziumdiode sein?

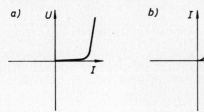
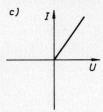

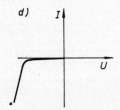
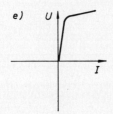
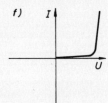

2.8.5. Kreuzen Sie die richtige(n) Aussage(n) an!

Mit steigender Temperatur
a) ○ steigt der Gleichstromwiderstand einer Diode.
b) ○ bleibt der Gleichstromwiderstand einer Diode gleich.
c) ○ sinkt der Gleichstromwiderstand einer Diode.
d) ○ wird die Schwell-(Diffusions-)spannung einer Diode kleiner.
e) ○ werden die Sperrströme einer Diode kleiner.

2.8.6. In der folgenden Darstellung ist die Durchlaßkennlinie einer Diode für eine Temperatur von $\vartheta_1 = 40\,°C$ wiedergegeben. Die Diode hat einen Temperaturkoeffizienten von $\alpha = \dfrac{\Delta U_F}{\Delta \vartheta} = -1{,}5\,mV/°C$. Zeichnen Sie in die gleiche Darstellung die Diodenkennlinie für $\vartheta_2 = 80\,°C$ ein!

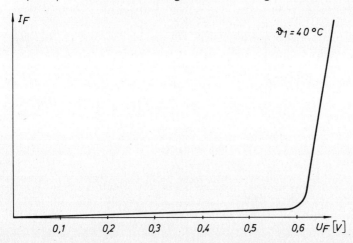

2.8. Testaufgaben zu 2

2.8.7. Kreuzen Sie die richtigen Aussagen an!
Für Germanium-Dioden gilt: Für Silizium-Dioden gilt:
a) ○ $\vartheta_{jmax} \approx 70 \dots 90\,°C$ b) ○ $\vartheta_{jmax} \approx 300\,°C$
c) ○ Sperrströme im nA-Bereich   d) ○ Sperrströme im nA-Bereich
e) ○ Diffusionsspannung $U_D \approx 0{,}6 \dots 0{,}8\,V$ f) ○ Diffusionsspannung $U_D \approx 0{,}2 \dots 0{,}4\,V$
g) ○ als Schalter schlecht geeignet   h) ○ als Schalter gut geeignet

2.8.8. Bestimmen Sie grafisch aus der folgenden Dioden-Durchlaßkennlinie den differentiellen Widerstand r_F der Diode für eine Diodenspannung von $U_F = 0{,}4\,V$!

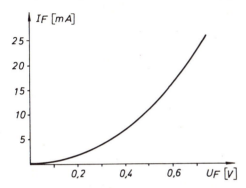

Gilt in dem angegebenen Arbeitspunkt: $R_F < r_F$?
Gilt dies für jeden Arbeitspunkt?
(R_F = Gleichstromwiderstand,
r_F = differentieller Widerstand)

2.8.9. Welche Schaltung mit einer Diode liefert bei sinusförmiger Eingangsspannung das folgende Ausgangssignal?

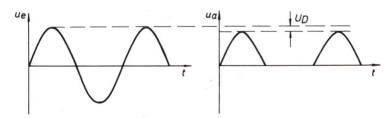

2.8.10. Ein aus Siliziumdioden aufgebauter Brückengleichrichter wird mit einer sinusförmigen Wechselspannung gespeist, die einen Scheitelwert von 4 V hat. Wie groß ist der Spitzenwert der Ausgangsspannung?

2.8.11. Zeichnen Sie in die folgende Brückengleichrichterschaltung den Weg des Stromes bei der positiven Halbwelle und bei der negativen Halbwelle der Eingangsspannung ein! Zeichnen Sie die Polarität der Ausgangsspannung für beide Fälle ein!

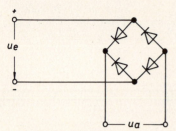 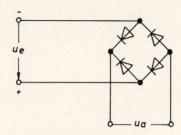

a) positive Halbwelle der Eingangsspannung

b) negative Halbwelle der Eingangsspannung

2.8.12. Benötigt wird eine hohe Gleichspannung von ca. 1500 V.
Die Spannungsquelle, die diese Spannung liefern soll, wird praktisch nicht belastet.
Zur Verfügung steht die Netzwechselspannung von 220 V.
Mit welcher Schaltung könnte die gewünschte Spannung erreicht werden?

2.8.13. Nennen Sie Vor- und Nachteile einer als Schalter eingesetzten Diode gegenüber einem mechanischen Schalter!

2.8.14.

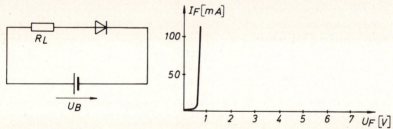

Für die als Schalter eingesetzte Diode gilt: $P_{tot\,max} = 80$ mW bei einer Umgebungstemperatur von 25°C.

a) Ist bei der eingezeichneten Polarität von U_B der Stromkreis geöffnet oder geschlossen?
b) Berechnen Sie die maximale Schaltleistung für $U_B = 6$ V!
c) Berechnen Sie den minimalen Lastwiderstand für $U_B = 6$ V!
d) Zeichnen Sie für den unter c) berechneten Wert von R_L die Widerstandsgerade und bestimmen Sie für diesen Fall Diodenstrom und Diodenspannung!

2.8. Testaufgaben zu 2

2.8.15. Nennen Sie wichtige Eigenschaften, die eine gute Schaltdiode haben sollte!

2.8.16. Ergänzen Sie in der folgenden Darstellung die jeweils fehlenden Bildteile:

Schaltung	Eingangs- und Ausgangsspannung	Kennlinie $u_a = f(u_e)$

a)
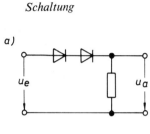 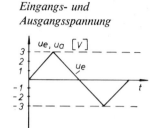 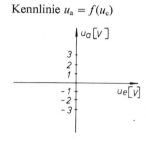

b)
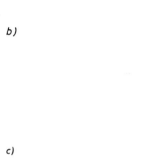 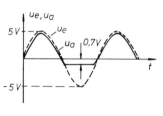 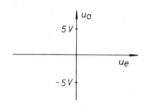

c)
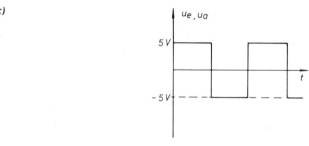 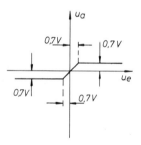

2.8.17. Der Strom durch eine in Sperrichtung gepolte Fotodiode
    a) ○ ist stark abhängig von der angelegten Sperrspannung.
    b) ○ wird kleiner mit steigender Temperatur.
    c) ○ ist stark abhängig von der Beleuchtungsstärke.
    d) ○ wird zu Null, wenn die beiden Elektroden kurzgeschlossen werden.

2.8.18. Germanium- und Silizium-Fotodioden haben ihre größte Empfindlichkeit
    a) ○ im ultravioletten Bereich.
    b) ○ im infraroten Bereich.
    c) ○ im Bereich des sichtbaren Lichts.
    d) ○ über einen weiten Bereich zwischen infraroter und ultravioletter Strahlung.

2.8.19. Nennen Sie einen Vorteil und einen Nachteil von Fotodioden gegenüber Fotowiderständen!

2.8.20. Mit steigender Sperrspannung verhält sich die Sperrschichtkapazität einer Halbleiterdiode wie folgt:
a) ○ Sie wird breiter.
b) ○ Sie wird schmaler.
c) ○ Sie bleibt unverändert.
d) ○ Ihr Verhalten ist nicht vorauszusehen.

2.8.21. Nennen Sie ein Haupteinsatzgebiet der Kapazitätsdiode sowie Vorteile, die ihr Einsatz bringt.

2.8.22. Warum ist es gerechtfertigt, den Doppelbasistransistor im gleichen Kapitel wie die verschiedensten Arten von Dioden abzuhandeln?

2.8.23. Erläutern Sie anhand des Ihnen bekannten Ersatzschaltbildes für den UJT die Begriffe „Inneres Spannungsverhältnis" und „Zündspannung"!

2.8.24. Durch welche Eigenschaft, die sich aus seiner Kennlinie ablesen läßt, wird es möglich, daß der Doppelbasistransistor (UJT) von einem Betriebszustand in einen anderen „kippen" kann?

2.8.25. Wozu wird der UJT häufig eingesetzt?

2.8.26. Wie ist der im Vergleich zu einer normalen Halbleiterdiode ungewöhnliche Kennlinienverlauf der Tunneldiode zu erklären?

2.8.27. Welche Eigenschaft hat die Tunneldiode mit dem UJT gemeinsam und wie kann man sich diese Eigenschaft zunutze machen?

2.8.28. Nennen Sie das typische Einsatzgebiet für
a) die Backward-Diode,
b) die Hotcarrier-Diode und
c) die Feldeffektdiode.

3. Bipolare Transistoren

3.1. Aufbau eines Transistors

Lernziele

Der Lernende kann...
... den Aufbau des Transistors und die daraus resultierende Verstärkerwirkung beschreiben.
... die Polaritäten der Betriebsspannungen bei einem als Verstärker arbeitenden npn- oder pnp-Transistor angeben.
... die Bedeutung der Indizes von Spannungen und Strömen an einem Transistor wiedergeben und die Indizes richtig verwenden.
... die Bewegungsrichtungen der tatsächlichen Ladungsträger im Transistor und in den Zuleitungen angeben.
... die Definition und Kennzeichnung von Spannungen und Strömen am Transistor gemäß Vierpoltheorie vornehmen.

Ergänzt man die pn-Schichtenfolge einer Diode um eine weitere n- oder p-Schicht, so erhält man die Schichtenfolge eines Transistors.

Je nachdem, wie die Reihenfolge der Schichten ist, unterscheidet man npn- oder pnp-Transistoren (Bild 3.1.−1).

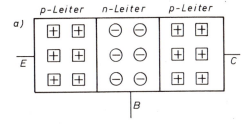

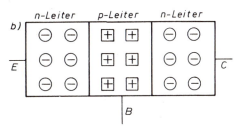

$E \triangleq$ Emitter
$B \triangleq$ Basis
$C \triangleq$ Kollektor

Bild 3.1.−1. Schichtenfolge
a) eines pnp-Transistors
b) eines npn-Transistors

Die mittlere Schicht bezeichnet man als Basis.
Sie dient zum Steuern des Transistors.

Die beiden äußeren Schichten heißen Emitter (er sendet Ladungsträger aus) und Kollektor (er sammelt Ladungsträger). Wir fassen diese npn- bzw. pnp-Schichtenfolge zunächst einmal auf als Reihenschaltung zweier Dioden, die eine gemeinsame Kathode bzw. Anode haben. Die eine Diode ist die Emitter-Basis-Diode, die andere die Basis-Kollektor-Diode (Bild 3.1.–2).

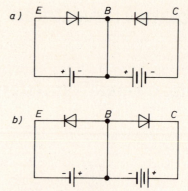

Bild 3.1.–2. Polung von
a) pnp-Transistoren
b) npn-Transistoren

Anhand dieser Ersatzschaltbilder können wir zwar noch nicht die Funktionsweise des Transistors erklären, jedoch soll die grundsätzliche Polung eines als Verstärker betriebenen Transistors beschrieben werden:

1. Die Emitter-Basis-Diode ist grundsätzlich in Durchlaßrichtung geschaltet.
2. Die Basis-Kollektor-Diode ist grundsätzlich in Sperrichtung geschaltet.

Übung 3.1.—1

Für einen als Verstärker betriebenen Transistor gilt:

npn-Transistor
○ Basis positiv gegen Emitter
○ Basis negativ gegen Emitter
○ Basis negativ gegen Kollektor
○ Emitter positiv gegen Kollektor

pnp-Transistor
○ Kollektor positiv gegen Basis
○ Basis positiv gegen Kollektor
○ Emitter positiv gegen Kollektor
○ Kollektor negativ gegen Basis

Damit der Transistor jedoch als Verstärker arbeiten kann, muß die Basis zwei Voraussetzungen erfüllen:

1. Sie muß sehr gering dotiert sein (Dotierungsgrad etwa $1/100$ des Emitters).
2. Sie muß sehr dünn sein (1–100 μm) gegenüber der mittleren freien Weglänge der Majoritätsträger.

Sind diese beiden Voraussetzungen erfüllt, dann kann mit einem kleinen Eingangsstrom (Basisstrom) ein großer Ausgangsstrom (Kollek-

3.1. Aufbau eines Transistors

torstrom) gesteuert werden. Wie diese Steuerung im einzelnen vor sich geht, soll am Beispiel eines npn-Transistors dargestellt werden.

Durch die in Durchlaßrichtung betriebene Emitter-Basis-Diode fließt ein großer Durchlaßstrom (Emitterstrom), der so gerichtet ist, daß die durch Dotierung vorhandenen Elektronen zur Basis wandern. In der Basis findet diese große Menge von Elektronen wegen des geringen Dotierungsgrades der Basis nur wenig Löcher als Rekombinationspartner vor. Es kommt deshalb nur zu einer geringen Anzahl von Rekombinationen. Der größte Teil der vom Emitter kommenden Elektronen überschwemmt die Basis als freie Ladungsträger. Da die Basis sehr dünn ist, werden die Elektronen aufgrund ihrer Eigengeschwindigkeit zum Kollektor hin abgedrängt. Das Überschreiten der Kollektor-Basis-Sperrschicht bildet für die Elektronen kein Problem, da sie in der Basis Minoritätsträger sind. Die Sperrschicht eines pn-Überganges stellt jedoch nur für die Majoritätsträger ein Hindernis dar. Wegen der geringen Anzahl von Rekombinationen in der Basis gelangen also fast alle vom Emitter ausgesandten Elektronen zum Kollektor. Es fließt ein Kollektorstrom, der etwas kleiner ist als der Emitterstrom.

Die durch Rekombination in der Basis gebliebenen Elektronen würden die Basis negativer machen, wenn sie nicht nach außen abgeführt würden. Dieser Elektronenstrom, der aus der Basis herausfließen muß, damit Basispotential und Emitterstrom konstant bleiben, stellt den Basisstrom dar. Er bestimmt den Arbeitspunkt des Transistors.

Wird der Basisstrom größer, werden mehr Elektronen aus der Basis entnommen, als zur Erhaltung eines stabilen Zustandes notwendig wäre. Die Basis wird positiver und die Basis-Emitterspannung und der Emitterstrom werden größer. Werden weniger Elektronen entnommen, wird der Emitterstrom kleiner.

Durch diesen kleinen Basistrom, der zum Emitterstrom im gleichen Verhältnis steht wie der Dotierungsgrad der Basis zum Dotierungsgrad des Emitters, kann also der große Emitter- bzw. Kollektorstrom gesteuert werden (Bild 3.1.–3).

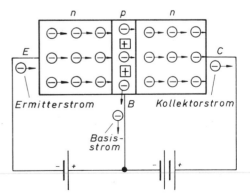

Bild 3.1.–3. Prinzip der Steuerung eines npn-Transistors

Das Verhältnis Kollektorstrom : Basisstrom heißt Gleichstromverstärkung und wird mit dem großen Buchstaben „B" bezeichnet. Die Stromverstärkung hängt ab vom Verhältnis der Dotierungsgrade. Wie aus den vorstehenden Darstellungen zu erkennen ist, sind beim npn-Transistor vorwiegend Elektronen am Ladungstransport beteiligt.

Beim pnp-Transistor ist dies genau umgekehrt. Hier sind vornehmlich Löcher am Ladungstransport beteiligt, deren Bewegungsrichtung wegen der umgekehrten Polung des pnp-Transistors jedoch die gleiche ist wie die der Elektronen beim npn-Transistor, nämlich vom Emitter zum Kollektor (Bild 3.1.−4).

$$B = \frac{I_C}{I_B} \qquad (3.1.-1)$$

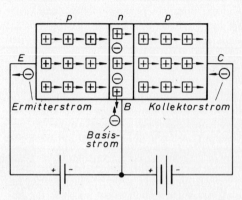

Bild 3.1.−4. Prinzip der Steuerung eines pnp-Transistors

Letztlich ist ja auch der Löcherstrom ein Elektronenstrom, der auf einer indirekten Elektronenbewegung beruht.

Man kann sich deshalb vorstellen, daß die Elektronen wesentlich beweglicher sind als die Löcher, die ja nicht selbständig wandern können, sondern nur dann wandern können, wenn zufällig ein Elektron in der Nähe ist, das den Platz des Defektelektrons einnehmen kann.

Aus dieser unterschiedlichen Beweglichkeit von Elektronen und Löchern läßt sich ein wichtiger Unterschied im Frequenzverhalten von npn- und pnp-Transistoren erklären: npn-Transistoren sind für hohe Frequenzen besser geeignet als pnp-Transistoren.

In den Anfängen der Transistortechnik wurden aus technologischen Gründen vorwiegend pnp-Transistoren hergestellt. Wegen der besseren Frequenzeigenschaften haben jedoch nach Überwindung der Schwierigkeiten bei der Herstellung die npn-Transistoren die pnp-Transistoren etwas in den Hintergrund gedrängt. Ganz verzichten kann man auf pnp-Transistoren jedoch nicht, vor allem wegen vieler eleganter und einfacher Schaltungen, die sich aus der Verwendung sogenannter „Komplementärpärchen" (je ein npn- und pnp-Transistor mit gleichen Daten) ergeben.

Übung 3.1.—2

Welche Ladungsträger (Löcher oder Elektronen) sind beim pnp-Transistor hauptsächlich am Emitter- bzw. Kollektorstrom beteiligt, und in welcher Richtung bewegen sie sich im Transistor, wenn der Transistor als Verstärker betrieben wird?

Schaltzeichen des Transistors

Die vorstehend beschriebene npn- bzw. pnp-Schichtenfolge wird in elektronischen Schaltungen durch das folgende Schaltzeichen symbolisiert (Bild 3.1.—5).

Der Pfeil am Emitter gibt die technische Stromrichtung des Emitterstromes an.

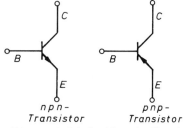

Bild 3.1.—5. Schaltzeichen des Transistors

Ströme und Spannungen am Transistor

a) Spannungen am Transistor

Die Spannungen am Transistor werden durch *zwei* Indices gekennzeichnet, nämlich durch die Indices der Elektroden, zwischen denen die Spannung gemessen wird (Bild 3.1.—6).

Die Reihenfolge der Indices bzw. die Pfeilrichtung gibt die Meßrichtung an. Ein Minuszeichen bedeutet, daß die technische Spannungsrichtung der Pfeilrichtung entgegengesetzt ist.

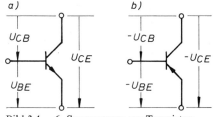

Bild 3.1.—6. Spannungen am Transistor
a) npn-Transistor
b) pnp-Transistor

Auftretende Spannungen:

Kollektor-Basisspannung U_{CB}
Basis-Emitterspannung U_{BE}
Kollektor-Emitterspannung U_{CE}

Es gilt für pnp- und npn-Tranistor der Kirchhoffsche Maschensatz:

$$0 = U_{CE} - (U_{BE} + U_{CB})$$
$$U_{CE} = U_{BE} + U_{CB}$$

Beispiel:

$$U_{CE} = 5\,V$$
$$\stackrel{\wedge}{=} U_{EC} = -5\,V$$
$$\stackrel{\wedge}{=} -U_{EC} = 5\,V$$
$$\stackrel{\wedge}{=} -U_{CE} = -5\,V$$

Übung 3.1.—3

Tragen Sie in die folgende Zeichnung die *technischen* Spannungs- und Stromrichtungen und die zu den einzelnen Spannungen und Strömen gehörenden Indices ein!

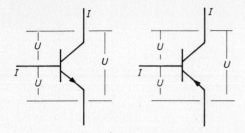

Grundsätzlich ist es gleichgültig, wie die Pfeilrichtungen bzw. Meßrichtungen festgelegt werden. Bei der Darstellung der Kennlinien des Transistors ist es jedoch üblich, den Transistor als Vierpol aufzufassen und die Spannungen und Ströme entsprechend der Vierpoltheorie zu bestimmen.

Die beiden Eingangsklemmen des Transistorvierpols sind (bei der Emittergrundschaltung, auf die wir uns zunächst beschränken und für die auch die in den Datenblättern dargestellten Kennlinien gelten) Basis und Emitter, die beiden Ausgangsklemmen sind Kollektor und Emitter. Die Spannungsrichtungen werden nun, wie bei Vierpolen üblich, so festgelegt, daß die Spannungspfeile von oben nach unten zeigen (Bild 3.1.−7).

Dies entspricht auch der Darstellung in Bild 3.1.−6.

Folgen wir also mit der Bezeichnung von Spannungen am Transistor der bei Vierpolen üblichen Methode, so haben die drei Spannungen U_{CB}, U_{CE} und U_{BE} beim npn-Transistor positives Vorzeichen, beim pnp-Transistor negatives Vorzeichen. Die Beschriftung der Achsen von Transistorkennlinien wird nach dieser Methode vorgenommen.

Von den drei am Transistor auftretenden Spannungen werden in der Regel nur zwei, nämlich U_{BE} und U_{CE} bei der Darstellung der Transistorkennlinien verwendet. Die dritte, U_{CB}, ergibt sich zwangsläufig aus den andern beiden:

Bild 3.1.−7. Spannungsrichtungen am Vierpol

$$U_{CB} = U_{CE} - U_{BE}$$

3.1. Aufbau eines Transistors

Deshalb, und weil sie (bei der Emittergrundschaltung) weder eine Eingangs- noch eine Ausgangsgröße darstellt, ist die Wiedergabe ihrer Abhängigkeit von anderen Transistorgrößen in Form von Kennlinien unwesentlich.

b) Ströme am Transistor
Die Ströme am Transistor werden durch *einen* Index gekennzeichnet, und zwar durch den Index der Elektrode, durch die sie fließen. Ist die technische Stromrichtung der Meßrichtung bzw. angenommenen Pfeilrichtung entgegengesetzt, so wird dies durch ein Minuszeichen ausgedrückt (Bild 3.1.–8).

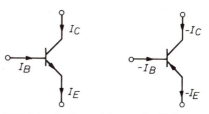

Bild 3.1.–8. Kennzeichnung der Ströme am Transistor

Es gilt für npn- und pnp-Transistor der Stromknotensatz von Kirchhoff:

$$0 = I_E - (I_C + I_B)$$
$$I_C + I_B = I_E$$

Beispiel:

$$\left. \begin{array}{l} I_C = 1 \text{ mA} \\ -I_C = -1 \text{ mA} \end{array} \right\} \text{npn-Transistor}$$

$$\left. \begin{array}{l} I_C = -1 \text{ mA} \\ -I_C = 1 \text{ mA} \end{array} \right\} \text{pnp-Transistor}$$

Die Pfeilrichtungen der Ströme in Bild 3.1.–8 sind willkürlich angenommen. Dies ist grundsätzlich möglich. Die Festlegung der Richtungspfeile kann man jedoch auch nach bestimmten Gesichtspunkten vornehmen, die im folgenden kurz dargestellt werden sollen:

1. Bewegungsrichtungen der tatsächlichen Ladungsträger im Kristall und in den Zuleitungen (diese Art der Betrachtung wird zum physikalischen Verständnis benötigt) (Bild 3.1.–9).

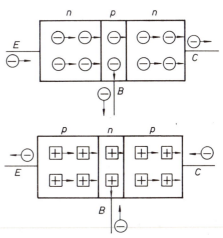

Bild 3.1.–9. Bewegungsrichtungen der tatsächlichen Ladungsträger im Kristall und in den Zuleitungen eines Transistors

2. Richtungen der technischen Ströme, entgegengesetzt zur Elektronenbewegung, vom Pluspol zum Minuspol. (Dies ist die konventionelle, allgemein übliche Art der Festlegung von Stromrichtungen) (Bild 3.1.–10).

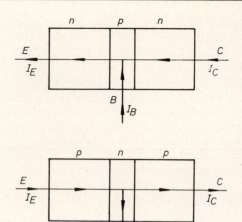

Bild 3.1.–10. Richtungen der technischen Ströme im Transistor und in den Zuleitungen

3. Festlegung der Stromrichtungen wie in der Vierpoltheorie üblich: Alle Ströme fließen in den Vierpol hinein (Bild 3.1.–11).

Ströme, deren technische Stromrichtung der Pfeilrichtung entgegengesetzt ist, erhalten ein Minuszeichen.

Wie bei den Spannungen ist auch bei den Strömen diese Art der Darstellung üblich bei der Achsbeschriftung von Transistorkennlinien.

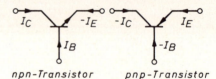

Bild 3.1.–11. Stromrichtungen am Vierpol

Von den drei im Transistor auftretenden Strömen werden in der Regel nur zwei, nämlich I_B und I_C für Kennlinien verwendet, da sie als Eingangs- und Ausgangsstrom der Emittergrundschaltung, für die ja alle Kennlinien gelten, wichtiger sind als der Emitterstrom I_E, der sich außerdem zwangsläufig aus diesen beiden Strömen ergibt:

$$I_E = I_C + I_B$$

Für die im folgenden Abschnitt behandelten Transistorkennlinien gelten zwei Einschränkungen:

1. Sie gelten nur für die Emittergrundschaltung.
2. Sie gelten nur für npn-Transistoren (Achsbeschriftung!).

Übung 3.1.—4

Die Achsen eines Transistorkennlinienfeldes sind mit „$-I_C$" und „$-I_B$" bezeichnet. Zu welcher Transistorart (npn- oder pnp-Transistor) gehört das Kennlinienfeld?

3.2. Transistorkennlinien

Lernziele

Der Lernende kann...
... die wichtigsten Kennlinien des Transistors nennen und ihren prinzipiellen Verlauf beschreiben bzw. zeichnen.
... den Verlauf der Kennlinien von der physikalischen Ursache her erklären.
... die Zusammenhänge zwischen den einzelnen Kennlinien erkennen und erläutern.
... die Vierquadrantendarstellung als Hilfsmittel bei Arbeitspunktübertragungen und Kennlinienkonstruktionen verwenden.

Schaut man sich die Datenblätter von Transistoren der großen Hersteller an, so findet man dort eine Unzahl von Daten und Kennlinien, die das Betriebsverhalten des Transistors im Normal- und im Grenzfall beschreiben (Bild 3.2.−1: Vollständiges Datenblatt BC 107*).
Einige der wichtigsten Kennlinien sollen im folgenden Abschnitt näher erläutert werden.

a) *Die Eingangskennlinie*

Die Eingangskennlinie beschreibt die Abhängigkeit der beiden Eingangsgrößen voneinander, also die Abhängigkeit des Basisstromes I_B von der Basis-Emitterspannung U_{BE}.

Zwangsläufig verändert sich mit I_B auch der Kollektorstrom I_C, da er über die Stromverstärkung B vom Basisstrom abhängt. Damit die Kennlinie eindeutig ist, werden bei der Aufnahme der Kennlinie die Kollektor-Emitterspannung U_{CE} und die Sperrschichttemperatur T_j konstant gehalten. Die im Datenblatt eines Transistors wiedergegebene Eingangskennlinie gilt also nur für eine bestimmte Temperatur (in der Regel Zimmertemperatur) und für eine bestimmte Kollektor-Emitterspannung.

---
*) siehe folgende Seiten 198−203. Entnommen aus ITT, Datenbuch 1974/75, Transistoren.

BC 107..., BC 171..., BC 190, BC 237...

NPN-Silizium-Epitaxie-Planar-Transistoren
für Schalter- und Verstärkeranwendungen

Die Transistoren werden nach der Stromverstärkung in die drei Gruppen A, B und C eingeteilt. Die Typen BC 107, BC 190, BC 171, BC 174 und BC 237 sind in den Gruppen A und B, die Typen BC 108, BC 172 und BC 238 in den Gruppen A, B und C und die Typen BC 109, BC 173 und BC 239 in den Gruppen B und C lieferbar. BC 109, BC 173 und BC 239 sind rauscharm.

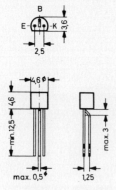

**BC 171, BC 172, BC 173, BC 174
BC 237, BC 238, BC 239**

Schwarzes Kunststoffgehäuse
≈ JEDEC TO-92
kompatibel mit TO-18
Gewicht ca. 0,18 g
Gehäuse ist lichtundurchlässig.
Maße in mm

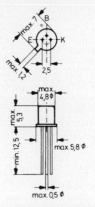

BC 107, BC 108, BC 109, BC 190

Metallgehäuse JEDEC TO-18
18 A 3 nach DIN 41 876
Gewicht ca. 0,35 g
Kollektor mit Gehäuse verbunden
Maße in mm

Grenzwerte

		BC 107 BC 171 BC 237	BC 108 BC 109 BC 172 BC 173 BC 238 BC 239	BC 190 BC 174	
Kollektor-Emitter-Spannung	U_{CES}	50	30	70	V
Kollektor-Emitter-Spannung	U_{CEO}	45	25	64	V
Emitter-Basis-Spannung	U_{EBO}	6	5	5	V
Kollektorstrom	I_C	100	100	100	mA
Kollektor-Spitzenstrom	I_{CM}	200	200	200	mA
Basisstrom	I_B	50	50	50	mA
		TO-92	**TO-18**		
Verlustleistung bei $T_U = 25\,°C$	P_{tot}	300 [1]	300		mW
Sperrschichttemperatur	T_j	150	175		°C
Lagerungstemperaturbereich	T_S	−55...+150	−55...+175		°C

[1] Dieser Wert gilt, wenn die Anschlußdrähte in 2 mm Abstand vom Gehäuse auf Umgebungstemperatur gehalten werden.

BC 107..., BC 171..., BC 190, BC 237...

Kennwerte bei $T_U = 25\,°C$

h-Parameter bei $U_{CE} = 5\,V$, $I_C = 2\,mA$, $f = 1\,kHz$

		Stromverstärkungsgruppe			
		A	B	C	
Stromverstärkung	h_{21e}	220 (125..260)	330 (240..500)	600 (450..900)	
Eingangswiderstand	h_{11e}	2,7 (1,6..4,5)	4,5 (3,2..8,5)	8,7 (6...15)	kΩ
Ausgangsleitwert	h_{22e}	18 (<30)	30 (<60)	60 (<110)	µS
Spannungsrückwirkung	h_{12e}	$1,5 \cdot 10^{-4}$	$2 \cdot 10^{-4}$	$3 \cdot 10^{-4}$	

Kollektor-Basis-Stromverhältnis
bei $U_{CE} = 5\,V$, $I_C = 0{,}01\,mA$ B   90   150   270
bei $U_{CE} = 5\,V$, $I_C = 2\,mA$ B   170   290   500
bei $U_{CE} = 5\,V$, $I_C = 100\,mA$ B   120[1]   200[1]   400[1]

Kollektor-Sättigungsspannung
bei $I_C = 10\,mA$, $I_B = 0{,}5\,mA$ U_{CEsat} 0,07 (<0,2)   V
bei $I_C = 100\,mA$, $I_B = 5\,mA$ U_{CEsat} 0,2 (<0,6)[1]   V

Basis-Sättigungsspannung
bei $I_C = 10\,mA$, $I_B = 0{,}5\,mA$ U_{BEsat} 0,73 (<0,83)   V
bei $I_C = 100\,mA$, $I_B = 5\,mA$ U_{BEsat} 0,87 (<1,05)[1]   V

Basis-Emitter-Spannung
bei $U_{CE} = 5\,V$, $I_C = 0{,}1\,mA$ U_{BE} 0,55   V
bei $U_{CE} = 5\,V$, $I_C = 2\,mA$ U_{BE} 0,62 (0,55..0,7)   V
bei $U_{CE} = 5\,V$, $I_C = 100\,mA$ U_{BE} 0,83[1]   V

	BC 107 BC 171 BC 237	BC 108 BC 109 BC 172 BC 173 BC 238 BC 239	BC 190 BC 174	
Kollektorreststrom				
bei $U_{CE} = 60\,V$ I_{CES}	–	–	0,2 (<15)	nA
bei $U_{CE} = 50\,V$ I_{CES}	0,2 (<15)	–	–	nA
bei $U_{CE} = 30\,V$ I_{CES}	–	0,2 (<15)	–	nA
bei $U_{CE} = 60\,V$, $T_U = 125\,°C$ I_{CES}	–	–	0,2 (<4)	µA
bei $U_{CE} = 50\,V$, $T_U = 125\,°C$ I_{CES}	0,2 (<4)	–	–	µA
bei $U_{CE} = 30\,V$, $T_U = 125\,°C$ I_{CES}	–	0,2 (<4)	–	µA
Kollektor-Emitter-Durchbruchspannung bei $I_C = 2\,mA$ $U_{(BR)CEO}$	>45	>25	>64	V
Emitter-Basis-Durchbruchspannung bei $I_E = 1\,µA$ $U_{(BR)EBO}$	>6	>5	>5	V

[1] gilt nicht für BC 109, BC 173 und BC 239

BC 107..., BC 171..., BC 190, BC 237...

Transitfrequenz
bei $U_{CE} = 3$ V, $I_C = 0,5$ mA f_T 85   MHz
bei $U_{CE} = 5$ V, $I_C = 10$ mA f_T 250 ($>$ 150)   MHz
$f = 100$ MHz

Kollektor-Basis-Kapazität C_{CBO} 3,5 ($<$ 6)   pF
bei $U_{CB} = 10$ V, $f = 1$ MHz

Emitter-Basis-Kapazität C_{EBO} 8   pF
bei $U_{EB} = 0,5$ V, $f = 1$ MHz

BC 107, BC 108, BC 171, BC 172
BC 174, BC 190, BC 237, BC 238:
Rauschmaß F 2 ($<$ 10)   dB
bei $U_{CE} = 5$ V, $I_C = 0,2$ mA,
$R_G = 2$ kΩ, $f = 1$ kHz

BC 109, BC 173 und BC 239:
Rauschmaß F $<$ 4   dB
bei $U_{CE} = 5$ V, $I_C = 0,2$ mA,
$R_G = 2$ kΩ, $f = 1$ kHz

Rauschmaß F $<$ 4   dB
bei $U_{CE} = 5$ V, $I_C = 0,2$ mA,
$R_G = 2$ kΩ, $f = 30$ Hz ... 15 kHz

		TO-92	TO-18	
Wärmewiderstand				
Sperrschicht – Gehäuse	R_{thG}	–	$<$ 200	K/W
Sperrschicht – umgebende Luft	R_{thU}	$<$ 420[1]	$<$ 500	K/W

[1] Dieser Wert gilt, wenn die Anschlußdrähte in 2 mm Abstand vom Gehäuse auf Umgebungstemperatur gehalten werden.

BC 107..., BC 171..., BC 190, BC 237...

Ausgangskennlinien
Emitterschaltung

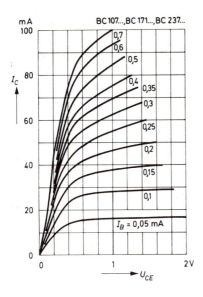

Ausgangskennlinien
Emitterschaltung

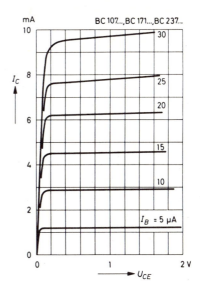

Ausgangskennlinien
Emitterschaltung

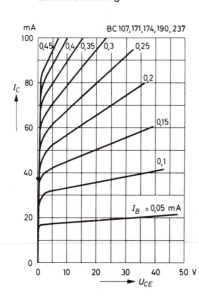

Ausgangskennlinien
Emitterschaltung

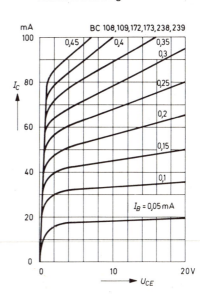

BC 107..., BC 171..., BC 190, BC 237...

Ausgangskennlinien
Emitterschaltung

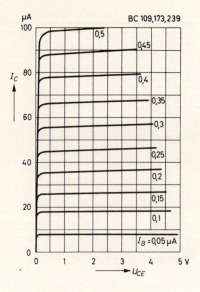

Ausgangskennlinien
Emitterschaltung

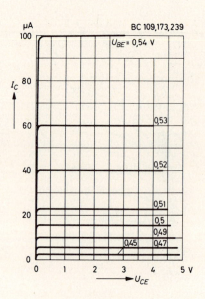

Eingangskennlinie
Emitterschaltung

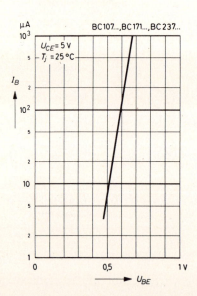

Kollektorreststrom in Abhängigkeit von der Umgebungstemperatur

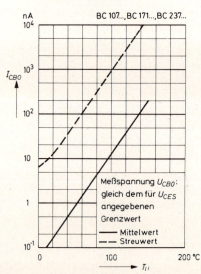

BC 107…, BC 171…, BC 190, BC 237…

Ausgangskennlinien
Emitterschaltung

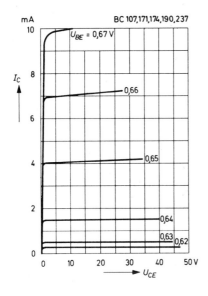

Ausgangskennlinien
Emitterschaltung

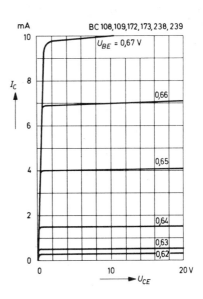

Ausgangskennlinien
Emitterschaltung

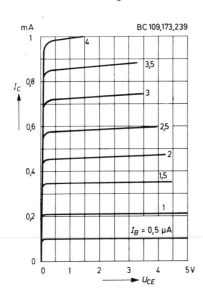

Ausgangskennlinien
Emitterschaltung

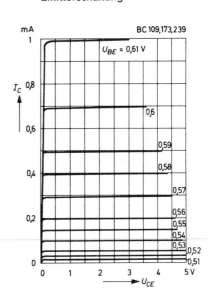

Da die Basis-Emitter-Strecke eines Transistors eine Diode in Durchlaßrichtung darstellt, hat die Eingangskennlinie, wie zu erwarten, die Form einer Dioden-Durchlaßkennlinie (Bild 3.2.−2).

Der Basisstrom steigt stark an, sobald die Basis-Emitterspannung einen bestimmten Wert (die Diffusionsspannung) überschritten hat.

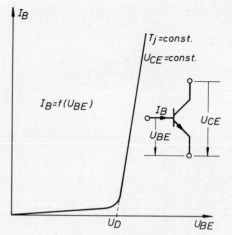

Bild 3.2.−2. Eingangskennlinie eines Transistors

Übung 3.2.−1

Handelt es sich bei der in Bild 3.2.−2 dargestellten Eingangskennlinie um die Kennlinie eines Germanium- oder eines Siliziumtransistors?

b) *Steuerkennlinien des Transistors*

Die Steuerkennlinien geben den Zusammenhang zwischen einer Ausgangsgröße (Kollektorstrom I_C) und einer Eingangsgröße (Basisstrom I_B oder Basis-Emitterspannung U_{BE}) wieder.

Je nachdem, ob der Kollektorstrom in Abhängigkeit vom Basisstrom oder von der Basis-Emitterspannung dargestellt ist, spricht man von Strom- bzw. Spannungssteuerkennlinie.

I. Stromsteuerkennlinie

Bei der Aufnahme der Stromsteuerkennlinie wird der Basisstrom verändert. Zwangsläufig muß sich (gemäß Eingangskennlinie) auch die Basis-Emitterspannung ändern. Damit die Kennlinie eindeutig ist, werden wie bei der Eingangskennlinie Kollektor-Emitterspannung U_{CE} und Sperrschichttemperatur T_j konstant gehalten. Bereits bei der Untersuchung der Funktionsweise des Transistors haben wir festgestellt, daß der Kollektorstrom mit dem Basisstrom durch die Stromverstärkung B verknüpft ist.

3.2. Transistorkennlinien

Die Stromverstärkung B wird jedoch durch den Dotierungsgrad der einzelnen Schichten des Transistors eingestellt, ist also in erster Linie hiervon abhängig und weniger von anderen Einflußgrößen.

Tatsächlich stellen wir bei der Aufnahme der Stromsteuerkennlinie fest, daß der Kollektorstrom I_C über einen weiten Bereich proportional zum Basisstrom I_B verläuft.

Die Stromsteuerkennlinie ist also in diesem Bereich annähernd eine Gerade. Lediglich bei großen Aussteuerungen geht diese Gerade dann in eine Kurve mit kleiner werdender Steigung über (Bild 3.2.–3).

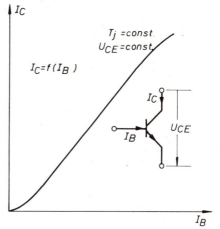

Bild 3.2.–3. Stromsteuerkennlinie eines Transistors

Übung 3.2.–2

Welche Aussage ist richtig?

a) Die beiden Quotienten $\dfrac{I_C}{I_B}$ und $\dfrac{\Delta I_C}{\Delta I_B}$ sind für einen Arbeitspunkt im mittleren Kennlinienbereich annähernd gleich.

b) Sie unterscheiden sich wesentlich.

II. Spannungssteuerkennlinie

Bei der Aufnahme der Spannungssteuerkennlinie wird die Basis-Emitterspannung verändert. Zwangsläufig ändern sich gemäß Eingangs- und Stromsteuerkennlinie auch der Basis- und der Kollektorstrom. Damit die Kennlinie eindeutig ist, werden wieder Sperrschichttemperatur und Kollektor-Emitterspannung konstant gehalten.

Wie aus Bild 3.2.–4 zu erkennen, hat die Spannungssteuerkennlinie den für die Eingangskennlinie typischen Verlauf einer Diodenkennlinie. Dies ist leicht zu erklären, wenn man bedenkt, daß die Stromsteuerkennlinie einen annähernd linearen Verlauf hat. Der Kollektorstrom ist proportional zum Basisstrom; das Verhältnis von Kollektor- und Basisstrom ist also fast unabhängig vom jeweiligen Arbeitspunkt konstant.

Der Ordinatenmaßstab der Spannungssteuerkennlinie ist also gegenüber dem der Eingangskennlinie lediglich mit dem konstanten Faktor

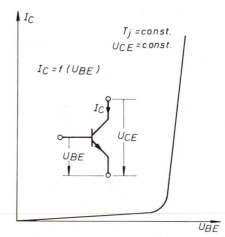

Bild 3.2.–4. Spannungssteuerkennlinie eines Transistors

B multipliziert worden. Da der Abszissenmaßstab der gleiche ist wie bei der Eingangskennlinie, muß die Spannungssteuerkennlinie den gleichen prinzipiellen Verlauf haben wie die Eingangskennlinie.

c) *Ausgangskennlinien*
Die Ausgangskennlinien beschreiben den Zusammenhang zwischen den beiden Ausgangsgrößen, dem Kollektorstrom I_C und der Kollektor-Emitterspannung U_{CE}. Um die Kennlinien eindeutig zu machen, muß man bei der Aufnahme die Sperrschichttemperatur und entweder den Basisstrom oder die Basis-Emitterspannung konstant halten. Man unterscheidet deshalb zwei Ausgangskennlinienfelder:

I. das Ausgangskennlinienfeld, bei dem I_B konstant gehalten wird (I_B als Parameter)

II. das Ausgangskennlinienfeld, bei dem U_{BE} konstant gehalten wird (U_{BE} als Parameter)

Da in beiden Fällen im Gegensatz zu den Steuerkennlinien und zur Eingangskennlinie der Verlauf der Ausgangskennlinien sehr stark vom jeweiligen Parameter I_B bzw. U_{BE} abhängig ist, wird nicht nur eine Kennlinie, sondern ein ganzes Kennlinienfeld dargestellt, zu dessen einzelnen Kennlinien verschiedene Parameterwerte gehören.

Die Kennlinienschar mit I_B als Parameter wird häufiger verwendet als die Kennlinienschar mit U_{BE} als Parameter, da man bei den meisten Verstärkerschaltungen wegen der sonst am Ausgang auftretenden Verzerrungen eine Stromsteuerung anstrebt. Aus dem gleichen Grund wird die Stromsteuerkennlinie häufiger verwendet als die Spannungssteuerkennlinie. (Siehe Kapitel: Steuern des Transistors.)

Der grundsätzliche Verlauf der beiden Ausgangskennlinienfelder ist gleich (Bild 3.2.–5).

Bei beiden Kennlinienfeldern steigt der Kollektorstrom schon bei kleinen Werten der Kollektor-Emitterspannung stark an, um dann bei Erreichen eines bestimmten Wertes von U_{CE} in eine Sättigung überzugehen.

Dieser Wert von U_{CE}, der vom jeweiligen Parameterwert abhängig ist, heißt Sättigungsspannung U_{CEsat}.

Wird U_{CE} größer als U_{CEsat}, so steigt der Kollektorstrom nur noch sehr gering an.

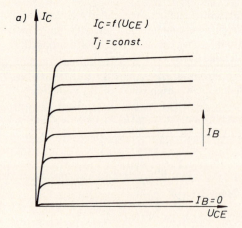

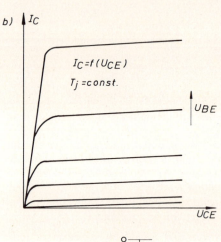

Bild 3.2.–5. Ausgangskennlinienfelder eines Transistors
a) mit I_B als Parameter
b) mit U_{BE} als Parameter

Übung 3.2.—3

Welche Aussage ist richtig?

a) Der differentielle Widerstand der Kollektor-Emitterstrecke $r_{CE} = \dfrac{\Delta U_{CE}}{\Delta I_C}$ ist im flachen Kennlinienteil sehr groß.
b) Er ist sehr klein.

Dieses Verhalten läßt sich aus dem Aufbau des Transistors erklären. Schon ein kleines positives Potential am Kollektor (des npn-Transistors) genügt, um alle im Kollektor vorhandenen von der Basis herübergewanderten Elektronen „abzusaugen". Da die Kollektor-Basis-Diode jedoch gesperrt ist, greift das Kollektorpotential kaum in die Basis hinüber. Der „Durchgriff" bzw. die Rückwirkung des Ausganges auf den Eingang ist sehr gering. Deshalb kann das Kollektorpotential nur die Elektronen im Kollektor beeinflussen, die Elektronen in der Basis dagegen kaum.

Eine weitere Erhöhung des Kollektorpotentials über den Wert der Sättigungsspannung hinaus kann deshalb auch nicht zu einer wesentlichen Erhöhung des Kollektorstromes führen. Die Sättigungsspannung kann etwa im Bereich von 0,2 bis 2 Volt liegen.

Einige Unterschiede zwischen den beiden Kennlinienfeldern sind jedoch vorhanden, wenn auch keine prinzipiellen. Zunächst fällt auf, daß die Kennlinienabstände im einen Fall mit I_B als Parameter etwa gleich groß sind, im andern Fall mit U_{BE} als Parameter mit steigenden Parameterwerten ebenfalls größer werden.

Dieser Unterschied läßt sich leicht erklären:

Die Stromsteuerkennlinie verläuft linear. Das bedeutet, daß der Kollektorstrom, wenn der Parameter I_B um immer gleiche Beträge größer wird, ebenfalls um gleiche Beträge größer wird. Hieraus resultiert der gleichbleibende Abstand der Kennlinien, wenn I_B Parameter ist.

Die Spannungssteuerkennlinie verläuft nicht linear. Je größer der Parameter U_{BE} wird, um so größer werden für gleiche Änderungsbeträge des Parameters die Änderungsbeträge des Kollektorstroms. Daher die mit steigender

U_{BE} immer größer werdenden Abstände der Kennlinien, wenn U_{BE} Parameter ist.

Zu einem weiteren Unterschied zwischen beiden Kennlinienfeldern, der zunächst kaum auffällt, kommen wir mit folgender Überlegung:

Beide Kennlinienfelder zeigen nach Überschreiten der Sättigungsspannung einen sehr flachen Verlauf. Wenn der Arbeitspunkt eingangsseitig festgehalten wird (I_B, U_{BE}), so ändert sich der Kollektorstrom kaum.

Dies stimmt mit der Überlegung überein, die wir im Kapitel „Aufbau des Transistors" gemacht haben:

Die Stromverstärkung wird durch die Dotierung eingestellt, kann also durch die Kollektor-Emitterspannung kaum beeinflußt werden.

Tatsächlich ist die Kollektor-Emitterspannung jedoch nicht ganz ohne Einfluß auf die Stromverstärkung bzw. auf die Eingangsgrößen des Transistors. Eine kleine Rückwirkung bzw. ein „Durchgriff" ist vorhanden. Je größer die Kollektor-Emitterspannung wird, um so größer wird auch der Basisstrom bei gleichbleibender Basis-Emitterspannung. Oder: Je größer die Kollektor-Emitterspannung wird, um so kleiner wird die für gleichen Basisstrom notwendige Basis-Emitterspannung. Dieser Einfluß wird genauer noch im anschließend behandelten Rückwirkungskennlinienfeld dargestellt.

Für die Ausgangskennlinien folgt hieraus:

Wird die Kollektor-Emitterspannung erhöht und I_B konstant gehalten, so steigt der Kollektorstrom geringfügig. Wird die Kollektor-Emitterspannung erhöht und U_{BE} konstant gehalten, so steigt der Basisstrom, was zu einem zusätzlichen Anstieg des Kollektorstroms führt. Die Kennlinien des Feldes mit U_{BE} als Parameter verlaufen deshalb etwas steiler als die Kennlinien mit I_B als Parameter.

d) *Rückwirkungskennlinien*

Es wurde schon mehrfach erwähnt, daß die Rückwirkung der Ausgangsspannung des Transistors (in Emitterschaltung) auf die Eingangsspannung sehr gering ist. Die Rückwirkungskennlinien lassen dies eindeutig erkennen.

3.2. Transistorkennlinien

Die Basis-Emitterspannung U_{BE} wird in Abhängigkeit von der Kollektor-Emitterspannung dargestellt. Auch hier wird wieder die Sperrschichttemperatur konstant gehalten. Damit die Kennlinien eindeutig sind, wird auch der Basisstrom konstant gehalten. Da der Verlauf der Kennlinien sehr stark vom Parameter I_B abhängt, wird hier, wie bei den Ausgangskennlinien, ein ganzes Kennlinienfeld wiedergegeben (Bild 3.2.−6).

Die Kennlinien fallen von links nach rechts ab. Das Verhältnis $\Delta U_{BE}/\Delta U_{CE}$ liegt etwa bei 10^{-4} bis 10^{-6}.

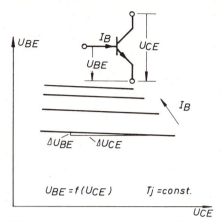

Bild 3.2.−6. Rückwirkungskennlinienfeld eines Transistors

e) *Vierquadranten-Kennliniendarstellung*
Eine Darstellungsweise, die die Zusammenhänge zwischen den einzelnen Kennlinien besonders deutlich macht, ist die sogenannte Vierquadrantendarstellung.

Hier werden alle vier Quadranten eines Achsenkreuzes zur Darstellung der verschiedenen Kennlinien ausgenutzt (Bild 3.2.−7).

Im ersten Quadranten wird das Ausgangskennlinienfeld mit I_B als Parameter dargestellt, im zweiten Quadranten die Stromsteuerkennlinie, im dritten Quadranten die Eingangskennlinie und im vierten Quadranten die Rückwirkungskennlinien.

Ist zum Beispiel das Ausgangskennlinienfeld vorhanden, die Stromsteuerkennlinie jedoch nicht, so kann die Stromsteuerkennlinie für eine bestimmte Kollektor-Emitterspannung sehr leicht ermittelt werden:

Man überträgt alle Punkte der Ausgangskennlinien, die zur gewünschten Kollektor-Emitterspannung gehören, zusammen mit dem zugehörigen Basisstromwert in den zweiten Quadranten (Bild 3.2.−8).

Es ist deutlich zu erkennen, daß die Stromsteuerkennlinie nicht im Koordinatennullpunkt beginnt, sondern daß schon ein geringer Kollektorstrom fließt, wenn der Basisstrom noch Null ist.

Dies ist der Kollektor-Emitter-„Reststrom", der auf Eigenleitung beruhende Sperrstrom der Kollektor-Emitter-Strecke.

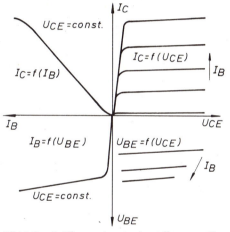

Bild 3.2.−7. Vierquadrantendarstellung von Transistorkennlinien

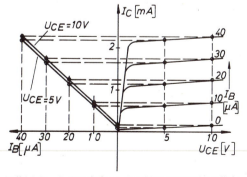

Bild 3.2.−8. Ermittlung der Stromsteuerkennlinie für $U_{CE} = 5$ V und $U_{CE} = 10$ V

210 3. Bipolare Transistoren

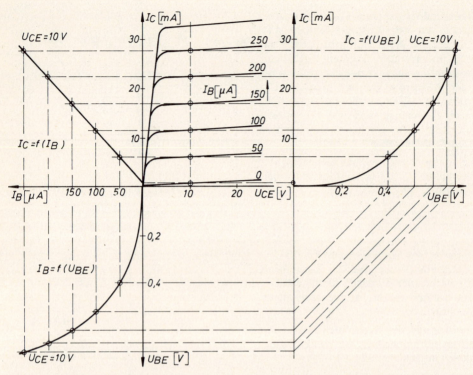

Bild 3.2.−9. Ermittlung der Spannungssteuerkennlinie aus Eingangskennlinie und Ausgangskennlinien mit I_B als Parameter für $U_{CE} = 10$ V

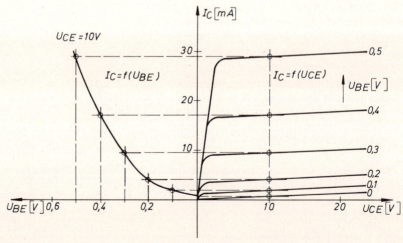

Bild 3.2.−10. Ermittlung der Spannungssteuerkennlinie aus dem Ausgangskennlinienfeld mit U_{BE} als Parameter für $U_{CE} = 10$ V

Wird der Parameter U_{CE} verändert, so ändert sich die Stromsteuerkennlinie nur unwesentlich, wie aus der obenstehenden Darstellung ersichtlich ist. Je flacher die Ausgangskennlinien verlaufen, um so weniger hängt die Stromsteuerkennlinie vom Parameter U_{CE} ab. Einige weitere Zusammenhänge zwischen den einzelnen Kennlinien machen die Bilder 3.2.−9 und 3.2.−10 deutlich.

3.3. Grenzdaten und Kenndaten des Transistors

Lernziele

Der Lernende kann...
... die wichtigsten Grenzdaten des Transistors nennen.
... die Grenzdaten des Transistors, soweit möglich, als Grenzlinien in das entsprechende Kennlinienfeld einzeichnen.
... die wichtigsten Kenndaten des Transistors nennen.
... statische und dynamische Kenndaten unterscheiden und die besondere Bedeutung der dynamischen Daten erläutern.
... statische und dynamische Kennwerte aus dem Datenblatt des Herstellers entnehmen bzw. grafisch aus den im Datenblatt angegebenen Kennlinien ermitteln.
... den Zusammenhang zwischen einigen dynamischen Kennwerten und den h-Parametern für den als Vierpol aufgefaßten Transistor ableiten.

Die in den Datenblättern enthaltenen Informationen über einen Transistor kann man grundsätzlich unterteilen in Grenzdaten und Kenndaten, je nachdem, ob es sich um Werte handelt, die Beanspruchungs- und Leistungsgrenzen des Transistors wiedergeben, oder um typische Betriebswerte.

3.3.1. Grenzdaten des Transistors

Unter Grenzdaten versteht man vom Hersteller angegebene absolute Höchstwerte, die nicht überschritten werden dürfen, weil sonst der Transistor zerstört wird.

Die vier wichtigsten Grenzwerte sollen etwas näher beschrieben werden (Bild 3.3.−1).

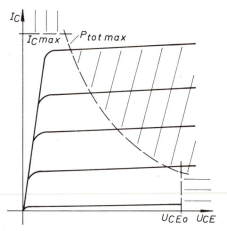

Bild 3.3.−1. Grenzwerte des Transistors

1. Der Kollektorstrom darf einen bestimmten Maximalwert I_{Cmax} nicht überschreiten.
2. Die Kollektor-Emitterspannung darf einen bestimmten Maximalwert U_{CE0} nicht überschreiten (der Index „0" bedeutet: Leerlauf am Eingang des Transistors).
3. Die Sperrschichttemperatur darf einen bestimmten Maximalwert T_{jmax} nicht überschreiten ($T_{jmax} \approx 70-90\,°C$ bei Germanium-Transistoren und $\approx 150-200\,°C$ bei Silizium-Transistoren).

$$T_{jmax(Ge)} \approx (70 - 90)\,°C$$
$$T_{jmax(Si)} \approx (150 - 200)\,°C$$

4. Da die Sperrschichttemperatur nicht direkt gemessen werden kann, gibt der Hersteller eine bestimmte, maximal zulässige Gesamtverlustleistung P_{totmax} für eine bestimmte, nicht zu überschreitende Gehäuse- oder Umgebungstemperatur an. (Der Index „tot" bedeutet „total" = gesamt.)

Es gilt:

$$\boxed{P_{totmax} \geq U_{CE} \cdot I_C + U_{BE} \cdot I_B} \qquad (3.3.-1)$$

Da $U_{BE} \cdot I_B$, die Eingangsleistung des Transistors, vernachlässigbar klein ist, gilt angenähert:

$$P_{totmax} \geq U_{CE} \cdot I_C$$

bzw.:

$$I_C \leq P_{totmax}/U_{CE}$$

Im Grenzfall gilt:

$$I_C = P_{totmax}/U_{CE}$$

Da P_{totmax} eine Konstante ist, handelt es sich bei dieser Gleichung um die Funktionsgleichung einer Hyperbel. Diese Hyperbel läßt sich im Achsenkreuz des Ausgangskennlinienfeldes darstellen.

3.3.2. Kenndaten des Transistors

Unter Kenndaten des Transistors versteht man typische Werte, die das Betriebsverhalten eines Transistors kennzeichnen.

Je nachdem, ob das Betriebsverhalten für Gleich- oder für Wechselstrom beschrieben wird, unterscheidet man statische und dynamische Kennwerte.

a) *Statische Kennwerte*
Einen statischen Kennwert haben wir bereits kennengelernt:

3.3. Grenzdaten und Kenndaten des Transistors

Die Sättigungsspannung U_{CEsat}. Aus den Kennlinien des Transistors ergeben sich weitere statische Kenndaten:

Der *Gleichstromeingangswiderstand* läßt sich aus der Eingangskennlinie ermitteln als das Verhältnis Gesamtspannung U_{BE}: Gesamtstrom I_B.

Er ist abhängig von der Lage des Arbeitspunktes (Bild 3.3.−2).

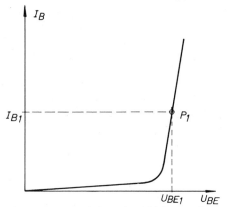

Bild 3.3.−2. Ermittlung des Gleichstromeingangswiderstandes

Es gilt:

(kleiner Index „e" $\triangleq$ Eingang,
großer Index „E" $\triangleq$ Emitterschaltung)

$$R_{eE} = U_{BE1}/I_{B1}$$

Die *Gleichstromverstärkung B* haben wir ebenfalls schon kennengelernt. Sie läßt sich grafisch aus der Stromsteuerkennlinie ermitteln:

$$B = I_{C1}/I_{B1}$$

Gleichstromverstärkung = Gesamtausgangsstrom : Gesamteingangsstrom (Bild 3.3.−3).

Da die Stromsteuerkennlinie fast linear verläuft, ist die Gleichstromverstärkung fast unabhängig von Arbeitspunkt.

Der *Gleichstromausgangswiderstand* läßt sich grafisch ermitteln aus dem Ausgangskennlinienfeld.

Er ist das Verhältnis von Gesamtausgangsspannung und Gesamtausgangsstrom.

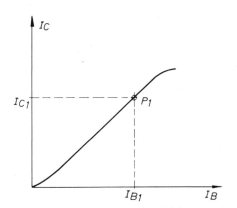

Bild 3.3.−3. Ermittlung der Gleichstromverstärkung

Wir bezeichnen ihn als R_{aE}.

(kleiner Index „a" $\triangleq$ Ausgang,
großer Index „E" $\triangleq$ Emitterschaltung)

Es gilt (Bild 3.3.−4):

$$R_{aE} = U_{CE1}/I_{C1}$$

Der Gleichstromausgangswiderstand ist wie der Eingangswiderstand stark von der Lage des Arbeitspunktes abhängig, da die Ausgangskennlinien nicht linear verlaufen.

Weitere wichtige statische Kennwerte des Transistors sind die sogenannten *Restströme*.

Es handelt sich hierbei um Sperrströme, die, wie bereits abgehandelt, auf Eigenleitung beruhen und deshalb stark temperaturabhängig sind.

Die Kenntnis ihrer Größenordnung ist deshalb wichtig. Da sie außer von der Temperatur und der angelegten Spannung auch von der Beschaltung des Transistors abhängig sind, man jedoch nicht alle Beschaltungsmöglichkeiten im Datenblatt erfassen kann, werden sie in der Regel, wie viele Daten und Kennlinien des Transistors, für die Grenzfälle Kurzschluß oder Leerlauf angegeben.

Die für den Kurzschlußfall geltenden Restströme erhalten als Index ein „S", die für den Leerlauffall geltenden Restströme erhalten eine „0" als Index. Die drei möglichen Leerlaufrestströme sollen etwas näher erläutert werden:

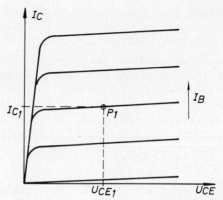

Bild 3.3.–4. Ermittlung des Gleichstromausgangswiderstandes

I. Basis-Emitter-Reststrom I_{BEo}

Die Basis-Emitter-Diode wird in Sperrichtung betrieben (Bild 3.3.–5).

Die dritte Elektrode ist nicht beschaltet (Leerlauf).

II. Kollektor-Basis-Reststrom I_{CBo}

Die Kollektor-Basis-Diode wird in Sperrichtung betrieben. Dies ist im normalen Betrieb, wenn der Transistor als Verstärker arbeitet, *immer* der Fall. Die Kenntnis des Kollektor-Basis-Reststromes ist deshalb besonders wichtig. Die dritte Elektrode, der Emitter, ist nicht beschaltet.

Die Größenordnung des Kollektor-Basis-Reststromes ist etwa gleich der Größenordnung des Basis-Emitter-Reststromes (Ge: µA, Si: nA) (Bild 3.3.–6).

III. Kollektor-Emitter-Reststrom I_{CEo}

Die Basis ist nicht beschaltet (Bild 3.3.–7).

Der Transistor ist also gesperrt, da kein Basisstrom fließt.

Über die Größenordnung des Kollektor-Emitter-Reststromes läßt sich folgendes sagen: Da der auch hier fließende Kollektor-Basis-Rest-

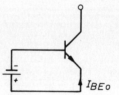

Bild 3.3.–5. Basis-Emitter-Reststrom bei einem npn-Transistor

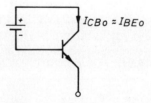

Bild 3.3.–6. Kollektor-Basis-Reststrom bei einem npn-Transistor

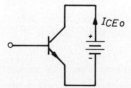

Bild 3.3.–7. Kollektor-Emitter-Reststrom bei einem npn-Transistor

3.3. Grenzdaten und Kenndaten des Transistors

strom über die Basis-Emitter-Diode zum Minuspol der Spannungsquelle fließt, wirkt er wie ein Basisstrom, der mit der Stromverstärkung B verstärkt wird.

Es gilt also:

$$I_{CE0} \approx B \cdot I_{CB0}$$

Sehen wir uns in diesem Zusammenhang noch das Ausgangskennlinienfeld an, so erkennen wir auch hier den Kollektor-Emitter-Reststrom:

Er bildet die Kennlinie mit dem Parameterwert $I_B = 0$ (Bild 3.3.–8).

Wie alle Restströme ist er von der angelegten Sperrspannung (hier U_{CE}) abhängig.

Die Sperrströme werden deshalb im Datenblatt für eine bestimmte Sperrspannung angegeben.

b) Dynamische Kennwerte des Transistors

Wie schon erwähnt, beschreiben die dynamischen Kennwerte eines Transistors sein Wechselstromverhalten, d. h. sein Verhalten bei Strom- und Spannungs*änderungen*. Soweit sich diese Kennwerte aus den Kennlinien entnehmen lassen, handelt es sich um *differentielle* Größen, d. h. um Verhältnisse sehr kleiner Strom- und Spannungsänderungen.

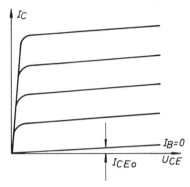

Bild 3.3.–8. Kollektor-Emitter-Reststrom im Ausgangskennlinienfeld

Eine solche differentielle Größe ist der *Wechselstromeingangs*widerstand r_{BE}, der sich wie der Gleichstromeingangswiderstand aus der Eingangskennlinie grafisch ermitteln läßt. Um ihn vom Gleichstromeingangswiderstand zu unterscheiden, wird er mit dem kleinen Buchstaben „r" bezeichnet. Da es sich hier um den Eingangswiderstand der Emitterschaltung handelt, bedient man sich auch der Bezeichnung r_{eE}, wobei der kleine Index „e" Eingang bedeutet und der große Index „E" Emitterschaltung.

Der Wechselstromeingangswiderstand eines Transistors gibt an, welcher Widerstand am Transistoreingang für Spannungs- und Stromänderungen wirksam ist.

Wie bei der Diode läßt sich auch hier aus dem Verlauf der Eingangskennlinie feststellen, daß der differentielle (= Wechselstrom-)Eingangswiderstand viel niederohmiger ist als der im gleichen Arbeitspunkt wirksame Gleichstromwiderstand.

Wie der differentielle Widerstand der Diode und wie alle differentiellen Größen wird der Wechselstromeingangswiderstand aus der Eingangskennlinie grafisch wie folgt ermittelt:

1. Im Arbeitspunkt zeichnet man die Tangente an die Kennlinie.
2. Die Tangente wird ergänzt zu einem rechtwinkligen Steigungsdreieck (die Größe des Dreiecks spielt keine Rolle, da in jedem Fall geometrisch ähnliche Dreiecke entstehen, bei denen die Seitenverhältnisse gleich sind.)
3. Das Verhältnis der Kathetenlängen ergibt den gesuchten Widerstandswert.

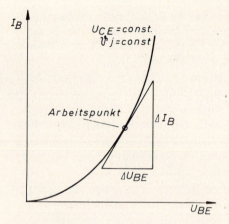

$$r_{BE} = \frac{\Delta U_{BE}}{\Delta I_B}$$

Bild 3.3.−9. Ermittlung des Wechselstromeingangswiderstandes eines Transistors

Aus Bild 3.3.−9 ist deutlich zu erkennen:

Je steiler die Kennlinie verläuft, um so kleiner ist der differentielle Widerstand.

Die *Wechselstromverstärkung* β gibt an, mit welchem Faktor verstärkt eine Änderung des Basisstromes I_B als Änderung des Kollektorstromes I_C am Ausgang des Transistors auftritt.

Wie die Gleichstromverstärkung „*B*" wird auch „β" grafisch aus der Stromsteuerkennlinie ermittelt. Da die Stromsteuerkennlinie ungefähr linear verläuft (bei Kleinleistungstransistoren), ist der Wert von β ungefähr gleich dem Wert von *B*.

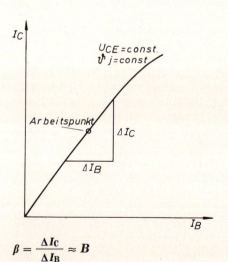

$$\beta = \frac{\Delta I_C}{\Delta I_B} \approx B$$

Bild 3.3.−10. Ermittlung der Wechselstromverstärkung eines Transistors

3.3. Grenzdaten und Kenndaten des Transistors

Tatsächlich ist der Verlauf der Stromsteuerkennlinie nicht exakt linear, sondern bei kleinen Strömen steigt der Kollektorstrom stärker an als der Basisstrom. Bei großen Strömen dagegen steigt der Kollektorstrom schwächer an als der Basisstrom.

Diese Abhängigkeit der Wechselstromverstärkung vom Basis- bzw. Kollektorstrom ist in Bild 3.3.–11 dargestellt.

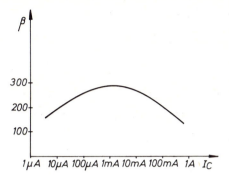

Bild 3.3.–11. Abhängigkeit der Wechselstromverstärkung vom Kollektorstrom

Da für beide Kennlinien, Eingangs- und Stromsteuerkennlinie, U_{CE} = const. gilt, d. h. $\Delta U_{CE} = 0$ (dies entspricht einem wechselstrommäßigen Kurzschluß am Ausgang), werden die beiden differentiellen Größen auch Kurzschlußeingangswiderstand bzw. Kurzschlußstromverstärkung genannt.

Ein weiterer Kennwert des Transistors, der sein Wechselstromverhalten beschreibt, ist der differentielle *Ausgangswiderstand* r_{CE}. Wie der Gleichstromausgangswiderstand läßt sich auch der Wechselstromausgangswiderstand aus dem Ausgangskennlinienfeld grafisch ermitteln.

Im Arbeitspunkt wird eine Tangente an die betreffende Kennlinie gelegt und diese Tangente dann zum Steigungsdreieck ergänzt. Das Verhältnis der Katheten ΔU_{CE} und ΔI_C ist der Wechselstromausgangswiderstand r_{CE} = r_{aE} (siehe Bild 3.3.–12).

Im Bereich des steilen Stromanstieges ergibt sich hier ein verhältnismäßig kleiner Wert für r_{CE}, während im normalen Arbeitsbereich, also im flachen Teil der Kennlinien r_{CE} sehr hohe Werte annimmt, die im Bereich von einigen zehn Kiloohm liegen.

Im Gegensatz zum Gleichstromausgangswiderstand hat also der Wechselstromausgangswiderstand im normalen Arbeitsbereich wesentlich höhere Werte.

Diese Eigenschaft des Ausgangskreises eines Transistors, nämlich hoher Wechselstromwiderstand und niedriger Gleichstromwiderstand macht man sich zunutze beim Aufbau von Konstantstromquellen, die in einem der folgenden Kapitel behandelt werden.

In Bild 3.3.–12 sind zwei verschiedene Kennlinienfelder dargestellt, ein Kennlinienfeld mit I_B als Parameter und das andere mit U_{BE} als Parameter. Der Verlauf beider Kennlinienfelder ist, wie schon besprochen, grundsätzlich gleich, jedoch ergeben sich für den differentiellen Ausgangswiderstand r_{CE} in beiden Kennlinienfeldern für den gleichen Arbeitspunkt etwas unterschiedliche Widerstandswerte.

Dies liegt daran, daß im ersten Fall für eine Kennlinie der Basisstrom I_B konstant gehalten wird, d. h. $\Delta I_B = 0$, also ein wechselstrommäßiger Leerlauf am Eingang vorliegt, während im andern Fall U_{BE} konstant gehalten wird, d. h. $\Delta U_{BE} = 0$; dies ist gleichbedeutend mit einem wechselstrommäßigen Kurzschluß am Eingang.

Aus diesem Grund heißt der differentielle Ausgangswiderstand, der sich aus dem ersten Kennlinienfeld ermitteln läßt, „Leerlaufausgangswiderstand", und der Ausgangswiderstand, der aus dem zweiten Kennlinienfeld ermittelt wird, heißt „Kurzschlußausgangswiderstand". Welcher dieser beiden Widerstandswerte größer ist, läßt sich aus folgender Überlegung ableiten:

Erhöht man die Kollektor-Emitter-Spannung U_{CE}, so läßt sich der Basisstrom I_B nur dadurch konstant halten, daß man die Basis-Emitter-Spannung U_{BE} etwas zurückregelt. Dies ist im ersten Kennlinienfeld mit I_B als Parameter der Fall.

In zweiten Kennlinienfeld mit U_{BE} als Parameter wird die Spannung U_{BE} konstant gehalten, während der Basisstrom mit steigender Kollektor-Emitter-Spannung ebenfalls geringfügig ansteigt. Es ist deshalb leicht einzusehen, daß im zweiten Fall, wo U_{BE} konstant gehalten wird, der Kollektorstrom mit steigender Kollektor-Emitter-Spannung stärker ansteigt als im ersten Fall, wo I_B konstant gehalten wurde.

Die Kennlinien mit I_B als Parameter werden also sicherlich flacher ansteigen als die Ausgangskennlinien mit U_{BE} als Parameter.

Folgedessen hat der Leerlaufausgangswiderstand für den gleichen Arbeitspunkt einen höheren Wert als der Kurzschlußausgangswiderstand.

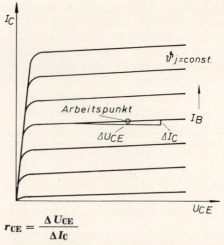

$$r_{CE} = \frac{\Delta U_{CE}}{\Delta I_C}$$

a) I_B als Parameter

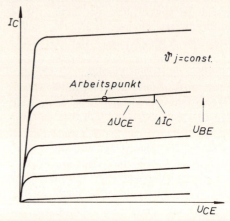

$$r_{CE} = \frac{\Delta U_{CE}}{\Delta I_C}$$

b) U_{BE} als Parameter

Bild 3.3.–12. Ermittlung des dynamischen Ausgangswiderstandes eines Transistors

Beide Werte sind, wie auch die meisten anderen Kennwerte des Transistors, nicht exakt für praktische Schaltungen gültig, sondern sie gelten nur für die Grenzfälle Kurzschluß oder Leerlauf, zwei Fälle, die in praktischen Schaltungen in der Regel nicht vorkommen.

Die Widerstandswerte bei praktischen Schaltungen liegen zwischen diesen beiden Werten für den Leerlauffall und den Kurzschlußfall.

Da die beiden Werte nicht sehr voneinander verschieden sind, ist auch der Bereich, in dem sich der praktische Widerstandswert bewegen kann, nicht sehr groß.

Ein weiterer dynamischer Kennwert des Transistors ist die *Spannungsrückwirkung* D_U (Elektronenröhre: „Durchgriff").

Die Spannungsrückwirkung ist das Verhältnis einer kleinen Änderung der Eingangsspannung zu einer kleinen Änderung der Ausgangsspannung, also ein Maß für die Beeinflussung der Eingangsgröße U_{BE} durch die Ausgangsgröße U_{CE} (siehe Bild 3.3.−12).

Bereits im Kapitel „Kennlinien des Transistors" wurde gesagt, daß der Einfluß der Kollektor-Emitter-Spannung auf die Eingangskennlinie bzw. die Basis-Emitter-Spannung nicht sehr groß ist.

Diese Tatsache wird durch den Verlauf der Rückwirkungslinien bestätigt, die im vierten Quadranten der Vierquadrantendarstellung wiedergegeben sind.

Diese Kennlinien verlaufen fast parallel zur U_{CE}-Achse, fallen jedoch von links nach rechts, d. h. mit steigenden U_{CE}-Werten ab.

Die Basis-Emitter-Spannung wird also kleiner, wenn die Kollektor-Emitter-Spannung größer wird.

Da bei diesen Kennlinien der Basisstrom I_B Parameter ist, läßt sich leicht einsehen, warum das so sein muß:

Bei steigender Kollektor-Emitter-Spannung läßt sich der Basisstrom sicher nur dadurch konstant halten, daß die Basis-Emitter-Spannung zurückgeregelt wird. Dies wurde ja bereits bei der Unterscheidung der beiden Ausgangswiderstände festgestellt.

Da im Rückwirkungskennlinienfeld, aus dem die Spannungsrückwirkung grafisch ermittelt werden kann, der Basisstrom I_B Parameter ist, d. h. $\Delta I_B = 0$, also ein wechselstrommäßiger Leerlauf am Eingang vorliegt, wird D_U auch als *Leerlauf*spannungsrückwirkung bezeichnet. Da sie sehr kleine Werte annimmt, ist sie für die praktische Schaltungsberechnung im allgemeinen ohne Bedeutung.

Will man den Transistor im Bereich hoher Frequenzen betreiben, so ist die Kenntnis der oberen *Grenzfrequenz* wichtig. Bei der Definition dieser oberen Grenzfrequenz geht man vom Verhalten der Wechselstromverstärkung in Abhängigkeit von der Frequenz aus.

Bei höheren Frequenzen wird die Wechselstromverstärkung β mit steigender Frequenz immer kleiner, überschreitet die 3dB-Grenze und wird schließlich kleiner als eins. Dieses Verhalten ist bedingt durch die Kapazitäten zwischen den einzelnen Halbleiterschichten und durch die Trägheit der Ladungsträger (siehe Bild 3.3.–13).

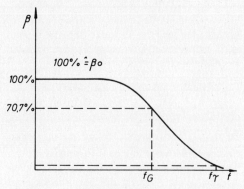

Bild 3.3.–13. Abhängigkeit der Wechselstromverstärkung von der Frequenz

Die 3dB-Grenzfrequenz wird in der Regel in den Datenblättern der Hersteller nicht angegeben, sondern es wird die sogenannte *Transitfrequenz* f_T angegeben, die dann erreicht ist, wenn die Wechselstromverstärkung den Wert eins annimmt.

(Transit = Übergang.)

Der Abfall der Stromverstärkungskurve beträgt oberhalb der 3dB-Grenzfrequenz ca. –20 dB je Dekade.

Die vom Hersteller im Datenblatt angegebene Wechselstromverstärkung β_0 (= h_{21e}) bezieht sich wie auch die anderen dynamischen Kennwerte (Eingangswiderstand, Ausgangsleitwert, Spannungsrückwirkung) auf eine Frequenz von 1 kHz. Zwischen dieser für 1 kHz angegebenen Stromverstärkung, der Grenzfrequenz f_G und der Transitfrequenz f_T besteht folgende Beziehung:

$$\boxed{f_T = \beta_0 \cdot f_G} \tag{3.3.–1}$$

Die Transitfrequenz wird vom Hersteller für eine bestimmte Kollektor-Emitterspannung U_{CE} und einen bestimmten Kollektorstrom I_C angegeben. Würde man die Transitfrequenz in Abhängigkeit des Kollektorstromes darstellen, so würde sich etwa der gleiche Verlauf ergeben wie in Bild 3.3.−11.

Die Transitfrequenz hat also bei dem gleichen Kollektorstrom ihr Maximum, bei dem auch die dynamische Stromverstärkung ihr Maximum annimmt.

c) *h-Parameter*

Für einige der im vorstehenden Text genannten und beschriebenen dynamischen Kennwerte des Transistors bedient sich der Hersteller in den Datenblättern einer Bezeichnungsweise, die aus der Vierpoltheorie stammt.

Um diese Bezeichnungsweise verstehen zu können, müssen wir uns ein wenig mit den Grundlagen der Vierpoltheorie vertraut machen. Ein Vierpol ist gekennzeichnet durch zwei Eingangs- und zwei Ausgangsklemmen.

Am Eingang fließt ein Eingangsstrom i_1 und es liegt eine Eingangsspannung u_1 an.

Am Ausgang fließt ein Ausgangsstrom i_2 und es liegt eine Ausgangsspannung u_2 an (siehe Bild 3.3.−14).

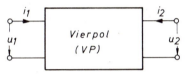

Bild 3.3.−14. Vierpol

Die Spannungspfeile werden hierbei so festgelegt, daß sie von oben nach unten zeigen, und die Strompfeile werden so festgelegt, daß alle Ströme in den Vierpol hineinfließen. Eine Anlehnung an diese Bezeichnungsweise von Vierpolen ist bereits früher im Abschnitt „Ströme und Spannungen am Transistor" aufgetaucht, ebenso bei der Achsenbezeichnung von Transistorkennlinien.

Je nachdem, ob dem Vierpol von außen durch Betriebsspannungsquellen Energie zugeführt wird, oder ob der Vierpol nur aus passiven Bauelementen wie Widerständen, Kondensatoren und Spulen besteht, denen keine zusätzliche Energie von außen zugeführt wird, unterscheidet man aktive und passive Vierpole.

Auch der Transistor kann als Vierpol aufgefaßt werden, wenn man eine seiner drei Elektroden als gemeinsame Elektrode für Eingang und Ausgang verwendet.

Diese gemeinsame Elektrode ist bei der öfters schon erwähnten Emittergrundschaltung der Emitter. Die zweite Eingangselektrode ist die Basis, die zweite Ausgangselektrode ist der Kollektor.

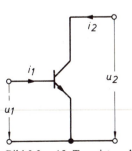

Bild 3.3.−15. Transistor als Vierpol

Das Wechselstromverhalten eines solchen aktiven Vierpols kann durch zwei Gleichungen beschrieben werden, durch die sogenannten Vierpolgleichungen:

$$u_1 = h_{11} \cdot i_1 + h_{12} \cdot u_2 \qquad (3.3.-2)$$

$$i_2 = h_{21} \cdot i_1 + h_{22} \cdot u_2 \qquad (3.3.-3)$$

In der Schreibweise der Matrizenrechnung, die in der Vierpoltheorie häufig angewendet wird, mit der wir uns hier jedoch nicht näher beschäftigen wollen, lautet diese Gleichung:

$$\begin{pmatrix} u_1 \\ i_2 \end{pmatrix} = \begin{pmatrix} h_{11} & h_{12} \\ h_{21} & h_{22} \end{pmatrix} \cdot \begin{pmatrix} i_1 \\ u_2 \end{pmatrix}$$

Die einzelnen Elemente innerhalb der Klammern heißen Parameter.

Vergleicht man nun Bild 3.3.−14 eines allgemeinen Vierpols mit Bild 3.3.−15 eines Transistors als Vierpol, so erkennt man, daß dem Eingangsstrom i_1 (Wechselstrom) die Basisstromänderung ΔI_B des Transistors entspricht und daß der Eingangswechselspannung u_1 die Basis-Emitterspannungsänderung ΔU_{BE} entspricht. Dem Ausgangswechselstrom i_2 entspricht beim Transistor die Kollektorstromänderung ΔI_C, und der Ausgangswechselspannung u_2 entspricht die Kollektor-Emitterspannungsänderung ΔU_{CE}.

Um die Eigenschaften der h-Parameter bzw. ihre Bedeutung kennenzulernen, wollen wir zunächst einmal versuchen, sie meßtechnisch zu ermitteln.

Da alle Transistorkennlinien einen nichtlinearen Verlauf haben, ist natürlich auch das Wechselstromverhalten eines Transistors vom Arbeitspunkt abhängig, und es ist deshalb leicht einzusehen, daß die Werte der h-Parameter nur für einen bestimmten Arbeitspunkt gelten können.

Da das Wechselstromverhalten eines Transistors auch von der äußeren Beschaltung abhängt, beschränken wir uns auch hier, wie bei den bereits bekannten Kennwerten des Transistors, auf die Grenzfälle Kurzschluß und Leerlauf.

Für diese Fälle lassen sich die h-Parameter leicht meßtechnisch ermitteln:

1. Bestimmung von h_{11}:

   Der Ausgang des Vierpols wird im Kurzschluß betrieben, so daß $u_2 = \Delta U_{CE} = 0$ bzw. $U_{CE} = $ const.

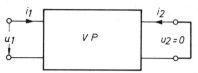

Bild 3.3.–16. Meßtechnische Ermittlung des Parameters h_{11}

Dann gilt:

$$h_{11E} = \left.\frac{u_1}{i_1}\right|_{u_2=0} = \left.\frac{\Delta U_{BE}}{\Delta I_B}\right|_{U_{CE}=\text{const.}} = r_{BE}$$

Man erkennt sofort, daß der Parameter h_{11} dem differentiellen Eingangswiderstand r_{BE} des Transistors entspricht.

Damit deutlich wird, auf welche Grundschaltung sich die Parameter beziehen, erhalten sie in den Datenblättern der Hersteller noch einen weiteren Index, der die jeweilige Grundschaltung, im allgemeinen die Emitterschaltung angibt.

(Z. B. h_{11E} = differentieller Eingangswiderstand eines Transistors in Emitterschaltung)

2. Ermittlung von h_{12}:

   Der Eingang des Vierpols wird im Leerlauf betrieben, so daß $i_1 = \Delta I_B = 0$ bzw. $I_B = $ const.

Bild 3.3.–17. Meßtechnische Ermittlung des Parameters h_{12}

Dann gilt:

$$h_{12E} = \left.\frac{u_1}{u_2}\right|_{i_1=0} = \left.\frac{\Delta U_{BE}}{\Delta U_{CE}}\right|_{I_B=\text{const.}}$$
$$= D_u$$

3. Ermittlung von h_{21}:

   Der Ausgang des Vierpols wird im Kurzschluß betrieben, so daß $u_2 = \Delta U_{CE} = 0$ bzw. $U_{CE} = $ const.

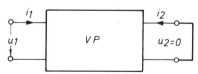

Bild 3.3.–18. Meßtechnische Ermittlung des Parameters h_{21}

Dann gilt:

$$h_{21E} = \left.\frac{i_2}{i_1}\right|_{u_2=0} = \left.\frac{\Delta I_C}{\Delta I_B}\right|_{U_{CE}=\text{const.}}$$
$$= \beta$$

4. Ermittlung von h_{22}:

Der Eingang des Vierpols wird im Leerlauf betrieben, so daß $i_1 = \Delta I_B = 0$ bzw. $I_B =$ const.

Bild 3.3.–19. Meßtechnische Ermittlung des Parameters h_{22}

Dann gilt:

$$h_{22E} = \frac{i_2}{u_2}\bigg|_{i_1 = 0} = \frac{\Delta I_C}{\Delta U_{CE}}\bigg|_{I_B = \text{const.}}$$

$$= \frac{1}{r_{CE}}$$

Wir fassen zusammen:

Der Parameter h_{11} ist identisch mit dem Kurzschlußeingangswiderstand.

Der Parameter h_{12} ist identisch mit der Leerlaufspannungsrückwirkung.

Der Parameter h_{21} ist identisch mit der Kurzschlußstromverstärkung.

Der Parameter h_{22} ist identisch mit dem Leerlaufausgangsleitwert.

$h_{11E} = r_{BE}$	(3.3.–4)
$h_{12E} = D_u$	(3.3.–5)
$h_{21E} = \beta$	(3.3.–6)
$h_{22E} = \dfrac{1}{r_{CE}}$	(3.3.–7)

Die h-Parameter sind also nichts anderes als die schon bekannten Kennwerte, die die wechselstrommäßigen Eingangs-, Ausgangs- und Übertragungseigenschaften des Transistors beschreiben.

Da alle Parameter unterschiedliche Einheiten haben, bezeichnet man sie mit dem Buchstaben „h" als Abkürzung für „hybrid" (= zweierlei, gemischt).

Die im vorstehenden Text beschriebenen Grenzwerte und statischen und dynamischen Kennwerte stellen nur eine Auswahl der wichtigsten Daten eines Transistors dar.

Auf den Seiten 198–203 ist das vollständige Datenblatt einschließlich Kennlinien eines sehr häufig verwendeten Universaltransistors, nämlich des Transistors BC 107 wiedergegeben.

Die Mehrzahl der dort vorhandenen Daten und Kennlinien wurde bisher nicht erwähnt. Sie sind dann von Bedeutung, wenn an eine Transistorgrundschaltung sehr spezielle Anforderungen gestellt werden.

Übung 3.3.—1

Grenzen Sie bitte die drei Begriffe „Grenzwerte",
„Statische Kennwerte",
„Dynamische Kennwerte",
gegeneinander ab!

Übung 3.3.—2

Nennen Sie wichtige dynamische Kennwerte des Transistors!

Übung 3.3.—3

Ermitteln Sie aus der folgenden Eingangskennlinie im eingezeichneten Arbeitspunkt qualitativ den Wechselstromeingangswiderstand r_{BE}!

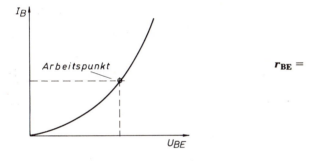

$r_{BE} =$

Übung 3.3.—4

Was sagt die vom Hersteller angegebene Transitfrequenz f_T aus?

3.4. Grundschaltungen des Transistors

Lernziele

Der Lernende kann...
... die drei Grundschaltungen des Transistors nennen und das Hauptunterscheidungsmerkmal angeben.
... die grundsätzlichen Schaltbilder für die drei Grundschaltungen zeichnen.
... die Betriebsdaten der Emitterschaltung rechnerisch ableiten.
... die Funktionsweise der Emitterschaltung beschreiben.
... die Kenn- und Betriebsdaten der Kollektorschaltung rechnerisch ableiten und auf die entsprechenden Daten der Emitterschaltung zurückführen.
... die Funktionsweise der Kollektorschaltung beschreiben.
... die Kenn- und Betriebsdaten der Basisschaltung rechnerisch ableiten und sie auf die entsprechenden Daten der Emitterschaltung zurückführen.
... die Funktionsweise der Basisschaltung beschreiben.
... die Eigenschaften der drei Grundschaltungen gegeneinander abgrenzen und die aus diesen Eigenschaften resultierenden Haupteinsatzgebiete nennen.

3.4.1. Überblick

In den vorhergehenden Abschnitten wurde bereits mehrfach auf eine der drei möglichen Grundschaltungen des Transistors hingewiesen, nämlich auf die Emittergrundschaltung.

In diesem Kapitel sollen nun die drei Transistorgrundschaltungen (Emitter-, Kollektor- und Basisschaltung) näher beschrieben werden und ihre Eigenschaften gegeneinander abgegrenzt werden.

Die drei Transistorgrundschaltungen erhalten ihren Namen danach, welche Elektrode den gemeinsamen wechselstrommäßigen Bezugspunkt für Eingang und Ausgang darstellt, d. h. welche Elektrode wechselstrommäßig auf Massepotential liegt. In Bild 3.4.–1 sind die drei Transistorgrundschaltungen im Prinzip dargestellt.

Es ist auch hier wieder zu erkennen, daß der Transistor, obwohl er nur drei Anschlußklemmen hat, in seiner Wirkungsweise einen Vierpol darstellt. Bei der Emitterschaltung sind die beiden Eingangsklemmen Basis und Emitter, die beiden Ausgangsklemmen Kollektor und Emitter. Der Emitter ist also die gemeinsame Elektrode bzw. der wechselstrommäßige Bezugspunkt für Eingang und Ausgang.

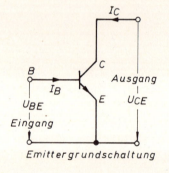

Emittergrundschaltung

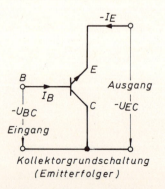

Kollektorgrundschaltung
(Emitterfolger)

3.4. Grundschaltungen des Transistors

Bei der Kollektorschaltung sind die beiden Eingangsklemmen Basis und Kollektor, die beiden Ausgangsklemmen Emitter und Kollektor.

Bei der Basisschaltung schließlich stellen Emitter und Basis die Eingangsklemmen und Kollektor und Basis die Ausgangsklemmen dar.

Aus diesen grundsätzlichen Schaltungskonzeptionen lassen sich typische Eigenschaften für die drei Transistorgrundschaltungen ableiten.

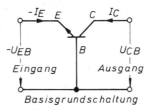

Bild 3.4.−1. Die drei Grundschaltungen des Transistors

Übung 3.4.1.−1

Welcher Gesichtspunkt ist maßgebend für die Unterscheidung der drei Transistorgrundschaltungen?

3.4.2. Die Emittergrundschaltung

Wir wollen uns zunächst einmal mit der am häufigsten verwendeten Grundschaltung, der Emittergrundschaltung befassen, die auch in den vorausgegangenen Abschnitten schon öfters erwähnt wurde und für die, eben weil sie in der Praxis am häufigsten angewendet wird, die in den Datenblättern angegebenen Kennwerte und Kennlinien gelten.

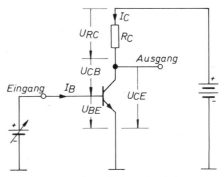

Abb. 3.4.−2. Die Emittergrundschaltung

Einige Eigenschaften dieser Grundschaltung sind bereits bekannt:

1. Die Gleichstromverstärkung B
$$B = \frac{I_C}{I_B}$$

2. Die Kurzschlußstromverstärkung $h_{21} = \beta$
$$\beta = \frac{\Delta I_C}{\Delta I_B}$$

Beide Stromverstärkungen können grafisch aus der Stromsteuerkennlinie ermittelt werden, wie bereits im Kapitel „Kennwerte des Transistors" gezeigt wurde.

Weiter sind bekannt:

3. Der Gleichstromeingangswiderstand R_{BE} und
$$R_{BE} = \frac{U_{BE}}{I_B}$$

4. der Wechselstromeingangswiderstand $h_{11} = r_{BE}$

$$r_{BE} = \frac{\Delta U_{BE}}{\Delta I_B}$$

Diese beiden Eingangswiderstände lassen sich, wie ebenfalls im Kapitel „Kennwerte des Transistors" gezeigt, grafisch aus der Eingangskennlinie ermitteln.

Im Gegensatz zu den beiden Stromverstärkungen B und β, die wegen der Linearität der Stromsteuerkennlinie praktisch unabhängig vom Arbeitspunkt sind und außerdem etwa gleich groß sind, sind die beiden Eingangswiderstände wegen der Krümmung der Eingangskennlinie nicht gleich groß und stark von der Lage des Arbeitspunktes abhängig.

Die beiden Ausgangswiderstände des Transistors für Gleich- und Wechselstrom sind ebenfalls schon bekannt:

5. Gleichstromausgangswiderstand R_{CE}

$$R_{CE} = \frac{U_{CE}}{I_C}$$

6. Wechselstromausgangswiderstand r_{CE}

$$r_{CE} = \frac{\Delta U_{CE}}{\Delta I_C}$$

Diese sechs Kennwerte beschreiben das Verhalten des Transistors selbst. Wenn wir jedoch von Emitterschaltung sprechen, so ist damit nicht der Transistor allein gemeint, sondern die gesamte Grundschaltung einschließlich des Kollektorwiderstandes R_C. Dieser Kollektorwiderstand ist unbedingt notwendig, damit eine Wechselspannung, also ein Ausgangssignal am Kollektor entstehen kann. Wäre R_C nicht vorhanden, so wäre der Kollektor direkt mit der niederohmigen Betriebsspannungsquelle verbunden, und jede Wechselspannung am Kollektor würde über die Betriebsspannungsquelle nach Masse hin kurzgeschlossen.

Merke:

Jede niederohmige Gleichspannungsquelle stellt für Wechselspannungen bzw. -ströme einen Kurzschluß dar!

Der Kollektor liegt also, wenn kein Kollektorwiderstand vorhanden ist, über die Betriebsspannungsquelle wechselstrommäßig auf Massepotential.

Die Eigenschaften der Emittergrundschaltung werden nicht nur von den Kennwerten des Transistors bestimmt, sondern hängen auch

3.4. Grundschaltungen des Transistors

von der Größe dieses Kollektorwiderstandes R_C ab. Wollen wir also die Eigenschaften der gesamten Emittergrundschaltung einschließlich des Kollektorwiderstandes R_C ermitteln, so müssen wir die Einflüsse beider Bauteile, des Transistors und des Kollektorwiderstandes, berücksichtigen.

Die Kennwerte der gesamten Schaltung bezeichnen wir als Betriebsgrößen, im Unterschied zu den Kennwerten des Transistors, die nur für ganz spezielle Betriebsfälle, nämlich wechselstrommäßigen Kurzschluß oder Leerlauf gelten ($h_{11} = r_{BE}$ = Kurzschlußeingangswiderstand, $h_{21} = \beta$ = Kurzschlußstromverstärkung, $r_{CE} = 1/h_{22}$ = Leerlauf- bzw. Kurzschlußausgangswiderstand).

Bevor wir uns den Betriebsgrößen ausführlicher zuwenden, soll zunächst einmal die grundsätzliche Wirkungsweise der vorliegenden Emittergrundschaltung (Bild 3.4.–2) erläutert werden!

Wir setzen voraus, daß der Transistor bereits in einem geeigneten Arbeitspunkt arbeitet, d. h. der Arbeitspunkt soll in der Eingangskennlinie im linearen (steilen) Teil liegen, so daß er sich zu beiden Seiten seiner Ruhelage auf einem linearen Kennlinienteil bewegen kann.

Dies bedeutet, daß der Transistor schon im Ruhezustand, ohne daß ein Eingangssignal anliegt, teilweise durchgesteuert ist und somit ein Kollektorruhestrom fließt.

Wie diese Arbeitspunkteinstellung praktisch vorgenommen wird, ist Thema eines späteren Kapitels (3.5.1 Arbeitspunkteinstellung bei den drei Transistorgrundschaltungen).

In Bild 3.4.–2 wird die Basis-Emitterspannung, die den Arbeitspunkt des Transistors einstellt, durch eine regelbare Gleichspannungsquelle zur Verfügung gestellt.

Eine zweite Gleichspannungsquelle, die natürlich eine wesentlich höhere Gleichspannung liefern muß, versorgt den Kollektorkreis.

Wird nun die Spannung an der Basis langsam erhöht, so wird die Basis-Emitter-Strecke niederohmiger und der Arbeitspunkt steigt im steilen Teil der Eingangskennlinie weiter nach oben. Es fließt ein höherer Basisstrom und, da der Kollektorstrom proportional zum Basisstrom ansteigt bzw. absinkt, fließt auch ein höherer Kollektorstrom.

Der höhere Kollektorstrom ruft an dem Kollektorwiderstand R_C einen höheren Spannungsabfall hervor.

Da die Kollektor-Emitterstrecke des Transistors durch den erhöhten Basisstrom niederohmiger geworden ist, wird die Kollektor-Emitter-Spannung trotz des höheren Kollektorstromes kleiner, und zwar um den gleichen Betrag, um den die Spannung am Kollektorwiderstand R_C größer geworden ist, da ja die Summe beider Spannungen stets gleich der Betriebsspannung sein muß.

$$U_{CE} + U_{RC} = U_B$$

Grundsätzlich ist also folgendes Verhalten festzustellen:

Wird die Eingangsspannung U_{BE} größer, wird die Ausgangsspannung U_{CE} kleiner.

Ausgangs- und Eingangsspannung sind also gegeneinander um 180° phasenverschoben. Dies gilt für veränderliche Gleichspannungen und für alle Wechselspannungen (Sinus-, Rechteckspannungen usw.).

Die Emitterschaltung verschiebt die Phasenlage einer Spannung um 180°.

Wir wollen nun die betrieblichen Kenngrößen der Emitterschaltung näher untersuchen.

Der Wechselstromeingangswiderstand r_{eE} dürfte sich im Betriebsfall nur unwesentlich vom Kurzschlußeingangswiderstand r_{BE} unterscheiden, da aus dem Verlauf der Rückwirkungskennlinien eindeutig zu erkennen ist, daß der Einfluß der Ausgangsgrößen auf die Eingangsgrößen gering ist.

Auch wenn die Kollektor-Emitterspannung nicht konstant ist, wird sich der Verlauf der Eingangskennlinie kaum ändern.

Für den betrieblichen Eingangswiderstand gilt deshalb wie für den Kurzschlußeingangswiderstand:

$$r_{eE} = r_{BE} = \frac{\Delta U_{BE}}{\Delta I_B} \qquad (3.4.-1)$$

Die beiden Größen ΔU_{BE} und ΔI_B können aus der Eingangskennlinie entnommen werden.

Einen größeren Einfluß als auf den Eingangswiderstand hat der Kollektorwiderstand auf die betriebliche Stromverstärkung.

3.4. Grundschaltungen des Transistors

Dies ist leicht einzusehen, da der Kollektorwiderstand in Reihe zum Transistor liegt und somit der Ausgangskreis wesentlich hochohmiger ist als im Kurzschlußfall.

Bei gleichem Eingangswechselstrom fließt deshalb im Betriebsfall ein kleinerer Ausgangswechselstrom als im Kurzschlußfall.

Im Betriebsfall durchfließt also der Wechselstrom im Ausgangskreis den Widerstand $R_C + r_{CE}$, im Kurzschlußfall dagegen nur den Widerstand r_{CE}, der natürlich kleiner ist als die Summe beider Widerstände.

Um den Wert der betrieblichen Stromverstärkung zu ermitteln, setzen wir voraus, daß der Transistor einmal im Kurzschlußfall (ohne R_C) und zum andern im Betriebsfall ($R_C \neq 0$) mit dem *gleichen* Wechselstrom ΔI_B angesteuert wird.

Dann verhalten sich die zugehörigen Kollektorwechselströme ΔI_{CK} und ΔI_{CB} umgekehrt wie die Widerstände, durch die sie fließen. Im Kurzschlußfall fließt der größte Wechselstrom ΔI_{CK}, im Betriebsfall ist die Größe des Kollektorwechselstromes von der Größe des Kollektorwiderstandes R_C abhängig.

Es gilt:

$$\frac{\Delta I_{CK}}{\Delta I_{CB}} = \frac{R_C + r_{CE}}{r_{CE}}$$

ΔI_{CK} = Kollektorwechselstrom im Kurzschlußfall

ΔI_{CB} = Kollektorwechselstrom im Betriebsfall

Die Wechselstromverstärkung für den Kurzschlußfall ist bereits unter der Bezeichnung „β" bekannt, die betriebliche Stromverstärkung bezeichnen wir mit „v_i".

v_i = betriebliche Stromverstärkung

Es gilt:

$$v_i = \frac{\Delta I_{CB}}{\Delta I_B}$$

$$\beta = \frac{\Delta I_{CK}}{\Delta I_B}$$

Bildet man das Verhältnis $v_i : \beta$, so ergibt sich:

$$\frac{v_i}{\beta} = \frac{\Delta I_{CB}/\Delta I_B}{\Delta I_{CK}/\Delta I_B} = \frac{\Delta I_{CB}}{\Delta I_{CK}}$$

Damit erhalten wir einen Ausdruck, der die Abhängigkeit der betrieblichen Stromverstärkung v_i von den Kennwerten des Transistors und vom Kollektorwiderstand R_C wiedergibt:

$$\frac{v_i}{\beta} = \frac{\Delta I_{CB}}{\Delta I_{CK}} = \frac{r_{CE}}{R_C + r_{CE}}$$

$$v_i = \beta \cdot \frac{r_{CE}}{R_C + r_{CE}} \qquad (3.4.-2)$$

Die betriebliche Stromverstärkung ist also um so kleiner, je größer der Kollektorwiderstand R_C im Vergleich zum differentiellen Kollektor-Emitterwiderstand r_{CE} ist. Ist $R_C = 0$, so ist $v_i = \beta$.

Übung 3.4.2.−1

Ermitteln Sie v_i für folgende Werte:
$\beta = 200$, $r_{CE} = 18\ \text{k}\Omega$, $R_C = 2\ \text{k}\Omega$!

Auch über das Verhalten der betrieblichen Spannungsverstärkung, die wir mit v_u bezeichnen, und die das Verhältnis von Ausgangswechselspannung ΔU_{CE} und Eingangswechselspannung ΔU_{BE} darstellt, läßt sich aus der Anschauung heraus schon einiges sagen:

v_u = betriebliche Spannungsverstärkung

Ist der Kollektorwiderstand $R_C = 0$, das heißt, liegt am Ausgang wechselspannungsmäßiger Kurzschluß vor, so kann sich am Kollektor keine Wechselspannung aufbauen, da der Kollektor über die Betriebsspannungsquelle wechselspannungsmäßig auf Massepotential liegt.

Erst wenn R_C größer als Null ist, ruft der Kollektorwechselstrom auch einen Wechselspannungsabfall am Kollektor hervor. Die Größe dieser Wechselspannung ist abhängig von R_C: Je größer R_C, um so größer ist bei sonst gleichen Bedingungen die Ausgangswechselspannung.

Der genaue Zusammenhang zwischen v_u und R_C soll nun rechnerisch abgeleitet werden:

Es gilt:

$$v_u = \frac{\Delta U_{CE}}{\Delta U_{BE}}$$

$$= \frac{\Delta U_{RC}}{\Delta U_{BE}}$$

$$= \frac{\Delta I_C \cdot R_C}{\Delta I_B \cdot r_{BE}}$$

$$= \frac{\Delta I_C}{\Delta I_B} \cdot \frac{R_C}{r_{BE}}$$

(Die Spannungsänderung am Transistor ΔU_{CE} ist betragsmäßig gleich der Spannungsänderung am Kollektorwiderstand ΔU_{RC}, allerdings mit entgegengesetztem Vorzeichen, was jedoch in diesem Zusammenhang unwesentlich ist.)

3.4. Grundschaltungen des Transistors

Das Verhältnis $\Delta I_C : \Delta I_B$ stellt die betriebliche Stromverstärkung v_i dar, für die die Abhängigkeit von R_C soeben abgeleitet wurde.

Diesen Wert für v_i setzen wir in die obige Gleichung ein und es ergibt sich:

$$v_u = v_i \cdot \frac{R_C}{r_{BE}}$$

$$= \beta \cdot \frac{r_{CE}}{R_C + r_{CE}} \cdot \frac{R_C}{r_{BE}}$$

$$= \frac{\beta}{r_{BE}} \cdot \frac{R_C \cdot r_{CE}}{R_C + r_{CE}}$$

Der Quotient $\dfrac{R_C \cdot r_{CE}}{R_C + r_{CE}}$ kann aufgefaßt werden als die Parallelschaltung der beiden Widerstände R_C und r_{CE}. Man kann deshalb auch schreiben:

$$\boxed{v_u = \beta \cdot \frac{R_C \parallel r_{CE}}{r_{BE}}} \qquad (3.4.-3)$$

Diese Gleichung bestätigt, was bereits eingangs gesagt wurde:

Die Spannungsverstärkung ist um so größer, je größer R_C ist. Ist R_C sehr viel kleiner als r_{CE}, so ist die Spannungsverstärkung praktisch proportional zu R_C. Die Spannungsverstärkung läßt sich durch Vergrößern von R_C jedoch nicht beliebig steigern, sondern strebt einem Sättigungswert zu, der durch die drei Kennwerte β, r_{CE} und r_{BE} bestimmt wird. Ist R_C gleich Null, ist auch v_u gleich Null.

Mit Transistoren, die eine hohe Stromverstärkung β haben, läßt sich auch eine hohe Spannungsverstärkung v_u erreichen.

Der grundsätzliche Verlauf von betrieblicher Strom- und Spannungsverstärkung in Abhängigkeit von R_C ist in den Bildern 3.4.–3 und 3.4.–4 dargestellt.

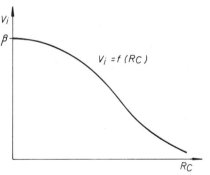

Bild 3.4.–3. Abhängigkeit der betrieblichen Stromverstärkung vom Kollektorwiderstand R_C

Übung 3.4.2.—2

Ermitteln Sie v_u für folgende Werte:
$\beta = 300$, $r_{CE} = 18\,\text{k}\Omega$, $r_{BE} = 4{,}5\,\text{k}\Omega$, $R_C = 2\,\text{k}\Omega$!

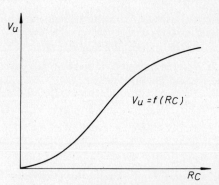

Abb. 3.4.−4. Abhängigkeit der betrieblichen Spannungsverstärkung vom Kollektorwiderstand R_C

v_p = betriebliche Leistungsverstärkung

$v_p = v_u \cdot v_i$

Aus beiden Kurvenverläufen ergibt sich die Abhängigkeit der betrieblichen Leistungsverstärkung vom Kollektorwiderstand R_C, indem man die Werte für v_u und v_i multipliziert. Diese Abhängigkeit ist in Bild 3.4.−5 dargestellt.

Da die Leistungsverstärkung sowohl für $R_C = 0$ als auch für $R_C = \infty$ zu Null wird, muß sie zwischen diesen beiden Werten ein Maximum haben. Da die Funktionsgleichung $v_p = f(R_C)$ bekannt ist, läßt sich die Stelle, an der dieses Maximum auftritt, bestimmen.

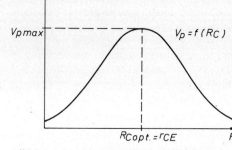

Bild 3.4.−5. Abhängigkeit der betrieblichen Leistungsverstärkung vom Kollektorwiderstand R_C

Den Wert von R_C, für den die Leistungsverstärkung V_p am größten, d. h. optimal wird, nennen wir R_{Copt}.

Berechnung von R_{Copt}:

Es gilt:

$$v_p = v_u \cdot v_i = v_i^2 \cdot \frac{R_C}{r_{BE}}$$

$$= \beta^2 \cdot \frac{r_{CE}^2 \cdot R_C}{(r_{CE} + R_C)^2 \cdot r_{BE}} = f(R_c)$$

Die erste Ableitung lautet:

$$v_p' = f'(R_c)$$

$$= \beta^2 \cdot \frac{r_{CE}^2 (r_{CE} + R_C)^2 \cdot r_{BE} - r_{CE}^2 \cdot R_C \cdot r_{BE}(2 \cdot R_C + 2 \cdot r_{CE})}{(r_{CE} + R_C)^4 \cdot r_{BE}^2}$$

3.4. Grundschaltungen des Transistors

Die größte Leistungsverstärkung tritt also dann auf, wenn der Kollektorwiderstand R_C gleich dem differentiellen Ausgangswiderstand r_{CE} des Transistors ist, d. h. wenn Leistungsanpassung vorliegt.

Der Wechselstromausgangswiderstand des Transistors ist der Widerstand, der zwischen Kollektor und Emitter, d. h. vom Kollektor nach Masse liegt. Da in der vorliegenden Schaltung außer dem Transistor noch ein Kollektorwiderstand vorhanden ist, wird der Ausgangswiderstand der Gesamtschaltung von der Parallelschaltung beider Widerstände R_C und r_{CE} bestimmt, da auch R_C für den Kollektor eine wechselstrommäßige Verbindung nach Masse darstellt.

Es gilt also:

Da der Kollektorwiderstand R_C im allgemeinen wesentlich niederohmiger ist als der differentielle Kollektor-Emitterwiderstand r_{CE}, wird der Ausgangswiderstand bei der Emitterschaltung vorwiegend durch R_C bestimmt.

Damit können wir über die Eigenschaften der Emittergrundschaltung zusammenfassend sagen:

Im Maximum von v_p muß $v'_p = 0$ sein:

$v'_p(R_{Copt}) = 0$

Dies ist der Fall, wenn der Zähler des Bruches gleich Null ist:

$r_{CE}^2 (r_{CE} + R_{Copt})^2 \cdot r_{BE} - r_{CE}^2 \cdot R_{Copt} \cdot$
$\qquad r_{BE} (2 \cdot R_{Copt} + 2 \cdot r_{CE}) = 0$

$(r_{CE} + R_{Copt})^2 = R_{Copt}(2 \cdot R_{Copt} + 2 \cdot r_{CE})$

$r_{CE}^2 + 2 \cdot r_{CE} \cdot R_{Copt} + R_{Copt}^2 = 2 \cdot R_{Copt}^2 +$
$\qquad\qquad\qquad\qquad\qquad + 2 \cdot R_{Copt} \cdot r_{CE}$

$$\boxed{R_{Copt} = r_{CE}} \qquad (3.4.-4)$$

$$\boxed{r_{aE} = r_{CE} /\!/ R_C} \qquad (3.4.-5)$$

$r_{aE} \approx R_C$, wenn $R_C \ll r_{CE}$

Die Emittergrundschaltung liefert eine Stromverstärkung, die größer als eins ist und eine Spannungsverstärkung, die größer als eins ist. Daraus ergibt sich, daß man mit ihr die größte Leistungsverstärkung erreichen kann. Sie wird deshalb am häufigsten angewendet.

Die Phasenverschiebung zwischen Eingangs- und Ausgangsspannung beträgt 180 Grad.

Übung 3.4.2.—3

Berechnen Sie r_{aE} für folgende Werte:
$r_{CE} = 18\ \text{k}\Omega$, $R_C = 2\ \text{k}\Omega$!

3.4.3. Die Kollektorgrundschaltung
(Emitterfolger)

Die zweite Grundschaltung des Transistors ist die Kollektorgrundschaltung. Hier liegt der Kollektor wechselstrommäßig auf Massepotential, wie in Bild 3.4.–6 zu sehen ist.

Das Eingangssignal liegt an der Basis gegen Masse, das Ausgangssignal am Emitter gegen Masse. Der Arbeitspunkt wird auch hier wieder durch eine Gleichspannungsquelle am Eingang eingestellt.

Eine zweite Gleichspannungsquelle versorgt den Ausgangskreis.

Wie bei der Emittergrundschaltung wollen wir auch hier zunächst einmal die grundsätzliche Wirkungsweise der Schaltung betrachten:

Der Arbeitspunkt sei so eingestellt, daß die Schaltung in der Eingangskennlinie im linearen Teil arbeitet. Es fließt also ein Kollektorruhestrom. Wird nun die Eingangsspannung erhöht, d. h. wird die Basis positiver, so wird auch der Basisstrom größer, der Transistor wird weiter aufgesteuert und der Kollektorstrom erhöht sich.

Damit wird auch der Spannungsabfall am Emitterwiderstand R_E größer.

Das Emitterpotential wird positiver und die Ausgangsspannung verhält sich somit gleichphasig zur Eingangsspannung. Dies ist die erste wichtige Eigenschaft der Kollektorschaltung:

Dieses Verhalten zeigt sich natürlich auch, wenn die Eingangsspannung verkleinert wird. Es ist selbstverständlich auch völlig unerheblich, ob die Änderung der Eingangsspannung sinusförmig, dreieckförmig oder wie auch immer erfolgt.

Auch für diese Grundschaltung sollen im folgenden, soweit möglich, die wichtigsten Betriebsdaten abgeleitet werden.

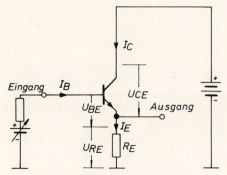

Bild 3.4.—6. Kollektorgrundschaltung

Die Phasenverschiebung zwischen Ausgangs- und Eingangsspannung beträgt 0°.

3.4. Grundschaltungen des Transistors

Da in den Datenblättern der Hersteller die Kenndaten des Transistors nur für die Emittergrundschaltung angegeben werden, ist es sinnvoll, die Kenndaten der beiden anderen Grundschaltungen auf die Kennwerte der Emittergrundschaltung zurückzuführen.

Für den Gleichstromeingangswiderstand gilt:

$$R_{eC} = \frac{U_{BE} + U_{RE}}{I_B} = \frac{\text{Eingangsgleichspannung}}{\text{Eingangsgleichstrom}}$$

$$= \frac{U_{BE}}{I_B} + \frac{U_{RE}}{I_B}$$

Mit $\dfrac{U_{BE}}{I_B} = R_{eE}$ und $I_B = \dfrac{I_C}{B} \approx \dfrac{I_E}{B}$

wird $R_{eC} = R_{eE} + \dfrac{U_{RE}}{I_E} \cdot B$

$$R_{eC} = R_{eE} + B \cdot R_E$$

Den gleichen Rechengang führen wir für den Wechselstromeingangswiderstand durch. Es gilt:

$$r_{eC} = \frac{\Delta U_{BE} + \Delta U_{RE}}{\Delta I_B}$$

$$= \frac{\text{Eingangswechselspannung}}{\text{Eingangswechselstrom}}$$

$$= \frac{\Delta U_{BE}}{\Delta I_B} + \frac{\Delta U_{RE}}{\Delta I_B}$$

Mit $\dfrac{\Delta U_{BE}}{\Delta I_B} = r_{eE}$ und $\Delta I_B = \dfrac{\Delta I_C}{\beta} \approx \dfrac{\Delta I_E}{\beta}$

wird $r_{eC} = r_{eE} + \dfrac{\Delta U_{RE}}{\Delta I_E} \cdot \beta$

$$\boxed{r_{eC} = r_{eE} + \beta \cdot R_E} \qquad (3.4.-6)$$

Für beide Fälle ist deutlich zu erkennen:

Die Eingangswiderstände der Kollektorgrundschaltung sind wesentlich größer als die Eingangswiderstände der Emittergrundschaltung, nämlich größer um das Produkt $R_E \cdot B$ bzw. $R_E \cdot \beta$.

Der Ausdruck $R_E \cdot B$ bzw. $R_E \cdot \beta$ kann Werte von einigen Hundert Kiloohm und mehr annehmen.

Übung 3.4.3.—1

Berechnen Sie den dynamischen Eingangswiderstand einer Kollektorschaltung für folgende Werte:
$r_{BE} = 5 \text{ k}\Omega$, $\beta = 200$, $R_E = 0,5 \text{ k}\Omega$!

Die Gleichstromverstärkung der Kollektorschaltung wird mit dem Buchstaben „C" bezeichnet.
Es gilt:

$$C = \frac{I_E}{I_B} = \frac{\text{Ausgangsgleichstrom}}{\text{Eingangsgleichstrom}}$$

$$I_E = I_C + I_B,$$

$$C = \frac{I_C + I_B}{I_B} = \frac{I_C}{I_B} + \frac{I_B}{I_B} = B + 1$$

$$C = B + 1 \approx B$$

$$C \approx B$$

Das gleiche ergibt sich für die Wechselstromverstärkung, die für den Kurzschlußfall mit dem griechischen Buchstaben „γ" bezeichnet wird.
Es gilt:

$$\gamma = \frac{\Delta I_E}{\Delta I_B} = \frac{\text{Ausgangswechselstrom}}{\text{Eingangswechselstrom}}$$

$$\Delta I_E = \Delta I_C + \Delta I_B,$$

$$\gamma = \frac{\Delta I_C + \Delta I_B}{\Delta I_B} = \frac{\Delta I_C}{\Delta I_B} + \frac{\Delta I_B}{\Delta I_B} = \beta + 1$$

$$\gamma = \beta + 1 \approx \beta$$

$$\boxed{\gamma \approx \beta} \qquad (3.4.-7)$$

Beide Stromverstärkungsfaktoren sind also etwa so groß wie bei der Emittergrundschaltung.

Die Wechselstromverstärkung für den normalen Betriebsfall, d. h. für $R_E \neq 0$ bezeichnen wir mit v_{iC}.
Es gilt:

$$\boxed{v_{iC} = \gamma \cdot \frac{r_{CE}}{R_E + r_{CE}}} \qquad (3.4.-8)$$

$$\approx v_{iE}$$

(Ableitung: Siehe Emittergrundschaltung!)

Die betriebliche Spannungsverstärkung bezeichnen wir mit v_{uC}.
Es gilt:

$$v_{uC} = \frac{\Delta U_{RE}}{\Delta U_{BE} + \Delta U_{RE}}$$

$$= \frac{\text{Ausgangswechselspannung}}{\text{Eingangswechselspannung}}$$

Dieser Quotient ist sicher kleiner als eins. Er ist jedoch nicht wesentlich kleiner als eins, da der differentielle Basis-Emitterwiderstand im Vergleich zum Gesamteingangswiderstand $r_{BE} + \beta \cdot R_E$ sehr klein ist.

$$\boxed{\begin{array}{l} v_{uC} < 1 \\ v_{uC} \approx 1 \end{array}} \qquad (3.4.-9)$$

Die am Eingang der Kollektorschaltung liegende Wechselspannung teilt sich nicht im

3.4. Grundschaltungen des Transistors

Verhältnis der tatsächlichen Widerstände r_{BE} und R_E auf, da der Emitterwiderstand R_E, wie bereits rechnerisch abgeleitet, zum Eingang hin nicht mit seinem tatsächlichen Wert, sondern mit der Stromverstärkung multipliziert wirkt.

Der Grund hierfür ist, daß der von der Eingangswechselspannung hervorgerufene Basiswechselstrom, würde er allein durch den Emitterwiderstand fließen, nur dann den gleichen Wechselspannungsabfall wie der um den Faktor β größere Kollektorwechselstrom am Emitterwiderstand hervorrufen würde, wenn R_E um den Faktor β größer wäre.

Vom Eingang her ist zwar die „Wirkung", nämlich die große Wechselspannung ΔU_{RE} erkennbar, da sie ein Teil der Eingangsspannung ist. Es ist jedoch nicht erkennbar die Ursache für diese große Wechselspannung, der Emitter- bzw. Kollektorstrom ΔI_E bzw. ΔI_C, da ja nur ein wesentlich kleinerer Eingangsstrom ΔI_B fließt. R_E wirkt also zum Eingang hin mit dem Faktor der Stromverstärkung hochtransformiert.

Da die Kollektorschaltung eine Spannungsverstärkung von ungefähr eins hat und die Phasenlage von Ausgangs- und Eingangsspannung gleich ist, der Emitter also der Eingangsspannung potentialmäßig „folgt", wird die Kollektorgrundschaltung sehr häufig als „Emitterfolger" bezeichnet.

Aus betrieblicher Strom- und Spannungsverstärkung ergibt sich die betriebliche Leistungsverstärkung durch Multiplikation der beiden Größen.

Alle drei Verstärkungsfaktoren sind, außer von den Daten des Transistors, auch von der Größe des Emitterwiderstandes R_E abhängig. Diese Abhängigkeit von R_E ist in den Bildern 3.4.−7 bis 3.4.−9 wiedergegeben.

Für $R_E = 0$ ist $v_{iC} = \gamma$ bzw. β.
Für $R_E \gg r_{CE}$ geht v_{iC} gegen Null.

Für hinreichend große Werte von R_E ist v_{uC} praktisch konstant gleich eins.

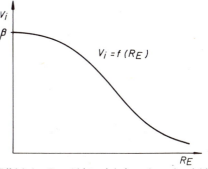

Bild 3.4.−7. Abhängigkeit der betrieblichen Stromverstärkung vom Emitterwiderstand R_E

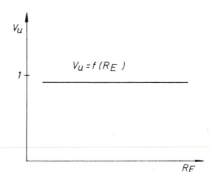

Bild 3.4.−8. Abhängigkeit der betrieblichen Spannungsverstärkung vom Emitterwiderstand R_E

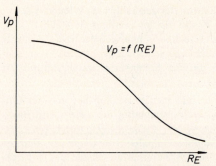

Bild 3.4.−9. Abhängigkeit der betrieblichen Leistungsverstärkung vom Emitterwiderstand R_E

Da die Spannungsverstärkung über weite Bereiche von R_E ungefähr gleich eins ist, verläuft die Leistungsverstärkung etwa wie die Stromverstärkung.

Übung 3.4.3.−2

Ein Niederfrequenzverstärker besteht aus Vorstufen zur Spannungsverstärkung und Treiber- bzw. Endstufen zur Leistungs- und Stromverstärkung. Welche Stufen können nicht als Kollektorgrundschaltung ausgeführt sein?

Der differentielle oder Wechselstromausgangswiderstand ist bei der Kollektorschaltung im Gegensatz zum Eingangswiderstand sehr niederohmig. Beim Eingangswiderstand war festzustellen, daß der Emitterwiderstand R_E zum Eingang hin mit seinem β-fachen Wert wirkt.

Einen ähnlichen Effekt, jedoch in umgekehrter Weise, stellen wir auch beim Ausgangswiderstand fest. Der eingangsseitige differentielle Widerstand r_{BE} des Transistors, der in Reihe mit dem Generatorinnenwiderstand R_g liegt, wirkt zum Ausgang hin nicht in seiner wahren Größe, sondern mit dem Faktor $1/\beta$ herabtransformiert. Dies gilt auch für den Generatorinnenwiderstand R_g. Da R_g jedoch im allgemeinen sehr niederohmig ist, kann dieser Anteil zum Ausgangswiderstand in der Regel vernachlässigt werden.

Es gilt deshalb:

$$\boxed{r_{aC} = R_E \parallel \frac{r_{BE} + R_g}{\beta}} \qquad (3.4.-10)$$

$$r_{aC} \approx R_E \parallel \frac{r_{BE}}{\beta}$$

Übung 3.4.3.—3

Berechnen Sie den Ausgangswiderstand einer Kollektorschaltung für folgende Werte:
$R_E = 60\,\Omega$, $r_{BE} = 3\,k\Omega$, $R_g = 600\,\Omega$, $\beta = 60$!

Wir fassen die Eigenschaften der Kollektorgrundschaltung noch einmal zusammen:

Die Kollektorgrundschaltung besitzt einen hohen Eingangswiderstand und einen niedrigen Ausgangswiderstand. Sie eignet sich daher als Impedanzwandler zum Anpassen hochohmiger Generatoren an niederohmige Verbraucher. Sie wird sehr oft in den Endstufen von Leistungsverstärkern eingesetzt. Sie hat eine Stromverstärkung etwa so groß wie die Emitterschaltung und eine Spannungsverstärkung von ca. eins. Die Phasenverschiebung zwischen Ausgangs- und Eingangsspannung beträgt 0°. Die Kollektorgrundschaltung wird auch als „Emitterfolger" bezeichnet.

3.4.4. Die Basisgrundschaltung

Die dritte Grundschaltung des Transistors ist die Basisschaltung. Bei dieser Grundschaltung liegt die Basis wechselstrommäßig auf Massepotential, bildet also den gemeinsamen Bezugspunkt für Eingang und Ausgang. Anhand des Bildes 3.4.—10 soll die grundsätzliche Wirkungsweise erläutert werden:

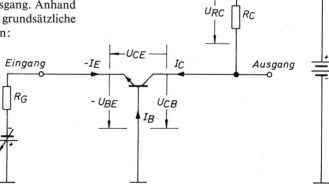

Bild 3.4.—10. Die Basisgrundschaltung

Durch die Gleichspannungsquelle zwischen Basis und Emitter sei der Arbeitspunkt des Transistors so eingestellt, daß die Basis-Emitterstrecke im geradlinigen Teil der Eingangskennlinie arbeitet.

Wird nun die Eingangsspannung (die Spannung zwischen Emitter und Basis) z. B. größer, d. h. wird der Emitter negativer, so wird der

Transistor weiter durchgesteuert bzw. er wird niederohmiger. Es fließt daher ein höherer Kollektorstrom, der am Kollektorwiderstand R_C einen erhöhten Spannungsabfall hervorruft. Die Folge davon ist, daß der Kollektor negativer wird.

Wird also das Potential am Eingang (am Emitter) negativer, so wird auch das Potential am Ausgang (am Kollektor) negativer. Das gleiche Verhalten ist festzustellen, wenn das Eingangspotential positiver wird. Wir halten deshalb eine erste wichtige Eigenschaft der Basisschaltung fest:

Die Phasenverschiebung zwischen Ausgangs- und Eingangsspannung beträgt 0°.

Es soll nun noch einiges über das Betriebsverhalten bzw. die Betriebsdaten der Basisgrundschaltung gesagt werden.

Für den Gleichstromeingangswiderstand gilt:

$$R_{eB} = \frac{U_{BE}}{I_E}$$

Mit $I_E \approx B \cdot I_B$ und $\dfrac{U_{BE}}{I_B} = R_{eE}$

wird $R_{eB} = \dfrac{U_{BE}}{B \cdot I_B} = \dfrac{R_{eE}}{B}$

$$R_{eB} = \frac{R_{eE}}{B}$$

Für den Wechselstromeingangswiderstand gilt:

$$r_{eB} = \frac{\Delta U_{BE}}{\Delta I_E}$$

Mit $\Delta I_E \approx \beta \cdot \Delta I_B$ und $\dfrac{\Delta U_{BE}}{\Delta I_B} = r_{eE}$

wird $r_{eB} = \dfrac{\Delta U_{Be}}{\beta \cdot \Delta I_B} = \dfrac{r_{eE}}{\beta}$

$$\boxed{r_{eB} = \frac{r_{eE}}{\beta}} \qquad (3.4.-11)$$

Für beide Widerstände gilt also:

Die Eingangswiderstände der Basisschaltung sind wesentlich kleiner als die entsprechenden Widerstände der Emitter- oder gar der Kollektorschaltung.

Die Gleichstromverstärkung der Basisschaltung wird mit dem Buchstaben „A" bezeichnet.

Es gilt:

$$A = \frac{I_C}{I_E} = \frac{I_C}{I_C + I_B} = \frac{B \cdot I_B}{(B+1) \cdot I_B}$$

3.4. Grundschaltungen des Transistors

$$A = \frac{B}{B+1} < 1$$
$$A \approx 1$$

Die Wechselstromverstärkung der Basisschaltung wird im Kurzschlußfall mit α bezeichnet. Es gilt:

$$\alpha = \frac{\Delta I_C}{\Delta I_E} = \frac{\Delta I_C}{\Delta I_C + \Delta I_B} = \frac{\beta \cdot \Delta I_B}{(\beta+1) \cdot \Delta I_B}$$

$$\boxed{\alpha = \frac{\beta}{\beta+1} < 1 \\ \alpha \approx 1} \qquad (3.4.-12)$$

Beide Stromverstärkungen sind also kleiner als eins, jedoch nicht wesentlich kleiner als eins.

$$\alpha = 0{,}85 \dots 0{,}995$$

Das gleiche gilt für die betriebliche Stromverstärkung v_{iB}, die durch den Kollektorwiderstand nicht wesentlich beeinflußt wird:

$$\boxed{v_{iB} = \frac{\Delta I_C}{\Delta I_E} < 1 \\ v_{iB} \approx 1} \qquad (3.4.-13)$$

Für die betriebliche Spannungsverstärkung gilt:

$$v_{uB} = \frac{\Delta U_{CB}}{\Delta U_{BE}} = \frac{\text{Ausgangswechselspannung}}{\text{Eingangswechselspannung}}$$

$$v_{uB} = \frac{\Delta U_{CE} - \Delta U_{BE}}{\Delta U_{BE}} = v_{uE} - 1$$

$$v_{uB} = v_{uE} - 1$$

Die Spannungsverstärkung der Basisschaltung ist also etwa so groß wie die der Emitterschaltung.

$$\boxed{v_{uB} \approx v_{uE}} \qquad (3.4.-14)$$

Der Wechselstromausgangswiderstand der Basisschaltung ist geringfügig größer als der Ausgangswiderstand der Emitterschaltung. Es gilt:

$$r_{aB} = R_C \parallel r_{CE}\left(1 + \beta \cdot \frac{R_g}{r_{BE}}\right)$$

$$r_{aB} \approx R_C \parallel r_{CE} \text{ für } R_g \approx 0$$

$$\boxed{r_{aB} \approx R_C} \qquad (3.4.-14)$$

für r_{CE} sehr groß

Übung 3.4.4.−1

Man stellt Ihnen die Aufgabe, einen Verstärker aus mehreren aufeinanderfolgenden Stufen in Basisgrundschaltung aufzubauen. Welche Schwierigkeit ergibt sich?

Die Abhängigkeit der betrieblichen Strom-, Spannungs- und Leistungsverstärkung von der Größe des Kollektorwiderstandes R_C ist in den Bildern 3.4.−11 bis 3.4.−13 dargestellt.

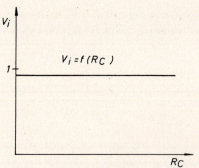

Bild 3.4.−11. Abhängigkeit der betrieblichen Stromverstärkung vom Kollektorwiderstand R_C

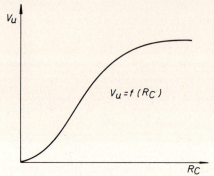

Bild 3.4.−12. Abhängigkeit der betrieblichen Spannungsverstärkung vom Kollektorwiderstand R_C

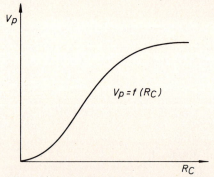

Bild 3.4.−13. Abhängigkeit der betrieblichen Leistungsverstärkung vom Kollektorwiderstand R_C

3.4. Grundschaltungen des Transistors

Da die betriebliche Stromverstärkung praktisch konstant gleich eins ist, muß die betriebliche Leistungsverstärkung $v_p = v_u \cdot v_i$ sich in Abhängigkeit von R_C wie die Spannungsverstärkung verhalten.

Da die Basisschaltung eine Stromverstärkung hat, die kleiner als eins ist, einen sehr kleinen Eingangswiderstand und einen verhältnismäßig großen Ausgangswiderstand, also Eigenschaften hat, die eher nachteilig als vorteilhaft sind, ist zunächst nicht einzusehen, aus welchem Grund die Basisschaltung überhaupt Verwendung findet. Der Grund dafür liegt in einer Eigenschaft der Basisschaltung, die die beiden anderen Grundschaltungen nicht besitzen, nämlich in ihrer hohen Grenzfrequenz.

Da der Ausgangsstrom praktisch identisch ist mit dem Eingangsstrom, erfolgt hier eine wesentlich direktere und damit schnellere Steuerung des Ausgangsstromes durch den Eingangsstrom als bei den beiden anderen Grundschaltungen, wo ein großer Ausgangsstrom durch einen kleinen Eingangsstrom gesteuert wird.

Tatsächlich hängt die obere Grenzfrequenz der Basisschaltung von der Stromverstärkung des Transistors ab.

Es gilt:

$$\boxed{f_\alpha \approx \beta \cdot f_\beta} \qquad (3.4.-15)$$

f_α = obere Grenzfrequenz der Basisschaltung,

f_β = obere Grenzfrequenz der Emitterschaltung)

Wir fassen die Eigenschaften der Basisgrundschaltung noch einmal zusammen:

Die Basisgrundschaltung hat einen niedrigen Eingangswiderstand und einen verhältnismäßig hohen Ausgangswiderstand.

Ihre Spannungsverstärkung ist etwa so groß wie die der Emitterschaltung.

Ihre Stromverstärkung ist etwa gleich eins.

Die Phasenverschiebung zwischen Ausgangs- und Eingangsspannung beträgt 0°.

Wegen ihrer hohen Grenzfrequenz wird die Basisschaltung vorzugsweise in der Hochfrequenztechnik eingesetzt.

In der folgenden Tabelle werden die wichtigsten Eigenschaften der drei Grundschaltungen noch einmal gegenübergestellt:

	Emitterschaltung	Kollektorschaltung	Basisschaltung
Eingangswiderstand r_e	20 Ω ... 10 kΩ	100 kΩ ... 500 kΩ	10 Ω ... 100 Ω
Ausgangswiderstand r_a	50 Ω ... 50 kΩ	50 Ω ... 500 Ω	500 Ω ... 1 MΩ
Betr. Stromverst. v_i	10 ... 500	10 ... 500	1
Betr. Spannungsverst. v_u	100 ... 1000	1	100 ... 1000
Betr. Leistungsverst. v_p	1000 ... 10000	10 ... 500	100 ... 1000
Obere Grenzfrequenz	f_β (niedrig)	$\approx f_\beta$ (niedrig)	$f_\alpha = \beta \cdot f_\beta$ (hoch)
Phasenverschiebung zwischen Ausgangs- und Eingangsspannung	180°	0°	0°

3.5. Steuern des Transistors

Lernziele

Der Lernende kann...
... die beiden grundsätzlichen Möglichkeiten der Transistorsteuerung nennen.
... die Bedingungen für Generator- und Eingangswiderstand bei Strom- und bei Spannungssteuerung angeben.
... anhand der Kennlinien des Transistors Aussagen über die Verzerrung des Ausgangssignals bei Strom- und bei Spannungssteuerung machen.
... das besondere Verhalten von Leistungstransistoren im Vergleich zu Kleinleistungstransistoren hinsichtlich der Steuerungsart beschreiben.

3.5.1. Einführung

Unter „Steuern" oder „Ansteuern" des Transistors versteht man das Anlegen einer Wechselspannung oder eines Wechselstromes an den Eingang des Transistors. Diese Wechselgrößen können sinusförmig oder auch beliebig verlaufen, und sie können hohe oder niedrige Frequenzen haben.

Auch eine langsam veränderliche Gleichspannung (Gleichstrom) gilt in diesem Sinne als Wechselgröße.

Wichtig ist nur, daß es sich in jedem Fall um eine *Änderung* der Spannung bzw. des Stromes handelt, denn nur eine veränderliche Spannung (Strom) enthält eine Information und kann deshalb als Signalspannung (-strom) aufgefaßt werden.

Je nachdem, ob es sich bei der Steuergröße um eine unverzerrte Wechselspannung oder um einen unverzerrten Wechselstrom handelt, spricht man von Spannungs- bzw. Stromsteuerung.

Diese beiden Arten der Transistorsteuerung sollen für die Emittergrundschaltung näher untersucht werden.

3.5.2. Spannungssteuerung

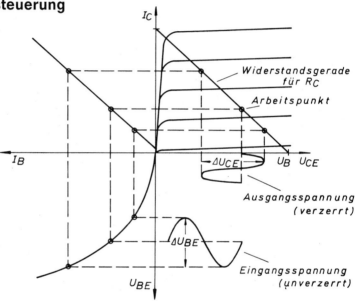

Bild 3.5.−1. Spannungssteuerung (Kennlinien)

Am Eingang des Transistors liegt eine unverzerrte Wechselspannung ΔU_{BE}. Der Einfachheit halber soll es sich hierbei um eine sinusförmige Wechselspannung handeln. Der Eingangswechselstrom ΔI_B ist dann wegen der Krümmung der Eingangskennlinie verzerrt, d. h. nicht mehr exakt sinusförmig.

Dies ist aus Bild 3.5.−1 ersichtlich.

Die Krümmung der Eingangskennlinie bedeutet für den Signalspannungsgenerator eine wechselnde Belastung, abhängig von der Lage des Arbeitspunktes.

Der Signalgenerator kann deshalb nur dann eine unverzerrte Wechselspannung liefern, wenn sein Innenwiderstand praktisch gleich Null ist (siehe Bild 3.5.−2).

Da der Eingangswechselstrom ΔI_B verzerrt ist, ist wegen der Linearität der Stromsteuerkennlinie auch der Ausgangswechselstrom ΔI_C verzerrt. Da dieser verzerrte Ausgangswechselstrom ΔI_C den ohmschen Widerstand R_C durchfließt und an ihm einen proportionalen Spannungsabfall hervorruft, ist auch die Ausgangswechselspannung verzerrt. Eine Spannungssteuerung ist deshalb bei normalen Kleinleistungstransistoren nicht günstig.

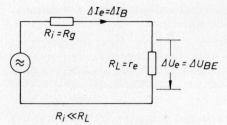

Bild 3.5.−2. Spannungssteuerung (Schaltung)

Übung 3.5.3.−1

Welche Grundschaltung muß für zwei aufeinanderfolgende Verstärkerstufen verwendet werden, damit von der ersten zur zweiten Stufe eine Spannungssteuerung in fast idealer Form vorliegt?

3.5.3. Stromsteuerung

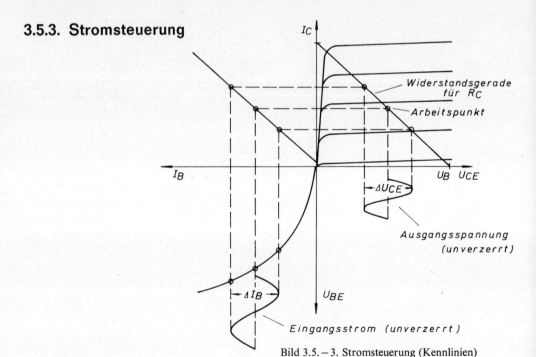

Bild 3.5.−3. Stromsteuerung (Kennlinien)

Am Eingang des Transistors liegt ein unverzerrter Wechselstrom ΔI_B. Die Eingangswechselspannung ΔU_{BE} ist dann wegen der Krümmung der Eingangskennlinie verzerrt (siehe Bild 3.5.−3).

Auch hier bedeutet die Krümmung der Eingangskennlinie eine wechselnde, d. h. vom

3.5. Steuern des Transistors

Arbeitspunkt abhängige Belastung für den Signalgenerator. Der Signalgenerator kann deshalb nur dann einen unverzerrten Wechselstrom liefern, wenn sein Innenwiderstand praktisch unendlich ist (Stromquelle).

Dies ist in Bild 3.5.−4 dargestellt.

Da der Eingangswechselstrom ΔI_B unverzerrt ist, ist wegen der Linearität der Stromsteuerkennlinie auch der Ausgangswechselstrom ΔI_C unverzerrt. Dieser unverzerrte Ausgangswechselstrom durchfließt den ohmschen Widerstand R_C und ruft an ihm einen proportionalen Spannungsabfall hervor. Die Ausgangswechselspannung ΔU_{CE} ist bei Stromsteuerung also unverzerrt.

Werden mehrere Verstärkerstufen in Emitterschaltung hintereinander geschaltet, so ist eine Stromsteuerung im allgemeinen angenähert vorhanden, da der Ausgangswiderstand einer Emitterstufe in der Regel wesentlich größer ist als der Eingangswiderstand der nachfolgenden Stufe.

Bei Leistungstransistoren dagegen ist eine Stromsteuerung weniger günstig. Dies kommt daher, daß die Stromsteuerkennlinie von Leistungstransistoren etwa umgekehrt gekrümmt ist wie die Eingangskennlinie (Bild 3.5.−5).

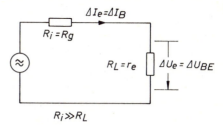

Bild 3.5.−4. Stromsteuerung (Schaltung)

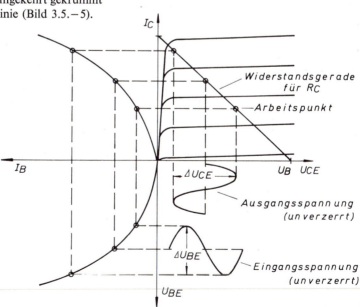

Bild 3.5.−5. Spannungssteuerung bei Leistungstransistoren

Die an der Eingangskennlinie entstehende Verzerrung von ΔI_B und die an der Stromsteuerkennlinie entstehende Verzerrung von ΔI_C heben sich deshalb nahezu auf, und es wäre eine Spannungssteuerung günstiger als eine Stromsteuerung.

In der Praxis wird jedoch bei Leistungsverstärkerstufen weder eine reine Spannungs- noch eine reine Stromsteuerung angestrebt, da aus Gründen der Leistungsanpassung (Lastwiderstand = Innenwiderstand des Generators) hierauf verzichtet wird. In einem solchen Fall der optimalen Leistungsübertragung muß also mit Verzerrungen des Signals infolge der nicht idealen Steuerungsart gerechnet werden. Es gibt jedoch verschiedene Möglichkeiten, derartige Verzerrungen zu verringern oder zu beseitigen. Dies wird in einem späteren Kapitel näher erläutert.

3.6. Widerstandsgerade und Arbeitskennlinien

Lernziele

Der Lernende kann...
... den Einfluß eines ohmschen Widerstandes im Ausgangskreis eines Transistors beschreiben.
... die Abhängigkeit des Stromes durch den ohmschen Widerstand im Ausgangskreis von der Kollektor-Emitterspannung des Transistors in Form einer Funktionsgleichung ableiten.
... die durch diese Funktionsgleichung beschriebene Widerstandsgerade im Ausgangskennlinienfeld darstellen.
... erkennen und begründen, daß der Arbeitspunkt auf einer Kennlinie des Transistors und der Kennlinie des ohmschen Widerstandes liegen muß.
... mit Hilfe der Widerstandsgeraden die dynamischen Steuerkennlinien konstruieren und nachweisen, daß die Abhängigkeit von der Kollektor-Emitterspannung bei Steuerkennlinien und Eingangskennlinie sehr gering ist.
... eine grafische Bestimmung von betrieblicher Spannungsverstärkung, Stromverstärkung und bei gegebenem Eingangssignal eine grafische Bestimmung des Ausgangssignales durchführen.

In dem Abschnitt „Grundschaltungen des Transistors" ist gezeigt worden, daß der Kollektorwiderstand bei der Emitter- bzw. Basisschaltung und der Emitterwiderstand bei der Kollektorschaltung starken Einfluß auf die Spannungs- und die Stromverstärkung des

3.6. Widerstandsgerade und Arbeitskennlinien

Transistors haben. Mit dem Kollektor- bzw. Emitterwiderstand im Ausgangskreis zeigt der Transistor ein teilweise völlig anderes Wechselstromverhalten als es ohne Widerstand, d. h. im Kurzschlußfall vorliegt.

Es ist deshalb anzunehmen, daß die Kennlinien, die das Verhalten des Transistors selbst beschreiben, und die alle entweder für den Kurzschluß- oder den Leerlauffall gelten (U_{CE} = konstant bzw. $\Delta U_{CE} = 0$, I_B = konstant bzw. $\Delta I_B = 0$, U_{BE} = konstant bzw. $\Delta U_{BE} = 0$), für den Transistor mit Lastwiderstand, d. h. für die Gesamtschaltung nicht ohne weiteres Gültigkeit haben. Die Voraussetzungen U_{CE} = konstant, I_B = konstant und U_{BE} = konstant sind bei einer solchen Transistorschaltung, wenn sie mit einem Signal angesteuert wird, nicht erfüllt. Im normalen Betriebsfall müssen wir also, wenn wir das Wechselstromverhalten des Transistors untersuchen wollen, davon ausgehen, daß $U_{CE} \neq$ konstant, $I_B \neq$ konstant und $U_{BE} \neq$ konstant ist. Ebenso ist als Folge davon natürlich auch $I_C \neq$ konstant.

Betrachten wir den Ausgangskreis eines Transistors in Emitterschaltung, so lassen sich für jeden Augenblick unabhängig von der Lage des Arbeitspunktes und vom Grad der Aussteuerung zwei Bedingungen anführen, die mit Sicherheit erfüllt sind:

1. Durch den Transistor und durch den Kollektorwiderstand fließt der gleiche Strom.
2. Die Summe der beiden Einzelspannungen U_{CE} und U_{RC} ist gleich der Betriebsspannung (siehe Bild 3.6.–1).

Es gilt deshalb:

Durch Umformen erhalten wir:

In dieser Funktionsgleichung ist der Kollektorstrom I_C die abhängige Veränderliche und die Kollektor-Emitterspannung U_{CE} die unabhängig Veränderliche.

Der Koeffizient $-1/R_C$ und das Glied U_B/R_C sind konstant.

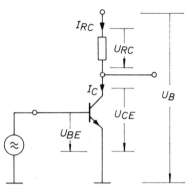

Bild 3.6.–1. Angesteuerte Emitterschaltung

$$I_C = I_{RC}$$

$$U_{CE} + U_{RC} = U_B$$

$$I_C = I_{RC} = \frac{U_B - U_{CE}}{R_C}$$

$$\boxed{I_C = -\frac{1}{R_C} \cdot U_{CE} + \frac{U_B}{R_C}} \qquad (3.6.-1)$$

Normalform einer Geradengleichung:
$$y = mx + n$$

Die Funktionsgleichung stellt damit die Gleichung einer Geraden dar, die im Ausgangskennlinienfeld des Transistors ($I_C = f(U_{CE})$) dargestellt werden kann.

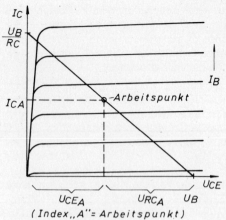

Bild 3.6.−2. Widerstandsgerade im Ausgangskennlinienfeld eines Transistors

Diese Gerade schneidet die I_C-Achse bei $I_{Cmax} = U_B/R_C$ und hat eine Steigung von $-1/R_C$. Setzen wir in dieser Gleichung I_C gleich Null, so erhalten wir den Abschnitt auf der U_{CE}-Achse (siehe Bild 3.6.−2):

$$\frac{U_B - U_{CE}}{R_C} = 0$$

$$U_{CE} = U_B$$

Da die Steigung dieser Geraden ausschließlich durch den Kollektorwiderstand R_C bestimmt wird, heißt sie Widerstandsgerade.

Wie leicht einzusehen ist, verläuft die Gerade um so steiler, je kleiner R_C ist. Wenn R_C den Wert Null annimmt (Kurzschlußfall, $\Delta U_{CE} = 0$), verläuft die Gerade parallel zur I_C-Achse.

Mit der Widerstandsgeraden kennen wir eine zweite Bedingung für die Lage des Arbeitspunktes:

Der Arbeitspunkt eines Transistors liegt immer

1. auf einer Ausgangskennlinie und
2. auf der Widerstandsgeraden.

Würde der Arbeitspunkt nicht auf der Widerstandsgeraden liegen, so wäre entweder die Bedingung $U_{CE} + U_{RC} = U_B$ oder die Bedingung $I_C = I_{RC}$ nicht erfüllt. Dies würde aber im Widerspruch zu den physikalischen Gegebenheiten stehen.

Wird der Transistor mit einem Wechselspannungssignal angesteuert, so wandert der Arbeitspunkt im Ausgangskennlinienfeld auf der Widerstandsgeraden von links nach rechts bzw. von oben nach unten und umgekehrt.

Der Arbeitspunkt schneidet mit seiner Bewegung auf der Widerstandsgeraden eine Vielzahl von Kennlinien.

3.6. Widerstandsgerade und Arbeitskennlinien

Dies ist einleuchtend, da eine Kennlinie immer zu einem bestimmten Basisstrom bzw. zu einer bestimmten Basis-Emitterspannung gehört. Beide Größen sind jedoch beim angesteuerten Transistor nicht mehr konstant. Mit der Widerstandsgeraden haben wir damit eine Kennlinie, die das Wechselstromverhalten des Ausgangskreises eines Transistors in einer Schaltung eindeutig beschreibt. Sie stellt eindeutige Beziehungen zwischen Eingangs- und Ausgangssignal her.

Dies geht aus Bild 3.6.–3 hervor.

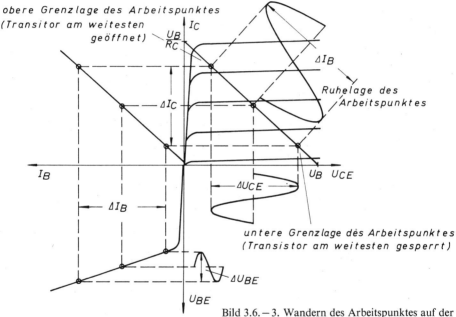

Bild 3.6.–3. Wandern des Arbeitspunktes auf der Widerstandsgeraden bei Ansteuerung des Transistors mit einem sinusförmigen Eingangssignal

Übung 3.6.—1

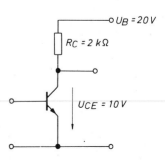

Gegeben ist die nebenstehende Emitterschaltung.
a) Stellen Sie die Funktionsgleichung der Widerstandsgeraden auf!
b) Welche Abschnitte bildet die Gerade auf der I_C-Achse und auf der U_{CE}-Achse?
c) Zeichnen Sie die Widerstandsgerade in das folgende Achsenkreuz mit den Kennlinien des verwendeten Transistors ein und ermitteln Sie graphisch die Spannungsverstärkung im vorliegenden Arbeitspunkt!

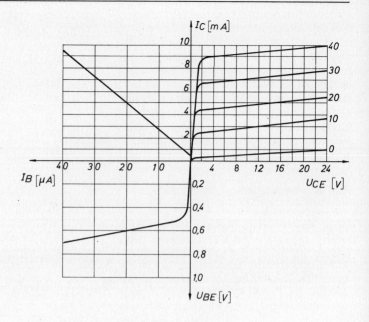

Bereits im Abschnitt „Grundschaltungen des Transistors" wurde festgestellt, daß das Vorhandensein eines Kollektorwiderstandes bei der Emitterschaltung Voraussetzung dafür ist, daß am Ausgang (am Kollektor) überhaupt ein Ausgangssignal auftreten kann.

Dies wird auch durch den Verlauf der Widerstandsgeraden bestätigt, die senkrecht zur U_{CE}-Achse verläuft, wenn R_C gleich Null ist. In diesem Fall ist bei Ansteuerung mit ΔI_B bzw. ΔU_{BE} die am Kollektor entstehende Spannungsänderung ΔU_{CE} ebenfalls gleich Null. Wenn ein Kollektorwiderstand $R_C \neq 0$ vorhanden ist, so bedeutet dies zwangsläufig, daß die Kollektor-Emitterspannung bei Ansteuerung des Transistors nicht konstant ist.

Diese Änderung von U_{CE} wirkt nicht nur im Ausgangskreis des Transistors, sondern sie hat grundsätzlich auch Einfluß auf den Verlauf der Eingangskennlinie, der Strom- und der Spannungssteuerkennlinie. Diese drei Kennlinien sind uns bisher bekannt und werden in den Datenblättern der Hersteller angegeben unter der Voraussetzung U_{CE} = konstant. Diese Bedingung ist jetzt nicht mehr erfüllt.

Daß der Einfluß der Kollektor-Emitterspannung auf den Verlauf der Eingangskennlinie nicht sehr groß ist, kann man bereits aus dem Verlauf der Rückwirkungskennlinien erkennen. Die Rückwirkung der Ausgangsspannung auf die Eingangsspannung ist praktisch gleich Null. Die Eingangskennlinie für den normalen Betriebsfall ($R_C \neq 0$) ist praktisch identisch mit der Kennlinie für wechselspannungsmäßigen Kurzschluß am Ausgang (U_{CE} = konst.). Ist U_{CE} = konstant bzw. $R_C = 0$, so spricht man von der Kurzschluß- oder *statischen Kennlinie*.

Ist $R_C \neq 0$ bzw. $U_{CE} \neq$ konstant, so spricht man von der Arbeits- oder *dynamischen Kennlinie*.

Der Einfluß der Kollektor-Emitterspannung auf die Stromsteuerkennlinie soll an folgendem Beispiel gezeigt werden:

Bereits im Kapitel „Kennlinien des Transistors" wurde die Konstruktion der Stromsteuerkennlinie aus dem Ausgangskennlinienfeld für eine bestimmte Kollektor-Emitterspannung durchgeführt. Die Senkrechte, die zu diesem Zweck bei der gewünschten Kollektor-Emitterspannung auf der U_{CE}-Achse errichtet wurde, erhält nach den vorstehenden Ausführungen über die Widerstandsgerade eine neue Bedeutung: Es handelt sich hierbei nämlich um die Widerstandsgerade für $R_C = 0$.

In dem folgenden Beispiel ist R_C nicht gleich Null, d. h. die Widerstandsgerade verläuft nicht senkrecht zur U_{CE}-Achse, sondern schräg. Die Konstruktion der Stromsteuerkennlinie ist jedoch auf genau die gleiche Weise durchzuführen.

Zum Vergleich wurde in Bild 3.6.−4 sowohl die Konstruktion der statischen als auch der dynamischen Stromsteuerkennlinie durchgeführt.

Auch hier ist zu erkennen, daß der Unterschied zwischen statischer und dynamischer Stromsteuerkennlinie nur gering ist. Der Unterschied ist um so größer, je steiler die Ausgangskennlinien und je flacher die Widerstandsgerade verläuft.

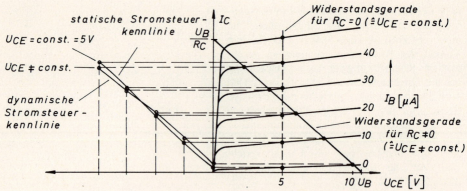

Bild 3.6.−4. Konstruktion der dynamischen Stromsteuerkennlinie

Da die Spannungssteuerkennlinie in Eingangs- und Stromsteuerkennlinie enthalten ist, gilt sicherlich auch für die Spannungssteuerkennlinie, daß der Unterschied zwischen statischer und dynamischer Kennlinie gering ist.

Merke:
Bei Eingangs-, Strom- und Spannungssteuerkennlinie ist der Unterschied zwischen statischen und dynamischen bzw. Arbeitskennlinien so gering, daß in der Regel auch für den Betriebsfall mit den statischen Kennlinien gearbeitet werden kann.

Vor allem bei den Steuerkennlinien tritt ein wesentlicher Unterschied dann auf, wenn nicht mehr gilt:

$R_C \ll r_{CE}$

Im Ausgangskennlinienfeld dagegen hat der Kollektorwiderstand einen erheblichen Einfluß auf die Bewegung des Arbeitspunktes:

Der Arbeitspunkt kann sich nur entlang der Widerstandsgeraden (Arbeitsgeraden) bewegen.

3.7. Arbeitspunkteinstellung bei den drei Transistorgrundschaltungen

Lernziele

Der Lernende kann...
... zwei Möglichkeiten der Arbeitspunkteinstellung bei den drei Grundschaltungen des Transistors angeben.
... Aussagen über die Temperaturabhängigkeit des Arbeitspunktes für beide Möglichkeiten machen.
... die Eigenschaften der Schaltungen, insbesondere die Beeinflussung von Eingangswiderstand und unterer Grenzfrequenz angeben.
... bei vorgegebenem Arbeitspunkt, vorgegebener Betriebsspannung und vorgegebener unterer Grenzfrequenz eine Dimensionierung der einzelnen Bauteile (Widerstände und Kondensatoren) durchführen.
... wichtige Gesichtspunkte für die Wahl des Arbeitspunktes nennen und die Wahl des Arbeitspunktes entsprechend diesen Gesichtspunkten vornehmen.
... ein Spannungs-Zeit-Diagramm für den Ausgang der Emitterschaltung oder der Kollektorschaltung zeichnen und daraus die Bedingung für maximale Aussteuerbarkeit ableiten.

Die Wahl des Arbeitspunktes im Ausgangskennlinienfeld, in den Steuerkennlinien und in der Eingangskennlinie erfolgt nach bestimmten Gesichtspunkten, von denen wir die wichtigsten, die zum Teil schon bekannt sind, nennen wollen:

1. Der Arbeitspunkt liegt im Ausgangskennlinienfeld immer auf der Widerstandsgeraden (Arbeitsgeraden).

2. Soll maximale Aussteuerbarkeit am Ausgang vorliegen, d. h. soll die Betriebsspannung voll ausgenutzt werden, so muß der Arbeitspunkt in der Mitte des ausnutzbaren Teiles der Widerstandsgeraden liegen. Der ausnutzbare Teil der Widerstandsgeraden ist der Bereich, der zwischen dem Wert $U_{CE} = U_{CEsat}$ und dem Punkt liegt, in dem die Widerstandsgerade die Kennlinie mit dem Parameterwert $I_B = 0$ schneidet ($U_{CE} \approx U_B$).

Die Begrenzung der positiven und der negativen Amplitude des Ausgangssignals durch die Sättigungsspannung (Übersteuerung) bzw. durch die Betriebsspannung (Sperrung) setzt dann beim gleichen Amplitudenwert ein. Dies ist gleichzeitig der größte Amplitudenwert, der bei einer vorgegebenen Betriebsspannung erreicht werden kann.

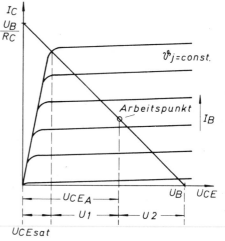

Bild 3.7.−1. Lage des Arbeitspunktes im Ausgangskennlinienfeld für maximale Aussteuerbarkeit

Für diesen Fall gilt (unter Vernachlässigung der Sättigungsspannung):

$$U_{CE} \approx U_{B/2}$$
$$U_{RC} \approx U_{B/2}$$
(3.7.–1)

In den Bildern 3.7.–1 und 3.7.–2 ist die Lage des Arbeitspunktes im Ausgangskennlinienfeld und das ausgangsseitige Spannungs-Zeitdiagramm einer Emitterschaltung für den Fall der maximalen Aussteuerbarkeit dargestellt.

3. Die Widerstandsgerade, auf der der Arbeitspunkt liegt, darf auf keinen Fall die Verlustleistungshyperbel für P_{totmax} schneiden, sondern sie höchstens berühren. Eine Ausnahme ist, wenn der Transistor als Schalter betrieben wird. Soll der Transistor leistungsmäßig voll ausgenutzt werden, so legt man die Widerstandsgerade so, daß sie die Verlustleistungshyperbel im Arbeitspunkt berührt.

In diesem Fall ist gleichzeitig auch die Bedingung für maximale Aussteuerbarkeit etwa erfüllt, da der Berührungspunkt einer beliebigen Tangente an eine Hyperbel immer auf der halben Strecke zu ihrem Schnittpunkt mit der Abszissenachse liegt.

Dies kann anhand des Bildes 3.7.–3 leicht bewiesen werden:

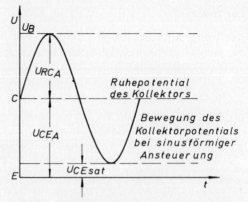

Bild 3.7.–2. Spannungs-Zeit-Diagramm der Ausgangsseite einer Emitterstufe, die für maximale Aussteuerbarkeit dimensioniert ist und voll ausgesteuert wird

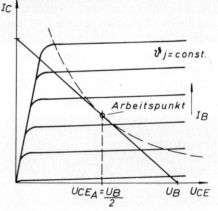

Bild 3.7.–3. Lage des Arbeitspunktes für maximale Leistungsausnutzung des Transistors

Für die Verlustleistungshyperbel gilt:

$$I_C = \frac{P_{totmax}}{U_{CE}} = f_1(U_{CE})$$

Für die Tangente gilt:

$$I_C = m \cdot U_{CE} + n = f_2(U_{CE})$$

Weiter gilt:

$$f_1'(U_{CE}) = \frac{-P_{totmax}}{U_{CE}^2}$$

3.7. Arbeitspunkteinstellung bei den drei Transistorgrundschaltungen

Da die Steigung der Tangente gleich der Steigung der Hyperbel im Berührungspunkt ist, gilt:

$$m = f_1'(U_{CEA}) = \frac{-P_{totmax}}{U_{CEA}^2}$$

Damit ist:

$$f_2(U_{CE}) = \frac{-P_{totmax}}{U_{CEA}^2} \cdot U_{CE} + n$$

Da der Kollektorstrom I_C für Widerstandsgerade und Verlustleistungshyperbel im Berührungspunkt gleich ist, gilt:

$$f_1(U_{CEA}) = f_2(U_{CEA})$$

$$\frac{P_{totmax}}{U_{CEA}} = \frac{-P_{totmax}}{U_{CEA}^2} \cdot U_{CEA} + n$$

Damit ist:

$$n = 2 \cdot \frac{P_{totmax}}{U_{CEA}}$$

Die Gleichung der Widerstandsgeraden lautet jetzt:

$$f_2(U_{CE}) = \frac{-P_{totmax}}{U_{CEA}^2} \cdot U_{CE} + 2 \cdot \frac{P_{totmax}}{U_{CEA}}$$

Für den Schnittpunkt der Widerstandsgeraden mit der U_{CE}-Achse gilt:

$$f_2(U_B) = 0$$

$$-\frac{P_{totmax}}{U_{CEA}^2} \cdot U_B + 2 \cdot \frac{P_{totmax}}{U_{CEA}} = 0$$

$$-\frac{P_{totmax}}{U_{CEA}} \cdot U_B + 2 \cdot P_{totmax} = 0$$

$$\frac{U_B}{U_{CEA}} = 2$$

$$U_{CEA} = \frac{U_B}{2} \quad \text{w. z. b. w.}$$

Ist nach diesen und möglicherweise noch anderen Gesichtspunkten die Wahl des Arbeitspunktes im Ausgangskennlinienfeld erfolgt, so ist z. B. mit Hilfe der Vierquadrantenkennliniendarstellung die Übertragung des Arbeitspunktes in die Steuer- und in die Eingangskennlinie ohne weiteres möglich.

Wenn wir uns in diesem Abschnitt mit Arbeitspunkteinstellung befassen, dann gehen wir dabei immer von der Voraussetzung aus, daß diese Überlegungen zur Wahl des Arbeitspunktes schon erfolgt sind, daß also die Größen U_{BE}, I_B, U_{CE} und I_C des Arbeitspunktes sowie die Betriebsspannung U_B schon festgelegt sind. Diese Werte ergeben sich aus den Datenblättern der Transistoren und aus den Anforderungen, die an eine Schaltung gestellt werden.

Die Arbeitspunkteinstellung erfolgt durch geeignete Dimensionierung zusätzlicher Bauelemente (Widerstände).

Neben den Bedingungen, die direkt Einfluß auf die Lage des Arbeitspunktes haben, sind im allgemeinen noch weitere Anforderungen an eine Schaltung zu erfüllen, z. B. vorgegebene untere Grenzfrequenz, vorgegebener Eingangswiderstand, vorgegebene Spannungsverstärkung usw. Auch diese Anforderungen müssen bei der Dimensionierung der Bauelemente einer Schaltung berücksichtigt werden, wie es auch in diesem Kapitel schon teilweise geschieht.

Übung 3.7.–1

Skizzieren Sie das Spannungs-Zeit-Diagramm der Ausgangsseite einer Emitterstufe, die für maximale Aussteuerbarkeit dimensioniert ist!

3.7.1. Arbeitspunkteinstellung bei der Emitterschaltung

a) *mit Basisspannungsteiler*

Die Arbeitspunkteinstellung erfolgt hier durch die Widerstände R_1 und R_2, die einen Spannungsteiler bilden. Dieser Spannungsteiler erzeugt die Basis-Emitterspannung. Für den Wechselstromeingangswiderstand dieser Schaltung gilt:

Dabei wird vorausgesetzt, daß die Betriebsspannungsquelle wechselstrommäßig einen Kurzschluß darstellt.

Auch die Kondensatoren C_1 und C_2 sind innerhalb des Übertragungsbereiches als Kurzschluß aufzufassen, d. h. für Frequenzen, die oberhalb der unteren Grenzfrequenz liegen.

Die Spannungsverstärkung der Schaltung wurde bereits im Kapitel „Grundschaltungen des Transistors" (Emitterschaltung) abgeleitet:

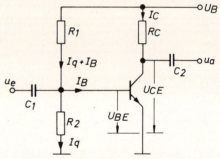

Bild 3.7.–4. Arbeitspunkteinstellung bei der Emitterschaltung mit Basisspannungsteiler

$$r_{eE} = R_1 \parallel R_2 \parallel r_{BE} \qquad (3.7.-2)$$

$$v_{uE} = \beta \cdot \frac{R_C \parallel r_{CE}}{r_{BE}} \quad \text{(für } R_L \gg R_C\text{)} \quad (3.7.-3)$$

3.7. Arbeitspunkteinstellung bei den drei Transistorgrundschaltungen

Unter der Voraussetzung, daß der Generatorinnenwiderstand R_g sehr niederohmig ist, bildet der Eingangskoppelkondensator C_1 zusammen mit dem differentiellen Eingangswiderstand r_{eE} einen Hochpaß.

Die untere Grenzfrequenz dieses Hochpasses läßt sich durch folgende Überlegung errechnen:

Legt man eine Signalspannung an den Eingang der Schaltung, deren Frequenz gleich der unteren Grenzfrequenz ist, so gelangen nur ca. 70 % der angelegten Spannung zur Basis. Dies entspricht dem $1/\sqrt{2}$fachen der angelegten Spannung. In diesem Fall sind die Spannung am Kondensator C_1 und die Spannung am Widerstand r_{eE} gleich groß, jedoch gegeneinander um 90° phasenverschoben. Die beiden Widerstände X_{C1} und r_e sind ebenfalls gleich groß.

Es gilt deshalb:

$$X_{C1}(f_u) = \frac{1}{\omega_u \cdot C_1} = r_{eE}$$

$$= \frac{1}{2\pi \cdot f_u \cdot C_1}$$

Hieraus ergibt sich:

Dimensionierung der Bauelemente:

$$\boxed{f_u = \frac{1}{2\pi \cdot C_1 \cdot r_{eE}}} \quad (R_g \text{ vernachlässigt})$$

(3.7.–4)

Es wird vorausgesetzt, daß der Arbeitspunkt mit U_{BE}, I_B, U_{CE} und I_C sowie die Betriebsspannung und die untere Grenzfrequenz vorgegeben sind. Dann muß der Kollektorwiderstand R_C wie folgt dimensioniert werden:

$$\boxed{R_C = \frac{U_B - U_{CE}}{I_C}} \quad (3.7.–5)$$

Für die beiden Spannungsteilerwiderstände R_1 und R_2 können wir folgende Dimensionierungsgleichungen aufstellen:

$$\boxed{R_1 = \frac{U_B - U_{BE}}{I_q + I_B}} \quad (3.7.–6)$$

$$\boxed{R_2 = \frac{U_{BE}}{I_q}} \quad (3.7.–7)$$

I_q ist der Querstrom, der durch den Spannungsteiler R_1 und R_2 fließt, d. h. der Strom, der durch beide Widerstände gemeinsam fließt.

Der Strom durch R_1 teilt sich an der Basis auf in den Basisstrom und den Querstrom, so daß also durch R_1 die Summe von I_q und I_B fließt, durch R_2 jedoch nur I_q.

Der Wert des Eingangskondensators C_1 ergibt sich aus der Bedingung für die untere Grenzfrequenz:

$$C_1 = \frac{1}{2\pi \cdot f_u \cdot r_{eE}} \quad (R_g \text{ vernachlässigt})$$
(3.7.−8)

Der Kondensator C_2 wird grundsätzlich wie C_1 berechnet:

$$C_2 = \frac{1}{2\pi \cdot f_u \cdot (R_L + r_{aE})}$$
(3.7.−9)

(R_L = Lastwiderstand)

mit

$$r_{aE} = R_C \parallel r_{CE}$$
(3.7.−10)

Der Querstrom I_q sollte verhältnismäßig groß gegenüber dem Basisstrom gewählt werden. Dies erreicht man, indem man den Spannungsteiler entsprechend niederohmig macht, so daß er als unbelastet gelten kann und somit eine von Belastungsschwankungen weitgehend unabhängige Basis-Emitterspannung liefern kann.

Als Richtwert kann angenommen werden:

$I_q \approx 10 \cdot I_B$

I_q sollte nicht zu groß gewählt werden, damit die Betriebsspannungsquelle nicht zu stark belastet wird.

Da die Eingangskennlinie sehr steil verläuft, ergibt schon eine kleine Änderung der Basis-Emitterspannung eine große Änderung des Basisstromes. Deshalb erfolgt die genaue Einstellung des Arbeitspunktes bei dieser Schaltung zweckmäßigerweise durch ein Potentiometer anstelle von R_2.

Da bei dieser Schaltung keine besonderen Maßnahmen zur Stabilisierung des Arbeitspunktes gegen Temperaturschwankungen ergriffen wurden, ist die Lage des Arbeitspunktes nicht sehr temperaturstabil.

Erhöht sich zum Beispiel die Temperatur des Transistors, so wird die Basis-Emitterstrecke niederohmiger, da der Temperaturkoeffizient des Widerstandes einer Halbleiterdiode negativ ist (Eigenleitung!).

Es fließt also ein höherer Basisstrom und damit auch ein höherer Kollektorstrom.

Der Spannungsabfall am Kollektorwiderstand R_C wird größer und damit der Spannungsabfall U_{CE} am Transistor kleiner.

Um den ursprünglichen Basisstrom und damit auch den ursprünglichen Kollektorstrom und die ursprüngliche Kollektor-Emitterspannung wieder herzustellen, müßte die Basis-Emitterspannung auf einen kleineren Wert zurückgeregelt werden. Dies geschieht jedoch nicht, da der niederohmige Spannungsteiler R_1 und R_2 die Basis-Emitterspannung konstant hält. Die nicht erfolgte Zurückregelung der Basis-Emitterspannung bei erhöhter Temperatur wirkt wie eine tatsächlich erfolgte Erhöhung der Basis-Emitterspannung bei konstanter Temperatur (siehe Bild 3.7.−5).

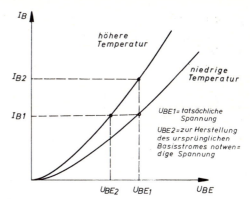

Bild 3.7.−5. Temperaturabhängigkeit des Arbeitspunktes bei Arbeitspunkteinstellung mit Basisspannungsteiler (Emitterschaltung)

Daß der soeben beschriebene Temperatureinfluß auf den Arbeitspunkt erheblich sein kann, soll folgendes Beispiel zeigen:

Der Temperaturkoeffizient der Basis-Emitterstrecke sei:

$$a = -\frac{2\,\text{mV}}{°\text{C}}$$

Bei einer Temperaturerhöhung von 20°C und einer Spannungsverstärkung $v_u = 100$ ergibt sich ohne Ansteuerung nur durch Temperatureinfluß am Ausgang der Emitterstufe ein Absinken der Kollektor-Emitterspannung um:

$$\begin{aligned} \Delta U_{CE} &= v_u \cdot \Delta U_{BE} \\ &= V_u \cdot \alpha \cdot \Delta \vartheta \\ &= 100 \cdot \frac{2\,\text{mV}}{°\text{C}} \cdot 20\,°\text{C} \\ &= 4\,\text{V} \end{aligned}$$

Eine solche Schaltung ist also bei größeren Temperaturschwankungen ohne zusätzliche Maßnahmen zur Temperaturstabilisierung des Arbeitspunktes nicht zu verwenden.

Übung 3.7.1.−1

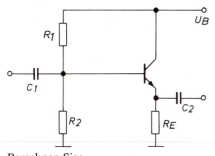

Vorgegeben:
f_u = 16 Hz
U_B = 12 V
I_C = 20 mA
U_{BE} = 0,6 V

Aus dem Datenblatt:
r_{BE} = 600 Ω
r_{CE} = 10 kΩ
β = 150
U_{CEsat} = 0,4 V

Berechnen Sie:
U_{CE} für maximale Aussteuerbarkeit
R_E, R_1, R_2, r_c, C_1, V_u

b) *mit Basisvorwiderstand* (siehe Bild 3.7.−6)

Der Unterschied zur vorhergehenden Schaltung besteht darin, daß hier der Arbeitspunkt nicht durch einen niederohmigen Spannungsteiler eingestellt wird, der eine konstante Basis-Emitter*spannung* erzeugt, sondern durch einen hochohmigen Vorwiderstand, der einen konstanten Basis*strom* fließen läßt.

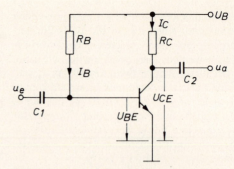

Bild 3.7.−6. Arbeitspunkteinstellung bei der Emitterschaltung mit Basisvorwiderstand

Unter der Voraussetzung, daß die Betriebsspannungsquelle wechselstrommäßig einen Kurzschluß darstellt, gilt für den Wechselstromeingangswiderstand:

$$r_{eE} = R_B \parallel r_{BE} \quad (3.7.-11)$$

Da R_B im allgemeinen sehr hochohmig ist, gilt angenähert:

$$r_{eE} \approx r_{BE} \quad (3.7.-12)$$

Für die Spannungsverstärkung gilt auch hier wieder:

$$v_{uE} = \beta \cdot \frac{R_C \parallel r_{CE}}{r_{BE}} \quad (3.7.-13)$$

Ebenso gilt für die untere Grenzfrequenz des Eingangshochpasses C_1 und r_e:

$$f_u = \frac{1}{2\pi \cdot C_1 \cdot r_{eE}} \quad (3.7.-14)$$

und für den Wechselstromausgangswiderstand:

$$r_{aE} = R_C \parallel r_{CE} \quad (3.7.-15)$$

Dimensionierung der Bauteile:

Auch hier setzen wir wieder voraus, daß die Ruheströme und -spannungen (Arbeitspunkt) sowie die Betriebsspannung und die untere Grenzfrequenz vorgegeben sind.

Dann ergibt sich der Wert des Basisvorwiderstandes zu:

$$R_B = \frac{U_B - U_{BE}}{I_B} \quad (3.7.-16)$$

Für den Kollektorwiderstand erhalten wir:

$$R_C = \frac{U_B - U_{CE}}{I_C} \quad (3.7.-17)$$

und für den Eingangskondensator:

$$C_1 = \frac{1}{2\pi \cdot f_u \cdot r_{eE}} \quad (3.7.-18)$$

Für C_2 gilt die gleiche Formel, jedoch werden andere Widerstände eingesetzt:

$$C_2 = \frac{1}{2\pi \cdot f_u \cdot (R_L + r_{aE})} \quad (3.7.-19)$$

3.7. Arbeitspunkteinstellung bei den drei Transistorgrundschaltungen

Auch für diese Schaltung soll die Temperaturabhängigkeit des Arbeitspunktes näher untersucht werden:

Da der Basisvorwiderstand R_B sehr hochohmig ist, wird der Basisstrom I_B eingeprägt und damit praktisch unabhängig von der Basis-Emitterspannung. Die bei der Arbeitspunkteinstellung mit Basisspannungsteiler festgestellte Temperaturabhängigkeit kann deshalb hier nicht auftreten. Die Temperaturdrift von U_{BE} wirkt sich nicht auf die Lage des Arbeitspunktes im Ausgangskennlinienfeld aus.

Eine starke Temperaturabhängigkeit des Arbeitspunktes wird jedoch durch eine andere Ursache hervorgerufen: Da im Gegensatz zur vorherigen Schaltung kein niederohmiger Widerstand (R_2) parallel zur Basis-Emitterstrecke liegt, muß der auch im normalen Verstärkerbetrieb fließende Kollektor-Basisreststrom I_{CB0} voll über die Basis-Emitterstrecke nach Masse abfließen und kann nicht, wie im anderen Fall, zum größten Teil außerhalb des Transistors über den niederohmigen Widerstand R_2 nach Masse abfließen.

Da der Kollektor-Basisreststrom ein Sperrstrom ist, also auf Eigenleitung beruht und deshalb sehr stark temperaturabhängig ist, wirkt er wie ein sehr stark temperaturabhängiger zusätzlicher Basisstrom, der eine erhebliche Drift des Arbeitspunktes verursachen kann.

Für den Kollektorstrom gilt (siehe Bild 3.7.−7):

$$I_C = B \cdot I_B + B \cdot I_{CB0}$$

Die vorstehend beschriebene Temperaturabhängigkeit wirkt sich besonders stark bei Germaniumtransistoren aus, da die Restströme von Germaniumtransistoren im μA-Bereich liegen, also in der Größenordnung der Basisströme.

Die Arbeitspunkteinstellung mit Basisvorwiderstand ohne zusätzliche Maßnahmen zur Stabilisierung des Arbeitspunktes ist deshalb für Germaniumtransistoren nicht geeignet.

Bei beiden Arten der Arbeitspunkteinstellung kommt außerdem noch eine weitere Temperaturabhängigkeit zum Tragen:

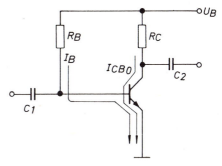

Bild 3.7.−7. Temperaturabhängigkeit bei Arbeitspunkteinstellung mit Basisvorwiderstand (Emitterschaltung)

Die Stromverstärkung B verdoppelt sich etwa pro 100 Grad Temperaturerhöhung. Diese Temperaturabhängigkeit wirkt in der gleichen Richtung wie die beiden schon beschriebenen Effekte, so daß dadurch eine noch stärkere Temperaturabhängigkeit insgesamt entsteht.

Bei praktischen Verstärkerschaltungen muß deshalb in der Regel eine zusätzliche Maßnahme zur Temperaturstabilisierung des Arbeitspunktes ergriffen werden.

Möglichkeiten hierzu sind Thema nachfolgender Kapitel.

In diesem Zusammenhang ist vor allem das Kapitel „Gegenkopplung" von Bedeutung.

Übung 3.7.1.—2

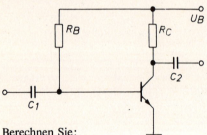

Vorgegeben: f_u = 30 Hz
U_B = 18 V
I_C = 20 mA
U_{BE} = 0,6 V
Aus dem Datenblatt: r_{BE} = 2 kΩ
r_{CE} = 20 kΩ
β = 150
U_{CEsat} = 0,2 V

Berechnen Sie:
U_{CE} für maximale Aussteuerbarkeit
$R_C, R_B, r_e, r_a, C_1, V_u$
ΔU_{CE} für ΔI_B = 5 μAss

3.7.2. Arbeitspunkteinstellung bei der Kollektorschaltung (Emitterfolger)

(siehe Bild 3.7.–8)

Die Eigenschaften der Kollektorschaltung wurden bereits im Kapitel „Grundschaltungen des Transistors" abgeleitet und beschrieben.

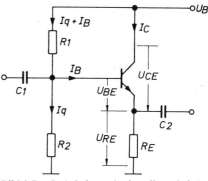

Bild 3.7.–8. Arbeitspunkteinstellung bei der Kollektorschaltung

Für den Wechselstromeingangswiderstand der Kollektorschaltung gilt:

$$r_{eC} = R_1 \parallel R_2 \parallel (r_{BE} + \beta \cdot R_E) \qquad (3.7.-20)$$

Die Spannungsverstärkung ist:

$$v_{uC} \approx 1 \qquad (3.7.-21)$$

und für die untere Grenzfrequenz gilt wie bei der Emitterschaltung:

$$f_u = \frac{1}{2\pi \cdot C_1 \cdot r_e} \qquad (3.7.-22)$$

Für den Ausgangswiderstand können wir die vereinfachte Formel angeben:

$$r_{aC} \approx \frac{r_{BE}}{\beta} \qquad (3.7.-23)$$

Da der Emitterfolger wegen seines niedrigen Ausgangswiderstandes vor allem in Leistungsendstufen eingesetzt wird, wo keine Spannungs- sondern nur noch eine Stromverstärkung erfolgen soll, wird eine Verstärkerstufe in Kollektorschaltung im allgemeinen für maximale Aussteuerbarkeit dimensioniert, d. h. es muß etwa sein:

$$U_{CE} = U_{RE} = U_B/2$$

Das Emitterpotential kann dann bei Ansteuerung des Transistors um die halbe Betriebsspannung nach unten absinken bzw. nach oben ansteigen. Werden U_{CE} und U_{RE} nicht etwa gleich groß gewählt, so kann der Transistor ausgangsseitig in der einen Richtung zwar um mehr als $U_B/2$ ausgesteuert werden, in der anderen Richtung dafür jedoch entsprechend weniger.

Die Arbeitspunkteinstellung erfolgt bei der Kollektorschaltung zweckmäßigerweise durch einen Basisspannungsteiler, da dann die arbeitspunktstabilisierende Wirkung des Emitterwiderstandes am stärksten zur Geltung kommt (siehe auch Kapitel „Stromgegenkopplung").

Unter der Voraussetzung, daß die Wahl des Arbeitspunktes und der Betriebsspannung erfolgt ist und die untere Grenzfrequenz vorgegeben ist, gelten für die einzelnen Bauelemente die folgenden Dimensionierungsgleichungen:

Emitterwiderstand:

$$R_E = \frac{U_B - U_{CE}}{I_E} \approx \frac{U_B - U_{CE}}{I_C}$$

$$\boxed{R_E = \frac{U_B}{2 \cdot I_C}} \quad \text{(für maximale Aussteuerbarkeit)} \quad (3.7.-24)$$

$(I_E \approx I_C)$

Spannungsteilerwiderstände:

Die beiden Widerstände liegen hier im Gegensatz zur Emitterschaltung etwa in der gleichen Größenordnung, da an ihnen etwa die gleiche Spannung abfällt und sie etwa vom gleichen Strom durchflossen werden.

$$\boxed{R_1 = \frac{U_B - (U_{BE} + U_{RE})}{I_q + I_B}} \quad (3.7.-25)$$

$$\boxed{R_2 = \frac{U_{BE} + U_{RE}}{I_q}} \quad (3.7.-26)$$

$(I_q = 10 \cdot I_B)$

Eingangskondensator:

$$\boxed{C_1 = \frac{1}{2\pi \cdot f_u \cdot r_{eC}}} \quad (3.7.-27)$$

Ausgangskondensator:

$$\boxed{C_2 = \frac{1}{2\pi \cdot f_u \cdot (R_L + r_{aC})}} \quad (3.7.-28)$$

Bei der Dimensionierung von elektronischen Schaltungen sind in vielen Fällen Vernachlässigungen zulässig, wenn das Ergebnis der Rechnung innerhalb eines bestimmten Toleranzbereiches liegt. Dieser Toleranzbereich wird durch die Toleranzen der Kennwerte der verwendeten Bauteile bestimmt. Es wäre sicher unsinnig, die Bauelemente einer Schaltung auf eine Genauigkeit von z. B. 1% zu berechnen, wenn die verwendeten Bauelemente Toleranzen von 10% und mehr haben. Entwirft man die Schaltung für ein Einzelgerät, so lohnt es sich nicht, die Toleranzen der Bauelemente genau in die Rechnung mit einzubeziehen, sondern es genügt eine überschlägige Rechnung, die weniger Zeitaufwand erfordert.

Feinheiten der Schaltung sollten zweckmäßigerweise auf experimentellem Wege ermittelt werden (Zeitersparnis).

Bei der Entwicklung und Konstruktion eines Seriengerätes dagegen steht der Aufwand einer genauen und ausführlichen Rechnung in einem sinnvolleren Verhältnis zum Nutzen.

Hier müssen die Toleranzen aller Bauelemente in die Rechnung einbezogen werden, und es muß dabei immer vom ungünstigsten Fall (worst case) ausgegangen werden, da alle Geräte der Serie ja ohne aufwendige Einzelbehandlung in jedem Fall funktionieren sollen. Jedoch kann auch eine solch aufwendige theoretische Bearbeitung die Laborarbeit nicht ersetzen, da viele Effekte rechnerisch nicht erfaßbar sind oder nicht vorhergesehen werden können.

Bei der vorstehenden Kollektorschaltung mit Arbeitspunkteinstellung durch Basisspannungsteiler tritt praktisch keine Temperaturabhängigkeit des Arbeitspunktes auf.

Zwar wirkt auch hier wie bei der Emitterschaltung bei Temperaturerhöhung die nicht erfolgte Zurücknahme der Spannung über R_2 wie eine tatsächlich erfolgte Spannungserhöhung bei konstanter Temperatur, jedoch wird dieser Einfluß durch die stabilisierende (Stromgegenkopplungs-)Wirkung des Emitterwiderstandes praktisch kompensiert:

Erhöht sich nämlich der Kollektorstrom z. B. durch Temperaturerhöhung, so wird der Spannungsabfall über R_E größer. Da die Spannung $U_{R2} = U_{BE} + U_{RE}$ infolge des niederohmigen Spannungsteilers konstant gehalten wird, muß U_{BE} zwangsläufig kleiner werden.

Damit wird aber auch der Basisstrom kleiner und der Kollektorstrom wird annähernd auf seinen ursprünglichen Wert zurückgeregelt.

Die Kollektorschaltung hat deshalb eine ausgezeichnete Arbeitspunktstabilität, vorausgesetzt, daß der Emitterwiderstand hochohmig genug ist.

Dies war auch schon deshalb zu erwarten, weil die Kollektorschaltung eine Spannungsverstärkung von kleiner als eins hat.

Nachteilig bei der vorstehend beschriebenen Art der Arbeitspunkteinstellung ist, daß infolge des niederohmigen Basisspannungsteilers der hohe Eingangswiderstand der Kollektorschaltung ($r_{BE} + \beta \cdot R_E$) stark herabgesetzt wird. Will man diesen Nachteil vermeiden bzw. benötigt man einen sehr hohen Eingangswiderstand, so muß man den Emitterfolger mit zwei Betriebsspannungen betreiben, mit einer gegen Masse positiven und einer gegen Masse negativen Betriebsspannung. Dies ist in Bild 3.7.−9 dargestellt.

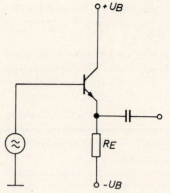

Bild 3.7.−9. Emitterfolger mit hohem Eingangswiderstand

In diesem Fall ist der volle Eingangswiderstand des Emitterfolgers wirksam.

$$r_e = r_{BE} + \beta \cdot R_E$$

Eine Arbeitspunkteinstellung durch Basisvorwiderstand, die ja auch einen höheren Eingangswiderstand bedeuten würde, ist beim Emitterfolger nicht zweckmäßig, da für die Stromgegenkopplungswirkung des Emitterwiderstandes, wie schon erwähnt, ein konstantes Basispotential erforderlich ist.

3.7.3. Arbeitspunkteinstellung bei der Basisschaltung

Schon im Kapitel „Grundschaltungen des Transistors" wurde gesagt, daß die drei Grundschaltungen des Transistors sich nur bezüglich ihres *wechselstrommäßigen* Bezugspunktes unterscheiden. Gleichstrommäßig sind sie grundsätzlich gleichgeschaltet.

Deshalb bestehen auch bei der Basisschaltung die beiden bereits bekannten Möglichkeiten der Arbeitspunkteinstellung mit Basisspannungsteiler und Basisvorwiderstand. Die Dimensionierung der Bauelemente zur Arbeitspunkteinstellung erfolgt demzufolge genauso, wie bei der Emitter- bzw. Kollektorschaltung gezeigt wurde.

Beispiel 3.7.−1

Es soll folgende Verstärkerstufe mit dem Transistor BC 107 A dimensioniert werden und Eingangs- und Ausgangswiderstand berechnet werden:

Das Ausgangssignal soll eine Amplitude von maximal 2,5 V haben.

Die Belastung ist vernachlässigbar klein.

Die untere Grenzfrequenz soll f_u = 20 Hz betragen.

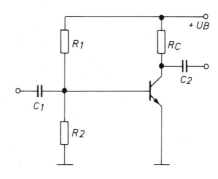

Lösung:

Aus dem Datenblatt bzw. den Kennlinien des Transistors BC 107 (siehe Seiten 198 bis 203) lesen wir ab:

$$h_{21} = \beta \approx 220$$

$$h_{22} = \frac{1}{r_{CE}} \approx 18 \,\mu S \triangleq 55,5 \,k\Omega$$

$$h_{11} = r_{BE} \approx 2,7 \,k\Omega$$

Die Betriebsspannung muß mindestens doppelt so groß sein wie die gewünschte maximale Amplitude des Ausgangssignals, d. h.:

$$U_B \geq 5 \,V$$

Die Sättigungsspannung ist vernachlässigbar klein.

Wählen wir U_B = 5 V, so muß der Arbeitspunkt für maximale Aussteuerbarkeit gewählt werden, d. h.:

$$U_{CE} \approx \frac{U_B}{2} = 2,5 \,V$$

Da die Belastung der Schaltung minimal ist, kann der Kollektorruhestrom klein gewählt werden. Wir wählen:

$$I_C = 0,5 \,mA$$

Der zugehörige Basisstrom beträgt:

$$I_B = \frac{I_C}{B} = \frac{0,5 \,mA}{220} = 2,27 \,\mu A$$

(mit $B \approx \beta$)

Damit ergibt sich ein Querstrom durch R_1 und R_2 von:

$$I_q = 10 \cdot I_B = 22,7 \,\mu A$$

Aus der Eingangskennlinie ergibt sich für I_B = 2,27 μA:

$$U_{BE} \approx 0,46 \,V$$

Wir kennen nun alle Werte, die zur Dimensionierung der Bauelemente und zur Berechnung von Eingangs- und Ausgangswiderstand notwendig sind.

Es gilt:

$$R_1 = \frac{U_B - U_{BE}}{I_q + I_B} = \frac{4{,}54\,\text{V}}{24{,}97\,\mu\text{A}} \approx 182\,\text{k}\Omega$$

$$R_2 = \frac{U_{BE}}{I_q} = \frac{0{,}46\,\text{V}}{22{,}7\,\mu\text{A}} \approx 20{,}3\,\text{k}\Omega$$

$$R_C = \frac{U_B - U_{CE}}{I_C} = \frac{2{,}5\,\text{V}}{0{,}5\,\text{mA}} = 5\,\text{k}\Omega$$

$$C_1 = \frac{1}{2\pi \cdot f_u \cdot r_e}$$

$$\approx 3{,}39\,\mu\text{F}$$

$$r_e = R_1 \parallel R_2 \parallel r_{BE}$$

$$\approx 2{,}35\,\text{k}\Omega$$

$$r_a = R_C \parallel r_{CE}$$

$$\approx 4{,}6\,\text{k}\Omega$$

Die berechneten Werte für Widerstände und Kondensatoren sind im allgemeinen keine Werte einer Normreihe. In der Regel ist der Einfluß auf das Verhalten der Schaltung jedoch gering, wenn die nächstgelegenen Normwerte gewählt werden.

3.8. Gegenkopplung bei der Emitterschaltung

Lernziele

Der Lernende kann...
- ... die beiden Arten der Gegenkopplung nennen.
- ... die grundsätzliche Wirkungsweise der Gegenkopplung erläutern.
- ... die wichtigsten Auswirkungen der Gegenkopplung nennen.
- ... Strom- und Spannungsgegenkopplung bezüglich der notwendigen Schaltungsmaßnahmen und der Funktionsweise beschreiben und die grundsätzlichen Schaltungen zeichnen.
- ... die arbeitspunktstabilisierende Wirkung der Gegenkopplung erläutern.
- ... den Einfluß der Gegenkopplung auf einige dynamische Betriebswerte beschreiben und die bei Gegenkopplung gültigen dynamischen Werte von den ohne Gegenkopplung gültigen Werten durch eine entsprechende Kennzeichnung unterscheiden.
- ... das unterschiedliche Verhalten beschreiben, das eine nur gleichstrom- oder gleichspannungsmäßig gegengekoppelte Emitterschaltung für langsame und schnelle Änderungen des Arbeitspunktes zeigt, sowie dieses Verhalten anhand einer Gleich- und einer Wechselstromwiderstandsgeraden veranschaulichen.
- ... bei vorgegebenem Arbeitspunkt, vorgegebener Betriebsspannung und vorgegebener unterer Grenzfrequenz die Bauteile der Schaltung dimensionieren.
- ... anhand eines ausgangsseitigen Spannungs-Zeit-Diagrammes die Bedingung für maximale Aussteuerbarkeit ableiten.

3.8.1. Begriff

Die Gegenkopplung ist eine Sonderform der Rückkopplung.

Unter Rückkopplung versteht man die Rückführung eines Teiles der Ausgangsgröße (Strom oder Spannung) auf den Eingang eines Verstärkers. Je nach Phasenlage des rückgekoppelten Stromes bzw. der rückgekoppelten Spannung unterscheidet man Mitkopplung und Gegenkopplung.

a) *Mitkopplung:*
Diese Art der Rückkopplung unterstützt die Wirkung des Eingangssignals, da Eingangssignal und rückgekoppeltes Signal gleiche Phasenlage haben.

Die Verstärkung wird größer und das System beginnt bei genügend großer Grundverstärkung (= Verstärkung ohne Rückkopplung) und genügend starker Mitkopplung zu schwingen. Die Mitkopplung wird bei allen Schwingschaltungen mit elektronischen Bauelementen (Oszillatoren) ausgenutzt.

b) *Gegenkopplung*
Die rückgekoppelte Ausgangsgröße wirkt dem Eingangssignal entgegen, da Eingangssignal und rückgekoppeltes Signal gegeneinander um 180° phasenverschoben sind.

Die resultierende Verstärkung wird verringert.

Man unterscheidet, je nachdem, welche Größe für die Gegenkopplungswirkung verantwortlich ist, zwischen Spannungs- und Stromgegenkopplung. Außerdem ist zu unterscheiden, ob die Gegenkopplung nur für Gleich- oder auch für Wechselgrößen wirksam ist.

Je nach Schaltungsart kann die Gegenkopplung folgende Wirkungen haben:

Gleichstrommäßig:

Stabilisierung des Arbeitspunktes.

Wechselstrommäßig:

Stabilisierung der Spannungsverstärkung,

Linearisierung des Frequenzganges,

Verbesserung des Klirrfaktors,

Erhöhung des Eingangswiderstandes,

Verkleinerung des Ausgangswiderstandes und

Herabsetzung der Spannungsverstärkung auf einen definierten Wert.

3.8.2. Stromgegenkopplung bei der Emitterschaltung

Wie im Abschnitt „Arbeitspunkteinstellung bei der Kollektorschaltung" schon angedeutet wurde, hat ein im Emitterkreis eines Transistors liegender ohmscher Widerstand eine Stromgegenkopplungswirkung. Dies ist auch der Fall, wenn der Emitterwiderstand in eine Emittergrundschaltung eingesetzt wird. Der Emitterwiderstand in Bild 3.8.–1 soll zunächst nur gleichstrommäßig wirksam sein. Er ist deshalb mit einem Kondensator C_E überbrückt, der auch bei der unteren Grenzfrequenz der Verstärkerstufe noch sehr niederohmig gegen R_E ist und deshalb jede Wechselspannung, die am Emitter auftritt, nach Masse kurzschließt.

Man spricht in diesem Fall von Gleichstromgegenkopplung.

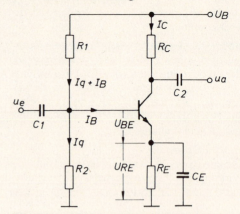

Bild 3.8.–1. Gleichstromgegenkopplung

Wirkungsweise der Gleichstromgegenkopplung:

Erhöht sich der Kollektorstrom I_C durch Temperaturerhöhung oder durch Austausch des Transistors (Exemplarstreuung) um einen bestimmten Betrag ΔI_C, so erhöht sich der Emitterstrom ebenfalls um praktisch den gleichen Betrag.

Dies hat eine Erhöhung der Spannung U_{RE} am Emitterwiderstand zur Folge. Da die Spannung U_{R2} durch den niederohmigen Spannungsteiler R_1 und R_2 konstant gehalten wird, muß eine Erhöhung von U_{RE} zwangsläufig eine Verkleinerung von $U_{BE} = U_{R2} - U_{RE}$ zur Folge haben. Damit wird auch der Basisstrom kleiner, und der Kollektorstrom wird annähernd auf den alten Wert zurückgeregelt.

Diese Stabilisierung des Arbeitspunktes ist um so besser, je hochohmiger der Emitterwiderstand R_E und je niederohmiger der Spannungsteiler ist.

Der Emitterwiderstand kann jedoch nicht beliebig groß gewählt werden, da der Spannungsabfall am Emitterwiderstand für den Aussteuerbereich verloren geht. Außerdem bedeutet ein großer Emitterwiderstand natürlich eine erhebliche zusätzliche Verlustleistung. Es ist zweckmäßig, R_E so zu wählen, daß an ihm etwa 10%–20% der Betriebsspannung abfallen.

Richtwert: $U_{RE} \approx (0{,}1 \div 0{,}2)\, U_B$

3.8. Gegenkopplung bei der Emitterschaltung

Die vorliegende Schaltung hat gleichstrommäßig ein anderes Verhalten als wechselstrommäßig, da nur langsame Änderungen des Kollektorstromes zu einer Spannungsänderung an R_E führen.

Der Arbeitspunkt des Transistors verhält sich bei langsamen Änderungen des Kollektorstromes (mit einer Frequenz unterhalb der unteren Grenzfrequenz, z. B. Temperaturschwankungen) anders als bei schnellen Änderungen des Kollektorstromes (oberhalb der unteren Grenzfrequenz).

Diese verschiedenen Verhaltensweisen können im Ausgangskennlinienfeld erfaßt werden, indem man eine gleichstrommäßige und eine wechselstrommäßige Widerstandsgerade verwendet.

Die Achsabschnitte beider Geraden und ihre Steigungen werden auf die bereits bekannte Weise ermittelt:

Gleichstrommäßig sind zwei Widerstände im Ausgangskreis wirksam, nämlich R_C und R_E. Die Kollektor-Emitterspannung kann bei langsamer Sperrung des Transistors bis auf den Wert der Betriebsspannung ansteigen.

Für die gleichstrommäßige Aussteuerung des Transistors steht also die volle Betriebsspannung zur Verfügung. Deshalb erhalten wir für die gleichstrommäßige Widerstandsgerade auf der I_C-Achse den Abschnitt $I_C = \dfrac{U_B}{R_C + R_E}$ und auf der U_{CE}-Achse den Abschnitt $U_{CE} = U_B$.

Wechselstrommäßig ist im Ausgangskreis nur der ohmsche Widerstand R_C wirksam. Bei schneller Sperrung des Transistors (f oberhalb der unteren Grenzfrequenz f_u) kann die Spannung am Transistor maximal gleich dem Wert $U_{CE} = U_B - U_{REA}$ werden, da der Emitter wechselstrommäßig auf Massepotential liegt. Wechselstrommäßig verhält sich die vorliegende Schaltung wie eine Emitterschaltung ohne R_E, bei der die Speisespannung um den Betrag U_{REA} kleiner ist als im vorliegenden Fall (siehe Bild 3.8.–3). Für die Achsabschnitte der wechselstrommäßigen Widerstandsgeraden erhalten wir deshalb:

Auf der I_C-Achse: $I_C = \dfrac{U_B - U_{RE}}{R_C}$ und auf

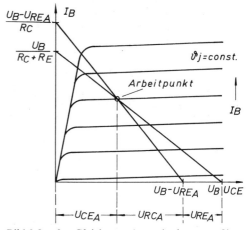

Bild 3.8.–2. Gleich- und wechselstrommäßige Widerstandsgerade bei Gleichstromgegenkopplung

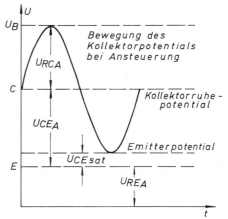

Bild 3.8.–3. Ausgangsseitiges Spannungs-Zeit-Diagramm für eine Emitterschaltung mit Gleichstromgegenkopplung

Für maximale Aussteuerbarkeit:

$$U_{CE} = \frac{U_B - U_{REA}}{2} + \frac{U_{CEsat}}{2}$$

$$\approx \frac{U_B - U_{REA}}{2}$$

der U_{CE}-Achse: $U_{CE} = U_B - U_{RE}$.

Beide Widerstandsgeraden schneiden sich im Arbeitspunkt.

Bei schnellen Spannungs- bzw. Stromänderungen bewegt sich der Arbeitspunkt auf der Wechselstromwiderstandsgeraden, bei langsamen Strom- und Spannungsänderungen auf der Gleichstromwiderstandsgeraden. Eine gleichstrommäßige Verschiebung des Arbeitspunktes z. B. durch Temperaturänderung äußert sich im Ausgangskennlinienfeld in einer Parallelverschiebung der Wechselstromwiderstandsgeraden (siehe Bild 3.8.−4).

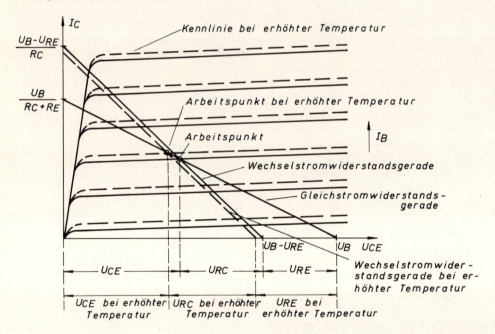

Bild 3.8.−4. Gleich- und Wechselstromwiderstandsgerade bei verschiedenen Betriebstemperaturen.

3.8. Gegenkopplung bei der Emitterschaltung

Es ist deutlich zu erkennen, daß bei höherer Temperatur und damit größerem Kollektorstrom die Spannung U_{RE}, die ja den Abschnitt der Wechselstromwiderstandsgeraden auf der U_{CE}-Achse beeinflußt, genau um den Betrag größer wird, um den die Kollektor-Emitterspannung kleiner wird.

Die Steigungen beider Geraden ändern sich bei Temperaturänderungen jedoch nicht, da die Werte der ohmschen Widerstände im Vergleich zu den Halbleiterwiderständen praktisch temperaturunabhängig sind.

Eigenschaften der Verstärkerstufe in Emitterschaltung mit Stromgegenkopplung:

Außer den im vorstehenden Text ausführlich behandelten unterschiedlichen Verhaltensweisen für niedrige und hohe Frequenzen verhält sich diese Schaltung wie eine nicht gegengekoppelte Emitterstufe.

Den Vorteil, der durch die Gleichstromgegenkopplung entstanden ist, wollen wir noch einmal formulieren:

Die Schaltung hat infolge der Gleichstromgegenkopplung einen stabilen Arbeitspunkt.

Im übrigen gilt:

für den Wechselstromeingangswiderstand:

$$\boxed{r_e = r_{BE} \parallel R_1 \parallel R_2} \qquad (3.8.-1)$$

für die Spannungsverstärkung:

$$\boxed{v_u = \beta \cdot \frac{R_C \parallel r_{CE}}{r_{BE}}} \qquad (3.8.-2)$$

für den Wechselstromausgangswiderstand:

$$\boxed{r_a = R_C \parallel r_{CE}} \qquad (3.8.-3)$$

und für die untere Grenzfrequenz:

$$\boxed{f_u = \frac{1}{2\pi \cdot r_e \cdot C_1}} \qquad (3.8.-4)$$

Dimensionierung der Verstärkerstufe in Emitterschaltung mit Stromgegenkopplung:

Da die in den Dimensionierungsrechnungen verwendeten Ruhespannungen und Ruheströme Gleichgrößen sind, ergibt sich bei der Dimensionierung dieser Schaltung nichts grundsätzlich Neues.

Es gilt:

$$\boxed{R_C = \frac{U_B - (U_{CE} + U_{RE})}{I_C}} \qquad (3.8.-5)$$

$$\boxed{R_E = \frac{U_{RE}}{I_E} \approx \frac{U_{RE}}{I_C}} \qquad (3.8.-6)$$

mit $U_{RE} \approx (0{,}1 \div 0{,}2)\, U_B$

$$R_1 = \frac{U_B - (U_{BE} + U_{RE})}{I_q + I_B} \qquad (3.8.-7)$$

$$R_2 = \frac{U_{BE} + U_{RE}}{I_q} \qquad (3.8.-8)$$

$$C_1 = \frac{1}{2\pi \cdot f_u \cdot r_e} \qquad (3.8.-9)$$

$$C_2 = \frac{1}{2\pi \cdot f_u \cdot (r_a + R_L)} \qquad (3.8.-10)$$

Allerdings ist bei der Wahl von U_{CE} folgendes zu beachten:

Da der Emitterwiderstand R_E durch den Kondensator C_E wechselstrommäßig kurzgeschlossen ist, steht der an R_E abfallende Anteil der Betriebsspannung nicht mehr für die Aussteuerung zur Verfügung. Wechselstrommäßig steht nur noch der Betrag $U_B - U_{RE}$ zur Verfügung, so daß das maximal mögliche Ausgangssignal bei gleicher Betriebsspannung entsprechend kleiner ist als ohne Gleichstromgegenkopplung.

Für maximale Aussteuerbarkeit muß deshalb das Kollektorpotential etwa in der Mitte zwischen Emitterpotential und Betriebsspannung gewählt werden, damit der Kollektor bei Ansteuerung des Transistors potentialmäßig zu positiven und negativen Werten hin den gleichen Spielraum hat.

Für eine Emitterschaltung mit Gleichstromgegenkopplung gilt also bei maximaler Aussteuerbarkeit nicht $U_{CE} = U_B/2$, sondern (siehe auch Bild 3.8.-3):

Maximale Aussteuerbarkeit:

$$U_{CE} = \frac{U_B - U_{RE}}{2} = U_B^*/2 \qquad (3.8.-11)$$

Wird der Emitterwiderstand R_E nicht durch einen Kondensator überbrückt, so ist er auch wechselstrommäßig wirksam. In diesem Fall liegt eine Gleich- *und* Wechselstromgegenkopplung vor (siehe Bild 3.8.-5).

Die Wirkungsweise der Stromgegenkopplung ist die gleiche wie in der Schaltung mit Emitterkondensator, nur wirkt jetzt die Gegenkopplung auch auf schnelle Änderungen des Kollektorstromes. Bei gleichem Eingangssignal ΔI_B und ΔU_{BE} erhält man deshalb bei einer Schaltung mit Wechselstromgegenkopplung ein kleineres Ausgangssignal als bei einer

3.8. Gegenkopplung bei der Emitterschaltung

Schaltung ohne Wechselstromgegenkopplung. Auch auf andere Wechselstromeigenschaften der Verstärkerstufe hat die Wechselstromgegenkopplung erheblichen Einfluß:

Eigenschaften einer Verstärkerstufe in Emitterschaltung mit Gleich- und Wechselstromgegenkopplung:

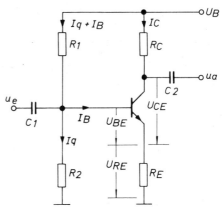

Bild 3.8.−5. Verstärkerstufe in Emitterschaltung mit Gleich- und Wechselstromgegenkopplung

Der Wechselstromeingangswiderstand ist wegen des wechselstrommäßig wirksamen Emitterwiderstandes gleich dem Eingangswiderstand der Kollektorschaltung:

$$r'_e = R_1 \| R_2 \| (r_{BE} + \beta \cdot R_E) \qquad (3.8.-12)$$

r'_e = Eingangswiderstand mit der Verstärkerstufe *mit* Wechselstromgegenkopplung
r_e = Eingangswiderstand der Verstärkerstufe *ohne* Wechselstromgegenkopplung

Auch alle anderen Wechselstromkennwerte der Schaltung, die sich infolge der Wechselstromgegenkopplung geändert haben, werden auf diese Weise gekennzeichnet!

Daß die Spannungsverstärkung, die wir mit v'_u bezeichnen, durch die Wechselstromgegenkopplung kleiner wird, wurde bereits erläutert. Es soll nun abgeleitet werden, wie die Spannungsverstärkung vom Emitterwiderstand und von anderen Bauelementen der Schaltung abhängig ist:

Da v'_u die nach außen wirksame Spannungsverstärkung ist, gilt:

$$v'_u = \frac{\Delta U_{RC}}{\Delta U_{R1}} = \frac{\text{Ausgangswechselspannung}}{\text{Eingangswechselspannung}}$$

Setzt man die Ausgangssignalspannung nicht zur gesamten Eingangssignalspannung ins Verhältnis, sondern nur zu dem Anteil, der zur Ansteuerung des Transistors dient, so erhält man die Spannungsverstärkung v_u, die ohne Wechselstromgegenkopplung nach außen wirksam wäre:

$$\frac{\Delta U_{RC}}{\Delta U_{R1} - \Delta U_{RE}} = \frac{\Delta U_{RC}}{\Delta U_{BE}}$$

$$= v_u \left(= \beta \cdot \frac{R_C \| r_{CE}}{r_{BE}} \right)$$

Damit ergibt sich:

$$\Delta U_{R1} - \Delta U_{RE} = \frac{\Delta U_{RC}}{v_u}$$

$$\Delta U_{R1} = \frac{\Delta U_{RC}}{v_u} + \Delta U_{RE}$$

und:

$$v'_u = \frac{\Delta U_{RC}}{\Delta U_{R1}} = \frac{\Delta U_{RC}}{\frac{\Delta U_{RC}}{v_u} + \Delta U_{RE}}$$

$$= \frac{\Delta U_{RC} \cdot v_u}{\Delta U_{RC} + v_u \cdot \Delta U_{RE}} = \frac{v_u}{1 + v_u \cdot \frac{\Delta U_{RE}}{\Delta U_{RC}}}$$

Da die Spannungen sich wie die zugehörigen Widerstände verhalten, ist

$$v'_u = \frac{v_u}{1 + v_u \cdot \frac{R_E}{R_C}} = \frac{v_u}{1 + K \cdot v_u}$$

$$\left(K = \frac{R_C}{R_E} = \text{Gegenkopplungsfaktor} \right)$$

Für ein genügend großes v_u ergibt sich ein vereinfachter Ausdruck:

$$\boxed{v'_u \approx \frac{R_C}{R_E} = \frac{1}{K}} \qquad (3.8.-13)$$

Wir stellen also fest, daß die Wechselstromgegenkopplung sich zwar insofern nachteilig auf die Spannungsverstärkung auswirkt, als diese kleiner wird, daß sie jedoch zwei erhebliche Vorteile bringt:

1. Die Spannungsverstärkung läßt sich auf einen gewünschten definierten Wert einstellen, nämlich auf das Verhältnis der beiden Widerstände R_C und R_E.
2. Die Spannungsverstärkung wird praktisch unabhängig von den Daten des Transistors und hängt nur von den beiden ohmschen Widerständen R_C und R_E ab (wichtig beim Bau von Seriengeräten und bei Reparaturen).

Für den differentiellen Ausgangswiderstand gilt:

$$\boxed{r'_a = R_C \parallel r_{CE} \cdot \left(1 + \beta \cdot \frac{R_E}{r_{BE}} \right)} \qquad (3.8.-14)$$

Da der zweite Teil dieser Parallelschaltung sehr hohe Widerstandswerte annimmt (typisch: MΩ-Bereich, siehe auch Abschnitt: Konstantstromquelle), kann man mit sehr guter Näherung vereinfacht schreiben:

$$\boxed{r'_a \approx R_C} \qquad (3.8.-15)$$

Für die untere Grenzfrequenz gilt:

$$\boxed{f_u = \frac{1}{2\pi \cdot r'_e \cdot C_1}} \qquad (3.8.-16)$$

3.8. Gegenkopplung bei der Emitterschaltung

Da der Eingangswiderstand der Verstärkerstufe infolge des Emitterwiderstandes hochohmiger geworden ist, ist die untere Grenzfrequenz entsprechend niedriger.

Außerdem bewirkt die Wechselstromgegenkopplung ganz allgemein eine

Linearisierung des Frequenzganges,

wie man bei Aufnahme der Übertragungskurve feststellen kann.

Eine weitere positive Folge der Wechselstromgegenkopplung ist die

Verbesserung des Klirrfaktors.

Es gilt:

$$\boxed{k' = \frac{k}{g}} \qquad (3.8.-17)$$

k' = Klirrfaktor bei Wechselstromgegenkopplung

k = Klirrfaktor ohne Wechselstromgegenkopplung

g = Schleifenverstärkung

$= \dfrac{v_u}{v'_u} > 1$

Zusätzlich zu den Wirkungen der Wechselstromgegenkopplung liegt auch hier wieder, wie schon bei der Emitterstufe mit Emitterkondensator eine vorteilhafte Wirkung der Gleichstromgegenkopplung vor, nämlich eine

Stabilisierung des Arbeitspunktes.

Eine bezüglich der Temperaturabhängigkeit des Arbeitspunktes verbesserte Emitterschaltung mit Stromgegenkopplung zeigt Bild 3.8.–6. Anstelle des Spannungsteilerwiderstandes R_2 tritt hier die Reihenschaltung eines ohmschen Widerstandes und einer Diode. Durch diese Maßnahme soll der nachteilige Einfluß des temperaturabhängigen Kollektor-Basis-Reststromes vermindert werden.

Da der Kollektor-Basis-Reststrom zu ca. 90% (bei $I_q = 10 \cdot I_B$) durch den Spannungsteilerwiderstand R_2 fließt, wird bei steigender Temperatur der Spannungsabfall an R_2 größer. Da die Diode jedoch einen negativen Temperaturkoeffizienten des Widerstandes hat, wird sie bei höherer Temperatur niederohmiger, so daß der höhere Spannungsabfall an R_2 durch das Verhalten der Diode teilweise ausgeglichen wird.

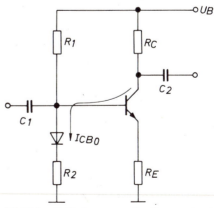

Bild 3.8.–6. Verbesserung der Temperaturstabilität des Arbeitspunktes durch Verminderung des Einflusses von I_{CB0}

Voraussetzung für die Wirksamkeit dieser Maßnahme ist ein enger Wärmekontakt zwischen Diode und Transistor (Montage auf Kühlblech).

Dimensionierung einer Emitterschaltung mit Gleich- und Wechselstromgegenkopplung:

Grundsätzlich ergibt sich auch hier nichts Neues gegenüber der nicht gegengekoppelten Emitterschaltung.

Es gilt in Bild 3.8.−5:

$$R_C = \frac{U_B - (U_{CE} + U_{RE})}{I_C} \qquad (3.8.-18)$$

$$R_E = \frac{U_{RE}}{I_C} \qquad (3.8.-19)$$

(Das Verhältnis von R_C zu R_E wird in erster Linie durch die geforderte Spannungsverstärkung bestimmt. Allerdings sollte auch hier beachtet werden, daß U_{RE} zweckmäßigerweise etwa 10 bis 20% der Betriebsspannung betragen sollte.)

$$R_1 = \frac{U_B - (U_{BE} + U_{RE})}{I_q + I_B} \qquad (3.8.-20)$$

$$R_2 = \frac{U_{BE} + U_{RE}}{I_q} \qquad (3.8.-21)$$

$$C_1 = \frac{1}{2\pi \cdot f_u \cdot r'_e} \qquad (3.8.-22)$$

$$C_2 = \frac{1}{2\pi \cdot f_u \cdot (r'_a + R_L)} \qquad (3.8.-23)$$

Bei der Wahl von U_{CE} muß bezüglich der ausgangsseitigen Aussteuerbarkeit der Schaltung folgendes beachtet werden:

Da der Emitterwiderstand auch wechselstrommäßig wirksam ist, bleibt der Emitter bei Ansteuerung der Schaltung durch eine Signalspannung nicht auf konstantem Potential, sondern er bewegt sich gegenphasig zum Kollektor. Wird der Kollektor positiver, so wird der Emitter negativer und umgekehrt.

Dies hat Einfluß auf die Aussteuerbarkeit der Schaltung, da das Kollektorpotential bei voll durchgesteuertem Transistor nicht bis auf den Wert des Emitterruhepotentials absinken kann sondern nur bis zu einem höheren Potential-

3.8. Gegenkopplung bei der Emitterschaltung

wert, der vom Verhältnis der Widerstände R_C und R_E abhängt.

In Bild 3.8.–7 ist die gegenphasige Bewegung von Kollektor- und Emitterpotential und die daraus resultierende Einschränkung der Aussteuerbarkeit zu erkennen.

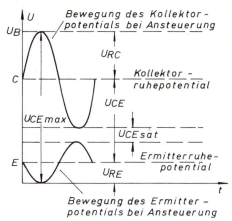

Bild 3.8.–7. Ausgangsseitiges Spannungs-Zeitdiagramm einer Emitterschaltung mit Gleich- und Wechselstromgegenkopplung

Außerdem ist zu erkennen, daß auch hier wieder gilt:

Für maximale Aussteuerbarkeit muß sein:

$$U_{CE} = \frac{U_B}{2} + \frac{U_{CEsat}}{2} \approx \frac{U_B}{2} \qquad (3.8.-24)$$

Nachteilig bei der vorstehend beschriebenen Emitterschaltung mit Gleich- und Wechselstromgegenkopplung ist, daß die beiden Gegenkopplungswirkungen für Gleich- und Wechselstrom gleich stark sind. Schreibt man eine bestimmte Arbeitspunktstabilität vor, so hat man keine Möglichkeit mehr, die Spannungsverstärkung der Schaltung frei zu wählen, da diese ja auch, wie die Arbeitspunktstabilität, durch das Verhältnis der Widerstände R_C und R_E bestimmt wird. Wünschenswert ist jedoch, daß Spannungsverstärkung und Arbeitspunktstabilität unabhängig voneinander einstellbar sind.

Diese Möglichkeit bietet die in Bild 3.8.–8 dargestellte Schaltung, bei der zwei Widerstände im Emitterkreis liegen, von denen der untere durch einen großen Kondensator wechselstrommäßig kurzgeschlossen wird. Gleichstrommäßig sind also beide Emitterwiderstände wirksam, wechselstrommäßig jedoch nur der Widerstand R_{E1}.

Wir unterscheiden deshalb bei dieser Schaltung zwischen (Wechsel-)Spannungsverstär-

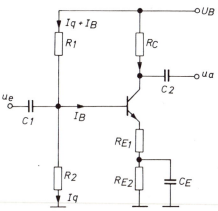

Bild 3.8.–8. Emitterschaltung mit von der Gleichstromgegenkopplung unabhängiger Wechselstromgegenkopplung

kung v'_u und Driftverstärkung v_D (Drift = langsame Bewegung des Arbeitspunktes).

Die Spannungsverstärkung v'_u ist die für Signalspannungen oberhalb der unteren Grenzfrequenz wirksame Verstärkung, die Driftverstärkung dagegen ist wirksam bei langsamen Änderungen des Basispotentials, z. B. infolge Betriebsspannungsschwankungen oder Temperaturänderungen.

Für beide Spannungsverstärkungen gilt die gleiche Gesetzmäßigkeit, die bereits für die vorhergehende Schaltung abgeleitet wurde, wobei in die bekannte Formel die jeweils wirksamen Widerstände einzusetzen sind:

$$v'_u = \frac{v_u}{1 + K_\sim \cdot v_u} \qquad (3.8.-25)$$

$$v'_D = \frac{v_u}{1 + K_- \cdot v_u} \qquad (3.8.-26)$$

$K_\sim$ = Gegenkopplungsfaktor für Wechselstrom
$ = \dfrac{R_{E1}}{R_C}$

K_- = Gegenkopplungsfaktor für Gleichstrom
$ = \dfrac{R_{E1} + R_{E2}}{R_C}$

Auch hier gilt, wenn die Spannungsverstärkung ohne Gegenkopplung v_u genügend groß ist:

$$v'_u \approx \frac{1}{K_\sim} = \frac{R_C}{R_{E1}} \qquad (3.8.-27)$$

$$v'_D \approx \frac{1}{K_-} = \frac{R_C}{R_{E1} + R_{E2}} \qquad (3.8.-28)$$

Für den Wechselstromeingangswiderstand gilt, da nur R_{E1} wechselstrommäßig wirksam ist:

$$r'_e = R_1 \parallel R_2 \parallel (r_{BE} + \beta \cdot R_{E1}) \qquad (3.8.-29)$$

Der Wechselstromausgangswiderstand ist auch hier:

$$r'_a = R_C \parallel r_{CE}\left(1 + \beta \cdot \frac{R_{E1}}{r_{BE}}\right) \qquad (3.8.-30)$$
$$\approx R_C$$

Die untere Grenzfrequenz:

$$f_u = \frac{1}{2\pi \cdot r'_e \cdot C_1} \qquad (3.8.-31)$$

Dimensionierung der Schaltung nach Bild 3.8.−8:

3.8. Gegenkopplung bei der Emitterschaltung

Es gilt:

$$R_C = \frac{U_B - (U_{CE} + U_{RE1} + U_{RE2})}{I_C} \quad (3.8.-32)$$

$$R_{E1} = \frac{U_{RE1}}{I_C} \quad (3.8.-33)$$

$$R_{E2} = \frac{U_{RE2}}{I_C} \quad (3.8.-34)$$

Die Wahl der Spannungen U_{RE1} und U_{RE2} richtet sich nach der gewünschten Spannungsverstärkung und nach der geforderten Arbeitspunktstabilität. Richtwert:

$U_{RE2} \approx (0{,}1 \div 0{,}2) \cdot U_B$

$$R_1 = \frac{U_B - (U_{BE} + U_{RE1} + U_{RE2})}{I_q + I_B} \quad (3.8.-35)$$

$$R_2 = \frac{U_{BE} + U_{RE1} + U_{RE2}}{I_q} \quad (3.8.-36)$$

$$C_1 = \frac{1}{2\pi \cdot f_u \cdot r'_e} \quad (3.8.-37)$$

$$C_2 = \frac{1}{2\pi \cdot f_u (R_L + r'_a)} \quad (3.8.-38)$$

Richtwert für C_E:

Bei der unteren Grenzfrequenz soll C_E immer noch einen sicheren Kurzschluß für Wechselspannungen bedeuten. Deshalb kann man z. B. fordern:

$X_{CE}(f_u) = 1/10 \cdot R_{E2}$

Daraus ergibt sich:

$$C_E = \frac{10}{2\pi \cdot f_u \cdot R_{E2}} \quad (3.8.-39)$$

Bei der Wahl der Kollektor-Emitterspannung spielt wieder die ausgangsseitige Aussteuerbarkeit eine Rolle. Die Potentialverhältnisse für den Fall der maximalen Aussteuerbarkeit gibt Bild 3.8.−9 wieder.

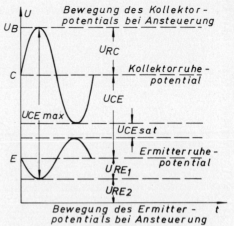

Bild 3.8.−9. Ausgangsseitiges Spannungszeitdiagramm der stromgegengekoppelten Emitterschaltung nach Bild 3.8.−8

Für maximale Aussteuerbarkeit muß sein:

$$U_{CE} = \frac{U_B - U_{RE\,2}}{2} + \frac{U_{CEsat}}{2} \qquad (3.8.-40)$$

$$U_{CE} = \frac{U_B^*}{2} + \frac{U_{CEsat}}{2}$$

$$U_{CE} \approx \frac{U_B^*}{2}$$

($U_B^* = U_B - U_{RE\,2}$ = wechselstrommäßig wirksame Betriebsspannung)

Beispiel zum Abschnitt 3.8.2

Aufgabe:

Zeichnen Sie für die folgende stromgegengekoppelte Emitterschaltung

a) die gleichstrommäßige
b) die wechselstrommäßige Widerstandsgerade im zugehörigen Ausgangskennlinienfeld ein! Der Verlauf der beiden Geraden (Steigung, Arbeitspunkt, Achsabschnitte) soll rechnerisch ermittelt werden!
c) Es soll eine untere Grenzfrequenz von 50 Hz erreicht werden. Ist dies bei einem Querstrom von $I_q = 15 \cdot I_B$ möglich?

Begründen Sie Ihre Antwort!
Wie groß müßte in diesem Fall C_1 mindestens sein?

Vorgegeben:

$U_B = 32\,\text{V}$
$I_C = 10\,\text{mA}$
$U_{BE} = 0{,}7\,\text{V}$
$r_{BE} = 1\,\text{k}\Omega$
$B \approx \beta = 200$
$v_u' = 5$ (Wechselspannungsverstärkung)
$v_b' = 1$ (Driftverstärkung)
$C_1 = 0{,}2\,\mu\text{F}$
$U_{CEsat} = 0$

Es soll maximale Aussteuerbarkeit am Ausgang vorliegen!

3.8. Gegenkopplung bei der Emitterschaltung

d) Die Schaltung wird belastet mit einer zweiten Verstärkerstufe, die einen Wechselstromeingangswiderstand von 2 kΩ hat.

Wie groß muß dann der Kollektorwiderstand R_C der ersten Stufe werden, damit diese die gleiche Spannungsverstärkung hat wie vorher ($v'_u = 5$)?

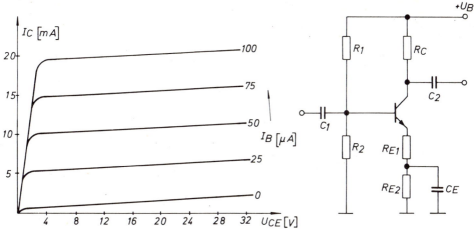

Bild 3.8.–10. Schaltung und Kennlinienfeld zur vorstehenden Aufgabe

Lösung:

a) und b):

Die allgemeine Gleichung der Widerstands- bzw. Arbeitsgeraden im Ausgangskennlinienfeld lautet:

$$I_C = -\frac{1}{R_C + R_E} \cdot U_{CE} + \frac{U_B}{R_C + R_E}$$

In der vorliegenden Aufgabe müssen wir unterscheiden zwischen einer gleichstrommäßigen und einer wechselstrommäßigen Widerstandsgeraden, da einer der beiden Emitterwiderstände, nämlich R_{E2} mit einem Kondensator überbrückt und deshalb nur gleichstrommäßig wirksam ist.

Die Gleichungen der beiden Geraden lauten deshalb:

a) für die gleichstrommäßige Widerstandsgerade:

$$I_C = -\frac{1}{R_C + R_{E1} + R_{E2}} \cdot U_{CE} + \frac{U_B}{R_C + R_{E1} + R_{E2}}$$

b) für die wechselstrommäßige Widerstandsgerade:

$$I_C = -\frac{1}{R_C + R_{E1}} + \frac{U_B - U_{RE2}}{R_C + R_{E1}}$$

Wie aus den Geradengleichungen ersichtlich ist, wird der Verlauf der Geraden durch die Betriebsspannung U_B und durch die Widerstände R_C, R_{E1} und R_{E2} im Ausgangskreis bestimmt. Da U_B bekannt ist, müssen noch die drei Widerstände berechnet werden. Dies kann auf zwei Arten geschehen:

1. Auf mathematischem Weg durch Lösen dreier Gleichungen mit drei Unbekannten oder
2. von der Anschauung her. Diese zweite Methode ist bei einiger Übung eher zu empfehlen, da viel Rechenaufwand eingespart wird.

Zu 1. Es werden drei Beziehungsgleichungen aufgestellt, in denen nur R_C, R_{E1} und R_{E2} als Unbekannte vorkommen:

Es gilt:

I. $\dfrac{R_C}{R_{E1}} = 5 \left(\text{da } v'_\text{ü} \approx \dfrac{1}{K_\sim} = \dfrac{R_C}{R_{E1}} \right)$

II. $\dfrac{R_C}{R_{E1} + R_{E2}} = 1 \left(\text{da } v'_\text{ü} \approx \dfrac{1}{K_=} \right.$
$\left. = \dfrac{R_C}{R_{E1} + R_{E2}} \right)$

III. $U_{RC} + U_{CE} + U_{RE1} + U_{RE2} = U_B$

In dieser dritten Gleichung müssen die einzelnen Spannungen noch durch den bekannten Kollektorstrom I_C und durch die gesuchten Widerstände ersetzt werden. Es ist:

$U_{RC} = I_C \cdot R_C$
$U_{RE1} = I_E \cdot R_{E1} \approx I_C \cdot R_{E1}$
$U_{RE2} = I_E \cdot R_{E2} \approx I_C \cdot R_{E2}$

U_{CE} soll gemäß Aufgabenstellung so gewählt werden, daß maximale Aussteuerung am Ausgang möglich ist. Wird U_{CEsat} vernachlässigt, so ist diese Bedingung dann erfüllt, wenn U_{CE} halb so groß ist wie der Anteil der Betriebsspannung, der für die wechselstrommäßige Aussteuerung zur Verfügung steht, also halb so groß wie $U_B - U_{RE2}$. Die andere Hälfte von $U_B - U_{RE2}$ liegt dann an den beiden Widerständen R_C und R_{E1}.

Es gilt:

$U_{CE} = \dfrac{U_B - U_{RE2}}{2} = \underbrace{I_C \cdot R_C}_{U_{RC}} + \underbrace{I_C \cdot R_{E1}}_{U_{RE1}}$

3.8. Gegenkopplung bei der Emitterschaltung

Ersetzt man nun die Spannungen U_{RC}, U_{CE}, U_{RE1} und U_{RE2} in Gleichung III. durch die vorstehenden Ausdrücke, so ergibt sich:

$$\text{III.} \underbrace{I_C \cdot R_C}_{U_{RC}} + \underbrace{I_C \cdot R_C + I_C \cdot R_{E1}}_{U_{CE}} + \underbrace{I_C \cdot R_{E1}}_{U_{RE1}} + \underbrace{I_C \cdot R_{E2}}_{U_{RE2}} = U_B$$

$$2 \cdot I_C \cdot R_C + 2 \cdot I_C \cdot R_{E1} + I_C \cdot R_{E2} = U_B$$

$$2 \cdot R_C + 2 \cdot R_{E1} + R_{E2} = \frac{U_B}{I_C}$$

Die drei Beziehungsgleichungen lauten damit:

I. $\dfrac{R_C}{R_{E1}} = 5$

II. $\dfrac{R_C}{R_{E1} + R_{E2}} = 1$

III. $2 \cdot R_C + 2 \cdot R_{E1} + R_{E2} = \dfrac{U_B}{I_C} = \dfrac{32\,\text{V}}{10\,\text{mA}} = 3{,}2\,\text{k}\Omega$

Aus I. folgt: $R_C = 5 \cdot R_{E1}$

Aus II. folgt: $R_C = R_{E1} + R_{E2}$
$R_{E2} = R_C - R_{E1}$

Setzt man Gleichung I. in Gleichung II. ein, so ergibt sich:

$R_{E2} = 5 \cdot R_{E1} - R_{E1} = 4 \cdot R_{E1}$

Die Ausdrücke $R_C = 5 \cdot R_{E1}$ und $R_{E2} = 4 \cdot R_{E1}$ werden nun in Gleichung III. eingesetzt:

III. $2 \cdot 5 \cdot R_{E1} + 2 \cdot R_{E1} + 4 \cdot R_{E1} = 3{,}2\,\text{k}\Omega$
$16 \cdot R_{E1} = 3{,}2\,\text{k}\Omega$
$R_{E1} = 0{,}2\,\text{k}\Omega$
$R_{E2} = 0{,}8\,\text{k}\Omega$
$R_C = 1\,\text{k}\Omega$

Damit ist:

$U_{RC} = 10\,\text{mA} \cdot 1\,\text{k}\Omega = 10\,\text{V}$
$U_{RE1} = 10\,\text{mA} \cdot 0{,}2\,\text{k}\Omega = 2\,\text{V}$
$U_{RE2} = 10\,\text{mA} \cdot 0{,}8\,\text{k}\Omega = 8\,\text{V}$
$U_{CE} = U_{RC} + U_{RE1} = 12\,\text{V}$

Zu 2. Auch beim zweiten, einfacheren Lösungsweg legen wir wieder die folgenden drei Forderungen zugrunde:

1. $v'_u = 5$
2. $v'_D = 1$
3. U_{CE} soll so gewählt werden, daß maximale Aussteuerbarkeit vorliegt.

$v'_u = 5$ bedeutet:

$\dfrac{R_C}{R_{E1}} = 5$

Da der Ruhestrom I_C durch alle Widerstände gleich groß ist, ist das Verhältnis der Widerstände gleich dem Verhältnis der Spannungen an diesen Widerständen. Es gilt:

$$\frac{U_{RC}}{U_{RE1}} = 5 \Rightarrow U_{RC} = 5 \cdot U_{RE1}$$

$v'_D = 1$ bedeutet:

$$\frac{R_C}{R_{E1} + R_{E2}} = 1$$

bzw.

$$\frac{U_{RC}}{U_{RE1} + U_{RE2}} = 1$$

Da $U_{RC} = 5 \cdot U_{RE1}$, muß also sein:

$$U_{RE2} = 4 \cdot U_{RE1}$$

U_{CE} für maximale Aussteuerbarkeit bedeutet, daß

$$U_{CE} = U_{RE1} + U_{RC}$$

ist, also

$$U_{CE} = U_{RE1} + 5 \cdot U_{RE1} = 6 \cdot U_{RE1}$$

Trägt man diese Spannungen in die Schaltung ein, so ergibt sich:

$$U_B = 5 \cdot U_{RE1} + 6 \cdot U_{RE1} + 1 \cdot U_{RE1} + 4 \cdot U_{RE1}$$

$$32\,V = 16 \cdot U_{RE1}$$

Also ist:

$$U_{RE1} = 32\,V : 16 = 2\,V$$
$$U_{RC} = 5 \cdot U_{RE1} = 10\,V$$
$$U_{CE} = 6 \cdot U_{RE1} = 12\,V$$
$$U_{RE2} = 4 \cdot U_{RE1} = 8\,V$$

Und für die Widerstände ergibt sich:

$$R_C = \frac{U_{RC}}{I_C} = 1\,k\Omega$$

$$R_{E1} = \frac{U_{RE1}}{I_C} = 0{,}2\,k\Omega$$

$$R_{E2} = \frac{U_{RE2}}{I_C} = 0{,}8\,k\Omega$$

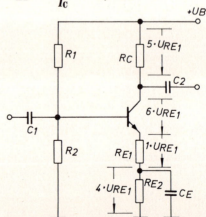

Setzen wir diese nach einer der beiden Methoden gefundenen Widerstandswerte in die zu Anfang aufgestellten Geradengleichungen ein, so ergibt sich

Bild 3.8.−11. Aufteilung der Betriebsspannung auf die einzelnen Widerstände im Ausgangskreis der Schaltung nach Bild 3.8.−10

3.8. Gegenkopplung bei der Emitterschaltung

a) für die Gleichstromwiderstandsgerade:

1. Die Steigung:

$$-\frac{1}{R_C + R_{E1} + R_{E2}} = -0{,}5\,\text{mS} = -0{,}5\,\frac{\text{mA}}{\text{V}}$$

2. Der Abschnitt auf der I_C-Achse:

$$\frac{U_B}{R_C + R_{E1} + R_{E2}} = 16\,\text{mA}$$

3. Der Abschnitt auf der U_{CE}-Achse:

$$I_C = 0 \Rightarrow U_{CE} = U_B = 32\,\text{V}$$

b) für die Wechselstromwiderstandsgerade:

1. Die Steigung:

$$-\frac{1}{R_C + R_{E1}} = -0{,}833\,\text{mS} = -0{,}833\,\frac{\text{mA}}{\text{V}}$$

2. Der Abschnitt auf der I_C-Achse:

$$\frac{U_B - U_{RE2}}{R_C + R_{E1}} = 20\,\text{mA}$$

3. Der Abschnitt auf der U_{CE}-Achse:

$$I_C = 0 \Rightarrow U_{CE} = U_B - U_{RE2} = 24\,\text{V}$$

Die Potentialverhältnisse in der Schaltung sollen noch einmal an folgendem ausgangsseitigen Spannungs-Zeitdiagramm deutlich gemacht werden:

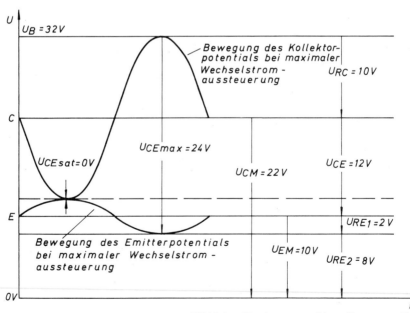

Bild 3.8.–12. Ausgangsseitiges Spannungs-Zeitdiagramm zu der Schaltung nach Bild 3.8.–10

Die beiden Widerstandsgeraden können nun eingezeichnet werden. Sie gehen beide durch den Arbeitspunkt (siehe Bild 3.8.−13).

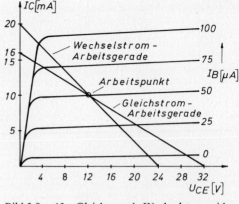

Bild 3.8.−13. Gleich- und Wechselstromwiderstandsgerade zu der Schaltung nach Bild 3.8.−10

Für den Arbeitspunkt gilt:

$I_C = 10$ mA, $U_{CE} = 12$ V, $I_B = 50$ μA

c) Es gilt:

$$f_u = \frac{1}{2\pi \cdot r'_e \cdot C_1}$$

Unbekannt ist r'_e. Er läßt sich jedoch aus den vorhandenen Angaben errechnen:

$$r'_e = R_1 \parallel R_2 \parallel (r_{BE} + \beta \cdot R_{E1})$$

(Da es sich um den Wechselstrom- oder differentiellen Eingangswiderstand handelt, ist R_{E2} ohne Bedeutung)

$$R_1 = \frac{U_B - U_{BE} - U_{RE1} - U_{RE2}}{I_q + I_B}$$

$$I_B = \frac{I_C}{B} = 50 \text{ μA}$$

$$I_q = 15 \cdot I_B = 750 \text{ μA}$$

$$R_1 = \frac{21{,}3 \text{ V}}{800 \text{ μA}} = 26{,}6 \text{ kΩ}$$

$$R_2 = \frac{U_{BE} + U_{RE1} + U_{RE2}}{I_q} = \frac{10{,}7 \text{ V}}{750 \text{ μA}} =$$
$$= 14{,}3 \text{ kΩ}$$

$r'_e = 26{,}6$ kΩ $\parallel$ 14,3 kΩ $\parallel$ 401 kΩ

$\approx 26{,}6$ kΩ $\parallel$ 14,3 kΩ
$= 9{,}3$ kΩ

Damit wird:

$f_u = 85{,}5$ Hz

Eine Grenzfrequenz von $f_u = 50$ Hz wird nur dann erreicht, wenn für C_1 die folgende Bedingung erfüllt ist:

$$C_1 \geq \frac{1}{2\pi \cdot f_u \cdot r'_e} = 0{,}342 \text{ μF}$$

d) Wechselstrommäßig parallel zum Kollektorwiderstand R_C der ersten Stufe liegt jetzt der Eingangswiderstand der zweiten Stufe.

3.8. Gegenkopplung bei der Emitterschaltung

Damit die Spannungsverstärkung $v'_u = 5$ erhalten bleibt, muß diese Parallelschaltung den gleichen Widerstandswert haben wie R_C im unbelasteten Fall.

Der neue Kollektorwiderstand R^*_C ist also auf jeden Fall hochohmiger als der ursprüngliche. Es muß sein:

$$R^*_C \| 2\,\text{k}\Omega = R_C = 1\,\text{k}\Omega$$

Man erkennt sofort, daß diese Gleichung nur erfüllt ist, wenn

$$R^*_C = 2\,\text{k}\Omega$$

ist.

Anmerkung:
Da der Eingangswiderstand der zweiten Stufe wegen der kapazitiven Kopplung nur wechselstrommäßig wirksam ist, hat die Vergrößerung des Kollektorwiderstandes von R_C auf R^*_C eine Arbeitspunktverschiebung zur Folge. Soll der Arbeitspunkt erhalten bleiben, müssen auch R_{E1} und R_{E2} verändert werden. Dann liegt jedoch keine maximale Aussteuerbarkeit mehr vor, und die Spannungsverstärkung würde sich mit R_{E1} ebenfalls wieder ändern.

Diese und die folgenden Überlegungen gehen über den Rahmen der ursprünglichen Aufgabe hinaus und sollen deshalb nur kurz ausgeführt werden.

Für den neuen Kollektorwiderstand R^*_C gilt:

$$V'_D = \frac{R^*_C}{R_{E1} + R^*_{E2}} = 1$$

R_{E1} ändert sich nicht, da die gleiche Spannungsverstärkung $v'_u = 5$ vorliegen soll.

Damit ist

$$R^*_{E2} = R^*_C - R_{E1} = 1{,}8\,\text{k}\Omega$$

Somit gilt für $I_C = 10\,\text{mA}$:

$$U^*_{RC} = 20\,\text{V}$$
$$U_{RE1} = 2\,\text{V}$$
$$U_{RE2} = 18\,\text{V}$$

Da der gleichstrommäßige Kollektorwiderstand R^*_C sich vom wechselstrommäßigen Kollektorwiderstand $R^*_C \| r_{e2}$ unterscheidet, liegt maximale Aussteuerbarkeit dann vor, wenn

$$U_{CE} = U_{RE1} + \frac{U^*_{RC}}{2} = 12\,\text{V}$$

(gleicher Wert wie ohne Belastung) und nicht, wenn $U_{CE} = U_{RE1} + U_{RC} = 22\,\text{V}$. Dies ist aus dem folgenden Spannungsdiagramm zu erkennen. Die Aussteuerbarkeit ist allerdings, soweit es sich um die Änderung des Kollektorpotentials handelt, unsymmetrisch. Zusammengefaßt bedeutet dies:

Um bei Belastung der Verstärkerstufe mit dem Wechselstromwiderstand r_{e2} die gleiche Ausgangsaussteuerbarkeit wie im unbelasteten

Fall zu erhalten (bei gleichbleibender Spannungsverstärkung), muß die Betriebsspannung erhöht werden. Ein Teil dieser erhöhten Betriebsspannung fällt – für die Aussteuerung ungenutzt – am Kollektorwiderstand ab.

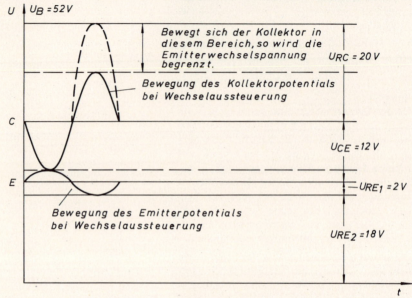

Bild 3.8.–14. Ausgangsseitiges Spannungs-Zeitdiagramm für eine mit einem Wechselstromwiderstand belastete Verstärkerstufe

Übung 3.8.2.–1

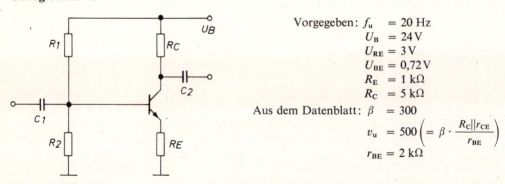

Vorgegeben:
$f_u = 20\,\text{Hz}$
$U_B = 24\,\text{V}$
$U_{RE} = 3\,\text{V}$
$U_{BE} = 0{,}72\,\text{V}$
$R_E = 1\,\text{k}\Omega$
$R_C = 5\,\text{k}\Omega$

Aus dem Datenblatt:
$\beta = 300$
$v_u = 500 \left(= \beta \cdot \dfrac{R_C \| r_{CE}}{r_{BE}}\right)$
$r_{BE} = 2\,\text{k}\Omega$

Berechnen Sie:
R_1, R_2, v'_u, r'_e, r'_a, C_1, $u_{a\,\text{max ss}}$ (= maximal mögliche Ausgangsspannungsänderung bei sinusförmigem Eingangssignal)

Übung 3.8.2.—2

Welchen Einfluß hat ein großer Kondensator, der parallel zum Emitterwiderstand einer stromgegengekoppelten Emitterschaltung gelegt wird, auf die Eigenschaften der Schaltung?

Übung 3.8.2.—3

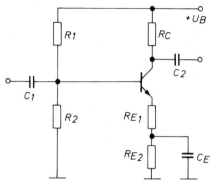

Vorgegeben: f_u = 30 Hz
U_B = 20 V
I_C = 10 mA
U_{BE} = 0,6 V
U_{RE2} = 4 V
v'_u = 5

Aus dem Datenblatt: U_{CEsat} = 0,5 V
β = 100
r_{BE} = 3 kΩ

Berechnen Sie:

U_{CE} für maximale Aussteuerbarkeit
R_{E1}, R_{E2}, R_C, R_1, R_2, C_1, C_E
v'_D (= Driftverstärkung)
r'_e

Übung 3.8.2.—4

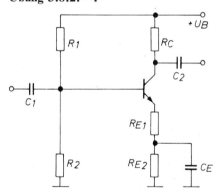

Vorgegeben: f_u = 20 Hz
U_B = 44 V
I_C = 4 mA
U_{BE} = 0,6 V
v'_u = 7
v'_D = 1

Aus dem Datenblatt: β = 300
r_{BE} = 500 Ω

Berechnen Sie:

U_{CE} für maximale Aussteuerbarkeit
Alle Bauelemente außer C_2

3.8.3. Spannungsgegenkopplung bei der Emitterschaltung

(siehe Bild 3.8.−15)

Im Gegensatz zur Stromgegenkopplung, bei der eine dem Ausgangsstrom proportionale Spannung zum Eingang zurückgekoppelt wird, koppelt man hier einen Teil der gegenphasigen Ausgangsspannung zum Eingang zurück. Dies geschieht durch den Widerstand R_N, der den Basisstrom zur Arbeitspunkteinstellung liefert. Im Gegensatz zum Widerstand R_B in Bild 3.7.−6 ist R_N jedoch nicht an die konstante Betriebsspannung angeschlossen, sondern an das veränderliche Kollektorpotential. Da R_N gleich- und wechselspannungsmäßig wirksam ist, sprechen wir hier von einer Gleich- und Wechselspannungsgegenkopplung.

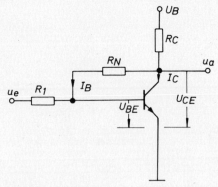

Bild 3.8.−15. Spannungsgegengekoppelte Emitterschaltung

Wirkungsweise der Gegenkopplung:

Steigt z. B. der Kollektorstrom durch Temperaturerhöhung oder durch Austausch des Transistors (Exemplarstreuung), so vergrößert sich damit auch der Spannungsabfall am Kollektorwiderstand und das Kollektorpotential wird niedriger. Als Folge davon werden auch der Spannungsabfall am Widerstand R_N und der Strom durch R_N, nämlich der Basisstrom, geringer.

Der Transistor wird also weiter zugesteuert und der Kollektorstrom wird annähernd auf den alten Wert zurückgeregelt.

Da R_N gleich- und wechselspannungsmäßig wirksam ist, bewirkt er sowohl eine Arbeitspunktstabilisierung als auch eine Verkleinerung der Wechselspannungsverstärkung.

Ähnlich wie bei der Stromgegenkopplung gilt für die Spannungsverstärkung auch hier:

$$v'_u = \frac{v_u}{1 + K \cdot v_u} \quad (3.8.-41)$$

und für genügend großes v_u:

$$v'_u \approx \frac{1}{K} = \frac{R_N}{R_1} \quad (3.8.-42)$$

mit:

$$K = \frac{R_1}{R_N} = \textbf{Gegenkopplungsfaktor}$$

3.8. Gegenkopplung bei der Emitterschaltung

Es ist also auch hier wieder festzustellen, daß die Spannungsverstärkung infolge der Gegenkopplung zwar kleiner wird, daß die Gegenkopplung jedoch zwei wesentliche Vorteile bewirkt:

1. $v'_ü$ läßt sich auf einen gewünschten definierten Wert einstellen, der praktisch nur von dem Verhältnis der beiden Widerstände R_N und R_1 abhängt.
2. $v'_ü$ wird praktisch unabhängig von den Daten des Transistors.

Der Widerstand R_1 ist erforderlich, damit die Gegenkopplung überhaupt zur Wirkung kommen kann, da der rückgekoppelte Anteil der Ausgangsspannung über den Generator am Eingang der Verstärkerstufe kurzgeschlossen würde, wenn R_1 gleich Null wäre. R_1 kann jedoch ganz oder teilweise aus dem Innenwiderstand des Generators bestehen.

Je größer R_N und je kleiner R_1 ist, um so größer wird die Spannungsverstärkung. Ist $R_N = \infty$ oder $R_1 = 0$, so ist $v'_ü = v_ü$, d. h. es liegt keine Gegenkopplung vor.

Weitere Eigenschaften der spannungsgegekoppelten Emitterschaltung:

Da der Widerstand R_1 im allgemeinen sehr groß gegenüber dem differentiellen Eingangswiderstand r_{BE} des Transistors ist, gilt für den Wechselstromeingangswiderstand der Schaltung:

$$\boxed{r'_e \approx R_1} \qquad (3.8.-43)$$

Der Ausgangswiderstand ist wesentlich niederohmiger als bei der nicht gegengekoppelten Schaltung:

$$\boxed{r'_a = \frac{R_C \parallel r_{CE}}{g}} \qquad (3.8.-44)$$

mit

$$\boxed{g = \frac{v_u}{v'_ü} > 1} \qquad (3.8.-45)$$

Auch die Spannungsgegenkopplung bewirkt wie die Stromgegenkopplung eine Verbesserung des Klirrfaktors:

$$k' = \frac{k}{g}$$

(k = Klirrfaktor ohne Gegenkopplung, g = Schleifenverstärkung, s. o.).

und eine

Linearisierung des Frequenzganges.

Will man nur eine Gleichspannungs- und keine Wechselspannungsgegenkopplung durchführen, so geschieht dies, wie in der Schaltung in Bild 3.8.−16 gezeigt.

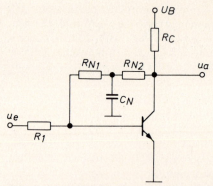

Bild 3.8.−16. Gleichspannungsgegengekoppelte Emitterschaltung

Hier bewirkt die Gegenkopplung lediglich eine Stabilisierung des Arbeitspunktes.

Der Kondensator C_N schließt die vom Ausgang zurückgekoppelte Signalspannung kurz, bevor sie zum Eingang gelangt.

Dimensionierung der Schaltung nach Bild 3.8.−15:

Es gilt:

$$R_C = \frac{U_B - U_{CE}}{I_C} \qquad (3.8.-46)$$

$$R_N = \frac{U_{CE} - U_{BE}}{I_B} \qquad (3.8.-47)$$

$$R_1 \approx \frac{R_N}{v_ú} \qquad (3.8.-48)$$

Die ausgangsseitigen Potentialverhältnisse der Schaltung entsprechen denen der nichtgegengekoppelten Emitterschaltung.

Für maximale Aussteuerbarkeit gilt deshalb auch hier wieder:

$$U_{CE} = \frac{U_B}{2} + \frac{U_{CEsat}}{2} \qquad (3.8.-49)$$

$$U_{CE} \approx \frac{U_B}{2}$$

3.8. Gegenkopplung bei der Emitterschaltung

Übung 3.8.3.—1

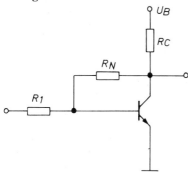

Vorgegeben: $U_B = 20\,\text{V}$
$U_{CE} = 8\,\text{V}$
$I_C = 10\,\text{mA}$
$U_{BE} = 0{,}6\,\text{V}$
$R_1 = 30\,\text{k}\Omega$

Aus dem Datenblatt: $\beta = 200$
$r_{CE} = 20\,\text{k}\Omega$
$r_{BE} = 2\,\text{k}\Omega$

Berechnen Sie:
R_C, R_N, r'_e, r'_a, v'_u

Eine Variante einer spannungsgegengekoppelten Emitterschaltung zeigt Bild 3.8.–17. Hier erfolgt die Arbeitspunkteinstellung nicht mit Basisvorwiderstand R_N, sondern mit einem Spannungsteiler. Dies hat besonders bei Germaniumtransistoren den Vorteil, daß der stark temperaturabhängige Kollektor-Basisreststrom nur zu einem geringen Teil über die Basis-Emitterstrecke des Transistors fließen muß, wie schon an anderer Stelle erläutert.

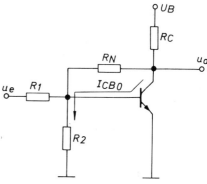

Bild 3.8.—17. Verbesserte Temperaturstabilität des Arbeitspunktes bei einer spannungsgegengekoppelten Emitterschaltung

3.8.4. Arbeitspunktstabilisierung mit NTC-Widerstand

(siehe Bild 3.8.—18)

(NTC = Negativer Temperatur-Koeffizient)
Diese Art der Arbeitspunktstabilisierung kann anstelle einer Strom- oder Spannungsgegenkopplung treten, wenn es sich um eine Verstärkerstufe mit hoher Ausgangsleistung handelt, man also auf einen Stromgegenkopplungswiderstand verzichten möchte (zu großer Leistungsverlust) und die infolge der Verlustleistung vom Transistor abgegebene Wärmemenge groß genug ist, um eine ausreichend große Wirkung auf den NTC-Widerstand auszuüben.

Wirkungsweise der Stabilisierung:

Werden bei steigender Temperatur Basis- und Kollektorstrom größer, so wird wegen der engen thermischen Kopplung zwischen Transistor und NTC-Widerstand der Widerstandswert des NTC-Widerstandes kleiner. Damit sinkt die Basis-Emitterspannung und Basis- und Kollektorstrom werden zurückgeregelt.

Mit dem Widerstand R_2 läßt sich die Wirksamkeit des NTC-Widerstandes einstellen:

Je kleiner R_2 ist, um so geringer ist der Einfluß des NTC-Widerstandes auf den Widerstandswert der Parallelschaltung.

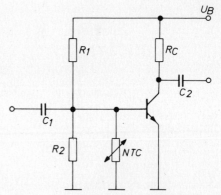

Bild 3.8.–18. Arbeitspunktstabilisierung durch NTC-Widerstand

3.8.5. Arbeitspunktstabilisierung bei der Kollektorschaltung und bei der Basisschaltung

Wie bereits im Abschnitt „Arbeitspunkteinstellung bei der Kollektorschaltung" gezeigt wurde, wirkt der Emitterwiderstand R_E wie ein Stromgegenkopplungswiderstand.

Diese Gegenkopplungswirkung ist besonders stark, weil der Kollektorwiderstand R_C gleich Null ist. Man braucht deshalb bei der Kollektorschaltung keine zusätzlichen Maßnahmen zur Arbeitspunktstabilisierung vorzunehmen.

Die Arbeitspunktstabilisierung erfolgt bei der Basisschaltung grundsätzlich genauso wie bei der Emitterschaltung, da die Arbeitspunktstabilität eine gleichstrommäßige Verhaltensweise der Schaltung beschreibt, die drei Grundschaltungen sich jedoch nur wechselstrommäßig unterscheiden.

In den Bildern 3.8.–19 und 3.8.–20 sind eine stromgegengekoppelte und eine spannungsgegengekoppelte Basisschaltung dargestellt. Gleichstrommäßig sind die beiden Schaltungen völlig identisch mit der stromgegengekoppelten bzw. spannungsgegengekoppelten Emitterschaltung. Sie unterscheiden sich lediglich in der Einspeisung. Der Kondensator legt die Basis wechselspannungsmäßig auf Massepotential. Die HF-Drossel in Bild 3.8.–20 verhindert einen wechselspannungsmäßigen Kurzschluß am Eingang. Die Wirkungsweise der

3.8. Gegenkopplung bei der Emitterschaltung

Gegenkopplung ist die gleiche wie bei der Emitterschaltung.

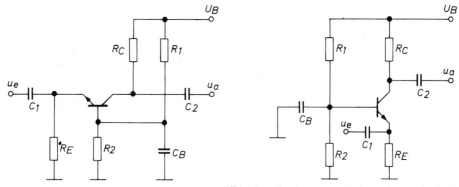

Bild 3.8.–19. Stromgegengekoppelte Basisschaltung

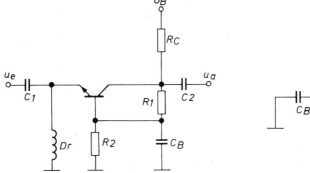

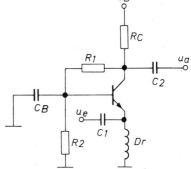

Bild 3.8.–20. Spannungsgegengekoppelte Basisschaltung

3.9. Transistor als Schalter

Lernziele

Der Lernende kann...

... die unterschiedlichen Bedingungen für den Einsatz des Transistors als Schalter im Vergleich zum Einsatz des Transistors als Verstärker nennen.
... die einzelnen Schaltzeiten des Transistors nennen und grafisch darstellen.
... weitere Einflußgrößen für den Transistor als Schalter nennen.
... die Begriffe „H-Störabstand" und „L-Störabstand" erläutern.
... eine Dimensionierung nach dem ungünstigsten Betriebsfall vornehmen.

3.9.1. Einführung

In den bisherigen Schaltungen dieses Kapitels arbeitete der Transistor als Verstärker, d. h. die Ausgangsspannung war eine lineare Funktion der Eingangsspannung. Deshalb durfte die Ausgangsspannung die positive und negative Aussteuerungsgrenze nicht erreichen.

Für die Emitterschaltung bedeutete dies, daß die Kollektor-Emitterspannung bei Vollaussteuerung immer unterhalb des Betriebsspannungswertes und oberhalb des Wertes der Sättigungsspannung bleiben mußte.

Das Kollektorruhepotential wurde so gewählt, daß es in einem mittleren Bereich zwischen den beiden Aussteuergrenzen lag. Wird der Transistor als Schalter eingesetzt, wie z. B. in Digitalschaltungen, so interessieren nur zwei Betriebszustände:

1. Der Transistor ist voll durchgeschaltet.
2. Der Transistor ist voll gesperrt.

Entsprechend unterscheidet man auch zwei Spannungswerte, einen größeren Wert, der als U_H (H = High = engl.: Hoch), und einen kleineren Wert, der als U_L (L = Low = engl.: Niedrig) bezeichnet wird, und man interessiert sich nur dafür, ob ein Spannungswert größer als U_H oder kleiner als U_L ist.

Ist die Spannung größer als U_H, befindet sich der zugehörige Schaltungspunkt im Zustand „H", ist sie kleiner als „U_L", befindet sich der zugehörige Schaltungspunkt im Zustand „L".
Spannungen zwischen U_L und U_H sollen nicht auftreten.

3.9.2. Einflußgrößen beim Transistor als Schalter

Bei der Anwendung eines Transistors als Schalter ist besonders die *Schaltzeit* wichtig. Legt man an eine Emitterschaltung nach Bild 3.9.−1 eine rechteckförmige Eingangsspannung, so treten Verzögerungen des Ausgangssignals gegenüber dem Eingangssignal auf (Bild 3.9.−2).

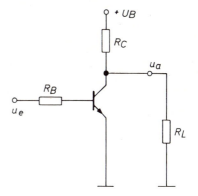

Bild 3.9.−1. Transistor als Schalter

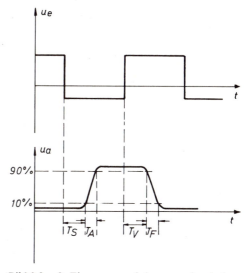

Bild 3.9.−2. Eingangs- und Ausgangssignal eines Schalttransistors

Die Speicherzeit T_S ist wesentlich größer als die übrigen Schaltzeiten. Sie tritt auf, wenn ein zuvor gesättigter Transistor gesperrt wird und ist um so größer, je stärker die Übersteuerung ist.

Die Anstiegszeit T_A ist die Zeit, die der Ausgangsimpuls braucht, um von 10% auf 90% seines Endwertes anzusteigen.

Die Verzögerungszeit T_V ist die Zeit, in der nach dem Einschalten des Steuerimpulses der Kollektorstrom auf 10% seines Endwertes angestiegen ist.

Die Abfallzeit T_F ist die Zeit, in der der Ausgangsimpuls von 90% auf 10% seines Höchstwertes absinkt.

Außer möglichst kurzen Schaltzeiten sollte ein Schalttransistor einen *kleinen Durchlaßwiderstand*, d. h. niedrige Sättigungsspannung und einen *großen Sperrwiderstand*, d. h. kleinen Reststrom haben.

Das Schaltverhalten der Transistoren wird beeinflußt von der *Temperaturabhängigkeit* der Restströme, der Stromverstärkung und der Sättigungsspannung.

Während der Temperatureinfluß auf Stromverstärkung und Sättigungsspannung im allgemeinen vernachlässigbar ist, wirken sich die stark temperaturabhängigen Restströme wesentlich nachteiliger auf die Schaltzeiten aus.

Im Unterschied zum Verstärkerbetrieb, bei dem der Arbeitspunkt zu keinem Zeitpunkt oberhalb der Verlustleistungshyperbel liegen darf, ist es beim Einsatz des Transistors als Schalter durchaus erlaubt, daß die Widerstandsgerade die Verlustleistungshyperbel schneidet, wenn der Übergang vom durchgeschalteten in den Sperrzustand und umgekehrt schnell genug und nicht zu häufig erfolgt.

Wichtig ist nur, daß sich die beiden Ruhelagen des Arbeitspunktes unterhalb der Verlustleistungshyperbel befinden.

Ein Transistor kann deshalb eine *Schaltleistung* haben, die ein Vielfaches seiner Dauerleistung beträgt.

$$P_S \gg P_{tot}$$
P_S = **Schaltleistung des Transistors**
P_{tot} = **Verlustleitung des Transistors**

3.9.3. Dimensionierung nach dem ungünstigsten Betriebsfall

Wird ein Transistor wie in Bild 3.9.−1 als Schalter betrieben, so soll die Schaltung folgende Eigenschaften haben:

1. Für $u_e \leq U_L$ muß $u_a \geq U_H$ sein.
2. Für $u_e \geq U_H$ muß $u_a \leq U_L$ sein.

Damit diese Bedingungen auch im ungünstigsten Fall (worst case) noch erfüllt sind, müssen

3.9. Transistor als Schalter

die Widerstände R_B und R_C geeignet dimensioniert werden.

Wie die Dimensionierung vorgenommen wird, soll an einem Beispiel gezeigt werden:

Ist der Transistor gesperrt, so ist $u_a = U_B$, wenn $R_L = \infty$ ist. Der ungünstigste Fall liegt dann vor, wenn der Lastwiderstand seinen niedrigsten Wert hat. Es sei $R_{Lmin} = 2 \cdot R_C$. Dann wird u_a für den Fall des kleinsten Lastwiderstandes:

$$u_{amin} = \frac{2}{3} \cdot U_B$$

Beträgt U_B 5 V, so ist:

$$u_{amin} = 3{,}33\,\text{V}$$

Sicherheitshalber wird U_H etwas kleiner als dieser Wert gewählt, z. B.

$$U_H = 2{,}5\,\text{V}$$

Ist der Transistor gesperrt, d. h. ist $u_a \geq U_H$, so muß sich die Eingangsspannung im Zustand L befinden.

Wir wählen als größte Eingangsspannung, bei der der Siliziumtransistor noch sicher sperrt, den Wert $U_L = 0{,}4\,\text{V}$. Kann die Umgebungstemperatur stark ansteigen, muß U_L entsprechend niedriger gewählt werden. Damit liegen die beiden Pegel U_L und U_H fest. Für $u_e = U_H$ muß sich eine Ausgangsspannung von $u_a \leq U_L = 0{,}4\,\text{V}$ einstellen. Im durchgeschalteten Zustand des Transistors liegt fast die volle Betriebsspannung am Kollektorwiderstand R_C. Der Widerstand R_C darf nicht zu groß gewählt werden, weil sonst die Schaltzeiten zu groß werden, aber er sollte auch nicht zu klein sein, damit die Stromaufnahme der Schaltung nicht unnötig groß wird. Wir wählen $R_C = 4\,\text{k}\Omega$.

Damit ergibt sich als Kollektorstrom im durchgeschalteten Zustand des Transistors:

$$I_{Cmax} = \frac{U_B}{R_C} = 1{,}25\,\text{mA}$$

Hat der Transistor eine Stromverstärkung von $B = 125$, so ist hierfür ein Basisstrom von

$$I_{Bmax} = 10\,\mu\text{A}$$

erforderlich. Damit der Transistor sicher in die Sättigung kommt, wählen wir für I_B einen Wert $I_{Bü}$, der ein Vielfaches von I_{Bmax} beträgt, z. B.:

$$I_{Bü} = 5 \cdot I_{Bmax} = 50\,\mu\text{A}$$

Das Verhältnis $\dfrac{I_{Bü}}{I_{Bmax}}$ heißt Übersteuerungsfaktor m.

$$m = \frac{I_{Bü}}{I_{Bmax}}$$

Für den Basiswiderstand ergibt sich dann:

$$R_B = \frac{I_{Bü}}{U_H - U_D} = \frac{2{,}5\,\text{V} - 0{,}6\,\text{V}}{50\,\mu\text{A}} = 38\,\text{k}\Omega$$

Die Übertragungskennlinie der vorstehend dimensionierten Schaltung ist in Bild 3.9.−3 wiedergegeben.

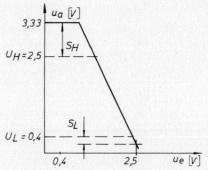

Bild 3.9.−3. Übertragungskennlinie eines Transistorschalters

Wird $u_e = U_L = 0{,}4\,\text{V}$, so wird die Ausgangsspannung $u_a = 3{,}33\,\text{V}$. Sie liegt damit um 0,83 V über dem geforderten Wert U_H. Die Differenz

$$S_H = u_a(u_e - U_L) - U_H \qquad (3.9.-1)$$

bezeichnet man als *H-Störabstand*.

Ebenso wird die Differenz

$$S_L = U_L - u_a(u_e - U_H) \qquad (3.9.-2)$$

als *L-Störabstand* bezeichnet.

Je größer die Störabstände sind, um so betriebssicherer ist die Schaltung.

Übung 3.9.−1
Welche beiden Betriebszustände unterscheidet man beim als Schalter betriebenen Transistor?

Übung 3.9.−2
Nennen und erläutern Sie vier wichtige Schaltzeiten des Transistors!

Übung 3.9.−3
Erläutern Sie die Begriffe „Übersteuerungsfaktor", „H-Störabstand" und „L-Störabstand"!

3.10. Lernzielorientierter Test

3.10.1. Welche beiden Voraussetzungen muß die Basis eines Transistors erfüllen, damit der Transistor nicht einfach als Doppeldiode, sondern als Verstärker wirkt?

3.10.2. Tragen Sie in die folgende Darstellung die richtigen Polaritäten der Betriebsspannungen ein!

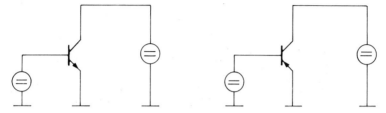

3.10.3. Bei welchem Transistortyp stimmt die Bewegungsrichtung der tatsächlichen Ladungsträger im Kollektor mit der technischen Stromrichtung überein?

3.10.4. Skizzieren Sie den prinzipiellen Verlauf der Kennlinienfelder, die Sie zur grafischen Bestimmung der folgenden Transistor-Kenngrößen benötigen:

a) Gleichstromverstärkung B.
b) Differentieller Ausgangswiderstand r_{CE}.
c) Differentieller Eingangswiderstand r_{BE}.

3.10.5. Erläutern Sie anhand einer anderen Kennlinie des Transistors, warum die Spannungssteuerkennlinie die Form einer Diodenkennlinie hat!

3.10.6. Nennen Sie wichtige Grenzdaten des Transistors!

3.10.7. Man unterscheidet die drei Transistorgrundschaltungen danach,
   a) ○ welche Elektrode als Eingang verwendet wird.
   b) ○ welche Elektrode wechselstrommäßig auf Masse liegt.
   c) ○ welche Elektrode als Ausgang verwendet wird.

3.10.8. Welche der drei Transistorgrundschaltungen hat:
   a) die größte Leistungsverstärkung?
   b) die höchste Grenzfrequenz?
   c) die kleinste Spannungsverstärkung?
   d) eine Phasenverschiebung der Ausgangs- zur Eingangsspannung von 180 Grad?
   e) den höchsten Eingangswiderstand?
   f) die kleinste Stromverstärkung?
   g) den kleinsten Ausgangswiderstand?

3.10.9. Warum ist eine Stromsteuerung bei Kleinleistungstransistoren günstiger als eine Spannungssteuerung?

3.10.10. Ermitteln Sie in der folgenden Darstellung grafisch die Ausgangswechselspannung ΔU_{CE} für den Fall, daß am Eingang der dargestellten Verstärkerstufe eine sinusförmige Wechselspannung $\Delta U_{BE} = 0{,}1\,V_{ss}$ liegt!

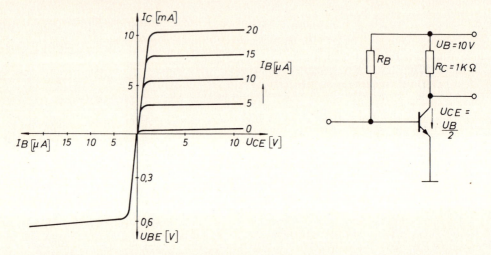

3.10.11. Bei welcher der folgenden Verstärkerstufen ist der Arbeitspunkt ohne zusätzliche Schaltungsmaßnahmen temperaturstabil?

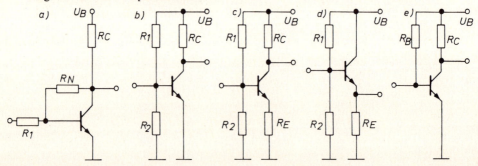

3.10.12. Welche der folgenden Aussagen ist (sind) richtig?
Die untere Grenzfrequenz einer Verstärkerstufe mit Eingangskoppelkondensator
a) ○ ist abhängig von der Größe des Koppelkondensators.
b) ○ steigt, wenn der Eingangswiderstand r_e kleiner wird.
c) ○ sinkt, wenn der Koppelkondensator C_1 kleiner wird.
d) ○ bleibt gleich, wenn sowohl der Wert des Eingangswiderstandes als auch der Wert des Koppelkondensators um den gleichen Faktor vergrößert werden.

3.10.13. Leiten Sie anhand eines Spannungs-Zeit-Diagrammes für eine gleich- und wechselstromgegengekoppelte Emitterstufe ab, welchen Wert die Kollektor-Emitterspannung U_{CE} für maximale Aussteuerbarkeit annehmen muß!

3.10.14. Nennen Sie wichtige Vorteile der Gegenkopplung!

3.10.15. Beschreiben Sie den arbeitspunktstabilisierenden Regelvorgang für eine spannungsgegengekoppelte Emitterschaltung, wenn der Kollektorstrom infolge einer Temperaturerhöhung ansteigt!

3.10.16. Warum erfolgt bei stromgegengekoppelten Emitterstufen die Arbeitspunkteinstellung zweckmäßigerweise durch Basisspannungsteiler?

3.10.17. Kreuzen Sie die richtige(n) Aussage(n) an!

Wenn bei der folgenden Verstärkerstufe der Kondensator C_E weggelassen wird,
a) ○ besteht keine Temperaturstabilisierung des Arbeitspunktes mehr.
b) ○ verschiebt sich der Arbeitspunkt.
c) ○ sinkt die Spannungsverstärkung.
d) ○ steigen die Verzerrungen.
e) ○ erhöht sich der differentielle Eingangswiderstand.

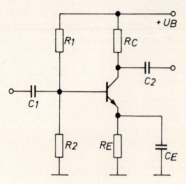

3.10.18. Nach welchem Erfahrungswert wird der Emitterwiderstand R_E bei der stromgegengekoppelten Emitterschaltung im allgemeinen dimensioniert?

a) ○ $R_E = R_C$
b) ○ $R_E = 2 \cdot R_C$
c) ○ U_{RE} 10 ... 20% von U_B
d) ○ U_{RE} 90% von U_B

3.10.19. Nennen Sie drei Schaltzeiten des Transistors!

3.10.20. Was versteht man unter H- bzw. L-Störabstand?

3.10.21. Was versteht man unter „worst case"-Dimensionierung?

4. Feldeffekttransistoren

Lernziele

Der Lernende kann...
... eine Übersicht über die wichtigsten Feldeffekttransistortypen geben.
... den Aufbau des Feldeffekttransistors erklären, die Anschlüsse kennzeichnen und das zugehörige Symbol (Schaltzeichen) angeben.

Der Feldeffekttransistor (FET) ist ein Halbleiterbauelement mit Verstärkereigenschaften. Die verstärkende Wirkung beruht auf dem sog. Feldeffekt, bei dem durch elektrostatische Felder der Strompfad, der Kanal, beeinflußt wird.

Der Kanal zwischen Source (Quelle) und Drain (Abfluß) ist beim Sperrschicht-FET (JFET) durch einen in Sperrichtung betriebenen pn-Übergang und beim Isolierschicht-FET (IGFET) durch eine dünne SiO_2-Isolierschicht von der Steuerelektrode (Gate) getrennt.

Durch die Trennung der Gate-Elektrode vom Kanal erreicht man hohe Eingangswiderstände und damit verbunden eine praktisch leistungslose Ansteuerung des Kanalstromes. Vom bipolaren Transistor unterscheidet sich der FET durch seinen Leitungsmechanismus. Der Transport der Ladungsträger im Kristall wird nur von Majoritätsträgern besorgt. Dies ist auch der Grund, weshalb der FET zu den unipolaren Transistoren gezählt wird.

Da nur eine Ladungsträgerart am Stromfluß beteiligt ist, ist der FET gegen ein Umpolen der Spannungen an den Kanalelektroden praktisch unempfindlich.

Es ändert sich lediglich die Stromrichtung.

Die Eigenschaften von FET's sind vergleichbar mit denen von Röhrenpentoden.

Übung 4.0.—1

Wie heißen die Elektrodenanschlüsse von Feldeffekttransistoren?

Von der Technologie ausgehend unterscheidet man drei Gruppen von FET's:

1. JFET
Sperrschicht- oder pn-FET (engl. Junction FET) mit der Schichtenfolge: Halbleiter-Sperrschicht-Halbleiter

2. IGFET
Isolierschicht-FET oder MOSFET (engl.: **M**etal-**O**xid-**S**emi conductor-FET) mit der Schichtenfolge: Metall-SiO_2-Halbleiter.

3. MESFET
Dieser FET-Typ ist mit einer Schottky-Sperrschicht ausgestattet, besitzt aber praktisch noch keine Bedeutung.

Eine komplette Übersicht über die Typen von FET's gibt die Tabelle 4.–2.

Die Tabelle 4.–1 zeigt die Stellung des FET's innerhalb der Transistoren.

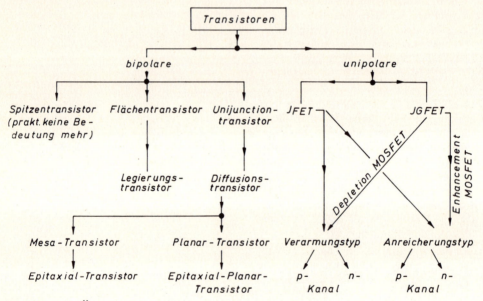

Tabelle 4.–1. Übersicht über die heute gefertigten Transistoren

Die Symbole und die wichtigsten Kennlinien sind am Schluß der Tabelle 4.–2 angefügt. Die Kurzbezeichnungen an den Elektroden haben folgende Bedeutung:

G = Gate (Steuerelektrode)
S = Source (Quelle)
D = Drain (Senke) und
B = Substrat

4. Feldeffekttransistoren

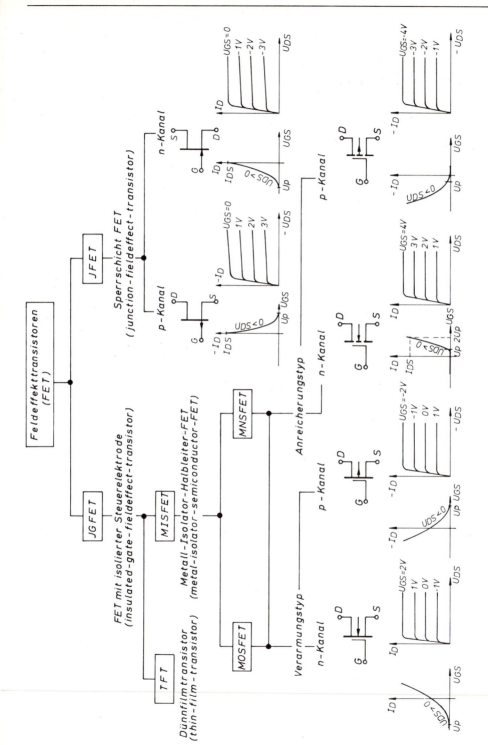

Tabelle 4.–2. Übersicht über die FET-Typen

Die Gate-Elektrode bezeichnet den Steueranschluß des FET's. Über diese Elektrode läßt sich der Widerstand zwischen Drain (D) und Source (S) stufenlos verändern. Da die wirksame Steuerspannung zwischen Gate und Source anliegt, schreibt man für diese Spannung

U_{GS} = Gate-Source-Spannung
(Steuerspannung des FET)

Die Steuerströme, die von FET's aufgenommen werden, liegen

1. für JFET's zwischen 10^{-12} A ... 10^{-8} A und
2. für IGFET's zwischen 10^{-15} A ... 10^{-12} A.

Aus den Gateströmen resultieren Eingangswiderstände

1. für JFET's zwischen 10 GOhm bis 10 TOhm und
2. für IGFET's zwischen 10 TOhm bis 1000 TOhm.

Wie die Tabelle 4.−2 ebenfalls zeigt, unterscheidet man unabhängig vom FET-Typ außerdem zwischen p- und n-Kanal Ausführungen.

Im folgenden soll die Behandlung der FET's sich in erster Linie auf n-Kanal-Typen beschränken.

Für die Verwendung von p-Kanaltypen gilt das bereits in Abschnitt 2 für die Verwendung von npn- und pnp-Transistoren Gesagte sinngemäß auch für die FET's:

n-Kanal-Typen können durch p-Kanal-Typen ersetzt werden, wenn die Betriebsspannung und evtl. vorhandene Dioden und Elektrolytkondensatoren umgepolt werden.

Übung 4.0.—2

Was bedeutet JFET und IGFET?

4.1. Sperrschicht-Feldeffekttransistoren (JFET)

Lernziele

Der Lernende kann...
... den Aufbau der Sperrschicht des JFET's beschreiben und mit denen des bipolaren Transistors vergleichen.
... den Einfluß der Gate-Source-Spannung auf die Sperrschicht des JFET's beschreiben.
... die Steuerwirkung der Gate-Source-Spannung auf den Drainstrom infolge der Veränderung des Drain-Source-Kanals angeben.
... die wichtigsten Kennwerte von JFET's anhand von Kennlinien und Datenblättern angeben und erklären, welche technische Bedeutung diese bei der Schaltungsauslegung haben.
... die drei Grundschaltungen des JFET's zeichnen sowie Dimensionierungshinweise für die Grundschaltungen geben.

4.1.1. Aufbau und Wirkungsweise des JFET

In einem Halbleiterkristall sind zwei pn-Übergänge derart angeordnet, daß zwischen beiden nur ein schmaler Kanal verbleibt.

Die beiden pn-Übergänge werden einpolig miteinander verbunden und in Sperrichtung betrieben.

Durch die Änderung der Sperrspannung kann nun die Breite der Sperrschichten und damit der wirksame Querschnitt des Kanals gesteuert werden. Die Leitfähigkeit des Kanals sinkt, wenn sich sein Querschnitt verringert, d. h. der Kanalwiderstand nimmt zu.

Man erzielt also mit einer Änderung der Sperrspannung am pn-Übergang eine Stromänderung im Kanal.

Das Bild 4.–1 gibt die Verhältnisse nochmals in einer Skizze wieder. Wie das Bild zeigt, tritt zum drainseitigen Ende eine Querschnittsverengung ein. Diese Kanalverengung kann mit der Spannung U_{GS} gesteuert werden, d. h. je negativer die Spannungswerte von U_{GS} werden, desto breiter werden die Sperrschichten und um so geringer der Kanalquerschnitt.

Dies ist jedoch gleichbedeutend mit einer Widerstandszunahme des Kanals und einer Verkleinerung des Drainstromes I_D.

Die Veränderung der Sperrschichtbreite erfolgt praktisch leistungslos. Dies bedeutet

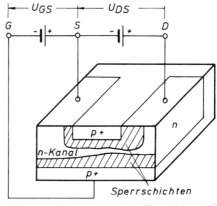

Bild 4.–1. Schematischer Aufbau eines n-Kanal-Sperrschicht-FET's (Schnittzeichnung)

auch, daß der Strom I_D ohne Leistung über die Spannung U_{GS} gesteuert werden kann.

Den aufgrund der Eigenleitung fließenden Sperrstrom kann man in dieser grundsätzlichen Betrachtung zunächst vernachlässigen.

Aus Bild 4.–1 kann man außerdem ablesen, daß die Steuerspannung U_{GS} stets negativ gegen die Source-Elektrode gerichtet sein muß. Sonst besteht nämlich die Gefahr, daß die Sperrschichten abgebaut und ein Strom über das Gate fließt, der den FET zerstören kann.

Das Schaltzeichen für den JFET zeigt Bild 4.–2.

Die Steuerung des Drainstromes I_D erfolgt leistungslos über die Steuerspannung U_{GS} zwischen Gate und Source.

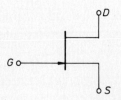

Bild 4.–2. Schaltzeichen des JFET, n-Kanal-Typ

Übung 4.1.1.–1

Wie kann die Kanalverengung bei FET's gesteuert werden?

4.1.2. Eingangskennlinienfeld des n-Kanal-JFET's

Den Zusammenhang zwischen der Gate-Source-Spannung und dem Drainstrom I_D beschreibt die Eingangskennlinie oder Steuerkennlinie (siehe Bild 4.–3).

Charakteristisch sind zwei Punkte der Kennlinie.

Der erste Punkt ist gegeben mit $U_{GS} = 0\,V$ und I_{DS}, der zweite mit $U_{GS} = U_P$ bei $I_D = 0$.

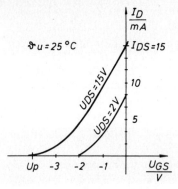

Bild 4.–3. Eingangskennlinie eines JFET's $I_D = f(U_{GS})$

Diese beiden Punkte kennzeichnen die Abschnitte auf der I_D- und der U_{GS}-Achse des Koordinatensystems und sind charakteristisch für jeden JFET.

I_{DS} ist der Drainstrom, der bei selbstleitenden FET's immer dann fließt, wenn die Steuerspannung $U_{GS} = 0$ ist.

Die Abschnürspannung U_P bei $I_D = 0$ ist diejenige Gate-Source-Spannung, bei der sich

U_{GS} = Gate-Source-Spannung
U_P = Abschnürspannung (pinch-off-voltage)
I_D = Drainstrom
I_{DS} = maximaler Drainstrom bei $U_{GS} = 0\,V$

Selbstleitende FET's führen den größten Drainstrom I_{DS}, wenn $U_{GS} = 0\,V$ ist. Hierbei muß bei FET's vom n-Kanaltyp die Drainspannung U_{DS} positiv sein.

4.1. Sperrschicht-Feldeffekttransistoren (JFET)

die Sperrschichten berühren, der Kanal zwischen S und D wird abgeschnürt.

Bei der in Bild 4.–3 dargestellten Eingangskennlinie wäre die Abschnürspannung erreicht bei

$U_{DS} = 2\,\text{V}$ ----- $U_{GS} = U_P = -2\,\text{V}$

Übung 4.1.2.–1

Ergänzen Sie die Abschnürspannung für die Kennlinie

$U_{DS} = 15\,\text{V}$ ----- $U_{GS} = U_P =$

In Bild 4.–4 ist der Vorgang im Kristall bei Erreichen der Abschnürspannung nochmals dargestellt. Erreicht oder überschreitet man die Abschnürspannung (U_{GS} wird noch negativer als U_P), dann fließt nur noch ein Reststrom durch den Kristall in der Größenordnung von einigen nA bzw. pA.

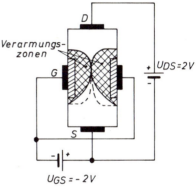

Bild 4.–4. Entstehung der Abschnürspannung U_P

Eine prinzipielle Meßschaltung zur Aufnahme der Eingangskennlinie gibt Bild 4.–5 wieder.

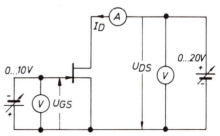

Bild 4.–5. Meßschaltung zur Aufnahme der Eingangskennlinie eines n-Kanal JFET's

Die Berechnung des Drainstromes erfolgt nach Gleichung (4.1.2.–1) für Spannungen, die oberhalb der Abschnürspannung U_P liegen.

$$I_D = I_{DS} \cdot \left(1 - \frac{U_{GS}}{U_P}\right)^2 \quad (4.1.2.\text{–}1)$$
$$\text{für } U_{GS} \geq U_P$$

I_D = Drainstrom in mA
I_{DS} = maximaler Drainstrom bei $U_{GS} = 0\,\text{V}$
U_{GS} = Gate-Source-Spannung in V
U_P = Abschnürspannung in V

Die wichtigste Kennlinie, die die Eingangskennlinie liefert, ist die Steilheit S des FET's. Die Steilheit ist definiert als die Steigung der Eingangskennlinie.

$$S = \frac{\Delta I_D}{\Delta U_{GS}} \bigg|\ U_{DS} = \text{const.} \quad (4.1.2.-2)$$

Berechnen läßt sich die Steilheit aus der Gleichung (4.1.2.−1).

$$I_D = I_{DS} \cdot \left(1 - \frac{U_{GS}}{U_P}\right)^2$$

$$= I_{DS} \cdot \left(\frac{U_P - U_{GS}}{U_P}\right)^2$$

$$= I_{DS} \cdot \left(\frac{U_P^2 - 2 U_P \cdot U_{GS} + U_{GS}^2}{U_P^2}\right)$$

$$= \frac{I_{DS} \cdot U_P^2}{U_P^2} - \frac{2 I_{DS} \cdot U_P \cdot U_{GS}}{U_P^2} + \frac{I_{DS} \cdot U_{GS}^2}{U_P^2}$$

Die Bildung des Differenzenquotienten $\Delta I_D/\Delta U_{GS}$ aus der gefundenen Gleichung liefert die Steigung der Eingangskennlinie des JFET.

$$I_D = I_{DS} - \frac{2 I_{DS} \cdot U_{GS}}{U_P} + \frac{I_{DS}}{U_P^2} \cdot U_{GS}^2$$

$$S = \frac{\Delta I_D}{\Delta U_{GS}} = 0 - \frac{2 I_{DS}}{U_P} + \frac{2 I_{DS}}{U_P^2} \cdot U_{GS}$$

$$= \frac{2 I_{DS}}{U_P^2} \cdot U_{GS} - \frac{I_{DS}}{U_P}$$

$$S = \frac{\Delta I_D}{\Delta U_{GS}} = \frac{2 \cdot I_{DS}}{U_P^2} \cdot (U_{GS} - U_P)$$
$$(4.1.2.-3)$$

Die größte Steigung ergibt sich für den n-Kanal JFET, wenn der Drainstrom $I_D = I_{DS}$ wird, d. h. bei der Spannung $U_{GS} = 0\,\text{V}$.

Die maximale Steigung wird mit S_{max} bezeichnet.

$$U_{GS} = 0\,\text{V} \Rightarrow I_D = I_{DS}$$

$$S_{max} = \frac{2 I_{DS}}{U_P^2} \cdot (0 - U_P)$$

$$S_{max} = \frac{2 \cdot I_{DS}}{|U_P|} \quad (4.1.2.-4)$$

Praktische Werte für S_{max} liegen zwischen

$$S_{max} \approx 1\,\text{mA/V} \ldots 50\,\text{mA/V}$$

Die Steilheit S ist ein direktes Maß für die Spannungsverstärkung einer JFET-Verstärkerstufe. Je größer S, um so größer ist auch die zu erwartende Spannungsverstärkung v_u.

4.1. Sperrschicht-Feldeffekttransistoren (JFET)

Bild 4.–6 zeigt die Bestimmung der Steilheit S anhand der Eingangskennlinie bei einem vorgegebenen Arbeitspunkt des JFET.

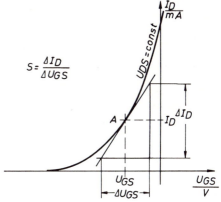

Bild 4.–6. Bestimmung der Steilheit S bei vorgegebenem Arbeitspunkt

Wie die Gleichung (4.1.2.–4) aussagt, liegt das Maximum der Steilheit bei I_{DS}, d. h. bei dem größtmöglichen Drainstrom und der Gate-Source-Spannung $U_{GS} = 0\,\text{V}$.

Beispiel: JFET-Typ: BF 245

$U_{DS} = 15\,\text{V}$, $I_{DS} = 12\,\text{mA}$

Übung 4.1.2.–2

Berechnen Sie die Steilheit S und S_{max} des FET's nach Bild 4.–3 für $U_{GS} = -2\,\text{V}$ und $U_{DS} = 15\,\text{V}$ anhand der Gleichungen 4.1.2.–3 und 4.1.2.–4.

Eine Prinzipmeßschaltung zur Messung von I_{DS} ist in Bild 4.–7 dargestellt.

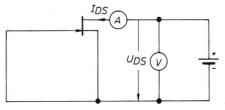

Bild 4.–7. Prinzip-Meßschaltung zur Bestimmung des max. Drainstromes I_{DS}

Der statische Eingangswiderstand R_{GS} des JFET läßt sich bei Kenntnis des Sperrstromes des pn-Überganges bestimmen oder meßtechnisch nach Bild 4.–8 ermitteln.

$$R_{GS} = \frac{U_{GS}}{I_{GS}}$$

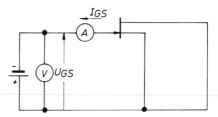

Bild 4.–8. Bestimmung des statischen Eingangswiderstandes R_{GS}

Die Temperaturabhängigkeit der Eingangskennlinie (Bild 4.–9) zeigt deutlich die Abnahme des Drainstromes bei steigender Temperatur, aber auch die Temperaturunabhängigkeit der Eingangskennlinie für eine ganz bestimmte Steuerspannung U_{GS} und den zugehörigen Drainstrom. Bei der Wahl des Arbeitspunktes sollte man stets bemüht sein, diesen in der Nähe des temperaturunabhängigen Kennlinienstückes zu wählen.

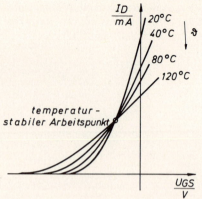

Bild 4.–9. Thermisches Verhalten der Eingangskennlinie eines JFET's (n-Kanal-Typ)

4.1.3. Ausgangskennlinienfeld des n-Kanal-JFET's

Im Ausgangskennlinienfeld des n-Kanal-JFET's ist der Zusammenhang zwischen Drainstrom I_D und der Drain-Source-Spannung U_{DS} in Abhängigkeit von der Gate-Source-Spannung U_{GS} als Parameter dargestellt.

Bild 4.–10 gibt den prinzipiellen Verlauf der Ausgangskennlinien des JFET's wieder. Das Ausgangskennlinienfeld zerfällt in drei Bereiche.

Der erste Bereich ist gekennzeichnet durch den proportionalen Zusammenhang zwischen U_{DS} und I_D. Der FET verhält sich in diesem Bereich wie ein ohmscher Widerstand. Man nennt deshalb diesen Abschnitt des Kennlinienfeldes den „ohmschen Bereich".

Der FET wird in diesem Bereich betrieben, wenn er als steuerbarer Widerstand eingesetzt wird. Die erzielbare Widerstandsänderung liegt zwischen 10 Ohm bis ca. 1 MOhm („elektronisches Potentiometer").

Bei der Überschreitung der Kniespannung U_K gehen die Kennlinien in den zweiten Bereich über.

Dieser ist gekennzeichnet durch einen konstanten Drainstrom I_D für U_{GS} = const. (an-

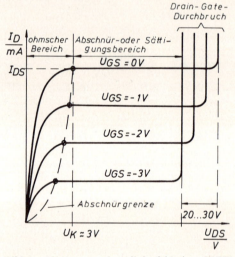

Bild 4.–10. Ausgangskennlinienfeld eines JFET's (n-Kanal-Typ)

ohmscher Bereich des JFET
$$U_{DS} \leq U_{GS} - U_P$$

nähernd paralleler Verlauf der Kennlinien zur U_{DS}-Achse).

Die Ursache liegt in der Ausdehnung der Sperrschichten, die sich bei der Überschreitung von U_K berühren und den Drainstrom somit abschnüren (vgl. auch Bild 4.−4). Deshalb bezeichnet man diesen Bereich als Abschnür- oder Sättigungsbereich.

Abschnür- oder Sättigungsbereich:
$$U_{DS} \geqq U_{GS} - U_P$$

Im Abschnür- oder Sättigungsbereich wird der FET als Analogverstärker eingesetzt bzw. betrieben.

Verstärkerstufen mit JFET's sind dabei so auszulegen, daß der Ansteuerbereich nicht in den ohmschen Bereich fällt (sonst sehr starke Verzerrungen des Ausgangssignals).

Der dritte Bereich wird durch den Drain-Gate-Durchbruch gekennzeichnet. Dieser wird durch das Überschreiten der max. Sperrspannung zwischen Gate und Drain eingeleitet. Die Sperrschichten werden abgebaut, der Kanal geöffnet. Die Drain-Source-Strecke wird sehr niederohmig. Die Gefahr der Zerstörung durch Überschreiten der max. Verlustleistung ist sehr groß.

Der Durchbruchbereich liegt bei JFET's bei Spannungen zwischen $U_{DS} \approx 20\,\text{V} \ldots 30\,\text{V}$.

Durchbruchbereich:
$$U_{DS} \geqq U_{(Br)DS}$$

Übung 4.1.3.−1

Bestimmen Sie anhand von Bild 4.−17
a) den ohmschen Bereich und
b) den Abschnür- oder Sättigungsbereich des JFET's BF 245 für
$U_{GS} = 0\,\text{V}$
$U_{GS} = -1\,\text{V}$
$U_{GS} = -2\,\text{V}$

Bei bekannter Abschnürspannung U_P kann die Kniespannung U_K nach der Gleichung (4.1.3.−1) berechnet werden.

$$U_K = U_{GS} - U_P \qquad (4.1.3.-1)$$

Wie beim Transistor kann auch beim FET ein Gleichstromausgangswiderstand und ein differentieller Ausgangswiderstand definiert werden.

Gleichstromausgangswiderstand:
$$R_{DS} = \left.\frac{U_{DS}}{I_D}\right|_{U_{GS}=\text{const.}} \qquad (4.1.3.-2)$$

differentieller Ausgangswiderstand:
$$r_{DS} = \left.\frac{\Delta U_{DS}}{\Delta I_D}\right|_{U_{GS}=\text{const.}} \qquad (4.1.3.-3)$$

Übliche Werte des differentiellen Ausgangswiderstandes liegen zwischen

$r_{DS} \approx 60$ kOhm ... 250 kOhm.

Die Bestimmung der beiden Widerstände R_{DS} und r_{DS} im Ausgangskennlinienfeld ist in Bild 4.–11 durchgeführt.

Beispiel: 4.1.3.—1

$R_{DS} = \dfrac{U_{DS}}{J_D} = \dfrac{10V}{7mA}$

$\underline{\underline{R_{DS} = 1{,}43 \text{ k}\Omega}}$

$r_{DS} = \dfrac{\Delta U_{DS}}{\Delta J_D} = \dfrac{10V}{0{,}6mA}$

$\underline{\underline{r_{DS} = 16{,}7 \text{ k}\Omega}}$

Anmerkung:
Der Kanal des JFET's kann durch zwei unterschiedliche Spannungen abgeschnürt werden.

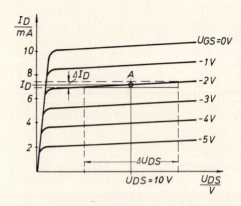

Bild 4.–11. Bestimmung der Ausgangswiderstände R_{DS} und r_{DS} eines JFET im Ausgangskennlinienfeld

1. Durch die Spannung zwischen Gate und Source U_{GS} bei konstanter Drain-Source-Spannung U_{DS}. Diese Spannung wird als Abschnürspannung U_P (pinch-off-voltage) bezeichnet. Der Drainstrom I_D wird durch die Abschnürspannung U_P (bis auf den sehr geringen Sperrstrom) vollständig unterbunden (siehe Bild 4.–12).

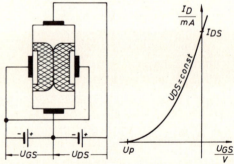

Bild 4.–12. Abschnürung des Kanals durch die Abschnürspannung U_P

2. Durch die Kniespannung oder Sättigungsspannung U_K.

   I_D wird auf einen bestimmten Wert begrenzt (siehe Bild 4.–13).

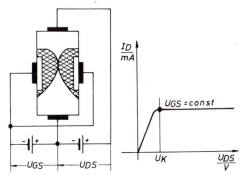

Bild 4.−13. Abschnürung des Kanals durch die Kniespannung U_K

4.1.4. Grenzdaten von JFET's

Als absolute Grenzwerte von JFET's gelten die folgenden Daten.

Bei einer Überschreitung derselben muß damit gerechnet werden, daß der FET zerstört wird.

absolute Grenzwerte des JFET's

maximale Sperrschichttemperatur ϑ_{jmax}
maximale Verlustleistung P_{totmax}
maximaler Drainstrom I_{Dmax}
maximale Gate-Source-Spannung U_{GSmax}
maximale Drain-Source-Spannung U_{DSmax}

Für den n-Kanal-JFET ergeben sich etwa die folgenden praktischen Richtwerte:

$\vartheta_{jmax} \approx 125\,°C$
$P_{totmax} \approx 200\text{ mW}$
$I_{Dmax} \approx 25\text{ mA}$
$U_{GSmax} \approx -8\text{ V}$
$U_{DSmax} \approx 25\text{ V} \ldots 30\text{ V}$

4.1.5. Grundschaltungen des JFET's

Wie bei den Transistorgrundschaltungen kann man auch beim JFET, entsprechend der Elektrode, die am gemeinsamen konstanten Bezugspunkt angeschlossen wird, drei Grundschaltungen unterscheiden.

FET-Grundschaltungen

1. Sourceschaltung,
2. Drainschaltung oder Sourcefolger,
3. Gateschaltung.

4.1.5.1. Die Sourceschaltung

Bild 4.−14 zeigt die Sourceschaltung. Sie entspricht praktisch der Emitterschaltung bei bipolaren Transistoren.

Ein Unterschied zur Emitterschaltung besteht lediglich darin, daß der Gate-Kanal-(pn-)Übergang in Sperrichtung betrieben wird und von daher praktisch kein Eingangsstrom fließt.

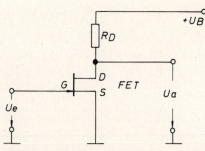

Bild 4.–14. Sourcegrundschaltung mit einem n-Kanal-JFET

Der Eingangswiderstand der Sourceschaltung ist also entsprechend hoch. Die Spannungsverstärkung läßt sich näherungsweise durch die Gleichung (4.1.5.1.–1) berechnen.

$$v_{uS} = S \cdot r_{aS} \qquad (4.1.5.1.-1)$$

v_{uS} = Spannungsverstärkung der Sourceschaltung
S = Steilheit des n-Kanal-JFET's
r_{aS} = differentieller Ausgangswiderstand der Sourceschaltung

Den differentiellen Ausgangswiderstand berechnet man, indem man vom Ausgang her die Sourceschaltung betrachtet. Man erkennt sofort, daß der Drainwiderstand R_D parallel zum differentiellen Drain-Source-Widerstand r_{DS} liegt, denn die Batterie bildet einen wechselspannungsmäßigen Kurzschluß.

Daraus folgt:

$$r_{aS} = R_D \parallel r_{DS} \qquad (4.1.5.1.-2)$$

Für die Spannungsverstärkung v_{uS} ergibt sich somit:

$$v_{uS} = S \cdot \frac{R_D \cdot r_{DS}}{R_D + r_{DS}}$$

Der Eingangswiderstand r_{eS} der Schaltung bestimmt sich aus dem Quotienten Eingangsspannung zu Sperrstrom.

$$r_{eS} = r_{GS} = \frac{\Delta U_{GS}}{\Delta I_{GS}} \qquad (4.1.5.1.-3)$$

Übung 4.1.5.1.–1

Wie groß wird die Spannungsverstärkung v_{uS} der Sourceschaltung für einen Drainwiderstand von $R_D = 2$ kOhm für den JFET BF 245 (Bild 4.–17), wenn der dort angegebene Arbeitspunkt gewählt wird?

4.1.5.2. Arbeitspunkteinstellung bei der Sourceschaltung mit JFET's

Da bei FET's der Eingangsstrom ungefähr Null ist, braucht man nicht wie bei bipolaren Transistoren den gewünschten Basisstrom einzustellen, sondern lediglich dafür Sorge zu tragen, daß die richtige Gate-Source-Spannung U_{GS} ansteht.

4.1. Sperrschicht-Feldeffekttransistoren (JFET)

Bild 4.–15 zeigt die Möglichkeit, durch Spannungsgegenkopplung die Spannung U_{GS} zu erzeugen und damit den gewünschten Arbeitspunkt einzustellen.

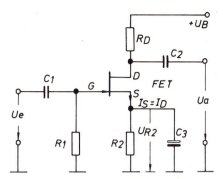

Bild 4.–15. Arbeitspunkteinstellung beim Kanal JFET in Sourceschaltung

Der Drainstrom I_D erzeuge an R_2 den Spannungsabfall

$$U_{R2} = I_D \cdot R_2 .$$

Die Source-Elektrode (S) wird durch R_2 auf ein um U_{R2} positiveres Potential gegenüber Masse gezogen. Legt man nun das Gate (G) über einen Widerstand R_1 direkt an Masse, so bekommt es eine negative Vorspannung gegenüber der Source-Elektrode in der Größe von

$$U_{GS} = -U_{R2} = -I_D \cdot R_2 .$$

Durch den Kondensator C_3 wird die Source-Elektrode (S) wechselspannungsmäßig direkt an Masse gelegt (keine Wechselstromgegenkopplung).

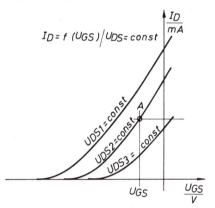

Bild 4.–16. Bestimmung von U_{GS}

Der Arbeitspunkt wird durch die im Eingangskreis wirksame Gleichstromgegenkopplung stabilisiert.

Bei der Schaltungsauslegung gibt man die Betriebsspannung und den Drainstrom I_D vor. Außerdem hat man das Ausgangs- und Eingangskennlinienfeld des FET zur Verfügung. Das Eingangskennlinienfeld liefert bei bekanntem Drainstrom die Gate-Source-Spannung U_{GS} (siehe Bild 4.–16). Mit U_{GS} kann man den Source-Widerstand R_2 berechnen.

$$R_2 = \frac{|U_{GS}|}{I_D} \qquad (4.1.5.2.-1)$$

Die Schaltung soll als Analogverstärker arbeiten, d. h. die Drain-Source-Spannung muß so groß gewählt werden, daß sie über der Kniespannung U_K des JFET's liegt, also außerhalb des ohmschen Bereiches.

$$U_{DS} > U_{GS} - U_P = U_K$$

Damit liegt der Drainwiderstand R_D fest.

$$R_D = \frac{U_B - (U_{DS} + U_{R2})}{I_D} \qquad (4.1.5.2.-2)$$

In der Auslegung von R_1 hat man weitgehende Freiheit. Die obere Grenze wird bestimmt durch den Sperrstrom I_{GS}. Die untere Grenze wird praktisch durch den geforderten Eingangswiderstand der Schaltung festgelegt.

Für die obere Grenze sollte gelten:

$$|I_{GS} \cdot R_1| \ll |U_{GS}|$$
$$|I_{GS} \cdot R_1| \ll |U_{R2}|$$

Dies bedeutet aber, daß der Widerstand R_1 niederohmig gegenüber r_{GS} werden muß, d. h. der Eingangswiderstand r_{eS} der Sourceschaltung wird allein von R_1 bestimmt.

$$R_1 \gg r_{GS}$$
$$r_{eS} \approx R_1$$

Beispiel: 4.1.5.2.—1

Im folgenden soll eine Sourceschaltung dimensioniert werden.

Zur Verfügung stehen die Kennlinien des JFET's BF 245 (siehe Bild 4.−17).

Die Betriebsspannung U_B beträgt 12V bei einem gewählten Drainstrom von $I_D = 7$ mA.

Gegeben: $U_B = 12$ V
$\qquad I_D = 7$ mA
$\qquad f_u = 100$ Hz

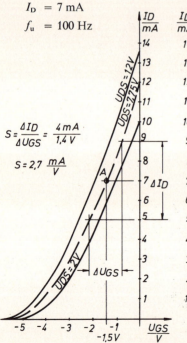
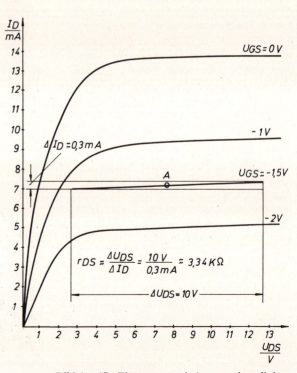

Bild 4.−17. Eingangs- und Ausgangskennlinienfeld des JFET's BF 245

4.1. Sperrschicht-Feldeffekttransistoren (JFET)

Lösung:

1. *Bestimmung von U_{GS} aus der Eingangskennlinie*

Da die Drain-Source-Spannung bei Analogverstärkern größer als die Kniespannung U_K sein muß, wird U_{GS} aus der Ausgangskennlinie für $J_D = 7\,mA$ bestimmt.

$$U_{DS} \geq U_{GS} - U_P$$

$$U_{GS} = -1{,}5\,V$$

Damit liegt der Widerstand R_2 fest:

$$R_2 = \frac{|U_{GS}|}{I_D}$$

$$= \frac{1{,}5\,V}{7\,mA}$$

$$R_2 = 214\,\Omega \quad R_{2gew} = 220\,\Omega$$

Mit der unteren Grenzfrequenz $f_u = 100\,Hz$ läßt sich nun direkt der Kondensator C_3 berechnen.

$$X_{C3} \leq \frac{1}{10} \cdot R_2$$

$$\frac{1}{\omega_u \cdot C_3} \leq \frac{1}{10} \cdot R_2$$

$$\frac{1}{2\pi \cdot f_u \cdot C_3} \leq \frac{1}{10} \cdot R_2$$

$$C_3 \geq \frac{10}{2\pi \cdot f_u \cdot R_2}$$

$$C_3 \geq \frac{10}{2\pi \cdot 100\,\frac{1}{s} \cdot 220\,\frac{V}{A}}$$

$$\underline{\underline{C_3 \geq 72{,}3\,\mu F}}$$

Unter Berücksichtigung der Toleranzen von Elektrolytkondensatoren wurde C_3 gewählt mit:

$$\underline{\underline{C_{3\,gewählt} = 150\,\mu F}}$$

Um R_D zu berechnen, benötigt man noch die Drain-Source-Spannung U_{DS}. Da der Verstärker oberhalb der Kniespannung U_K arbeitet, kann diese also nicht mehr zur Ansteuerung verwendet werden.

Mit dieser Voraussetzung kann die Spannung U_{DS} nach Bild 4.–18 ermittelt werden.

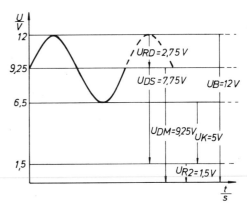

Bild 4.–18. Ausgangsspannungszeitdiagramm der Sourceschaltung

$$R_D = \frac{12\,\text{V} - (1{,}5\,\text{V} + 7{,}75\,\text{V})}{7\,\text{mA}}$$

$$\underline{\underline{R_D = 392\,\Omega \qquad R_{D\,\text{gewählt}} = 390\,\Omega}}$$

$$r_{GS} \approx 4 \cdot 10^9\,\Omega$$

für BF 245

Der Widerstand R_1 richtet sich nach dem differentiellen Widerstand r_{GS} des JFET's. Der Widerstandswert von R_1 ist so zu wählen, daß der Strom I_{GS} keinen nennenswerten Spannungsabfall an R_1 erzeugt.

Da der Widerstand r_{GS} in der Größenordnung von 4000 MOhm liegt, ist die Bedingung $R_1 \ll r_{GS}$ leicht zu erfüllen.

$$R_1 \ll r_{GS}$$

$$\underline{\underline{R_{1\,\text{gewählt}} = 1\,\text{M}\Omega}}$$

Die Spannungsverstärkung der Schaltung liegt fest mit:

$$v_u = S \cdot r_{aS}$$

r_{aS}, der differentielle Ausgangswiderstand der Schaltung, berechnet sich aufgrund des mit C_E überbrückten Widerstandes R_2 aus der Parallelschaltung von R_D mit dem Widerstand r_{DS} des JFET's im gewählten Arbeitspunkt.

$$r_{aS} = R_D \parallel r_{DS} = 390\,\Omega \parallel r_{DS}$$

$$r_{aS} \approx 390\,\Omega \qquad r_{DS} \gg R_D$$

$$v_u = 2{,}7\,\frac{\text{mA}}{\text{V}} \cdot 390\,\frac{\text{V}}{\text{A}}$$

$$v_u = 2{,}7 \cdot 10^{-3}\,\frac{\text{A}}{\text{V}} \cdot 390\,\frac{\text{V}}{\text{A}}$$

$$\underline{\underline{v_u \approx 1{,}1}}$$

Der differentielle Eingangswiderstand der Schaltung r_{eS} berechnet sich aus der Parallelschaltung von R_1 mit dem differentiellen Eingangswiderstand r_{GS} des JFET's.

$$r_{eS} \approx R_1 \parallel r_{GS}$$

$$R_1 \ll r_{GS}$$

$$r_{eS} \approx R_1$$

$$\underline{\underline{r_{eS} \approx 1\,\text{M}\Omega}}$$

4.1.5.3. Der Sourcefolger oder die Drainschaltung

Die Schaltung des Sourcefolgers ist in Bild 4.–19 dargestellt.

Gegenüber der Sourceschaltung besitzt der Sourcefolger einen höheren Eingangswiderstand r_{eD}.

Praktisch ist dies aber von untergeordneter Bedeutung, da der Eingangswiderstand wiederum nur vom Widerstand R_1 bestimmt wird.

Der Sourcefolger zeichnet sich gegenüber der Sourceschaltung durch eine wesentlich klei-

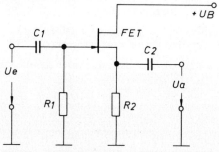

Bild 4.–19. Grundschaltung des Sourcefolgers

nere Eingangskapazität C_{eD} aus. Dies macht sich besonders bei hochfrequenter Anwendung positiv bemerkbar.

C_{eD} liegt etwa um den Faktor

$$\frac{1}{1 + S \cdot R_2}$$

unter der Kapazität C_{es} der Sourceschaltung.

Bei der Schaltung nach Bild 4.–19 stellt man die Source-Elektrode auf ein Potential von

$$U_{R2} = U_{SM} = -U_{GS}$$

U_{SM} = **Source-Masse-Spannung**

ein.

Diese Spannung ist in der Regel sehr klein (einige Volt), so daß die Aussteuerbarkeit der Schaltung ebenfalls gering ist.

Die Spannungsverstärkung ist $v_u \approx 1$. Ausgangs- und Eingangsspannung sind in Phase. Die Sourceschaltung eignet sich daher genau wie der Emitterfolger mit bipolaren Transistoren hervorragend als Impedanzwandler. Aufgrund seiner geringen Eingangskapazität findet man sie darüber hinaus sehr oft als breitbandige Eingangsstufe in Meßverstärkern wieder.

Die Berechnung von R_1 und R_2 kann nach den Gleichungen in Abschnitt 4.1.5.1 vorgenommen werden.

Zwei Schaltungsvarianten des Sourcefolgers zeigen die Bilder 4.–20 und 4.–21.

Beide Schaltungen sind durch einen vergrößerten Aussteuerbereich gekennzeichnet.

Die Schaltung nach Bild 4.–20 zeichnet sich dadurch aus, daß durch den Spannungsteiler R_1, R_2 die Source-Elektrode auf $1/2\, U_B$ gegen Masse gelegt ist. Ist nun der Sourcestrom I_S durch den vorgegebenen Arbeitspunkt bekannt, dann kann R_3 berechnet werden.

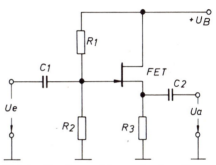

Bild 4.–20. Sourcefolger mit Gate-Spannungsteiler

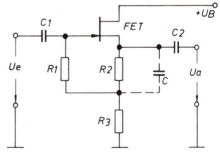

Bild 4.–21. Sourcefolger mit Bootstrapschaltung

$$I_S = I_D$$

$$R_3 = \frac{\frac{1}{2} \cdot U_B}{I_S}$$

$$R_3 = \frac{U_B}{2 \cdot I_S}$$

Für die Berechnung des Gate-Spannungsteilers geht man von $I_{GS} \approx 0$ aus, d. h. der Spannungsteiler arbeitet unbelastet.

Die Spannung U_{GS} ist abhängig vom gewählten Arbeitspunkt und läßt sich aus der Eingangskennlinie bestimmen. Die Sperrströme I_{GS} von JFET's liegen zwischen

Wählt man den Querstrom I_q des Spannungsteilers 10 bis 100mal größer als der Sperrstrom, dann gilt:

Jetzt lassen sich die Widerstände R_1 und R_2 berechnen (siehe Bild 4.–22).

$I_q = (10 \dots 100) I_{GS}$.

$I_{GS} \approx 5\,\text{nA} \dots 20\,\text{nA}$.

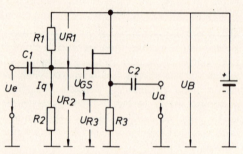

Bild 4.–22. Gleichspannungsverteilung beim Sourcefolger mit Gatespannungsteiler

$0 = U_{R2} - U_{R3} - U_{GS}$

$U_{R2} = U_{R3} + U_{GS}$

$R_2 = \dfrac{U_{R2}}{I_q} = \dfrac{U_{R3} + U_{GS}}{I_q}$

$R_1 = \dfrac{U_{R1}}{I_q} = \dfrac{U_B - (U_{R3} + U_{GS})}{I_q}$

Mit der Wahl $I_q = (10 \dots 100) \cdot I_{GS}$ ist gleichzeitig sichergestellt, daß der Strom I_{GS} keinen nennenswerten zusätzlichen Spannungsabfall an der Parallelschaltung $R_1 \| R_2$ erzeugt.

Nachteilig bei dieser Schaltung ist die Verkleinerung des differentiellen Eingangswiderstandes r_{eD} durch die Widerstände R_1 und R_2 (siehe Gl. 4.1.5.3.–2).

Nach der Gleichung (4.1.5.3.–1) kann man die Spannungsverstärkung des Sourcefolgers mit Gate-Spannungsteiler berechnen.

Der differentielle Eingangswiderstand der Schaltung erhöht sich um den Faktor $(1 + S \cdot R_3)$ (siehe Gl. 4.1.5.3.–2).

$v_u = \dfrac{S \cdot R_3}{1 + S \cdot R_3}$ \hspace{1em} (4.1.5.3.–1)

R_3 = Sourcewiderstand

$r_{eD} = (1 + S \cdot R_3) \cdot r_{GS} \| R_1 \| R_2$ \hspace{0.5em} (4.1.5.3.–2)

$r_{eD} \approx R_1 \| R_2$

4.1. Sperrschicht-Feldeffekttransistoren (JFET)

Die Bestimmung des differentiellen Ausgangswiderstandes wird mit der Gleichung (4.1.5.3.−3) vorgenommen.

$$r_a = \frac{1}{S} \parallel R_2$$

$$r_a = \frac{R_2}{1 + S \cdot R_2} \qquad (4.1.5.3.-3)$$

In der Schaltung nach Bild 4.−21 wird durch eine Bootstrap-Schaltung der Eingangswiderstand dynamisch vergrößert.

Man wählt das Source-Potential wieder bei $1/2\,U_B$.

$$U_{SM} = 1/2 \cdot U_B$$

Mit dem gewählten Arbeitspunkt und damit bestimmten Sourcestrom I_S erhält man die Spannung U_{GS} wieder aus der Eingangskennlinie des JFET's.

$$I_S = I_D$$

Damit wird

$$|U_{GS}| = U_{RZ}$$

und

$$R_2 = \frac{|U_{GS}|}{I_S}$$

Dies geht auch direkt aus Bild 4.−23 hervor.

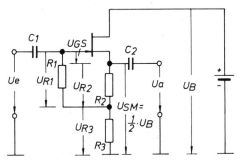

Bild 4.−23. Spannungsverteilung im Sourcefolger mit Bootstrap-Schaltung

$$0 = U_{R1} - U_{R2} - U_{GS}$$
$$U_{R2} = U_{R1} - U_{GS}$$
$$I_{GS} \approx 0 \Rightarrow U_{R1} = 0$$
$$U_{R2} = -U_{DS}$$
$$0 = U_{SM} - U_{R3} - U_{R2}$$
$$U_{SM} = \frac{1}{2} \cdot U_B$$
$$U_{R3} = \frac{1}{2} \cdot U_B - U_{R2}$$
$$U_{R3} = \frac{1}{2} \cdot U_B + U_{GS}$$

Der Widerstand R_3 berechnet sich aus der Spannung U_{R3} und dem fließenden Sourcestrom $I_S = I_D$.

$$R_3 = \frac{\frac{1}{2} U_B + U_{GS}}{I_S}$$

$$I_S = I_D$$

$$R_3 = \frac{\frac{1}{2} \cdot U_B - |U_{GS}|}{I_D}$$

Mit der Bootstrap-Schaltung läßt sich eine dynamische Vergrößerung von R_1 um den Faktor 3...5 erreichen. Für den Eingangswiderstand r_{eD} gilt dann:

$$r_e = R_1 \cdot \left(1 + \frac{R_3}{R_2}\right)$$

Wesentlich höhere Eingangswiderstände erreicht man, wenn der Widerstand R_2 in der Schaltung nach Bild 4.−21 mit einem Kondensator (gestrichelt eingezeichnet) überbrückt wird. Dann gilt, vorausgesetzt, daß bei der unteren Grenzfrequenz f_u der Schaltung $X_C \ll R_2$ ist:

$$X_C \leq \frac{1}{10} \cdot R_2$$

$$r_e = R_1 \cdot (1 + S \cdot R_3)$$

Übung 4.1.5.3.−1

Dimensionieren Sie eine Sourcefolgeschaltung für $U_{GS} = -1,5$ V und $U_{R3} = 1/2\, U_B$. Die Betriebsspannung beträgt $U_B = 12$ V. Ferner sind gegeben $I_{GS} = 5$ nA, $S = 3,5$ mA/V, $I_S = 1$ mA und $f_u = 100$ Hz.

4.1.5.4. Die Gateschaltung

Die Gateschaltung ist direkt vergleichbar mit der Basisschaltung des bipolaren Transistors. In der Praxis hat diese Grundschaltung des JFET's kaum eine Bedeutung, da der hohe Gate-Source-Widerstand r_{GS} nicht zur Geltung kommt.

Die Gateschaltung verhält sich, wie die Basisschaltung auch, als Impedanzwandler.

Sie transformiert einen niedrigen Eingangswiderstand r_{eG} auf einen hohen Ausgangswiderstand.

Die Schaltung wird fast ausschließlich bei hohen und sehr hohen Frequenzen (VHF, UHF, SHF) eingesetzt, weil sich mit dieser Schaltung in Verbindung mit hochohmigen Lasten (z. B. Parallelschwingkreis) Verstärkungen ähnlich denen der Sourceschaltung erzielen lassen.

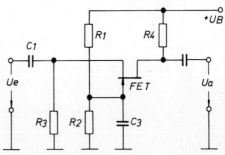

Bild 4.−24. Prinzip einer JFET-Gateschaltung

Ferner besteht nur eine geringe Rückwirkung zwischen Ausgang und Eingang der Schaltung, so daß sich stabile Hochfrequenzverstärker auch ohne Neutralisation aufbauen lassen. Da die Gateschaltung auf Sonderanwendungen beschränkt ist, soll hier nicht weiter auf sie eingegangen werden.

4.2. Feldeffekttransistoren mit isolierter Steuerelektrode (IGFET)

Lernziele

Der Lernende kann...
... IGFET-Typen von Sperrschicht-Feldeffekttransistoren vom Schaltzeichen her unterscheiden.
... den Aufbau von MOSFET-Typen sowie dessen Wirkungsweise physikalisch erklären.
... die wichtigsten Kennwerte von MOSFET's anhand von Kennlinien und Datenblättern angeben und erläutern, welche technische Bedeutung die von ihm genannten Daten bei der Dimensionierung von Schaltungen haben.
... die drei Grundschaltungen für MOSFET's zeichnen.
... den Einfluß der Bauteile auf die Arbeitspunkteinstellung angeben.
... grundsätzliche Aussagen über die Arbeitspunktstabilisierung von MOSFET-Schaltungen machen.
... einfache Grundschaltungen mit MOSFET's berechnen.

Bei diesen FET-Typen werden in einem stromführenden Kanal durch Feldeffekte Leitfähigkeitsänderungen hervorgerufen. Die Feldstärke wird durch eine isoliert über dem Kanal angebrachte und an einer Steuerspannung anliegende Elektrode erzeugt.

Die am häufigsten verwendete Anordnung stellt der Metall-Isolator-Halbleiter-FET (MISFET) dar.

Als Isolator wird Siliziumoxid SiO_2 (MOSFET-Typen) oder wegen der besseren elektrischen Eigenschaften Siliziumnitrid Si_3N_4 (MNSFET) eingesetzt.

Im folgenden wird nur der MOSFET behandelt.

4.2.1. MOS-Feldeffekttransistoren (MOSFET)

Bild 4.−25 gibt den schematischen Aufbau eines MOSFET-n-Kanal-Anreicherungstyps wieder.

In p- oder n-leitendes Silizium (Substrat) werden zwei hochdotierte Gebiete (n oder p) eindiffundiert. Die eindiffundierten Gebiete haben die entgegengesetzte Leitfähigkeit wie das Grundmaterial.

Nach dem Diffusionsprozeß wird die Oberfläche oxidiert (Planartechnologie) und die Oxidschicht zwischen den beiden Gebieten mit Aluminium bedampft.

Die hochdotierten (n- oder p-)Gebiete werden freigeätzt und die so entstandenen Fenster kontaktiert. Die Aluminiumschicht (ca. 0,1 μm) und das darunterliegende Silizium bilden einen Plattenkondensator.

Die so entstandene Schichtenfolge bestimmt den Namen des Bauelementes.

Je nach dem Ladungsträgertyp des Grundmaterials unterscheidet man

Den zwischen den hochdotierten Gebieten befindlichen Weg für die Ladungsträger, die den Kanalstrom ausmachen, bezeichnet man als Kanal. Der Kanal selbst wird entweder technologisch direkt oder durch Anlegen einer Spannung zwischen Gate und Source erzeugt.

Im ersten Fall spricht man von einem

Bei diesem Typ verändert die anliegende Steuerspannung die Leitfähigkeit des Kanals derart, daß die Ladungsträger aus dem Kanal herausgedrängt werden. Man spricht vom „pinch off" oder „Abschnüreffekt". Ohne Steuerspannung fließt der größte Strom.

Den schematischen Aufbau und das Schaltsymbol eines Verarmungstyps zeigt das Bild 4.–26.

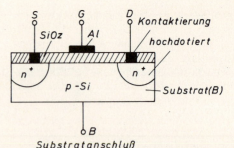

Bild 4.–25. Schematischer Aufbau eines MOSFET-n-Kanal-Anreicherungstyps

Metall- (Silizium-)Oxid-Silizium ≙ MOS

1. n-Kanal- und
2. p-Kanal-Typen.

1. selbstleitenden Typ,
2. Entleerungstyp,
3. Verarmungstyp oder
4. Depletions-Typ.

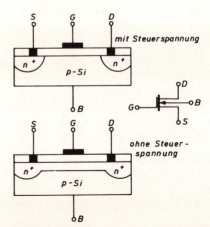

Bild 4.–26. Schematischer Aufbau eines MOSFET-n-Kanal-Verarmungstyps sowie zugehöriges Schaltsymbol

4.2. Feldeffekttransistoren mit isolierter Steuerelektrode (IGFET)

Im zweiten Fall ist die Bezeichnung

1. selbstsperrender Typ,
2. Steigerungstyp,
3. Anreicherungstyp,
4. Enhancement-Typ und
5. Normally-Off-Typ.

Der stromführende Kanal wird erst durch Anlegen einer Steuerspannung erzeugt. Durch „Influenzwirkung" werden Ladungsträger zum Kanal hingezogen. Ohne Steuerspannung ist dieser FET-Typ gesperrt. Den prinzipiellen Aufbau und das Schaltsymbol zeigt Bild 4.–27.

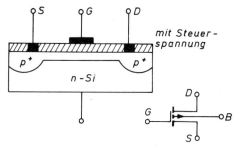

Bild 4.–27. Schematischer Aufbau eines MOSFET-Anreicherungstyps und das zugehörige Schaltsymbol (p-Kanal)

In Bild 4.–28 sind die Schaltsymbole für MOSFET's in p-Kanal-Ausführung für den selbstsperrenden und den selbstleitenden Typ abgebildet.

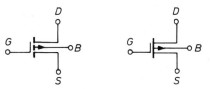

Bild 4.–28. Schaltsymbole für p-Kanal-MOSFET's selbstsperrend und selbstleitend

4.2.1.1. Kennlinien von MOSFET's

Unabhängig vom MOSFET-Typ sind zwei Kennlinienfelder gebräuchlich

1. *Eingangs- oder Steuerkennlinienfeld*

$$I_D = f_{(U_{GS})} \left|\begin{array}{l} \vartheta_j = \text{const.} \\ U_{DS} = \text{const.} \end{array}\right.$$

2. *Ausgangskennlinienfeld*

$$I_D = f_{(U_{DS})} \left|\begin{array}{l} \vartheta_j = \text{const.} \\ U_{GS} = \text{const.} \end{array}\right.$$

Da die n-Kanal-Typen in der Praxis weit häufiger anzutreffen sind, werden im weiteren Verlauf fast ausschließlich die Kennlinien von n-Kanal-Typen dargestellt.

Diese Kennlinien gelten aber entsprechend auch für die p-Kanal-Typen, wenn man berücksichtigt, daß die Strom- und Spannungsrichtungen umgekehrt werden müssen.

Bild 4.–29 zeigt den Zusammenhang zwischen Drainstrom I_D und der Gate-Sourcespannung U_{GS} eines selbstsperrenden n-Kanal-

MOSFET's für drei verschiedene Drain-Source-Spannungen U_{DS}.

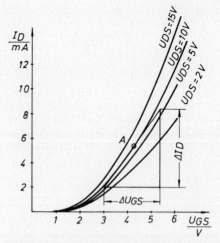

Bild 4.–29. I_D-/U_{GS}-Steuerkennlinienfeld eines n-Kanal-Enhancement-MOSFET's

Die Steigung der Steuerkennlinie kennzeichnet die Steuereigenschaft des MOSFET's und ist festgelegt in der Steigung S

$$S = \frac{\Delta I_D}{\Delta U_{GS}} \bigg|\ U_{DS} = \text{const.}$$

Praktische Werte:

$$S \approx 4 \frac{mA}{V} \ldots 20 \frac{mA}{V}$$

Die Eingangskennlinie $I_D = f(U_{GS})$ liegt im ersten Quadranten, da der selbstsperrende n-Kanal-MOSFET eine gegen den Source-Anschluß positive Steuerspannung benötigt. Aus Bild 4.–29 erkennt man außerdem, daß praktisch kein Drainstrom I_D fließt, solange die Gate-Source-Spannung U_{GS} unter +1V bis +2V liegt.

Übung 4.2.1.1.–1

Bestimmen Sie die Steilheit S des MOSFET's mit Hilfe der im Bild 4.–29 dargestellten I_D-/U_{GS}-Steuerkennlinien. Der Arbeitspunkt liegt bei
$U_{GS} = 5$ V
$U_{DS} = 15$ V.

Das Ausgangskennlinienfeld des n-Kanal-Enhancement-MOSFET's in Bild 4.–30 zeigt keine Besonderheiten. Es ist praktisch identisch mit dem Ausgangskennlinienfeld des JFET's (siehe Abschn. 4.1.3 und Bild 4.–10).

4.2. Feldeffekttransistoren mit isolierter Steuerelektrode (IGFET)

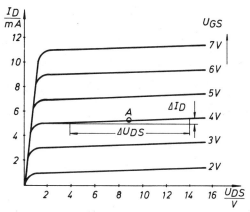

Bild 4.–30. Ausgangskennlinienfeld $I_D = f(U_{DS})$ für $U_{GS} =$ const. eines n-Kanal-Enhancement-MOSFET's

Differentieller Ausgangswiderstand:

$$r_{DS} = \frac{\Delta U_{DS}}{\Delta I_D}$$

Praktische Werte:

$$r_{DS} \approx 10 \text{ k}\Omega \ldots 80 \text{ k}\Omega$$

Das Steuer- und das Ausgangskennlinienfeld eines selbstleitenden n-Kanal Deplations-MOSFET's ist in Bild 4.–31 wiedergegeben.

Eine Besonderheit zeigt hier nur die Eingangskennlinie oder Steuerkennlinie, denn es fließt bereits Strom (I_D), selbst wenn $U_{GS} = 0\,\text{V}$ ist. Dies erreicht man durch eine schwache n-Dotierung des Kanals.

Da die Kennlinie sich im ersten und zweiten Quadranten darstellt, kann dieser MOSFET auch direkt mit einer Wechselspannung gesteuert werden. Die Ermittlung der Steilheit S oder des differentiellen Widerstandes r_{DS} geht auf dieselbe Art und Weise vor sich, wie bei JFET- oder Enhancement-Typen.

MOSFET's besitzen aufgrund ihrer SiO_2-Isolation zwischen Gate und Kanal einen extrem hohen Eingangswiderstand.

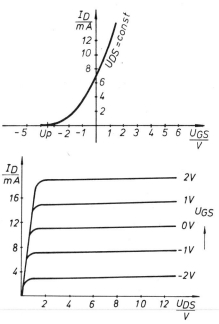

Bild 4.–31. I_D-/U_{GS}-Steuer- und I_D-/U_{DS}-Ausgangskennlinienfeld eines Deplations-MOSFET's (n-Kanal-Typ)

Typische Werte von r_{GS} liegen zwischen

$$r_{GS} \approx 10^{12}\,\Omega \ldots 10^{15}\,\Omega$$

Dieser hohe Eingangswiderstand sowie die Eingangskapazität, die sich durch die SiO_2-Isolierschicht zwischen Gate und Substrat bildet, ist die Ursache dafür, daß MOSFET's äußerst empfindlich gegen statische Aufladungen sind.

Die Eingangskapazität liegt zwischen

$$C_{GS} \approx 1\,\text{pF} \ldots 8\,\text{pF}$$

Legt man einmal einen C_{GS}-Wert von 1 pF zugrunde und bringt eine Ladung von 10^{-10} As auf diese Kapazität, dann entspricht dies einer Spannung von

$$Q = C \cdot U$$

$$U = \frac{Q}{C}$$

$$= \frac{10^{-10}\,\text{As}}{1 \cdot 10^{-12}\,\frac{\text{As}}{\text{V}}}$$

Die Ladungsmenge von 10^{-10} As ist durch Reibung sehr leicht zu erzeugen.

$$U = 100\,\text{V}$$

Deshalb werden MOSFET's mit kurzgeschlossenen Anschlußelektroden vom Hersteller ausgeliefert.

Der Kurzschlußring ist erst nach dem Einlöten des Bauelements in die Schaltung zu entfernen.

Eine andere Schutzmöglichkeit besteht in der Integration einer Schutzdiodenstrecke (Bild 4.–32). Diese Maßnahme verschlechtert jedoch die dynamischen Kennwerte der MOSFET's.

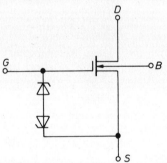

Bild 4.–32. MOSFET mit integrierter Schutzdiodenstrecke

4.2.1.2. Grenz- und Kennwerte von MOSFET's

Für die Grenzwerte von FET's gilt im Prinzip genau das gleiche wie für alle Halbleitertypen. Es muß unter allen Bedingungen sichergestellt sein, daß die angegebenen Grenzwerte nicht überschritten werden, da sonst mit einer Zerstörung des Bauelements zu rechnen ist.

Dies gilt speziell für MOSFET's für die folgenden Grenzdaten (Maximum Ratings), die in der Regel für eine Bezugstemperatur von $\vartheta_j = 25\,°C$ angegeben werden.

Grenzwerte von MOSFET's

1. Maximale Drain-Source-Spannung U_{DSmax}

   $U_{DSmax} \approx 20\,\text{V} \ldots 35\,\text{V}$

2. Maximale Gate-Source-Spannung U_{GSmax}

   $U_{GSmax} \approx \pm 10\,\text{V}$

4.2. Feldeffekttransistoren mit isolierter Steuerelektrode (IGFET)

3. Maximaler Drainstrom I_{Dmax}

   $I_{Dmax} \approx 20$ mA ... 50 mA

4. Maximale Verlustleistung für

   P_{totmax} für $\vartheta_u = 25\,°C$

   $P_{totmax} \approx 150$ mW ... 200 mW

5. Maximale Sperrschichttemperatur ϑ_{jmax}

   $\vartheta_{jmax} \approx 150\,°C$ ... $200\,°C$

6. Maximale Drain-Substrat-Spannung U_{DBmax}

   $U_{DBmax} \approx 30$ V ... 35 V

Die angegebenen praktischen Werte stellen Bereichsangaben dar für die auf dem Markt gängigen MOSFET-Typen.

Die Kennwerte von MOSFET's sind typische Betriebswerte, die Rückschlüsse auf die Eigenschaften und Anwendungsmöglichkeiten der Einzeltypen gestatten. Man teilt die Kennwerte in zwei Gruppen ein:

1. die statischen Kennwerte und
2. die dynamischen Kennwerte.

Die statischen Kennwerte sind reine Gleichstromgrößen, wie z. B. die Abschnürspannung U_P oder der Drain-Source-Kurzschlußstrom I_{DS} (siehe Abschnitt 4.1. JFET's).

Die statischen Kennwerte beschreiben also das reine Gleichstromverhalten des FET's. Die Bilder 4.–33 und 4.–34 zeigen Prinzipschaltungen zur Messung des Drain-Source-Kurzschlußstromes I_{DS} und der Abschnürspannung U_P.

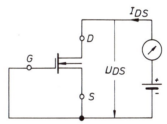

Bild 4.–33. Prinzipschaltung zur Messung des Drain-Source-Kurzschlußstromes I_{DS}

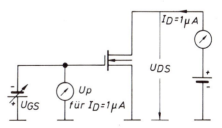

Bild 4.–34. Prinzipschaltung zur Messung der Abschnürspannung U_P

Die wichtigsten Kennwerte von MOSFET's sind:

Kennwerte von MOSFET's:

1. Gateleckstrom I_{GSS} (gate reverse-current)

   $I_{GSS} \approx 0,1$ pA ... 20 pA

Der Gateleckstrom begrenzt den statischen Eingangswiderstand des MOSFET's und legt damit praktisch den zulässigen Höchstwert des Gateableitwiderstandes fest (siehe Abschnitt 4.1. JFET's).

Bild 4.–35 zeigt eine Prinzipmeßschaltung zur Bestimmung des Gateleckstromes.

Als Parameter bei der Angabe von I_{GSS} treten die Drain-Source-Spannung U_{DS}, die Gate-Source-Spannung U_{GS} und die Umgebungstemperatur ϑ_u auf.

Eine vollständige Angabe des Gateleckstromes I_{GSS} lautet z. B. für die MOSFET-Typen 2 N 3796 und 2 N 3797:

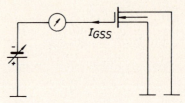

Bild 4.–35. Prinzipmeßschaltung zur Messung des Gateleckstromes I_{DSS}

$U_{GS} = -I_{0V}$, $U_{DS} = 0V$,
$\vartheta_j = 25\,°C$, $I_{GSS} = 1\,pA$

$U_{GS} = -I_{0V}$, $U_{DS} = 0V$,
$\vartheta_j = 150\,°C$, $I_{GSS} = 200\,pA$

Die Drain-Source-Durchbruchspannung wird bei MOSFET's von der Güte der Oxidschicht zwischen Gate und Kanal bestimmt. Ein Durchbruch dieser Isolierschicht ist bei MOSFET's im Gegensatz zu JFET's stets ein irreversibler Vorgang, d. h. bei Überschreitung der Durchbruchspannung wird der MOSFET zerstört.

Ein Maß für die Güte der Sperrfähigkeit von MOSFET's stellt der Drain-Sperrstrom $I_{D(Off)}$ dar.

Als Parameter treten auf:
1. die Gate-Source-Spannung U_{GS} und
2. die Kristalltemperatur ϑ_j

2. *Drain-Source-Durchbruchspannung $U_{(BR)DS}$*
   a) $U_{(BR)DSS}$ $U_{GS} = 0V$
   b) $U_{(BR)DSV}$ $U_{GS} \leq 0V$
   $U_{(BR)DSV} \approx 20\,V \ldots 35\,V$

3. *Drain-Sperrstrom $I_{D(Off)}$*
   $I_{D(Off)} \approx 10\,pA \ldots 500\,pA$ für $\vartheta_u = 25\,°C$
   $I_{D(Off)} \approx 10\,nA \ldots 1\,\mu A$ für $\vartheta_u = 150\,°C$

4. *Drain-Source-Durchlaßwiderstand $R_{DS(ON)}$*
   $R_{DS(ON)} \approx 100\,\Omega \ldots 250\,\Omega$

5. *Drain-Source-Sperrwiderstand $R_{DS(Off)}$*
   $R_{DS(Off)} \approx 10^9\,\Omega \ldots 10^{10}\,\Omega$

6. *Gate-Drain-Reststrom bei offenem Sourceanschluß I_{GDO}*
   $I_{GDO} \approx 0,5\,pA \ldots 10\,pA$

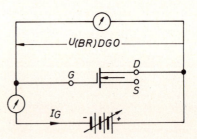

Bild 4.–36. Meßschaltung zur Bestimmung von I_{GDO}

7. *Drain-Durchlaßstrom* $I_{D(ON)}$
(bei selbstleitenden FET's)

$I_{D(ON)} \approx 5\ \text{mA} \ldots 50\ \text{mA}$

Der Temperaturgang von MOSFET's ist gering, in vielen Anwendungsfällen sogar vernachlässigbar klein.

Mit steigender Temperatur nimmt die Beweglichkeit der Ladungsträger im Kanal selbst ab. Dies ist aber mit einer Widerstandszunahme, d. h. einer Verminderung von I_D, gleichzusetzen. Andererseits muß die Spannung U_{GS}, die zur Sperrung von I_D verwendet wird, vergrößert werden, d. h. bei U_{GS} = const muß I_D zunehmen.

Beide Effekte wirken einander entgegen und kompensieren sich für einen bestimmten Temperaturbereich vollständig (siehe auch Bild 4.−9).

Die Gleichungen (4.2.1.2.−1) und (4.2.1.2.−2) erlauben die Berechnung der Verlustleistung P_{tot} in

Abhängigkeit von der Spannung U_{DS} und dem Drainstrom I_D sowie in Abhängigkeit von dem Wärmewiderstand des FET's R_{thU} und der Temperaturdifferenz zwischen Kristall und Umgebung ($\vartheta_j - \vartheta_u$).

$$P_{tot} = U_{DS} \cdot I_D \qquad (4.2.1.2.-1)$$

$$P_{tot} = \frac{\vartheta_j - \vartheta_u}{R_{thU}} \qquad (4.2.1.2.-2)$$

P_{tot} = Verlustleistung (W)
U_{DS} = Drain-Source-Spannung (V)
I_D = Drainstrom (mA)
ϑ_j = Kristalltemperatur (°C)
ϑ_u = Umgebungstemperatur (°C)
R_{thU} = Wärmewiderstand zwischen Kristall und Umgebung (°C/W)

$$R_{thU} \approx 250\ \frac{°C}{W} \ldots 600\ \frac{°C}{W}$$

4.2.2. Anwendung von MOSFET's

MOSFET's finden sich häufig in den Eingangsstufen von Verstärkern und digitalen Schaltstufen.

Ihr großer Vorteil liegt in der praktisch leistungslosen Steuerung des Kanalstromes und in der wesentlich geringeren Leistungsaufnahme gegenüber herkömmlichen Transistorstufen.

Die drei möglichen Grundschaltungen mit MOSFET's unterscheiden sich nur unwesentlich von denen mit JFET's.

4.2.2.1. Sourceschaltung mit MOSFET's

In Bild 4.–37 ist der MOSFET ein selbstsperrender n-Kanal-Typ, d. h. die Gate-Elektrode muß gegenüber der Source-Elektrode positiver vorgespannt werden. Dies wird in der Schaltung über die in Serie liegenden Widerstände R_1 und R_2 erreicht.

Durch den Kondensator C_2 wird bewirkt, daß die Gegenkopplung nur für Gleichspannungen wirksam ist.

Außerdem verhindert C_2 eine dynamische Verkleinerung des Widerstandswertes von R_1 um den Verstärkungsfaktor v_u des MOSFET's.

Für die Bemessung von R_1 und R_2 gilt

Der untere Grenzwert von R wird von dem geforderten Eingangswiderstand r_{eS} der Schaltung und der obere Grenzwert vom statischen Eingangswiderstand R_{GS} des MOSFET's bestimmt.

Die Gate-Source-Spannung U_{GS} wird durch $R_1 = R_2 = R$ auf den Wert der Drain-Source-Spannung U_{DS} eingestellt. Damit läßt sich nun der Widerstand R_3 bestimmen, wenn der Drainstrom I_D vorgegeben wird.

Der Kondensator C_2 ist so auszulegen, daß der Betrag seines kapazitiven Widerstandes etwa 1/10 von R_1 beträgt.

Der dynamische Eingangswiderstand r_{eS} der Schaltung wird, dadurch daß C_2 den Widerstand R_1 wechselstrommäßig an Masse legt, von R_1 bestimmt.

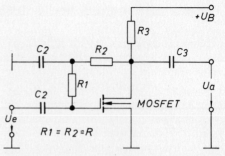

Bild 4.–37. MOSFET-Verstärkerstufe in Sourceschaltung für einen selbstsperrenden n-Kanal-MOSFET-Typ

Praktische Werte für R:

$R \approx 1 \text{ M}\Omega \ldots 100 \text{ M}\Omega$

$U_{GS} = U_{DS}$

$R_3 = \dfrac{U_B - U_{DS}}{I_D}$

$X_{C2} \leq \dfrac{1}{10} \cdot R_1$

$C_2 \geq \dfrac{10}{2\pi \cdot f_u \cdot R_1}$

$r_{eS} = R_1 \parallel r_{GS}$

$R_1 \ll r_{GS}$

$r_{eS} \approx R_1$

Übung 4.2.2.1.–1

Wie groß muß der Kondensator C_2 bemessen werden, wenn die untere Grenzfrequenz f_u bei 80 Hz liegen soll?

4.2.2.2. Drainschaltung oder Sourcefolger mit MOSFET's

Die Grundschaltung eines Sourcefolgers ist in Bild 4.–38 dargestellt. Zur Anwendung kommt ein selbstsperrender n-Kanal-MOSFET.

Die Gate-Elektrode wird direkt über R_1 an $+U_B$ gelegt.

Da der Eingangsstrom des MOSFET's zu vernachlässigen ist, liegt am Gate die Spannung

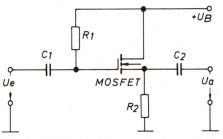

Bild 4.–38. Drainschaltung mit einem selbstsperrenden n-Kanal-MOSFET

$$U_{GS} = U_B$$

Mit $U_{GS} = U_B$ lassen sich nun auch die Spannungen U_{DS} und U_{R2} bestimmen.

$$0 = U_B - U_{R1} - U_{GS} - U_{R2}$$
$$U_{R1} = I_{GS} \cdot R_1$$
$$I_{GS} \approx 0$$
$$U_{R1} = 0$$
$$U_{R2} = U_B - U_{GS}$$
$$U_{DS} = U_B - U_{R2}$$
$$U_{DS} = U_{GS}$$

Für die Dimensionierung von R_1 gilt das in Abschnitt 4.2.2.1 Gesagte, während sich R_2 nach der Gleichung

$$R_2 = \frac{U_{R2}}{I_S} = \frac{U_{GS}}{I_S}$$

berechnet.
Die Verstärkung der Schaltung ist ≈ 1.

$$v_u = \frac{S \cdot R_2}{1 + S \cdot R_2} \approx 1$$

Der differentielle Eingangswiderstand r_{eD} und der differentielle Ausgangswiderstand r_{aD} der Schaltung berechnen sich zu:

$$r_{eD} = [(1 + S \cdot R_2) \cdot r_{GS}] \| R_1$$
$$r_e \approx R_1$$
$$r_{aD} = R_2 \left\| \frac{1}{S} \right.$$

Übung 4.2.2.2.–1

Dimensionieren Sie die Drainschaltung nach Bild 4.–38, wenn $U_B = 12$ V, $I_S = 5$ mA, $S = 10$ mA/V und $f_u = 100$ Hz vorgegeben sind.

4.2.2.3. Gateschaltung

Die Gateschaltung ist in der Praxis, wie bereits erwähnt, auf Sonderanwendungen beschränkt.

Für die MOSFET-Gateschaltung gilt das in Abschnitt 4.1.5.4 Gesagte. Bild 4.−39 zeigt die Gateschaltung als HF-Verstärker für einen selbstleitenden n-Kanal-MOSFET.

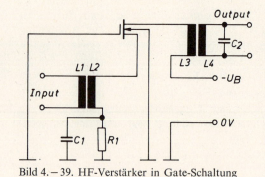

Bild 4.−39. HF-Verstärker in Gate-Schaltung

4.3. Dual-Gate-MOSFET's

Lernziele

Der Lernende kann...

... den grundsätzlichen Aufbau von Dual-Gate-MOSFET's beschreiben.

... Einsatzgebiete des Dual-Gate-MOSFET's nennen.

Diese Sonderbauform von MOSFET's besitzt zwei Kanalbereiche, die von je einer Gate-Elektrode gesteuert werden können.

Auf dem Markt befindliche Dual-Gate-MOSFET's sind selbstleitende n-Kanal-Typen, die in ihren Grenz- und Kennwerten weitgehend übereinstimmen mit den MOSFET's mit einer Gate-Elektrode. Da die Steuerung des Drainstromes I_D weitgehend unabhängig von beiden Gate-Elektroden aus erfolgen kann, eignen sich Dual-Gate-MOSFET's hervorragend zum Aufbau von Regelverstärkern, Mischstufen und Modulatoren. Außerdem zeichnen sich diese Typen durch ein niedriges HF-Rauschen und eine gute Kreuzmodulationsfestigkeit aus.

Ihr Hauptanwendungsgebiet liegt deshalb auch in der Hochfrequenztechnik.

Bild 4.−40 zeigt den prinzipiellen Aufbau des Dual-Gate-MOSFET's mit dem zugehörigen Schaltsymbol.

Einen geregelten VHF-Vorstufen-Verstärker (200 MHz) mit einem Dual-Gate-MOSFET zeigt Bild 4.−41.

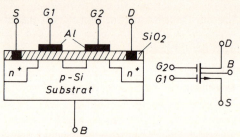

Bild 4.−40. Prinzipieller Aufbau und Schaltsymbol eines Dual-Gate-MOSFET's (n-Kanal-Typ)

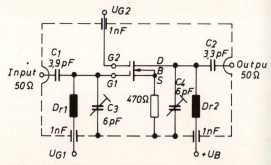

Bild 4.−41. Geregelter VHF-Vorstufen-Verstärker (200 MHz) mit n-Kanal-Dual-Gate-MOSFET's (nach Valvo-Unterlagen)

4.4. Lernzielorientierter Test

4.4.1. In der folgenden Schaltung ist eine Verstärkerstufe in Sourceschaltung mit einem Sperrschicht-FET dargestellt.

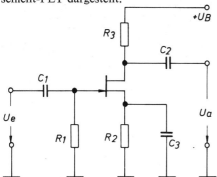

a) Welcher JFET-Typ ist in der Schaltung eingesetzt?
b) Nach welcher Gleichung berechnet sich die Spannungsverstärkung v_u der Stufe?
c) Welche Aufgabe erfüllt der Kondensator C_3?

4.4.2. Welche Änderungen machen sich in der Schaltung bemerkbar, wenn der Widerstand R_3 kurzgeschlossen wird.

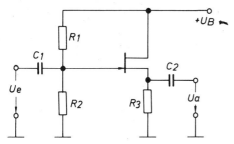

○ a) die Ausgangsspannung U_A wird 0V.
○ b) der JFET wird überlastet.
○ c) die Spannungsverstärkung v_u wird ca. 1.
○ d) der Drainstrom steigt an auf sehr große Werte.
○ e) die Spannungsverstärkung v_u wird 0.

4.4.3. Welcher FET-Typ wird in dem folgenden Schaltzeichen dargestellt?

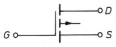

○ a) p-Kanal-JFET
○ b) n-Kanal-MOSFET
○ c) p-Kanal-MOSFET
○ d) IGFET

4.4.4. Nennen Sie wenigstens zwei Vorteile von Feldeffekttransistoren gegenüber bipolaren Transistoren.

4.4.5. Feldeffekttransistoren haben die folgenden charakteristischen Eigenschaften:
- a) Ein Betrieb ist nur an hohen Betriebsspannungen möglich.
- b) Dieser Transistortyp besitzt einen hohen Eingangswiderstand.
- c) Zur Ansteuerung ist eine nicht zu vernachlässigende Steuerleistung erforderlich.
- d) Die Ansteuerung ist praktisch leistungslos.

4.4.6. Gegeben ist ein Sourcefolger:

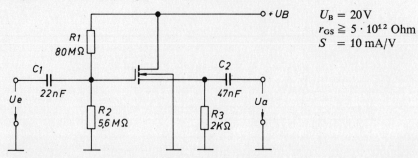

$U_B = 20\,\text{V}$
$r_{GS} \geq 5 \cdot 10^{12}\,\text{Ohm}$
$S = 10\,\text{mA/V}$

a) Berechnen Sie den differentiellen Ausgangswiderstand und Eingangswiderstand der Schaltung.
b) Welcher FET-Typ wird in der Schaltung eingesetzt?

4.4.7.

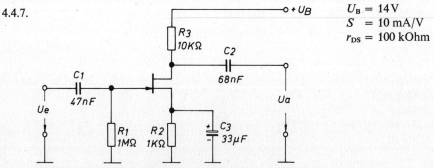

$U_B = 14\,\text{V}$
$S = 10\,\text{mA/V}$
$r_{DS} = 100\,\text{kOhm}$

a) Berechnen Sie die Spannungsverstärkung v_u der Stufe.

4.4. Lernzielorientierter Test   347

b) In welcher FET-Grundschaltung arbeitet der Transistor?
c) Nach welchen Richtlinien muß der Widerstand R_1 dimensioniert werden?

4.4.8. Beschreiben Sie stichwortartig die Wirkungsweise der folgenden Schaltung (mit Bestimmung der verwendeten FET-Typen).

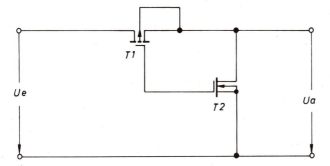

5. Bauelemente der Leistungselektronik

5.1. Der Thyristor

Lernziele

Der Lernende kann...

... den Thyristor bezüglich seiner Vor- und Nachteile gegen andere Bauelemente, die für ähnliche Aufgaben einsetzbar sind, vor allem gegen mechanische Schalter abgrenzen.

... den Aufbau und die Wirkungsweise des Thyristors anhand einer Skizze beschreiben.

... ein Ersatzschaltbild des Thyristors angeben und die Wirkungsweise anhand dieses Ersatzschaltbildes beschreiben.

... den grundsätzlichen Verlauf von Durchlaß-, Blockier-, Sperr- und Eingangskennlinien zeichnen und aus dem Verlauf der Kennlinien Aussagen über das Betriebsverhalten des Thyristors machen.

... wichtige Kenn- und Grenzdaten des Thyristors nennen und diese Daten, soweit möglich, aus den entsprechenden Kennlinienfeldern bzw. aus dem Zünddiagramm ermitteln.

... den grundsätzlichen Schaltungsaufbau mit einem Thyristor als Schalter im Gleich- und Wechselstromkreis zeichnen und erläutern.

5.1.1. Einführung

Der Thyristor ist ein Halbleiterbauelement, das in vielen Anwendungsfällen mit erheblichen Vorteilen anstelle eines mechanischen Schalters, Relais', Schalttransistors oder Spannungs- bzw. Leistungsreglers eingesetzt werden kann.

Ähnlich wie eine Diode hat der Thyristor eine Durchlaß- und eine Sperrkennlinie. Im Gegensatz zu einer Diode wird der Thyristor in Durchlaßrichtung zwischen Anode und Kathode nur leitend, wenn an seine dritte Elektrode, die Steuerelektrode, die auch Gate oder Gatter oder Starter genannt wird, eine geeignete Spannung angelegt wird.

Den Vorgang des Startens bezeichnet man auch als Zünden. Ein Thyristor kann zwar problemlos gestartet, jedoch nicht ohne weiteres wieder gesperrt werden. Bild 5.1.–1 gibt das Schaltzeichen des Thyristors wieder.

Es sind Thyristor-Typen für sehr große Strom- und Spannungsbereiche im Handel (bis ca. 1 600 V und einige hundert Ampere).

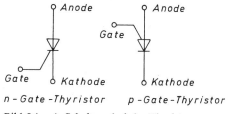

Bild 5.1.–1. Schaltsymbol des Thyristors

Bezüglich ihrer Vor- und Nachteile kann man Kleinthyristoren zweckmäßig mit Schalttransistoren und Leistungsthyristoren mit mechanischen Schaltern vergleichen.

Kleinthyristoren
Gegenüber Schalttransistoren haben sie vor allem den Vorteil, daß sie vom Durchlaß- in den Sperrzustand und umgekehrt kippen, also keine Zwischenzustände möglich sind.

Dies bedeutet (allerdings nur in Wechselstromkreisen, wie noch gezeigt wird), daß wesentlich einfachere Ansteuerschaltungen möglich sind.

Nachteilig gegenüber Schalttransistoren ist, daß bei Kleinthyristoren die Schaltzeiten länger und die Restspannungen größer sind. Außerdem kann ein Schalttransistor problemlos über die Steuerelektrode (Basis) gesperrt werden, was beim Thyristor nicht möglich ist.

Leistungsthyristoren
Gegenüber den mechanischen Schaltern überwiegen hier eindeutig die Vorteile. Die Schaltzeiten sind wesentlich kürzer und das Schalten erfolgt prellfrei. Die zum Schalten erforderliche Leistung ist sehr gering. Da ein durch den Thyristor fließender Wechselstrom während jeder (positiven) Halbwelle zu einem beliebigen Zeitpunkt geschaltet werden kann, ist es möglich, den zeitlichen Mittelwert des Stromes zu steuern.

Wie bei allen Halbleiterbauelementen tritt praktisch kein Verschleiß auf. Als nicht sehr wesentliche Nachteile sind zu nennen:

Im Durchschaltzustand tritt eine Restspannung von 1 ... 2 V auf. Im Sperrzustand fließt ein (sehr geringer) Reststrom.

Übung 5.1.1.—1

Außer vielen Vorteilen hat ein Thyristor (oder ein Triac) im Vergleich zu einem mechanischen Schalter auch (geringfügige) Nachteile. Nennen Sie bitte zwei davon!

5.1.2. Aufbau und Wirkungsweise des Thyristors

Der Thyristor besteht aus vier aufeinanderfolgenden, abwechselnd p- und n-dotierten Silizium-Halbleiterschichten (siehe Bild 5.1.−2).

Die äußere p-Schicht wird als Anode, die äußere n-Schicht als Kathode und die mittlere p-Schicht als Steuerelektrode oder Gate bezeichnet. Anstelle der mittleren p-Zone kann auch die mittlere n-Zone als Steuerelektrode dienen (n-Gate-Thyristor).

Legt man eine Spannung zwischen Anode und Kathode, so daß das Anodenpotential negativ gegenüber dem Kathodenpotential ist, so sind die beiden äußeren pn-Übergänge gesperrt. Es kann also kein Strom fließen, wenn die Spannung nicht so groß wird, daß ein Durchbruch erfolgt.

Legt man zwischen Anode und Kathode eine Spannung mit umgekehrter Polung, so ist der mittlere pn-Übergang gesperrt. Auch jetzt kann kein Strom fließen. Legt man allerdings eine Steuerspannung an die Steuerelektrode, die ebenfalls positiv gegenüber der Kathode ist, so wird die mittlere p-Schicht so stark mit positiven freien Ladungsträgern überschwemmt, daß die Sperrschicht des mittleren pn-Überganges abgebaut wird. Es erfolgt eine „Zündung", d. h. es fließt ein großer Strom von der Anode zur Kathode. Wird die Steuerspannung bis auf Null zurückgeregelt, so fließt dieser Strom trotzdem weiter, da die mittlere Sperrschicht sich wegen der durch den Anoden-Kathodenstrom immer wieder nachgelieferten zahlreichen freien Ladungsträger nicht zurückbilden kann.

Ein Sperren des Thyristors über die Steuerelektrode ist deshalb nicht ohne weiteres möglich.

Der Thyristor sperrt erst dann wieder, wenn der Anoden-Kathodenstrom unter den Wert des sogenannten „Haltestromes" abgesunken ist. Dies läßt sich über die Steuerelektrode nur dann erreichen, wenn ein negativer Steuerstrom fließt, der in der Größenordnung des Anoden-Kathodenstromes liegt. Diese Methode der „Löschung" ist nicht zweckmäßig. Beim Einsatz des Thyristors als Wechsel-

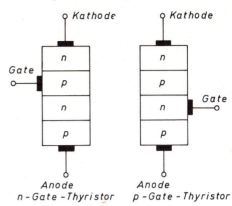

Bild 5.1.−2. Schichtenfolge eines Thyristors

stromschalter entfällt das Problem der Löschung, da der Anoden-Kathodenstrom nach jeder Halbwelle einen Nulldurchgang hat und somit eine Löschung automatisch erfolgt.

Beim Einsatz des Thyristors als Gleichstromschalter müssen jedoch besondere Schaltungsmaßnahmen zur Löschung ergriffen werden, wie noch näher erläutert wird.

Bild 5.1.–3 gibt eine Schaltung wieder, die mit zwei Transistoren aufgebaut ist und nach außen hin die grundsätzliche Verhaltensweise eines Thyristors hat.

Legt man eine positive Spannung an die Anode, so sperren zunächst beide Transistoren. Legt man an das Gate G eine positive Spannung, so wird T_2 niederohmig und sein Kollektorpotential wird niedriger. Dadurch steigt die Basis-Emitterspannung von T_1 und T_1 wird ebenfalls leitend. Der Kollektorstrom von T_1 teilt sich auf in den Basisstrom von T_2 und den Strom durch R. Der Spannungsabfall an R steuert T_2 auch dann durch, wenn keine äußere Steuerspannung mehr anliegt. Ein Sperren beider Transistoren erfolgt erst dann wieder, wenn der Strom durch R einen Mindestwert unterschreitet.

Ein Zünden des Thyristors kann auch auftreten, wenn der Spannungsanstieg zwischen Anode und Kathode zu schnell erfolgt. Bei einem Thyristor in Vorwärtsrichtung (Durchlaßrichtung) fällt die Spannung am mittleren pn-Übergang ab. Während des Spannungsanstiegs fließt außer dem Sperrstrom auch der Ladestrom der Sperrschichtkapazität. Erfolgt der Spannungsanstieg sehr schnell, kann der Ladestrom so groß werden, daß er die Sperrschicht mit Ladungsträgern überflutet und eine (unerwünschte) Zündung des Thyristors die Folge ist.

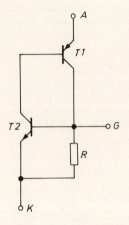

Bild 5.1.–3. Ersatzschaltung eines Thyristors

Übung 5.1.2.—1

Beschreiben Sie die Wirkungsweise eines Thyristors und geben Sie Möglichkeiten zur Löschung an!

5.1.3. Kennlinien des Thyristors

Wie bei einer Diode spricht man auch beim Thyristor von Durchlaß- und Sperrkennlinien. Hinzu kommen noch die Blockierkennlinien, die wie die Durchlaßkennlinie im ersten Quadranten liegen und das Verhalten des Thyristors bei Polung der Anoden-Kathodenspannung in Durchlaßrichtung, jedoch *vor* der Zündung wiedergeben, und die Eingangskennlinie.

Die Durchlaßkennlinie
Die Durchlaßkennlinie (Bild 5.1.−4) verläuft fast senkrecht und ähnelt sehr stark der Kennlinie einer normalen Siliziumdiode. Die am Thyristor im durchgeschalteten Zustand liegende Spannung ist praktisch stromunabhängig und liegt etwa zwischen 1 V und 2 V. Die Durchlaßkennlinie endet wenig oberhalb der Spannungsachse.

Der zu diesem Endpunkt gehörende Stromwert ist der sogenannte Haltestrom, dessen Unterschreiten ein Sperren bzw. Blockieren des Thyristors zur Folge hat.

Die Blockierkennlinien
Es ergibt sich ein ganzes Feld von Blockierkennlinien, da das Verhalten des Thyristors im Blockierzustand (und im Sperrzustand) stark von der Größe des Starterstromes abhängig ist. Jeder Blockierkennlinie ist ein Wert des Starterstromes als Parameter zugeordnet.

Steigt die Anoden-Kathodenspannung von Null an zu positiven Werten, so fließt zunächst nur ein sehr kleiner Strom. Die Kennlinien verlaufen etwa wie die Sperrkennlinie einer Si-Diode. Kurz nach Beginn des steilen Stromanstieges kippt der Thyristor jedoch vom Blockierzustand in den Durchlaßzustand. Die Verbindungslinie der Endpunkte aller Blockierkennlinien heißt *Kippkennlinie* (Bild 5.1.−4).

Die Sperrkennlinien
Die Sperrkennlinien verlaufen etwa wie die Sperrkennlinie einer normalen Siliziumdiode. Die Ähnlichkeit nimmt mit zunehmendem Starterstrom ab. Je größer der Starterstrom ist, um so größer wird auch der Sperrstrom und um so kleiner die zulässige Sperrspan-

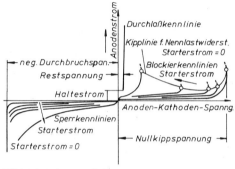

Bild 5.1.−4. Kennlinien des Thyristors

nung. Eine Ähnlichkeit der Sperrkennlinien mit den Blockierkennlinien ist ebenfalls vorhanden, jedoch erfolgt bei den Sperrkennlinien zu Beginn des steilen Teils kein Kippvorgang.

Die Eingangskennlinie
Die Eingangskennlinie des Thyristors gibt die Abhängigkeit zwischen Eingangsstrom (Starterstrom) und Eingangsspannung (Spannung zwischen Gate und Kathode) wieder. Da im allgemeinen eine sehr große Streuung der Eingangseigenschaften vorhanden ist, werden vom Hersteller zwei Eingangskennlinien angegeben, die die Grenzlinien einer Fläche darstellen, innerhalb der die Eingangskennlinien aller Exemplare des betreffenden Thyristortyps liegen. Die zwischen den beiden Grenzkennlinien liegende Fläche wird auch als Streubereich bezeichnet (Bild 5.1.–5).

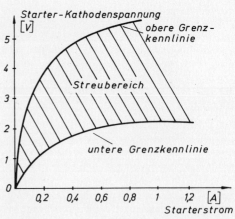

Bild 5.1.–5. Eingangskennlinie eines Thyristors

5.1.4. Kenn- und Grenzdaten des Thyristors

Kenndaten
Kenndaten sind Betriebsdaten, die das typische Verhalten des betreffenden Bauelementes beschreiben. Die wichtigsten Kennwerte des Thyristors lassen sich aus den Kennlinien ermitteln.

Einige Kennwerte sind bereits bekannt, so z. B. der *Haltestrom*, der sich aus der Durchlaßkennlinie ergibt und dessen Unterschreiten ein Kippen des Thyristors vom Durchlaß- in den Blockierzustand bedeutet. Ebenso sind die im durchgeschalteten Zustand am Thyristor abfallende *Restspannung* und der *Nennstrom* wichtige Kennwerte.

Wichtige Kennwerte sind außerdem der zum Kippen aus dem Blockierzustand in den Durchlaßzustand notwendige Starterstrom (Zündstrom) und die zugehörige Starter-Kathodenspannung (Zündspannung). Diese beiden Kenndaten müssen gemäß den Ausführungen zu Bild 5.1.–5 innerhalb des Eingangsstreubereiches liegen, jedoch liegen sie nicht eindeutig fest. Sie können nicht unterhalb der unteren Eingangs-Grenzkennlinie und nicht oberhalb der oberen Eingangs-Grenzkennlinie liegen. Ob eine Zündung des Thyristors bei innerhalb des Streubereiches

5.1. Der Thyristor

liegenden Werten von Starterstrom und Starter-Kathodenspannung erfolgt, geht aus der Darstellung nach Bild 5.1.−5 *nicht* hervor. Eine Zündung *kann*, muß aber nicht erfolgen. Deshalb wird vom Hersteller ein sogenanntes „Zünddiagramm" angegeben, das nähere Angaben über eine mögliche bzw. zwangsläufige Zündung macht.

Dieses Diagramm ist in Bild 5.1.−6 wiedergegeben.

Es handelt sich hierbei um einen Ausschnitt aus dem Eingangskennlinienfeld, in dem außer den beiden Grenzkennlinien auch die zur möglichen Zündung erforderliche Mindestspannung (untere Zündspannung) sowie die zur sicheren Zündung erforderliche Mindestspannung (obere Zündspannung) angegeben sind. Der Bereich, in dem ein Starten zwar möglich, aber nicht sicher ist, ist in Bild 5.1.−6 schraffiert dargestellt. Ein sicheres Starten erfolgt auch dann, wenn zwar der Starterstrom kleiner ist als der obere Zündstrom, die Starter-Kathodenspannung jedoch größer ist als die obere Zündspannung.

Ebenso ist ein sicheres Starten gewährleistet, wenn zwar die Starter-Kathodenspannung kleiner als die obere Zündspannung, jedoch der Starterstrom größer ist als der obere Zündstrom.

Der obere Zündstrom ist stark von der Sperrschichttemperatur abhängig.

Er wird in der Regel für mehrere Sperrschichttemperaturen angegeben.

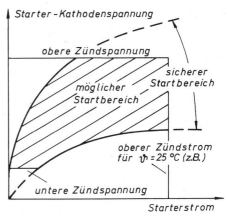

Bild 5.1.−6. Zünddiagramm eines Thyristors

Grenzwerte

Zu den Grenzwerten des Thyristors gehört wie beim Transistor und allen anderen Halbleitern die zulässige *Sperrschichttemperatur*. Weitere vom Hersteller angegebene Grenzwerte sind die zulässige periodische *Spitzensperrspannung* und die *Nullkippspannung* (= Spannungswert, bei dem für einen Starterstrom von Null der Kippvorgang vom Blockier- in den Durchlaßzustand erfolgt (siehe Bild 5.1.−4). Ebenso werden der *Dauergrenzstrom* (= zulässiger Daueranodenstrom) sowie der *Stoßstrom* für eine 50-Hz-Sinushalbwelle jeweils für eine bestimmte Sperrschichttemperatur angegeben.

Auch bezüglich des Thyristoreinganges gibt der Hersteller Grenzwerte an:

Zwei in das Eingangskennlinienfeld eingezeichnete Grenzlinien (Hyperbeln) geben den *zulässigen arithmetischen Mittelwert der Steuerleistung* und den *Spitzenwert der Steuerleistung* an.

Die Steuerleistung ist das Produkt aus Starterstrom und Starter-Kathodenspannung.

Außer diesen Grenzwerten für die Verlustleistung gibt es noch einen Grenzwert für den Starterstrom und die Starter-Kathodenspannung (Bild 5.1.−7).

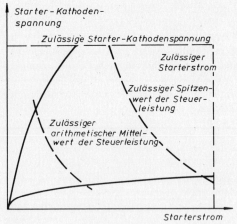

Bild 5.1.−7. Grenzwerte des Thyristors im Eingangskreis (Steuerkreis)

5.1.5. Grundschaltungen des Thyristors

Der Thyristor als Wechselstromschalter

Da ein Thyristor zwar problemlos gezündet, jedoch nicht ohne weiteres gelöscht werden kann, sind einfache Schaltungen nur in Wechselstromkreisen zu verwirklichen.

In Bild 5.1.−8 arbeitet der Thyristor als einfacher Wechselstromschalter, d. h. er schaltet den Wechselstrom nur ein und aus, nimmt jedoch keine Leistungsregelung vor. Der Kippzeitpunkt liegt kurz nach einem Nulldurchgang und läßt sich nicht innerhalb einer Halbwelle verschieben. Wird der Schalter geschlossen, so fließt ein Starterstrom über den Widerstand und die Diode und zündet den Thyristor. Eine Zündung des Thyristors erfolgt immer nur bei den Halbwellen, die einer positiven Anoden-Kathodenspannung entsprechen. Der Thyristor arbeitet also sowohl als Schalter als auch als Gleichrichter, d. h. er arbeitet als einseitiger Schalter. Sollen beide Halbwellen geschaltet werden und kann auf eine Gleichrichtung verzichtet werden, so kann die Schaltung nach Bild 5.1.−8 durch einen zweiten antiparallel geschalteten Thyristor zum Vollwegschalter erweitert werden.

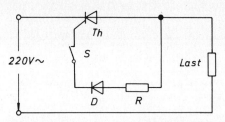

Bild 5.1.−8. Thyristor als einseitiger Wechselstromschalter

Der Thyristor als Leistungsregler

Das Prinzip einer mit einem Thyristor durchgeführten Leistungsregelung beruht darauf, daß der Einsatzzeitpunkt der mit Hilfe einer

Ansteuerschaltung erzeugten Zündimpulse innerhalb einer Halbwelle der zu schaltenden Wechselspannung beliebig verschoben werden kann. Erfolgt der Zündimpuls bereits zu Anfang einer Halbwelle, so ist der mittlere Stromfluß und die vom Thyristor durchgelassene Leistung größer, als wenn der Zündimpuls zu einem späteren Zeitpunkt innerhalb der Halbwelle einsetzt. Den Winkel, der der Dauer des Stromflusses innerhalb einer Halbwelle entspricht, bezeichnet man als Stromflußwinkel. Bild 5.1.–9 zeigt den Spannungsverlauf an einem Verbraucher für eine Einwegleistungsregelung und einen Stromflußwinkel von 60°.

Der Winkel, der dem Zeitraum innerhalb einer Halbwelle entspricht, nach dem eine Zündung erfolgt, heißt Zündwinkel.

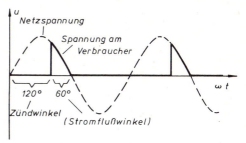

Bild 5.1.–9. Verlauf der Netz- und Verbraucherspannung für eine Einwegleistungsregelung bei bei einem Stromflußwinkel von 60°

Übung 5.1.5.–1

Wie groß ist die vom Verbraucher aufgenommene Leistung bei einem Stromflußwinkel von 180° im Vergleich zu der Leistung, die bei kurzgeschlossenem (überbrücktem) Thyristor aufgenommen würde?

Das Zünden des Thyristors könnte durch eine Steuergleichspannung erfolgen. Dann wäre jedoch nur ein Zündwinkel zwischen 0° und 90° möglich. Wesentlich vorteilhafter ist es, den Thyristor entweder durch eine Wechselspannung zu steuern, deren Phasenlage beliebig gegenüber der zu schaltenden Netzwechselspannung verschoben werden kann, oder durch Impulse. In beiden Fällen läßt sich der Zündwinkel auf jeden beliebigen Wert zwischen 0° und 180° einstellen.

Ein Schaltungsbeispiel für eine derartige „Phasenanschnittsteuerung" zeigt Bild 5.1.–10.

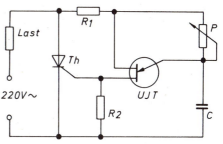

Bild 5.1.–10. Phasenanschnittsteuerung mit einem Thyristor

Die zum Ansteuern des Thyristors erforderlichen Impulse werden durch einen Unijunctiontransistoroszillator erzeugt. Die Aufladezeit des Kondensators C bzw. die Frequenz des Oszillators werden durch das Potentiometer P eingestellt. Je hochohmiger P eingestellt wird, um so langsamer lädt sich C auf und um so später im Verlauf einer Halbwelle der zu schaltenden Wechselspannung erfolgt die Zündung des Thyristors.

Übung 5.1.5.—2

Ergänzen Sie: Je größer der Kondensator C in Bild 5.1.—10, um so ..... (größer—kleiner) ist die vom Verbraucher aufgenommene Leistung (P unverändert!).

Der Thyristor im Gleichstromkreis

Wird der Thyristor als Schalter in einem Gleichstromkreis eingesetzt, so ergibt sich, wie bereits angedeutet, eine Schwierigkeit daraus, daß der Thyristor zwar problemlos gezündet, jedoch nicht ohne weiteres gelöscht werden kann.

Ein Löschen kann nur erfolgen durch einen Steuerstrom, der in der Größenordnung des Laststromes liegt, oder dadurch, daß der Laststrom kurzzeitig unter den Wert des Haltestromes abgesenkt bzw. unterbrochen wird.

Ein Schaltungsbeispiel für die zweite Möglichkeit, das Löschen des Thyristors durch Absenken des Laststromes, zeigt Bild 5.1.—11.

Wird der Taster S_1 geschlossen, so wird eine Steuerspannung an das Gate des Thyristors gelegt und der Thyristor schaltet durch. Über den Widerstand R_2 lädt sich der Kondensator C etwa auf den Wert der Betriebsspannung auf. Soll der Thyristor gelöscht werden, so wird der Taster S_2 gedrückt. Der Kondensator entlädt sich, und die Kondensatorspannung wirkt der Betriebsspannung entgegen. Der Laststrom wird dadurch kurzzeitig unterbrochen und der Haltestrom unterschritten, so daß der Thyristor gelöscht wird. Der Kondensator C wird als Löschkondensator bezeichnet. Der Taster S_2 kann auch durch einen zweiten Thyristor, den Löschthyristor ersetzt werden. Das Löschen des Löschthyristors erfolgt automatisch, sobald der Kondensator C entladen ist und damit der Haltestrom des Löschthyristors unterschritten wird.

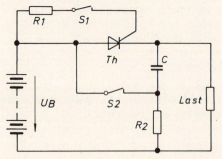

Bild 5.1.—11. Löschschaltung für einen Thyristor im Gleichstromkreis

5.2. Der Triac

Lernziele

Der Lernende kann...
... die Verwandtschaft des Triacs mit dem Thyristor und seine Unterschiede zum Thyristor erläutern.
... den Aufbau und die Wirkungsweise des Triacs anhand einer Skizze beschreiben.
... den grundsätzlichen Verlauf der Ausgangs- und Eingangskennlinien des Triacs zeichnen und aus dem Verlauf der Kennlinien Aussagen über das Betriebsverhalten des Triacs machen.
... anhand von Schaltungsbeispielen den Einsatz des Triacs als Schalter und Leistungsregler im Wechselstromkreis erläutern.

Ein mit dem Thyristor sehr eng verwandtes Bauelement ist der Triac. Der Triac kann ähnlich eingesetzt werden wie der Thyristor, nämlich als Gleich- und Wechselstromschalter und als Leistungsregler. Der Einsatz als Gleichstromschalter ist uninteressant, da hierfür ebensogut der preisgünstigere Thyristor verwendet werden kann. Sehr bedeutend ist jedoch die Einsatzmöglichkeit des Triac als Wechselstromschalter, da dieses Bauelement im Gegensatz zum Thyristor für *beide* Stromrichtungen durchlässig gemacht werden kann. Bezüglich der Wirkungsweise (und auch des Aufbaus und der Kennlinien) kann man den Triac deshalb als Doppelthyristor oder symmetrischen Thyristor bezeichnen.

Die Bezeichnung „Triac" ist eine Abkürzung für „**Tri**ode **a**lternating **c**urrent switch". Dies bedeutet, daß es sich bei diesem Bauelement um einen Wechselstromschalter mit drei Anschlüssen handelt.

5.2.1. Aufbau und Wirkungsweise

Wie der Thyristor hat der Triac drei Anschlüsse: Ein Anschluß, der wie beim Thyristor als Gate, Starter, Tor oder Steuerelektrode bezeichnet wird, dient zum Zünden des Triacs. Die beiden anderen Elektroden werden als Anode und Kathode oder als Anode 2 und Anode 1 bezeichnet. Die als Kathode oder Anode 1 bezeichnete Elektrode ist die gemeinsame Elektrode für Steuerstrecke (Starterstrecke) und Hauptstrecke (Schaltstrecke).

Man kann sich den Triac entstanden denken aus zwei antiparallel geschalteten Thyristoren, von denen der eine am mittleren p-Leiter angesteuert wird (p-Gate-Thyristor), also bei positiven Steuerspannungen durchschaltet. Der zweite Thyristor wird am mittleren n-Leiter angesteuert (n-Gate-Thyristor), schaltet also bei negativen Steuerspannungen durch. Die beiden Steuerelektroden sind miteinander verbunden, so daß zum Ansteuern eines Triacs nur ein Anschluß benötigt wird.

Ein beliebig gepolter Impuls zwischen Gate und Anode 1 schaltet den Triac durch, unabhängig von der Polung der Spannung im Laststromkreis.

In Bild 5.2.–1 wird die Entstehung der Schichtenfolge eines Triacs gezeigt. Auch das in Bild 5.2.–2 dargestellte Schaltzeichen des Triacs deutet auf zwei antiparallelgeschaltete Thyristoren hin.

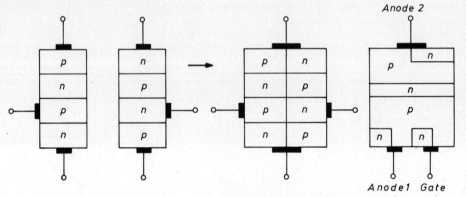

Bild 5.2.–1. Aufbau eines Triacs

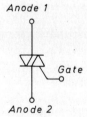

Bild 5.2.–2. Schaltzeichen eines Triacs

Übung 5.2.1.–1

Nennen Sie den grundsätzlichen Unterschied eines Triacs gegenüber einem Thyristor!

5.2.2. Kennlinien

Die Ausgangskennlinien des Triacs geben die Abhängigkeit des Stromes von der Spannung im Ausgangskreis (Hauptstrecke, Schaltstrecke) wieder, also den Zusammenhang zwischen der Anode 2-Anode 1-Spannung und dem Strom, der die Strecke zwischen Anode 2 und Anode 1 durchfließt.

Das Kennlinienfeld eines Triacs ist in Bild 5.2.–3 wiedergegeben. Der grundsätzliche Unterschied zum Verhalten des Thyristors besteht darin, daß der Triac kein Sperrverhalten zeigt, gleichgültig, wie die Spannung im Laststromkreis oder die Steuerspannung gepolt sind.

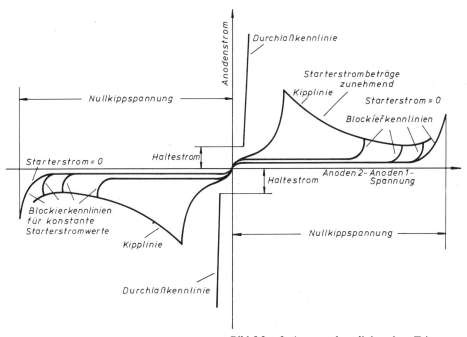

Bild 5.2.–3. Ausgangskennlinien eines Triacs

Die Kennlinien im ersten und dritten Quadranten des Bildes 5.2.–3 entsprechen deshalb genau den Kennlinien eines in Vorwärtsrichtung betriebenen Thyristors. Im ersten und dritten Quadranten gibt es eine Durchlaßkennlinie sowie vom Starterstrom abhängige Blockierkennlinien, deren Endpunkte die Kippkennlinie bilden.

Die Eingangskennlinien, die den Zusammenhang zwischen Starter-Anode 1-Spannung und Starterstrom wiedergeben, verlaufen ebenfalls wie die Eingangskennlinien des Thyristors, nur mit dem Unterschied, daß beim Triac auch bei negativen Strom- und Spannungswerten der Starterstrecke ein Zünden möglich ist und deshalb sowohl im ersten als auch im dritten Quadranten die Eingangskennlinien angegeben werden. Wie in Bild 5.2.−4 zu erkennen ist, ergeben sich zwar für negative Werte der Starter-Anode 1-Spannung eindeutige Verhältnisse bezüglich eines möglichen oder sicheren Startens, für positive Spannungswerte jedoch nicht. Im ersten Quadranten des Bildes 5.2.−4 sind zwei mögliche Startbereiche angegeben, von denen der kleinere Bereich für positive Werte der Anode 2-Anode 1-Spannung gilt, der größere Bereich dagegen für negative Werte der Anode 2-Anode 1-Spannung. Es ist deshalb bei vielen Triac-Typen günstiger, mit negativen Steuerimpulsen zu zünden.

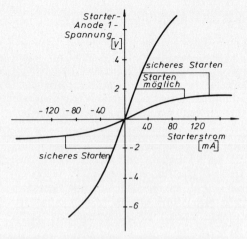

Bild 5.2.−4. Eingangskennlinien des Triacs

Übung 5.2.2.−1

Welche Kennlinien des Thyristors treten beim Triac nicht auf?

5.2.3. Kenn- und Grenzdaten

Die Kenn- und Grenzdaten des Triacs entsprechen genau den Kenn- und Grenzdaten des Thyristors, die bereits in Abschnitt 5.1.3 abgehandelt wurden.

5.2.4. Grundschaltungen des Triacs

Der Triac als Wechselstromschalter

Die Anwendung des Triacs als Wechselstromschalter zeigt Bild 5.2.−5.

Außer dem Triac ist nur ein Widerstand und ein Schalter mit geringer Kontaktbelastbarkeit notwendig. Wird der Schalter geschlossen, so liegt im ersten Augenblick die volle Netzwechselspannung an der Reihenschaltung des Widerstandes und der Starterstrecke des Triacs.

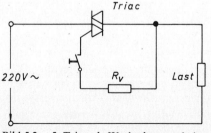

Bild 5.2.−5. Triac als Wechselstromschalter

Der Widerstand verhindert, daß ein zu großer Starterstrom fließt. Erreicht der Augenblicks-

5.2. Der Triac

wert der Netzwechselspannung eine bestimmte Höhe, so zündet der Triac.

Kurz vor jedem Nulldurchgang der Netzwechselspannung sperrt der Triac, da der Haltestrom unterschritten wird. Kurz nach jedem Nulldurchgang wird er von neuem gezündet.

Sobald der Schalter wieder geöffnet wird, kann eine Zündung nicht mehr erfolgen.

Der Triac als Leistungsregler

Das Prinzip der Leistungsregelung mit einem Triac ist das gleiche wie beim Thyristor. Auch hier werden dem Triac durch eine geeignete Schaltung erzeugte Zündimpulse zugeführt, die den Triac zu einem beliebig einstellbaren Zeitpunkt innerhalb einer Halbwelle zünden. Der Unterschied zum Thyristor besteht darin, daß *beide* Halbwellen der Netzwechselspannung gesteuert werden. Man spricht deshalb hier von Vollweg- oder Vollwellensteuerung (wie auch bei zwei antiparallelgeschalteten Thyristoren), im Gegensatz zur Halbweg- oder Halbwellensteuerung mit einem Thyristor. Wie beim Thyristor spricht man auch hier von einer Phasenanschnittsteuerung.

In Bild 5.2.—6 ist eine einfache Schaltung zur Leistungsregelung mit einem Triac wiedergegeben.

Über das Potentiometer *P* lädt sich der Kondensator *C* auf. Die Verbindung zwischen dem Kondensator und der Steuerelektrode des Triacs wird durch ein Bauelement hergestellt, das wir als Triggerdiode bezeichnen, da es Trigger- oder Zündimpulse an den Triac abgibt. Eine genauere Beschreibung dieses Bauelementes wird im nachfolgenden Abschnitt (Diac) gegeben. Ist der Kondensator auf einen bestimmten Spannungswert aufgeladen, wird die Triggerdiode plötzlich niederohmig, und der Kondensator entlädt sich über die Steuerstrecke des Triacs. Dieser Vorgang läuft bei positiven *und* negativen Halbwellen der Netzwechselspannung ab. Der dabei fließende Steuerstrom schaltet den Triac in den Durchlaßzustand.

Die Schaltung nach Bild 5.2.—7 kann zum Beispiel zur Helligkeitssteuerung einer Lampe verwendet werden. Nachteilig ist bei dieser

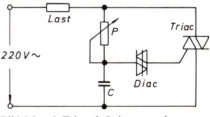

Bild 5.2.—6. Triac als Leistungsregler

Schaltung das Auftreten eines „Hystereseeffektes". Dieser Hystereseeffekt äußert sich bei der Helligkeitssteuerung einer Lampe auf folgende Weise:

Regelt man das Potentiometer P so weit herunter, daß der Triac gerade zündet, so hat die Lampe gleich zu Anfang bereits eine erhebliche Helligkeit, und erst durch Zurückregeln des Potentiometers kann die Lampe dunkler eingestellt werden. Die Ursache dafür ist leicht einzusehen:

Der Kondensator C wird über das Potentiometer P im Takt der Netzwechselspannung laufend umgeladen. Wird nun das Potentiometer so weit heruntergeregelt, daß der Triac gerade zündet, so wird der Kondensator über die Starterstrecke des Triacs nach der ersten Zündung ziemlich plötzlich teilweise entladen, so daß er sich bei der nächsten Halbwelle der Netzwechselspannung schneller auf den entgegengesetzt gepolten Kippspannungswert der Triggerdiode aufladen kann. Die folgenden Zündungen erfolgen also innerhalb einer Halbwelle zu einem früheren Zeitpunkt als die erste Zündung. Damit ist natürlich auch der vom Triac durchgelassene Leistungsanteil bei allen folgenden Halbwellen größer als bei der ersten Halbwelle, und die Lampe kann nur durch Zurückregeln des Potentiometers auf minimale Helligkeit gebracht werden.

Eine Schaltung, die den Hystereseeffekt nur in verminderter Stärke zeigt, ist in Bild 5.2.−7 wiedergegeben.

Zu dem RC-Glied in Bild 5.2.−7 ist ein zweites RC-Glied hinzugekommen. Der beim Zünden des Triacs teilweise entladene Kondensator C_2 wird über den Widerstand R_2 aus dem Kondensator C_1 nachgeladen, so daß für die nächste Zündung etwa die gleichen Anfangsbedingungen herrschen wie für die erste. Mit dem Stellwiderstand R_2 kann ein Mindeststromflußwinkel eingestellt werden. Dies ist besonders bei Glühlampensteuerungen angebracht, da Glühlampen erst bei etwa 10 % der Nennspannung zu leuchten beginnen.

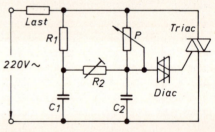

Bild 5.2.−7. Verbesserte Vollwegsteuerung mit Triac (verminderter Hystereseeffekt)

Mit der Einstellung eines Mindeststromflußwinkels wird also ein Stromfluß ohne Leuchten der Lampe verhindert.

Übung 5.2.4.—1

Skizzieren Sie eine Leistungsreglerschaltung mit einem Triac und einem Diac und erläutern Sie die Funktionsweise!

Übung 5.2.4.—2

Erläutern Sie im Zusammenhang mit Bild 5.2.—6 den Begriff „Hysterese" und skizzieren Sie eine Schaltungsvariante, bei der der Hystereseeffekt vermindert auftritt!

5.3. Diac

Lernziele

Der Lernende kann...
... den Aufbau und die Funktionsweise eines Diacs beschreiben.
... anhand der Kennlinie Aussagen über das Betriebsverhalten des Diacs machen.

Der Stromdurchgang durch Triacs und Thyristoren wird im allgemeinen durch Zündimpulse gestartet, die durch eine Kondensatorentladung erzeugt werden.

Außer dem Kondensator benötigt man dazu noch ein Bauelement oder eine Schaltung mit zwei Anschlüssen, zwischen denen die Spannung bei Erreichen eines bestimmten Wertes auf einen wesentlich niedrigeren Wert plötzlich abkippt. Solche Bauelemente bezeichnet man als Triggerdioden. Hierbei sind zwei Arten zu unterscheiden: Solche, die symmetrisch aufgebaut und wirksam sind, d. h. die unabhängig von der Polarität der angelegten Spannung kippen, und solche, die unsymmetrisch aufgebaut und wirksam sind, also nur bei einer Polarität der angelegten Spannung kippen.

Der Diac (Abkürzung für: **Di**ode **a**lternating **c**urrent switch = Wechselstromschalter mit zwei Anschlüssen) gehört zu den symmetrisch wirksamen Triggerdioden. Er läßt sich deshalb sowohl zur Ansteuerung von Thyristoren als auch von Triacs verwenden und wird wesentlich häufiger eingesetzt als unsymmetrische Triggerdioden. Beim Diac handelt es sich um ein Silizium-Halbleiterbauelement mit drei abwechselnd p- und n-dotierten Schichten (siehe Bild 5.3.−1).

Einer der beiden pn-Übergänge ist also in jedem Fall in Sperrichtung gepolt.

Erreicht die angelegte Spannung einen bestimmten Wert, so erfolgt ein Durchbruch, d. h. der Diac wird niederohmig und die Spannung an seinen beiden Anschlüssen sinkt abrupt auf einen niedrigeren Wert ab. Dieses Verhalten gibt die in Bild 5.3.−2 dargestellte Kennlinie wieder.

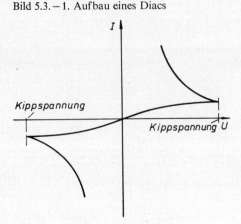

Bild 5.3.−1. Aufbau eines Diacs

Bild 5.3.−2. Kennlinie eines Diacs

Das Schaltsymbol des Diac hat gewisse Ähnlichkeit mit dem Schaltsymbol des Triac. Tatsächlich hat ja auch die Verhaltensweise eines Diacs Ähnlichkeit mit der eines Triacs, an dem keine Steuerspannung anliegt. Die Kippspannungen liegen allerdings relativ niedrig.

Eine Schaltung, in der ein Diac zur Erzeugung von Zündimpulsen für einen Triac eingesetzt ist, wurde bereits im vorhergehenden Abschnitt beschrieben.

neu   alt

Bild 5.3.−3. Schaltsymbol eines Diacs

5.4. Vierschichtdiode

Lernziele

Der Lernende kann...

... den Aufbau und die Funktionsweise einer Vierschichtdiode beschreiben.

... anhand eines Ersatzschaltbildes und der Kennlinien Aussagen über das Betriebsverhalten der Vierschichtdiode machen.

5.4. Vierschichtdiode

Bei der Vierschichtdiode handelt es sich ebenfalls um eine Triggerdiode, die jedoch unsymmetrisch aufgebaut ist. Sie besteht, wie der Name schon andeutet, aus vier abwechselnd p- und n-dotierten Halbleiterschichten (Bild 5.4.-1). Sie hat damit grundsätzlich den gleichen Aufbau wie ein Thyristor, nur fehlt ihr eine Steuerelektrode. Tatsächlich ist auch das Verhalten einer Vierschichtdiode dem eines Thyristors sehr ähnlich. Die Vierschichtdiode wirkt wie ein Thyristor, an dem eine feste Steuerspannung liegt.

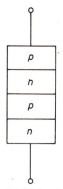

Bild 5.4.−1. Aufbau einer Vierschichtdiode

Das Verhalten der Vierschichtdiode wird durch die in Bild 5.4.−2 dargestellte Ersatzschaltung gut wiedergegeben:

Bei steigender positiver Anodenspannung wird die Spannung am Widerstand R schließlich so groß, daß T_1 durchschaltet. Damit sinkt das Kollektorpotential von T_1, und T_2 schaltet ebenfalls durch. Die Strecke zwischen Anode und Kathode wird also plötzlich niederohmig. Sie bleibt niederohmig, solange der Strom über die Anoden-Kathodenstrecke und damit der Spannungsabfall an R groß genug ist, damit T_1 durchgeschaltet bleibt.

Erst wenn der Strom unter den Wert des Haltestromes absinkt, sperrt T_1 und damit auch T_2.

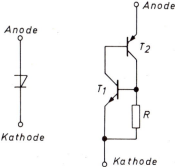

Bild 5.4.−2. Schaltsymbol und Ersatzschaltbild der Vierschichtdiode

Die Kennlinie der Vierschichtdiode (Bild 5.4.−3) zeigt das typische Verhalten dieses Bauelementes. Die Zündspannungen können zwischen etwa 10 V und 200 V liegen, die Halteströme betragen einige Milliampere. Vierschichtdioden eignen sich als elektronische Schalter, Kippgeneratoren, Impulsformer und Impulsverstärker.

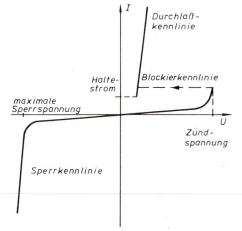

Bild 5.4.−3. Kennlinie der Vierschichtdiode

Übung 5.4.—1

Aufgrund welcher Eigenschaft, die auch in den beiden Kennlinien zum Ausdruck kommt, sind Diac und Vierschichtdiode als Triggerdioden zur Ansteuerung von Thyristoren und Triacs geeignet?

5.5. Lernzielorientierter Test

5.5.1. Nennen Sie Vorteile, die sich beim Einsatz eines Thyristors oder Triacs als Schalter im Gleich- oder Wechselstromkreis ergeben!

5.5.2. Welche Polarität müßte bei einem n-Gate-Thyristor die Steuerspannung haben, damit ein Starten erfolgen kann?

5.5.3. Welche Bedingung muß erfüllt sein, damit ein Thyristor vom leitenden in den sperrenden Zustand zurückkippt?

5.5.4. Kreuzen Sie die richtigen Aussagen an:
Im Wechselstromkreis

   a) ○ sind Thyristor und Triac ohne aufwendige Ansteuerschaltungen als Schalter einsetzbar.
   b) ○ muß beim Thyristor eine besondere Schaltungsmaßnahme zur „Löschung" ergriffen werden.
   c) ○ ist die Verwendung eines Thyristors aus Kostengründen zweckmäßiger als die Verwendung eines Triacs, da das Verhalten der beiden Bauelemente sich im Wechselstromkreis nicht unterscheidet.
   d) ○ wird bei Verwendung eines Thyristors eine Gleichrichtung vorgenommen.
   e) ○ kann eine Triac durch zwei antiparallel geschaltete Thyristoren ersetzt werden.

5.5.5. Kreuzen Sie an, ob die folgenden Aussagen für den Thyristor, den Triac, für beide oder nicht zutreffen!

	Thyristor	Triac	nicht zutreffend
a) Die Polung der Steuerspannung ist gleichgültig.	○	○	○
b) Die Blockierkennlinien geben das Verhalten des Bauelements im Durchlaßbereich vor der Zündung wieder.	○	○	○
c) Eine Zündung kann auch ohne Anlegen einer Zündspannung erfolgen, wenn der Anstieg der Anode-Kathode-Spannung bzw. der Anode 1-Anode 2-Spannung zu schnell erfolgt.	○	○	○
d) Im Wechselstromkreis führt das Bauelement eine Gleichrichtung durch.	○	○	○

	Thyristor	Triac	nicht zutreffend
e) Das Bauelement ist für den Einsatz im Gleichstromkreis besser geeignet, da es bei gleichen Eigenschaften preiswerter ist.	○	○	○
f) Das Bauelement hat keine Sperrkennlinie.	○	○	○
g) Das Bauelement kann mit positiven und negativen Steuerspannungen gezündet werden.	○	○	○

5.5.6. Warum ist es erforderlich, für die Eingangskennlinien von Thyristoren und Triacs einen Streubereich anzugeben?

5.5.7. Wann erfolgt beim Thyristor oder beim Triac ein sicheres Starten?

5.5.8. Welche besondere Art der Steuerung wird bei einem als Leistungsregler im Wechselstromkreis eingesetzten Thyristor oder Triac angewendet?

5.5.9. Wie könnte die Steuerspannung eines als Leistungsregler im Wechselstromkreis eingesetzten Thyristors oder Triacs z. B. erzeugt werden?

5.5.10. Warum steuert man einen als Leistungsregler eingesetzten Thyristor oder Triac nicht mit einer verstellbaren Gleichspannung?

5.5.11. Warum werden Diac und Vierschichtdiode auch als „Triggerdioden" bezeichnet?

6. Optoelektronische Bauelemente

Die Eigenschaft, elektromagnetische Strahlung bei Stromzufuhr zu emittieren oder in umgekehrter Richtung zu absorbieren und dabei in elektrisch meßbare Größen wie Strom-, Spannungs- oder Widerstandsänderungen unzuwandeln, ist durch optoelektronische Bauelemente gegeben.

Die elektromagnetische Strahlung ist hier das Spektrum, welches vom menschlichen Auge erfaßt wird sowie die direkt angrenzenden nahen Ultraviolett- und Infrarotbereiche.

Das Spektrum umfaßt eine Strahlung im Bereich von 0,3 μm ... 10 μm Wellenlänge.

Die optoelektronischen Bauelemente können von ihrer Wirkungsweise her in zwei Gruppen aufgeteilt werden. Die erste Gruppe nutzt den äußeren, die zweite Gruppe den inneren Fotoeffekt aus.

Im folgenden sollen nur Bauelemente der zweiten Gruppe behandelt werden und zwar Sender-, Empfängerbauelemente sowie Opto-Koppler mit einem Spektrum von ca. 0,4 μm ... 1,2 μm Wellenlänge. Hierzu sollen auch die aus den optoelektronischen Bauelementen gefertigten elektronischen Anordnungen und Geräte zählen, in denen wenigstens in einer Schaltgruppe elektromagnetische Strahlung des Wellenbereichs von 0,4 μm ... 1,2 μm in elektrische Signale umgewandelt oder aus elektrischen Signalen erzeugt wird.

Diese Schaltgruppen können auch wiederum Teilgruppen einer Gesamtanordnung sein, die zur Signalverarbeitung eingesetzt ist.

6.1. Lumineszenzdioden (Light Emitting Diodes – LED)

Lernziele

Der Lernende kann...
- ... die Wirkung des Lichtes auf den Leitungsmechanismus im Halbleiter darlegen.
- ... die Spektralbreite für handelsübliche LED's angeben.
- ... Vorteile von LED's gegenüber anderen Signalanzeigen nennen.
- ... Anwendungsgebiete von LED's aus der Praxis nennen.

... den Strombegrenzungswiderstand bei vorgegebener Betriebsspannung und Daten des LED berechnen.

... einfache Lampentreiberschaltungen mit LED's entwerfen.

6.1.1. Funktionsweise von Lumineszenzdioden

Unter Lumineszenzdioden oder Leuchtdioden versteht man Halbleiterdioden, die bei einer in Fluß- oder Durchlaßrichtung angelegten Spannung elektromagnetische Wellen im infraroten oder sichtbaren Bereich des Lichtspektrums aussenden. Die Anwendung von LED's liegt in der Verwendung als Signalleuchten und Indikatoranzeigen bei der Abgabe von sichtbarem Licht und bei den Infrarot-Dioden in der Anwendung als Strahlungsquelle in Lichtschrankenanordnungen. Die Verwendung von LED's bietet eine ganze Reihe von Vorteilen gegenüber anderen Bauelementen, wie z. B. Glühlampen.

Vorteile von LED's
1. hohe Lebensdauer,
2. große Stoß- und Vibrationsfestigkeit,
3. gute Modulierbarkeit bis ins MHz-Gebiet,
4. hohe Packungsdichten,
5. breite Schaltkreiskompatibilität und
6. Vermeidung von Einschaltstromspitzen, wie z. B. bei Glühlampen.

Wird ein pn-Übergang in Flußrichtung gepolt, so werden in das p-Gebiet Elektronen und in das n-Gebiet Löcher injiziert. Entsprechend dem Stromfluß finden Rekombinationsvorgänge zwischen den Elektronen und den Löchern statt.

Nach der Bändermodellvorstellung springt das Elektron bei der sogenannten „strahlenden Rekombination" vom energetisch höherliegenden Leitungsband in das energiemäßig tieferliegende Valenzband. Die dabei freiwerdende Energie wird als elektromagnetische Strahlung abgegeben (siehe Bild 6.–1). Der Anteil von „strahlender Rekombination" an der Gesamtrekombination der Ladungsträger hängt allein vom verwendeten Material ab. Bei den Verbindungen aus der III. und IV. Gruppe des periodischen Systems der Elemente, wie z. B.

Basismaterialien für LED's
1. Galliumarsenid GaAs,
2. Galliumarsenphosphid GaAsP,
3. Galliumphosphid GaP,

liegt der oben angegebene Anteil wesentlich höher als z. B. bei Silizium.

Die abgegebene Strahlung wird hierbei durch direkte Rekombinationsübergänge zwischen Leitungsband und Valenzband bzw. durch

6.1. Lumineszenzdioden (Light Emitting Diodes-LED)

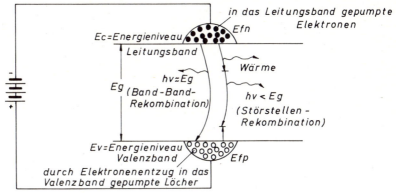

Bild 6.−1. Strahlende Rekombination bei LED's (Bändermodellvorstellung)

Übergänge von Ladungsträgern zwischen Bändern und Zwischenniveaus (siehe Bild 6.−1) erzeugt.

Bei den direkten Rekombinationsübergängen wird die Energie und damit die Wellenlänge der abgegebenen elektromagnetischen Strahlung durch den Energieabstand der Bänder bestimmt.

Bei den Übergängen auf Zwischenniveaus ist der Energieabstand zwischen den entsprechenden Bändern für die Wellenlänge der abgegebenen Strahlung verantwortlich.

Die Wellenlänge der abgegebenen Strahlung der LED's berechnet sich für die Band-Band-Übergänge nach der Gleichung (6.1.1.−1).

$$\lambda = \frac{c \cdot h}{\Delta w} \qquad (6.1.1.-1)$$

λ = Wellenlänge der abgestrahlten elektromagnetischen Strahlung (m)
c = Lichtgeschwindigkeit
$c \approx 3 \cdot 10^8$ m/s
h = Planck'sches Wirkungsquantum
$h = 4{,}16 \cdot 10^{-15}$ eVs
Δw = Energiedifferenz (eV)
eV = Elektronenvolt
$1\,\text{eV} = 1{,}602 \cdot 10^{-19}$ As $\cdot$ 1 V

Beispiel 6.1.1.—1

Berechnen Sie die abgestrahlte Wellenlänge einer Lumineszenzdiode, die aus dem Material GaAsP gefertigt wurde.

Welche Farbe hat das abgestrahlte Licht?
GaAsP: $\Delta w = 1{,}92 \text{ eV}$

$$\lambda = \frac{c \cdot h}{\Delta w}$$

$$= \frac{3 \cdot 10^8 \, \frac{m}{s} \cdot 4{,}16 \cdot 10^{-15} \text{ eVs}}{1{,}92 \text{ eV}}$$

$$= 6{,}5 \cdot 10^{-7} \text{ m}$$

$$\underline{\underline{\lambda = 650 \text{ nm}}}$$

$\underline{\underline{\text{Farbe: rot}}}$

Wie das Beispiel zeigt, liegt die abgegebene elektromagnetische Strahlung im Infraroten- bis Roten-Bereich des Spektrums.

Durch das Einbringen von Gitterstörstellen (Dotieren) ist eine indirekte Rekombination oder Störstellenrekombination gegeben.

Die Photonen, die hierbei erzeugt werden, besitzen eine geringere Energie als die Photonen bei der Band-Band-Rekombination.

Bei der indirekten oder Störstellenrekombination teilt sich die Energie in Licht und Wärme auf.

Im Gegensatz dazu wird bei der Band-Band Rekombination praktisch nur elektromagnetische Strahlung (Licht) erzeugt. Die Wellenlänge der von LED's erzeugten Strahlung wird also bestimmt durch

1. das verwendete Halbleitermaterial (Band-Band-Rekombination) und
2. das Dotieren des unter 1. verwendeten Materials (Störstellenrekombination).

Die Tabelle 6.−1 gibt eine Übersicht über die Wellenlängebereiche verschiedener Halbleitermaterialien unter Verwendung der Dotierungsstoffe Zn, Si, ZnO und N.

Tabelle 6.−1. Übersicht der für die Herstellung von LED's verwendeten Halbleitermaterialien

Halbleitermaterial	GaAs:Zn	GaAs:Si	GaAsP	GaAsP	GaP:N
Spektralbereich (λ)	900 nm	930 nm	650 nm	620 nm	570 nm
Farbe	Infrarot	Infrarot	rot	orange	grün
Durchlaßspannung (U_F)	1,2 V … 1,4 V	1,2 V … 1,4 V	1,3 V … 1,7 V	1,7 V … 2 V	2,4 V … 2,6 V

Übung 6.1.1.−1

Welche Energiedifferenz w muß bei orangefarbig strahlenden LED's vorhanden sein, wenn diese Dioden auf der Basis von GaAsP aufgebaut sind?

6.1. Lumineszenzdioden (Light Emitting Diodes-LED)

Die auf der Basis GaAs gefertigten Dioden (siehe Tab. 6.–1) strahlen in einem Wellenbereich von 800 nm bis 1000 nm (Infrarotbereich).

Bei der Herstellung dieser Dioden unterscheidet man zwei Verfahren. Das erste Verfahren geht von einem einkristallinen n-dotierten GaAs-Material aus. Zur Bildung des pn-Überganges wird Zink eindiffundiert. Das Dotieren mit Zink kann

1. in MESA-Technik oder
2. PLANAR-Technik

erfolgen.

Bei der MESA-Technik erfolgt eine ganzflächige Diffusion der GaAs-Scheiben. Nach der Diffusion werden die Scheiben in Einzelelemente (mit bis zum offenen Rand reichenden pn-Übergang) geschnitten.

Bei der PLANAR-Technik wird die Diffusion durch fotolithographisch hergestellte Fenster vorgenommen. Die aufgetragenen Maskierschichten bestehen in der Regel aus

$Si_3N_4 + SiO_2$.

Bei dem zweiten Verfahren geht man ebenfalls von einer n-dotierten GaAs-Scheibe aus, die durch ein „Flüssigphasen-Epitaxieverfahren" mit einer dünnen einkristallinen GaAs-Schicht aus einer Si-dotierten Schmelze versehen wird. Durch den unterschiedlichen Einbau der Si-Kristalle im GaAs-Gitter bildet sich dann der pn-Übergang. Die wichtigsten Eigenschaften von GaAs-Dioden sind in Tabelle 6.–2 zusammengefaßt und zwar in Abhängigkeit von den Dotierungsstoffen.

LED's für den sichtbaren Spektralbereich des Lichtes werden aus GaAsP oder GaP gefertigt.

Aus GaAsP und GaP lassen sich rot- und gelbleuchtende LED's aufbauen. Für grünleuchtende LED's verwendet man in der Regel stickstoffdotiertes GaP.

Die Fertigung beginnt mit dem Aufwachsen einer n-leitenden epitaktischen GaAsP-Schicht auf einem einkristallinen GaAs-Träger (Substrat). Der Phosphorgehalt der GaAsP-Schicht wird bei diesem Vorgang von der Substratoberfläche graduierlich von ca. 0% bis 40% geändert.

Eine Zn-Diffusion (siehe Planartechnik bei GaAs-Dioden) stellt dann den pn-Übergang her. Der letzte Schritt besteht im Aufdampfen der Anschlußkontakte auf Vorder- und Rückseite, der Montage sowie der Verkapselung im Plastik- oder Metallgehäuse. Bild 6.−2 zeigt das genormte Schaltzeichen einer Lumineszenzdiode.

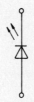

Bild 6.−2. Schaltzeichen einer Lumineszenzdiode

6.1.2. Grenz- und Kennwerte von LED's

Die genannten Grenzwerte (-daten) bestimmen die maximal zulässigen Betriebs- und Umgebungsbedingungen. Eine Überschreitung kann zur Zerstörung des betreffenden Bauelementes führen. Im Normalfall gelten die Grenzdaten bei einer Umgebungstemperatur

$$\vartheta_U = 25\,°C \pm 3\,°C\,.$$

Die Grenzdaten stellen in der Regel statische Größen dar.

Werden in einem Gerät mehrere Halbleiterbauelemente eingesetzt, dann gelten die Grenzdaten für jedes einzelne Bauelement.

Absolute Grenzdaten (Absolute Maximum Ratings) von LED's

1. höchstzulässige Sperrspannung (Reverse Voltage) U_{Rmax}

   $U_{Rmax} \approx 2\,V \ldots 8\,V$

   typisch $U_{Rmax} = 3\,V$

2. höchstzulässiger Durchlaß(gleich)strom (Forward Current) I_{Fmax}

   $I_{Fmax} \approx 50\,mA \ldots 1\,A$

3. Stoßdurchlaßstrom (Forward Surge Current) für eine Impulsdauer $t_P\,I_{FSM}$

   $I_{FSM} \approx 500\,mA \ldots 30\,A$

4. maximale Verlustleistung (Power Dissipation) für

   $\vartheta_U \leq 25\,°C \quad P_{tot\,max}$

   $P_{tot\,max} \approx 100\,mW \ldots 1000\,mW$

5. maximale Sperrschichttemperatur (Junction Temperature) ϑ_{jmax}

   $\vartheta_{jmax} \approx 100\,°C \ldots 125\,°C$

6.1. Lumineszenzdioden (Light Emitting Diodes-LED)

Die Kennwerte (-daten) beschreiben die wichtigsten optischen und elektrischen Parameter, die für den Betrieb und die Funktion des Bauelementes unbedingt bekannt sein müssen.

Die wichtigsten Kennwerte für LED's sind die folgenden Daten:

Kennwerte von LED's:

1. Lichtstärke I_v (Luminous Intensity) für einen Durchlaßstrom von I_F = 20 mA

   $I_V \approx$ 5 mcd ... 6 mcd

2. Wellenlänge der maximalen Emission λ_p (Peak Wavelength Emission)

   z. B. λ_p = 660 nm für LED

   CQY 40 der Fa. AEG-Telefunken.

3. Spektrale Halbwertsbreite $\Delta\lambda$ (Spectral Half Bandwidth)

   z. B. $\Delta\lambda$ = 20 nm für LED CQY 40

   der Fa. AEG-Telefunken

4. Durchlaßspannung U_F (Forward Voltage) für I_F = 20 mA

   $U_F \approx$ 1,2 V ... 2,6 V

5. Durchbruchspannung $U_{(BR)}$ (Breakdown Voltage) für I_R = 100 μA

   $U_{(BR)} \approx$ 3 V ... 6 V

In den Bildern 6.–3 bis 6.–6 sind die wichtigsten Kennlinien für die bereits zitierte Galliumphosphid-Diode CQY 40 dargestellt. Die Diode erzeugt rotes Licht und ist für allgemeine Anzeigezwecke entwickelt worden.

Die Durchlaßkennlinie $I_F = f(U_F)$ zeigt den bereits bekannten Verlauf einer Diodenkennlinie. Sie gilt hier für eine Impulsdauer t_p = 50 μs und eine Periodendauer T = 5 ms. Dies entspricht einer Impulsfolgefrequenz von 200 Hz.

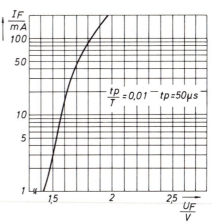

Bild 6.–3. Durchlaßkennlinie $I_F = f(U_F)$ der LED CQY 40

Die Abhängigkeit des Lichtstromes von der Umgebungstemperatur ist in Bild 6.−4 dargestellt. Bezugsgröße des Lichtstromes I_v ist hier der Lichtstrom I_{vrel}, der sich bei der Temperatur $\vartheta_u = 25\,°C$ ergibt.

Bemerkenswert ist der fast lineare Zusammenhang zwischen dem Lichtstrom und der Umgebungstemperatur.

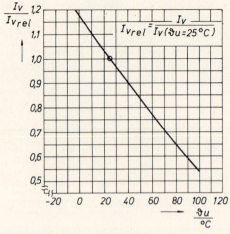

Bild 6.−4. $I_v/I_{vrel} = f(\vartheta_U)$

Den Spektralbereich des von der Lumineszenzdiode ausgestrahlten Spektrums in Abhängigkeit von I_v zeigt Bild 6.−5.

Der Lichtstrom I_v ist bezogen auf den Lichtstrom, den die Diode bei der Wellenlänge der maximalen Emission liefert.

Aus dem Diagramm läßt sich auch die spektrale Halbwertsbreite $\Delta\lambda$ bestimmen. Die Halbwertsbreite wird bei $0,5 \cdot I_{v(\lambda)rel}$ abgelesen.

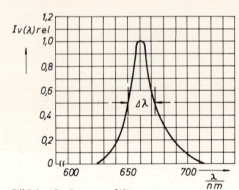

Bild 6.−5. $I_{v(\lambda)rel} = f(\lambda)$

Den relativen Lichtstrom als Funktion des Abstrahlwinkels α gibt Bild 6.−6 wieder.

Unter dem Abstrahlwinkel α versteht man die Summe der ebenen Winkel, um die ein Senderbauelement nach beiden Seiten gedreht werden kann, bis das elektrische Ausgangssignal eines gegenüberliegenden linearen Empfängerbauelementes auf 50 % des Maximalwertes abgesunken ist.

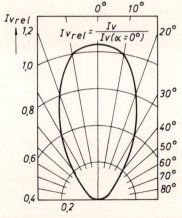

Bild 6.−6. $I_{vrel} = f(\alpha)$

Übung 6.1.2.—1

Bestimmen Sie anhand der Bilder 6.—3 bis 6.—6 die wichtigsten Kennwerte der dort dargestellten LED.

6.1.3. Anwendungen von Lumineszenzdioden (LED'S)
6.1.3.1. Ansteuerung von LED's

LED's besitzen einen sehr kleinen differentiellen Widerstand r_F (vgl. auch Bild 6.—3) und durch die Fertigung bedingte relativ breite Toleranzen in der Durchlaßspannung U_F, die außerdem noch temperaturabhängig ist. Diese Punkte müssen natürlich bei der Schaltungsauslegung berücksichtigt werden.

Es bietet sich deshalb an, LED's aus solchen Schaltungen zu speisen, die einen hohen Innenwiderstand besitzen, d. h. aus Konstantstromquellen die Speisung vorzunehmen. Bild 6.—7 zeigt zwei prinzipielle Möglichkeiten LED's mit einem konstanten Durchlaßstrom zu versorgen.

Im ersten Fall wird die Spannung U_0 entsprechend hoch gewählt und mit R_v der verlangte Diodenflußstrom I_F eingestellt. Im zweiten Fall verwendet man eine Konstantstromquelle mit dem Konstantstrom I_0.

Die Speisung aus einer Konstantstromquelle hat den Vorteil, daß der kleine differentielle Widerstand r_F, der Temperaturgang sowie die Toleranzen in der Flußspannung von LED's unberücksichtigt bleiben können. Die Speisung von LED's aus einer Spannungsquelle mit Vorwiderstand ist für die Betriebsspannungen $U_B = 5\,\text{V}$ und $U_B = 12\,\text{V}$ in Bild 6.—8 durchgeführt worden.

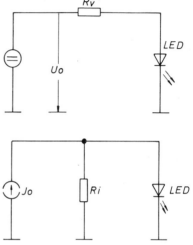

Bild 6.—7. Speisung von LED's

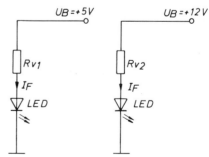

Bild 6.—8. Ansteuerung von LED's über einen Vorwiderstand R_v

Beispiel: 6.1.3.1.—1

Berechnen Sie die jeweiligen Vorwiderstände R_{V1} und R_{V2}

$$R_v = \frac{U_{R_v}}{I_F}$$

$$R_v = \frac{U_B - U_F}{I_F}$$

rotleuchtende LED's
$U_F \approx 1{,}6\,\text{V}$, $I_F = 20\,\text{mA}$

$$R_V = \frac{5\,\text{V} - 1{,}6\,\text{V}}{20\,\text{mA}}$$

$\underline{\underline{R_{v1} = 170\,\Omega}}$

$\underline{\underline{R_{v1\,\text{gewählt}} = 160\,\Omega}}$ Normreihe E 24 ± 5 %

$$R_{V2} = \frac{12\,\text{V} - 1{,}6\,\text{V}}{20\,\text{mA}}$$

$\underline{\underline{R_{v2} = 520\,\Omega}}$

$\underline{\underline{R_{v2\,\text{gewählt}} = 510\,\Omega}}$ Normreihe E 24 ± 5 %

Zur Realisierung von Konstantstromquellen bieten sich sowohl FET's als auch bipolare Transistoren an. Werden FET's als Konstantstromquelle eingesetzt, dann müssen sie oberhalb der Kniespannung, d. h. im Sättigungsbereich betrieben werden. Die Abschnürspannung der verwendeten FET's sollte sich etwa zwischen $U_p = 5\,\text{V} \ldots 7\,\text{V}$ bewegen. Legt man Diodenflußströme von $I_F \approx 10\,\text{mA}$ bis 40 mA zugrunde, dann ergeben sich für den Betrieb im Sättigungsbereich Beträge der Gate-Source-Spannungen zwischen

$|U_{GS}| = 0\,\text{V} \ldots 3\,\text{V}$.

Die erforderliche Betriebsspannung berechnet sich dann zu:

$U_B = |U_{GS}| + U_{DS} + U_F$

Oberhalb des ohmschen Bereichs $U_{DS} \geq U_K$ ergeben sich Spannungswerte für die Drain-Source-Spannung von $U_{DS} \approx 6\,\text{V} \ldots 18\,\text{V}$. Für Durchlaßströme von $I_F \approx 10\,\text{mA} \ldots 40\,\text{mA}$ kann die Verlustleistung P_{tot} des FET's daher bereits sehr groß werden, so daß u. U. eine Zwangskühlung des FET's durch einen Kühlkörper erfolgen muß.

In Bild 6.−9 ist eine FET-Konstantstromquelle zur Ansteuerung einer Lumineszenzdiode mit einem n-Kanal-JFET dargestellt.

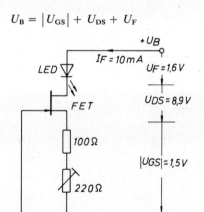

Bild 6.−9. FET-Konstantstromquelle zur Ansteuerung einer LED

Die Schaltung einer Konstantstromquelle mit bipolaren Transistoren zur Ansteuerung von LED's erfordert eine von der Betriebsspannung unabhängige Basis-Massespannung U_{BM} (siehe Bild 6.−10).

6.1. Lumineszenzdioden (Light Emitting Diodes-LED)

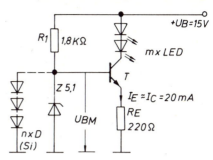

Bild 6.–10. Transistorkonstantstromquelle zur Ansteuerung von LED's

Dies erreicht man durch in Reihe geschaltete Si-Dioden oder eine Z-Diode. Der Konstantstrom zur Versorgung der LED's berechnet sich zu:

$$I_F = I_C \approx I_E = \frac{U_Z - U_{BE}}{R_E}$$

bzw. bei Verwendung mehrerer Si-Dioden

$$I_F = I_C \approx I_E = \frac{n \cdot U_F - U_{BE}}{R_E}$$

U_Z = Z-Spannung
U_{BE} = Basis-Emitter-Spannung
U_F = Flußspannung der Si-Dioden
R_E = Emitterwiderstand
I_C = Kollektorstrom
I_E = Emitterstrom
I_F = Flußstrom der Leuchtdiode
n = Anzahl der in Reihe liegenden Si-Dioden

Der Emitterwiderstand R_E läßt sich aus dem geforderten Konstantstrom sowie der Spannung U_{RE} berechnen.

$$I_F = I_C \approx I_E$$

$$R_E = \frac{U_{RE}}{I_E} \approx \frac{U_{RE}}{I_C} = \frac{U_{RE}}{I_F}$$

$$R_E \approx \frac{U_B - (m \cdot U_{F(LED)} + U_{CE})}{I_C}$$

$$R_E \approx \frac{U_Z - U_{BE}}{I_C} = \frac{U_Z - U_{BE}}{I_F}$$

U_{RE} = Spannung am Emitterwiderstand R_E
$U_{F(LED)}$ = Flußspannung der Leuchtdioden
m = Anzahl der Leuchtdioden
U_{CE} = Kollektor-Emitterspannung des Transistors $U_{CE} > U_{CEsat}$

Liegt die Schaltung fest, wie in Bild 6.–10, so kann man die Anzahl der LED's, die zugeschaltet werden dürfen, berechnen.

$$I_C \cdot R_E = U_B - (m \cdot U_{F(LED)} + U_{CEsat})$$

$$m \cdot U_{F(LED)} = U_B - (U_{CEsat} + U_{RE})$$

$$m = \frac{U_B - (U_{CEsat} + U_{RE})}{U_{F(LED)}}$$

Beispiel: 6.1.3.1.—2

Mit einer Sättigungsspannung von Kleinleistungstransistoren von $U_{CEsat} \approx 0{,}2\,\mathrm{V}$ ergibt sich für die Schaltung nach Bild 6.—10, daß insgesamt 6 LED's in Reihe geschaltet werden können.

$$U_{CE\,sat} \approx 0{,}2\,\mathrm{V} \quad U_{BE} \approx 0{,}7\,\mathrm{V}$$

$$m = \frac{15\,\mathrm{V} - (0{,}2\,\mathrm{V} + 4{,}4\,\mathrm{V})}{1{,}6\,\mathrm{V}}$$

$$m = 6{,}5$$

$$m_{\text{gewählt}} = 6$$

Sollen Leuchtdioden direkt von integrierten Schaltungen angesteuert werden, dann ergibt sich sehr oft, daß die am Ausgang zur Verfügung stehende Energie des IC's nicht zur direkten Ansteuerung einer LED ausreicht. Hier bringt der Einsatz von sog. Treiberschaltungen eine Abhilfe (Bild 6.—11).

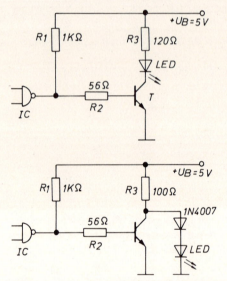

Bild 6.—11. Lampentreiber zur Ansteuerung von LED's mit integrierten Schaltungen

Die Verwendung mehrerer LED's bietet die Möglichkeit, Skalen und Meßgrößenanzeigen aufzubauen.

Die Bilder 6.—12 und 6.—13 zeigen hierfür zwei Beispiele.

In Bild 6.—12 ist eine Polaritätsanzeige für Spannungen(($\pm$)-Anzeige) dargestellt.

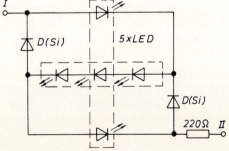

Bild 6.—12. Aufbau einer $\pm$-Anzeige für Gleichspannungen aus LED's

6.1. Lumineszenzdioden (Light Emitting Diodes-LED)

Wird der Anschluß I mit dem Pluspol einer Gleichspannung verbunden, die eine Spannung von $U_B \geq 8V$ aufweist, dann werden alle LED's von einem Strom durchflossen, das Pluszeichen leuchtet. Vertauscht man die Anschlüsse I und II miteinander, so daß nun Anschluß II an $+U_B$ anliegt, dann ergibt sich nur noch ein Stromfluß über die mittleren drei LED's und es wird das Minuszeichen dargestellt. Die beiden Si-Dioden dienen lediglich zur Entkopplung der Strompfade für das Plus- und Minuszeichen.

Ein einfaches Voltmeter mit einer Ergebnisanzeige über Leuchtdioden und zwar für einen Eingangsspannungsbereich von $\pm 9V$ ist in Bild 6.–13 abgebildet.

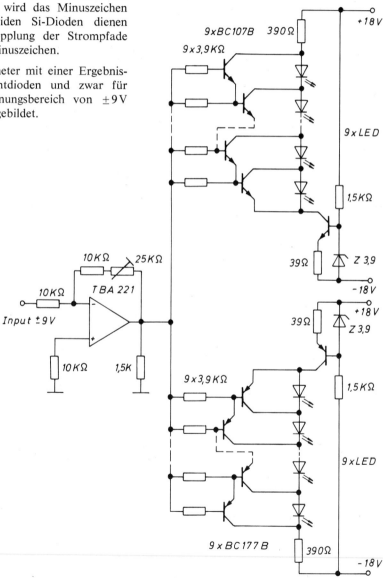

Bild 6.–13. Spannungsanzeiger mit Lumineszenzdioden

Die Schaltung eignet sich hervorragend als Signalanzeige in Mehrpunktreglern, in Temperaturmeßgeräten oder als Abstimmanzeige in Rundfunkempfängern usw.

Um Spannungssprünge von 1 V zur Anzeige zu bringen, benötigt man Verstärker mit einer Gesamtverstärkung von ca. 1,6 bei der Verwendung von rotleuchtenden LED's bzw. 2,7 bei grün- oder gelbleuchtenden LED's. Die Verstärkungen ergeben sich aus den Flußspannungen der Leuchtdioden.

rotleuchtende LED's $\quad U_F \approx 1,6$ V
grünleuchtende LED's $\quad U_F \approx 2,7$ V
gelbleuchtende LED's $\quad U_F \approx 2,7$ V

Im Eingang der Schaltung wird ein Operationsverstärker vom Typ TBA 221 verwendet.

Dieser Verstärker arbeitet als Inverter. Der Rückkopplungskreis besteht aus den Widerständen R_2 und P, so daß die Verstärkung mit Hilfe von P in einem Bereich von

$$v'_\text{ú} = -\frac{U_a}{U_e} = \frac{R_2 + P}{R_1}$$

$$v'_{\text{ú min}} = \frac{10\ \text{k}\Omega}{10\ \text{k}\Omega}$$

$$\underline{\underline{v'_{\text{ú min}} = 1}}$$

$$v'_{\text{ú max}} = \frac{10\ \text{k}\Omega + 25\ \text{k}\Omega}{10\ \text{k}\Omega}$$

$$v'_{\text{ú max}} = \frac{35\ \text{k}\Omega}{10\ \text{k}\Omega}$$

$$\underline{\underline{v'_{\text{ú max}} = 3,5}}$$

$$\underline{\underline{v'_\text{ú} = 1 \ldots 3,5}}$$

einstellbar ist.

Der Ausgang des OP's arbeitet auf die Transistorzeilen T_1-T_9 bzw. $T_{10}-T_{18}$. Je nach der Höhe der Ausgangsspannung des OP's werden die einzelnen Transistoren angesteuert und schließen dann die betreffende Leuchtdiode über die Kollektor-Emitter-Strecke kurz, so daß diese verlöscht.

Die Leuchtdioden werden über Konstantstromquellen angesteuert (Transistoren T_{19} und T_{20}).

Die Versorgungsspannung ist symmetrisch mit ± 18 V ausgelegt.

TTL-Schaltkreise benötigen eine eng tolerierte Speisespannung von $+5$ V $\pm$ 5%. Dies

6.1. Lumineszenzdioden (Light Emitting Diodes-LED)

bedeutet für die meisten Anwendungsfälle die Verwendung einer stabilisierten Speisespannungsquelle.

Die Referenzspannung der verwendeten Referenzelemente liegt zwischen 2 V bis 4 V. Hier bietet sich der Einsatz von Lumineszenzdioden als Referenzelement an.

Bild 6.–14 zeigt eine einfache 5 V-Stabilisierung, die eine Lumineszenzdiode als Referenzelement verwendet.

Die Spannung über dem LED sowie die tatsächlich am Ausgang anstehende Spannung werden im Differenzverstärker T_2 und T_3 verglichen. Entsprechend diesem Vergleich wird der Transistor T_4 entweder zu- oder aufgesteuert, so daß die Ausgangsspannung konstant bleibt. Als Arbeitswiderstand für den Transistor T_3 dient eine Konstantstromquelle mit dem Transistor T_1. Hierdurch erreicht man eine hohe Regelverstärkung des Differenzverstärkers (T_2 und T_3).

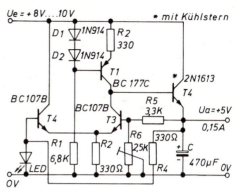

Bild 6.–14. 5V-Stabilisierung mit einer Lumineszenzdiode als Referenzelement

Übung 6.1.3.1.–1

Bestimmen Sie den Vorwiderstand R in der nachfolgenden Schaltung. Es handelt sich um ein TTL-NAND-Gatter.

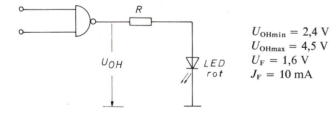

$U_{\text{OHmin}} = 2{,}4$ V
$U_{\text{OHmax}} = 4{,}5$ V
$U_F = 1{,}6$ V
$J_F = 10$ mA

6.2. Alpha-Numerische Anzeigeeinheiten (Displays)

Lernziele

Der Lernende kann...

... den Aufbau von Sieben-Segment-Anzeigen beschreiben.
... das Prinzip des Lichtquerschnittwandlers darlegen.
... Alpha-Numerische Anzeigeeinheiten im Aufbau erklären.
... prinzipielle Aussagen über die Ansteuerung von Alpha-Numerischen Anzeigen machen.

6.2.1. Sieben-Segment-Anzeigen

Bei dem System „Sieben-Segment-Anzeigen" werden Ziffern oder Symbole aus einzelnen Leuchtbalken (Segmenten), welche aus Lumineszenzdioden aufgebaut sind, zusammengesetzt. Mit insgesamt sieben Segmenten kann man die in Tabelle 6.–3 dargestellten Ziffern und Buchstaben darstellen.

Tabelle 6.–3. Ziffern und Buchstabendarstellung auf Sieben-Segment-Anzeigen

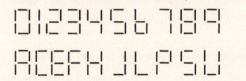

Das Grundsymbol bildet ein stehendes oder leicht schräg geneigtes Rechteck, welches in der Mitte durch einen waagerechten Balken unterteilt ist (Bild 6.–15).

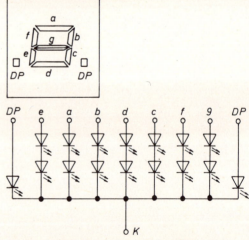

Bild 6.–15. Aufbau einer Sieben-Segment-Anzeige mit LED's

Die Lumineszenzdioden stellen punktförmige Lichtquellen dar, d. h. zur Bildung eines Segmentes müssen mehrere Dioden in Reihe geschaltet werden (Bild 6.–15).

6.2. Alpha-Numerische Anzeigeeinheiten (Displays)

Eine Weiterentwicklung der Sieben-Segment-Anzeigen nach Bild 6.–15 stellt die sog. Reflektortechnik dar. Hier wird jedes Segment nur aus einer Diode gebildet (Bilder 6.–16 und 6.–17).

Die Anzeige erfolgt über einen Lichtleiter in Form eines Querschnittwandlers. Die Vorteile dieser Technik liegen in einer geringeren Leistungsaufnahme sowie in einem niedrigeren Herstellungspreis.

Eine Sonderbauform der Sieben-Segment-Anzeige stellt die Plus-Minus-Anzeige (Bild 6.–18) dar. Sie wird häufig bei digitalen Meßgeräten eingesetzt, um die Polarität der anliegenden Meßspannung anzuzeigen.

Der Einsatz der beschriebenen Anzeigen liegt in der Digitaltechnik. Deshalb erfolgt die Ansteuerung dieser Anzeigen über Decoder-Treiber-Schaltungen in TTL- bzw. COS/MOS-Technik.

Die meisten Decoder-Treiber nehmen eine BCD- zu Sieben-Segment-Code-Umsetzung vor. Darüber hinaus bieten diese Schaltungen die Möglichkeit der Segment-Prüfung über einen LT-Eingang, der Nullenausblendung sowie die Möglichkeit des Multiplexbetriebes (siehe Bild 6.–17).

Die einzelnen Sieben-Segment-Anzeigen unterscheiden sich entweder durch einen gemeinsamen Kathoden- (Bild 6.–15) oder einen gemeinsamen Anodenanschluß (Bild 6.–17) sowie in der Anordnung des Dezimalpunktes (Dp) rechts oder links oder zu beiden Seiten von der Anzeige. Eine weitere Unterscheidung wird nach der Ziffernhöhe, angegeben in Millimetern vorgenommen.

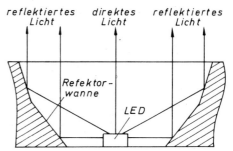

Bild 6.–16. Sieben-Segment-Anzeige in Reflektortechnik

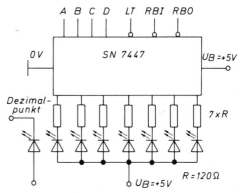

Bild 6.–17. Ansteuerung über einen Decoder Treiber einer Sieben-Segment-Anzeige in Lichtleitertechnik

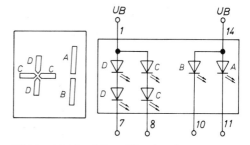

Bild 6.–18. Plus-Minus-Eins-Anzeige

Übung 6.2.1.–1

Welche Vorteile bietet eine Sieben-Segment-Anzeige in Reflektortechnik gegenüber einer Anzeige mit zwei LED's pro Segment?

6.2.2. Alpha-Numerische Anzeigeneinheiten

Mit diesen Anzeigeeinheiten lassen sich alle Ziffern, Buchstaben sowie einige Sonderzeichen darstellen. Die Grundanordnung der Segmente zeigt Bild 6.-19. Die Tabelle 6.-4 zeigt die darstellbaren Symbole, wenn die Ansteuerung im ASCII-Code vorgenommen wird.

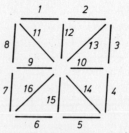

Bild 6.-19. Grundanordnung der 16 Segmente bei Variosymbolen

Tabelle 6.-4. Zeichendarstellung auf dem Variosymbol im ASCII-Code

Eine Sonderbauform der alphanumerischen Anzeige stellt die 5 × 7-Punkte-Matrix dar (Bild 6.-20). Die Anzeige besteht aus 5 × 7 = 35 Lumineszenzdioden, die einzeln oder gemeinsam angesteuert werden können, so daß ebenfalls alle Buchstaben, Ziffern und Sonderzeichen gebildet werden können.

Zum Betrieb der Anzeige wird ein Festwertspeicher (ROM = Read Only Memory) als Zeichengenerator verwendet, der sehr häufig auch im ASCII-Code programmiert ist.

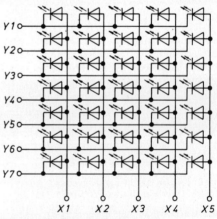

Bild 6.-20. 5 × 7 Punkte-Matrix

Bild 6.–21 zeigt eine Schaltung, die zur Ansteuerung einer 5 × 7-Punkte-Matrix dient.

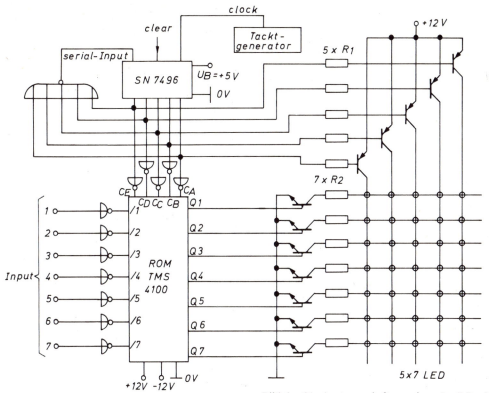

Bild 6.–21. Ansteuerschaltung einer 5 × 7-Punkte-Matrix

Übung 6.2.2.–1

Wie erfolgt die Ansteuerung einer Alpha-Numerischen-Anzeigeeinheit?

6.3. Opto-Koppler

Lernziele

Der Lernende kann...
... den Aufbau von Opto-Kopplern skizzieren.
... Einsatzgebiete für Opto-Koppler aufzeigen.
... einfache Schaltungen mit Opto-Kopplern entwerfen und berechnen.

Opto-Koppler sind elektronische Bauelemente, bei denen Sender, Übertragungsstrecke und Empfänger in einem lichtdichten Gehäuse zusammengebaut sind.

Der Sender besteht in der Regel aus einer Infrarotdiode, während der Empfänger mit einem Fototransistor bestückt ist (Bild 6.–22).

Durch entsprechende Verwendung von Lichtleitfasern und der Ausbildung der Übertragungsstrecke lassen sich Isolationsspannungen von ca. 2,5 kV realisieren.

Durch den geringen Abstand zwischen Sender und Empfänger sowie die hohe Lichtausbeute bei kleinen Schaltzeiten erreicht man Arbeitsfrequenzen bis zu 800 kHz.

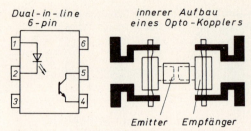

Bild 6.–22. Schematischer Aufbau von Opto-Kopplern im Dual-in-Line-6-pin-Gehäuse

6.3.1. Anwendung von Opto-Kopplern

Opto-Koppler lassen sich vorteilhaft zur Potentialtrennung einsetzen. Hierbei ergibt sich zusätzlich die Möglichkeit, logische Verknüpfungen herzustellen. Bild 6.–23 zeigt eine NAND-Verknüpfung, die mit einem Zweikanal-Opto-Koppler aufgebaut wurde. Die Schaltung übernimmt gleichzeitig die Pegelanpassung zwischen der Kontaktsteuerung und der TTL-Schaltung. Der Einsatz von zwei Opto-Kopplern in einer Phasenanschnittsteuerung, die außerdem netzsynchronisiert ist, zeigt Bild 6.–24.

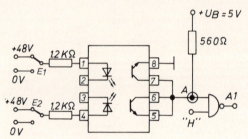

Bild 6.–23. NAND-Verknüpfung mit einem Zweikanal-Opto-Koppler

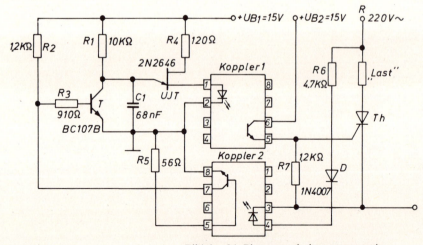

Bild 6.–24. Phasenanschnittsteuerung mit netzsynchronisiertem Zündimpulsgenerator

6.3. Opto-Koppler

Der Opto-Koppler 1 übernimmt hier die Aufgabe der galvanischen Trennung zwischen Steuergenerator und Thyristor, während der Opto-Koppler 2 die Synchronisierung der Steuerimpulse mit der Netzfrequenz vornimmt.

Die Steuerimpulserzeugung erfolgt mit dem UJT 2N2646. Der Kondensator C_1 wird über den Widerstand R_1 aufgeladen. Bei Erreichen der Schwellspannung des UJT schaltet dieser durch. Die Diode des Kopplers 1 schickt einen Lichtimpuls auf den Fototransistor. Dieser schaltet durch und zündet so den Thyristor Th.

Die Aufladung des Kondensators C_1 kann nur während der positiven Netzhalbwelle erfolgen. Während dieser Halbwelle wird über die Diode der Fototransistor des Kopplers 2 durchgesteuert. Dadurch wird die Basis des Transistors BC 107 gegen Masse gelegt. Der Transistor BC 107 sperrt und der Kondensator C_1 kann sich aufladen. Während der negativen Halbwelle sperrt der Fototransistor des Kopplers 2. Der Transistor BC 107 wird über den Widerstand R_2, R_3 aufgesteuert und schließt den Kondensator C_1 über die Kollektor-Emitter-Strecke kurz. Es kann also während der negativen Halbwelle keine Ansteuerung des Thyristors Th erfolgen.

Ein vollelektronisches Relais mit einem Umschaltkontakt ist in Bild 6.–25 dargestellt.

Ist die Eingangsspannung der Schaltung 0 V, sperrt der Transistor T. Die Diode des Kopplers 1 wird über +15 V den Widerstand R angesteuert.

Der Empfänger des Kopplers 1, ein Fotodarlington-Transistor, steuert durch. Die Strecke zwischen Punkt I und II ist geschlossen (niederohmig).

Bei der Ansteuerung des Transistors T mit einem H-Signal ($U_e \geq 5V$) wird die Diode des Kopplers 2 angesteuert. Die Strecke I und III wird niederohmig. Die Leistung, die über dieses Relais geschaltet werden kann, ist allein abhängig von den Daten des Fotodarlington-Transistors.

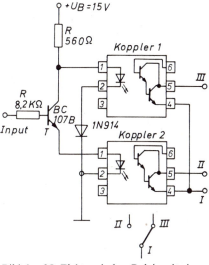

Bild 6.–25. Elektronisches Relais mit einem Umschaltkontakt; realisiert mit zwei Opto-Kopplern

Beispiel: 6.3.1.—1

Die in Bild 6.–26 dargestellte Phasenanschnittsteuerung mit Triac und Opto-Koppler soll berechnet werden.

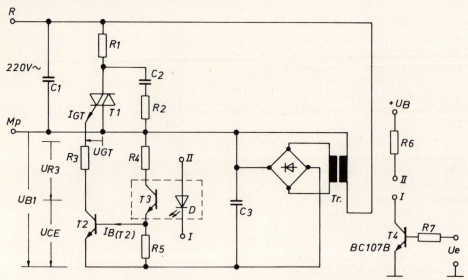

Bild 6.–26. Phasenanschnittsteuerung mit Opto-Koppler

Um eine sichere Zündung des Triacs T_1 zu erreichen, erfolgt eine Ansteuerung mit negativen Steuerimpulsen. Der Widerstand R_3 begrenzt den Zündstrom des Triacs T_1.

R_3 muß aber andererseits so bemessen sein, daß der nach dem Datenblatt des Triacs erforderliche Zündstrom fließen kann.

Wählt man den oberen Zündstrom I_{GT} des Triacs, dann gilt:

$$0 = U_{B1} - U_{GT} - U_{R3} - U_{CE(T2)}$$
$$U_{R3} = U_{B1} - (U_{GT} + U_{CE})$$

Unter Berücksichtigung des ungünstigsten Betriebsfalles errechnet sich R_3 zu:

$$I_{GT} = \frac{U_{B1\,min} - (U_{GT} + U_{CEsat\,T2})}{R_3}$$

$$R_3 \leq \frac{U_{B1\,min} - (U_{GT} + U_{CEsat\,T2})}{I_{GT}}$$

$U_{B1\,min}$ = minimale Betriebsspannung an C_3
U_{GT} = obere Zündspannung des Triacs
$U_{CEsat\,T2}$ = Sättigungsspannung des Transistors T_2
P_{R3} = Verlustleistung des Widerstandes R_3

$$P_{R3} = I_{GT}^2 \cdot R_3$$

6.3. Opto-Koppler

Mit $U_{B1min} = 12$ V
$U_{GT} = 3$ V
$J_{GT} = 80$ mA
$U_{CEsat(T2)} = 0{,}4$ V

$$R_3 \leq \frac{12\,\text{V} - (3\,\text{V} + 0{,}4\,\text{V})}{80\,\text{mA}}$$

$R_3 \leq 107{,}5\ \Omega$

$\underline{\underline{R_{3gew} = 91\ \Omega \pm 5\%}}$

$P_{R3} = (80\,\text{mA})^2 \cdot 91\ \Omega$
$= 0{,}5824$ W

$\underline{\underline{P_{R3\,gew} = 2\,\text{W}\ (\text{ca. 4fache Sicherheit})}}$

$\underline{\underline{R_2 = 47\ \Omega/2\,\text{W} \pm 5\%}}$

$\underline{\underline{C_2 = 0{,}1\ \mu\text{F}/630\,\text{V} -}}$

$\underline{\underline{C_1 = 0{,}1\ \mu\text{F}/630\,\text{V} -}}$

Die Kombination R_2, C_2 und C_1 (Schutzbeschaltung des Triacs T_1) wird dem Datenblatt des Herstellers entnommen.

Der Widerstand R_1 stellt die Last dar. Die Größe von R_1 richtet sich nach dem maximalen Dauergrenzstrom des Triacs (hier ca. 10 A für den Typ TW 12).

Der Widerstand R_4 hat die Aufgabe, den Strom des Fototransistors T_3 zu begrenzen und damit die Verlustleistung von T_3 herabzusetzen. Bei der Verwendung des Opto-Kopplers CNY 22 der Firma Valvo ergeben sich folgende Daten:

CNY 22 (Firma Valvo):
Fototransistor

$U_{CE0} = 50$ V bei $I_B = 0$
$I_{C0} \leq 100$ nA bei $U_{CE} = 10$ V
$I_F = 0$
$I_B = 0$

$P_{tot\,max} = 200$ mW bei $\vartheta_u \leq 25\,°C$
$I_C = 8$ mA bei $U_{CEsat} = 0{,}4$ V
$\vartheta_u = 25\,°C$
$I_B = 0$
$I_F = 20$ mA

Mit den angegebenen Daten berechnet sich R_4 zu:

$$R_4 \geq \frac{U_{B1\,min} - (U_{CEsat(T3)} + U_{BE(T2)})}{I_{C\,(IF = 20\,mA)}}$$

$U_{BE(T2)} \approx 0{,}7$ V $U_{CEsat(T3)} \approx 0{,}4$ V

$$R_4 \geq \frac{12\,\text{V} - (0{,}4\,\text{V} + 0{,}7\,\text{V})}{8\,\text{mA}}$$

$\underline{\underline{R_4 \geq 1{,}36\ \text{k}\Omega}}$

$\underline{\underline{R_{4\,gew} = 1{,}5\ \text{k}\Omega \pm 5\%}}$

$$P_{R4} = I_C^2 \cdot R_{4\,gew}$$
$$= (8\,mA)^2 \cdot 1{,}5\,k\Omega$$
$$= 0{,}096\,W$$
$$\underline{\underline{P_{R4\,gew} = 1/3\,W}}$$

Der Widerstand R_5 hat die Aufgabe, eventuell vorhandene Dunkelströme des Fototransistors T_3 nach Masse abzuleiten sowie für die Basis von T_2 immer ein genau definiertes Potential zu schaffen.

In der Praxis haben sich Widerstandswerte zwischen

bewährt.

$$R_5 \approx 5\,k\Omega \ldots 10\,k\Omega$$

Für R_5 wurde hier gewählt:

$$\underline{\underline{R_{5\,gew} = 6{,}2\,k\Omega \pm 5\%}}$$

$$\underline{\underline{P_{R5\,gew} = 1/3\,W}}$$

Die Berechnung der Ansteuerstufe mit dem Transistor T_4 erfolgt über den minimalen Koppelfaktor k des Opto-Kopplers.

CNY 22 (Firma Valvo):
minimaler Koppelfaktor

$$k = \frac{I_C}{I_F} = 0{,}5 \; (\geqq 0{,}25)$$

bei $I_F = 8\,mA$
$U_{CE} = 5\,V$
$I_B = 0$

Der Widerstand R_6 ist nun so auszulegen, daß unter der Berücksichtigung von k der Transistor T_2 über den Fototransistor T_3 einen ausreichenden Basisstrom I_{B2} erhält.

R_6 darf andererseits jedoch nicht so niederohmig gemacht werden, daß der maximale Flußstrom I_{Fmax} der Lumineszenzdiode überschritten wird.

Für R_6 ergibt sich:

$$R_6 = \frac{U_{B2\,min} - (U_{F\,max} + U_{CE\,sat(T4)})}{I_F}$$

In dieser Gleichung ist jedoch noch nicht der Koppelfaktor k und der von dem Transistor T_2 benötigte Basisstrom I_{B2} berücksichtigt. Der maximale Kollektorstrom $I_{C(T2)}$ ist gleich dem oberen Zündstrom I_{GT} des Triacs T_1.

$I_{C(T2)}$ berechnet sich zu:

$$I_F = I_{C(T4)}$$
$$I_{C(T2)} = I_{GT}$$

$$I_{C(T2)} = \frac{U_{B1\,max} - (U_{CE\,sat(T2)} + U_{GT})}{R_{3\,gew}}$$

6.3. Opto-Koppler

Der von T_2 benötigte Basisstrom $I_{B(T2)}$ läßt sich aus $I_{C(T2)}$ und $B_{min(T2)}$ errechnen.

$$I_{B(T2)} = \frac{I_{C(T2)}}{B_{min(T2)}} =$$
$$= \frac{U_{B1max} - (U_{CEsat(T2)} + U_{GT})}{B_{min(T2)} \cdot R_{3gew}}$$

Der Kollektorstrom $I_{C(T3)}$ des Transistors T_3 ist gleich der Summe aus $I_{B(T2)}$ und I_{R5}.

$$I_{C(T3)} = I_{B(T2)} + I_{R5}$$
$$I_{RS} \ll I_{B(T2)}$$
$$I_{C(T3)} \approx I_{B(T2)} =$$
$$= \frac{U_{B1max} - (U_{CEsat(T2)} + U_{GT})}{B_{min(T2)} \cdot R_{3gew}}$$

$$k_{min} = 0{,}25 = \frac{I_{C(T3)}}{I_F}$$

$$I_F = \frac{I_{C(T3)}}{k_{min}} =$$

$$I_F = \frac{\dfrac{U_{B1max} - (U_{CEsat(T2)} + U_{GT})}{B_{min(T2)} \cdot R_{3gew}}}{k_{min}}$$

$$I_F = \frac{U_{B1max} - (U_{CEsat(T2)} + U_{GT})}{k_{min} \cdot B_{min(T2)} \cdot R_{3gew}}$$

$$R_6 \leq \frac{U_{B2min} - (U_{Fmax} + U_{CEsat(T4)})}{\dfrac{U_{B1max} - (U_{CEsat(T2)} + U_{GT})}{k_{min} \cdot B_{min(T2)} \cdot R_{3gew}}}$$

$$R_6 \leq \frac{[U_{B2min} - (U_{Fmax} + U_{CEsat(T4)})]\, k_{min} \cdot B_{min(T2)} \cdot R_{3gew}}{U_{B1max} - (U_{CEsat(T2)} + U_{GT})}$$

R_6 ist nun so zu wählen, daß die Lumineszenzdiode nicht überlastet wird.

$$\frac{U_{B2max} - U_{Fmax}}{I_{Fmax}} < R_{6gew} < R_6$$

$I_{Fmax} = 50 \text{ mA}$

$k = 0{,}5\,(0{,}25)$

$U_{B2min} = 4{,}75 \text{ V}$

$U_{Fmax} = 1{,}6 \text{ V}$

$U_{CEsat(T2-T4)} = 0{,}4 \text{ V}$

$B_{min(T2)} = 20$

$R_{3gew} = 91\,\Omega$

$U_{B1max} = 18 \text{ V}$

$U_{GT} = 3 \text{ V}$

$U_{B2max} = 5{,}25 \text{ V}$

$$R_6 \leq \frac{[4{,}75\text{ V} - (1{,}6\text{ V} + 0{,}4\text{ V})] \cdot 0{,}25 \cdot 20 \cdot 91\,\Omega}{18\text{ V} - (0{,}4\text{ V} + 3\text{ V})}$$

$\underline{\underline{R_6 \leq 85{,}7\,\Omega}}$

$$R_{6\,min} = \frac{U_{B2\,max} - U_{F\,max}}{I_{F\,max}}$$

$$= \frac{5{,}25 - 1{,}6\,V}{50\,mA}$$

$$\underline{\underline{R_{6\,min} = 73\,\Omega}}$$

$R_{6\,min} < R_{6\,gew} < R_6$

$R_{6\,gew} = 82\,\Omega \pm 2\%$

$P_{R6} = I_{F\,max}^2 \cdot R_{6\,gew}$

$\quad = (50\,mA)^2 \cdot 82\,\Omega$

$P_{R6} = 0{,}205\,W$

$\underline{\underline{P_{R6\,gew} = 0{,}5\,W}}$

Der Basisvorwiderstand R_7 bestimmt sich aus der minimalen Eingangsspannung $U_{e\,min}$ sowie dem geforderten Kollektorstrom $I_{C(T4)} = I_F$.

$$I_{B(T4)} = \frac{I_{C(T4)}}{B_{min(T4)}} = \frac{I_F}{B_{min(T4)}}$$

$$R_7 \leqq \frac{U_{C\,min} - U_{BE(T4)}}{I_{B(T4)}}$$

$$R_7 \leqq \frac{U_{e\,min} - U_{BE(T4)}}{\frac{I_F}{B_{min(T4)}}}$$

$$R_7 \leqq \frac{(U_{e\,min} - U_{BE(T4)}) \cdot B_{min(T4)}}{I_F}$$

$U_{e\,min} = 2{,}4\,V$

$U_{BE(T4)} \approx 0{,}7\,V$

$B_{min(T4)} = 100$

$$I_F = \frac{U_{B1\,max} - (U_{CE\,sat(T2)} + U_{GT})}{k_{min} \cdot B_{min(T2)} \cdot R_{3\,gew}}$$

$\underline{\underline{I_F \approx 32\,mA}}$

$$R_7 = \frac{(2{,}4\,V - 0{,}7\,V) \cdot 100}{32\,mA}$$

$R_7 = 5{,}3\,k\Omega$

$\underline{\underline{R_{7\,gew} = 4{,}7\,kSh \pm 5\%}}$

$\underline{\underline{P_{R7\,gew} = 1/3\,W}}$

$\underline{\underline{I_{B(T4)} \approx 320\,\mu A}}$

Da der maximale Ausgangsstrom I_{QH} eines TTL-Gatters mit einem fan-out von 10 $J_{QH} = 400\,\mu A$ beträgt, ist noch eine direkte Ansteuerung der Schaltung möglich.

6.3. Opto-Koppler

Bild 6.–27 zeigt die fertig dimensionierte Schaltung der Phasenanschnittsteuerung.

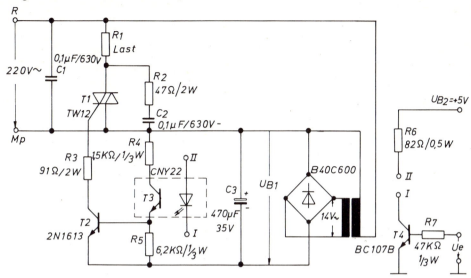

Bild 6.–27. Dimensionierte Phasenanschnittsteuerung mit Opto-Koppler

6.4. Lernzielorientierter Test

6.4.1. Berechnen Sie die folgenden einfachen Temperaturwächter.

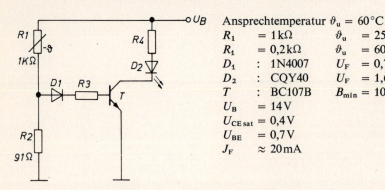

Ansprechtemperatur $\vartheta_u = 60\,°C$

R_1	= 1 kΩ	ϑ_u	= 25 °C
R_1	= 0,2 kΩ	ϑ_u	= 60 °C
D_1	: 1N4007	$U_F = 0,7\,V$,	$J_{F\,max} = 1\,A$
D_2	: CQY40	$U_F = 1,6\,V$	$J_{F\,max} = 50\,mA$
T	: BC107B	$B_{min} = 100$	
U_B	= 14 V		
$U_{CE\,sat}$	= 0,4 V		
U_{BE}	= 0,7 V		
J_F	≈ 20 mA		

6.4.2. a) Skizzieren Sie den Aufbau einer Sieben-Segment-Anzeige, die mit Querschnittslichtwandler arbeitet und deren Kathoden gemeinsam verbunden sind.

b) Berechnen Sie die Vorwiderstände für die einzelnen Segmente, wenn der Betrieb über einen TTL-Treiber erfolgt (U_B = 5 V ± 0,25 V) und der mittlere Segmentstrom 20 mA bei U_F = 1,6 V beträgt.

6.4.3. Wie erfolgt die prinzipielle Ansteuerung einer alphanumerischen Anzeige, die mit einer 5 × 7-Punkte-Matrix aufgebaut ist?

6.4.4. Welche Vorteile bieten Opto-Koppler gegenüber anderen Koppelelementen wie z. B. Übertragern, Relais usw.?

6.4.5. Wodurch wird die Farbe des abgestrahlten Lichtes einer LED festgelegt?

6.4.6. Welches Spektrum überstreichen Lumineszenzdioden?

6.4.7. Bis zu welcher Frequenz lassen sich LED's modulieren?

6.4.8. Beschreiben Sie stichwortartig die Wirkungsweise der nachfolgenden Schaltung und nennen Sie evtl. Anwendungsmöglichkeiten!

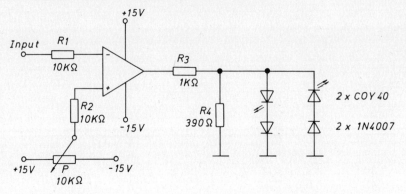

6.4.9. Der Ausgang eines TTL-Gatters soll eine grünleuchtende LED direkt ansteuern. Berechnen Sie den erforderlichen Vorwiderstand für die Lumineszenzdiode.

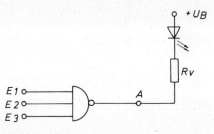

$U_B = 5V \pm 0,25V$
$J_F \approx 10mA$, $J_{F\,max} = 50mA$
$U_F = 2,6V$
$U_{QH} = {}_N,4V$ $U_{QL} = 0,4V$
$J_{QL} = 16mA$ $J_{QH} = -400\mu A$

7. Elektronen- und Ionenröhren

Die Bedeutung von Elektronenröhren ist durch die Entwicklung der modernen Halbleiterbauelemente stark eingeschränkt worden.

Verwendet werden die Elektronenröhren nur noch auf einigen Sondergebieten, wie z. B. in NF-Leistungsverstärkern, deren Ausgangsleistung über 300 W beträgt, sowie in HF-Senderendstufen für große Ausgangsleistungen.

Die Elektronenröhre stellt im einfachsten Aufbau ein Bauelement dar, welches in einem hochevakuierten Glasgefäß zwei Elektroden einschließt. Im „kalten" Zustand ergibt sich selbst bei hohen Spannungen kein Stromfluß. Eine Elektrode muß erst auf helle Rotglut gebracht werden. Diese ist dann in der Lage, Elektronen freizusetzen (Elektronen zu emittieren).

Man bezeichnet diese Elektrode als Katode.

Die der Katode gegenüberliegende Elektrode wird als Anode bezeichnet. Da die aus der Katode austretenden Elektronen negative Ladungen darstellen, kann sich nur dann ein Strom im Vakuum ergeben, wenn die zweite Elektrode positiv gegenüber der Katode ist.

Will man den „Vakuumstrom" steuern, muß man zusätzlich gitterartige Elektroden zwischen Katode und Anode anbringen.

Man kommt durch diese Maßnahme zu den Bauformen Triode, Tetrode, Pentode usw. Entscheidend für die Interpretation der sich ergebenden Kennlinien von Elektronenröhren ist die Kenntnis des Einflusses von elektrischen Feldern im Vakuum auf die Bewegung der Elektronen sowie der Emissionsprozeß der Elektronen aus der Katode.

Der elektrische Strom ist die Bewegung von Elektronen mit der Elementarladung

$$e = -1{,}602 \cdot 10^{-19} \, \text{As}.$$

Da die Elementarladungen (Elektronen) auch eine Masse besitzen, setzen sie jeder Geschwindigkeits- bzw. Richtungsänderung einen Widerstand entgegen.

Ruhemasse des Elektrons

$$m_0 \approx 9{,}1 \cdot 10^{-28} \, \text{g}$$

für $v \ll c$

$v =$ Geschwindigkeit des Elektrons $\left[\dfrac{\text{m}}{\text{s}}\right]$

$c =$ Lichtgeschwindigkeit $\left(c = 3 \cdot 10^8 \, \dfrac{\text{m}}{\text{s}}\right)$

Die Überwindung dieser Trägheit erfordert eine Kraft. Dies bedeutet mit wachsender Geschwindigkeit auch ein Anwachsen der Masse des Elektrons (siehe Gleichung 7.–2).

$$F = m \cdot a \qquad (7.-1)$$
m = Masse
a = Beschleunigung

Die Bewegung von Elektronen ist einem elektrischen Strom gleichzusetzen. Jeder elektrische Strom umgibt sich mit einem Magnetfeld. Der Auf- und Abbau dieses Magnetfeldes ist die Ursache der bereits erwähnten Trägheit der Elektronen und die Erklärung für deren Masse, d. h. für eine Erhöhung der Geschwindigkeit des Elektrons ist eine zusätzliche Energie erforderlich, die aus den äußeren Magnetfeldern oder elektrischen Feldern gewonnen wird.

$$m = \frac{m_0}{\sqrt{1 - \left(\dfrac{v}{c}\right)^2}} \qquad (7.-2)$$

Dies kommt auch in der Zahlenwertgleichung (7.–3) zum Ausdruck.

Die Gleichung (7.–3) auf die Elektronenröhre übertragen mit Spannungswerten zwischen 50 V ... 2 kV, führt zu Geschwindigkeiten zwischen

$$v = 594 \cdot 10^3 \cdot \sqrt{U} \left[\frac{m}{s}\right] \qquad (7.-3)$$

U = Beschleunigungsspannung [v]

$$v \approx 4{,}20 \cdot 10^6 \, \frac{m}{s} \ldots 27 \cdot 10^6 \, \frac{m}{s}$$

Diese sehr hohen Geschwindigkeiten bezogen auf die geringen Elektrodenabstände von wenigen Millimetern führen dazu, daß die Laufzeiten der Elektronen praktisch zu vernachlässigen sind, d. h. die Steuerung des Elektronenstromes erfolgt trägheitslos (ohne zeitlichen Verzug).

Übung 7.—1

Welche Endgeschwindigkeit besitzt ein Elektron nach Durchlaufen einer Beschleunigungsspannung von $U = 250$ V?

Übung 7.—2

Welche Laufzeit t ergibt sich, wenn zwischen der Anode und der Katode der Elektronenröhre sich eine Weglänge von $s = 10$ mm ergibt und die Geschwindigkeit von Übung 7.–1 zugrunde gelegt wird.

Übung 7.—3

In einer Röhre ergibt sich zwischen der Katode und der Anode ein Elektrodenabstand von $s = 5$ mm. Die Anodenspannung wird mit $U_a = 450$ V gemessen.
a) Welche Zeit wird von einem Elektron zum Durchfliegen der Strecke benötigt?
b) Welche Grenzfrequenz ergibt sich für die Röhre?
c) Bei welchen Frequenzen machen sich die Laufzeiteffekte bemerkbar?

7.1. Elektronenaustritt aus Metallen

Lernziele

Der Lernende kann...
... die Beschleunigung von Elektronen im elektrischen Feld erklären.
... den Vorgang der Glühemission erläutern.

Unter normalen Umständen sind Elektronen nicht imstande, aus „kalten" Katoden auszutreten, denn in dem Moment, wo die Elektronen die Elektrodenoberfläche erreichen, wirken starke Anziehungskräfte der positiv geladenen Atomrümpfe auf das Elektron und ziehen es in das Metall zurück. Im Innern kann sich das Elektron frei bewegen, da das statistische Mittel aller auf das Elektron einwirkenden Kräfte gleich Null ist.

Ein Herausreißen von Elektronen aus Metalloberflächen ist erst bei extrem hohen Feldstärken oder aufgrund eines Ionenbeschusses der Metalloberfläche, wie sie z. B. bei Glimmentladungen stattfindet, möglich.

Korona- oder Spitzenentladung

$$E \approx 10^4 \, \frac{kV}{cm}$$

Untersuchungen haben gezeigt, daß ein Elektronenaustritt wesentlich erleichtert wird, wenn folgende Punkte beachtet werden:

1. Erhitzen der Katode bis zur hellen Rotglut,
2. Elektronen- oder Ionenbeschuß einer kalten Kathode (Sekundärelektroneneffekt),
3. durch den Fotoeffekt.

Aufgrund des Wärmepotentials eines Körpers findet eine ungeordnete Elektronenbewegung im Innern statt, d. h. jedes Elektron besitzt eine mittlere kinetische Energie. Erhöht man nun künstlich das Wärmepotential eines Körpers, dann steigt zwangsläufig auch die kinetische Energie der einzelnen Elektronen.

$$E_{kin} = \frac{1}{2} m_0 \cdot v_m^2 = k \cdot T \qquad (7.-4)$$

m_0 = Ruhemasse des Elektrons
v_m = mittlere Elektronengeschwindigkeit
k = Boltzmannkonstante

$$k = 1{,}371 \cdot 10^{-23} \, \frac{Ws}{K}$$

T = absolute Temperatur der Katode in Kelvin

Irgendwann ist die Bewegungsenergie des Elektrons so groß, daß es in der Lage ist, die Anziehungskräfte der Atomrümpfe im Kristallverband zu überwinden und in den freien Raum auszutreten.

$$v_m = \sqrt{\frac{2 \cdot k \cdot T}{m}}$$

Hierbei verliert es seine kinetische Energie. Das Elektron bewegt sich in der Richtung des Austritts mit einer relativ kleinen Restgeschwindigkeit von der Katode weg.

$$v_m = 5{,}52 \cdot 10^3 \, \sqrt{T} \, \left[\frac{m}{s}\right]$$

Der Austritt von Elektronen aus einem metallischen Körper wird als Elektronenemission bezeichnet.

Ist das Elektron erst einmal im freien Raum, dann kann es sehr leicht unter den Einfluß von äußeren elektrischen oder magnetischen Feldern gebracht werden, die dann die Bahn und die Geschwindigkeit des Elektrons bestimmen.

Die Tabelle 7.–1 gibt eine Übersicht über die Temperaturspannung und die Austrittsspannung der wichtigsten Katodenmaterialien.

Die Wärmearbeit $k \cdot T$ wird gleichgesetzt dem Produkt $U_r \cdot e$

$$U_r \cdot e = k \cdot T$$

$$U_r = \frac{k \cdot T}{e}$$

U_r = Temperaturspannung

Tabelle 7.–1 Temperatur- und Austrittsspannungen der wichtigsten Katodenmaterialien

Material	Schmelz-temperatur (K)	zul. Temperatur der Katode (K)	Temperatur-spannung (V)	Austritts-spannung (V)
Wolfram	3655	2573	0,22	4,5
thoriertes Wolfram	–	2223	0,19	2,6
Bariumoxid	–	1433	0,12	1,1

Übung 7.1.–1

Prüfen Sie die in der Tabelle 7.–1 angegebenen Temperaturspannungen nach.

7.2. Röhrendiode

Lernziele

Der Lernende kann...
... den Aufbau einer Röhrendiode beschreiben
... die Vor- und Nachteile der indirekten gegenüber der direkten Heizung der Röhre darlegen.
... den Kennlinienverlauf der Röhrendiode in Abhängigkeit vom Heizstrom skizzieren.
... anhand der Kennlinie der Röhrendiode die Bereiche
    Anlaufstrom-,
    Raumladungs-,
    Sättigungsgebiet
    erklären.
... zwei Anwendungen der Röhrendiode nennen und die Prinzipschaltungen dazu skizzieren.

7.2. Röhrendiode

Die Röhrendiode besteht aus einer Katode und einer zweiten Elektrode, die als Anode bezeichnet wird.

Den prinzipiellen Aufbau zeigt Bild 7.–1

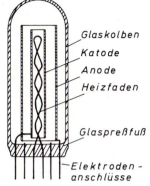

Bild 7.–1. Schematischer Aufbau einer Röhrendiode

Die Anschlüsse für die Heizung der Katode werden bei der Feststellung der Anzahl der Elektroden nicht mitgezählt.

Das Schaltzeichen der Röhrendiode gibt Bild 7.–2 wieder.

Bild 7.–2. Schaltzeichen der Röhrendiode

Durch das Anlegen der Heizspannung an die Röhrenheizung wird die Katode auf Betriebstemperatur gebracht. Die Katode emittiert Elektronen.

Liegt nun die Anode an einer positiven Gleichspannung, dann werden die Elektronen unter dem Einfluß dieser positiven Spannung zur Anode hin beschleunigt und von dieser abgesaugt. Es fließt ein Strom durch die Diode. Polt man die Anodenspannung um, d. h. wird die Anode negativ gegenüber der Katode, dann werden die emittierten Elektronen zur Katode hin abgedrängt, der Strom durch die Röhre wird Null. Die Röhrendiode wirkt wie ein elektrisches Ventil in bezug auf den Strom durch die Röhre.

Zur Aufnahme der Kennlinie dient die in Bild 7.–3 dargestellte Prinzipschaltung.

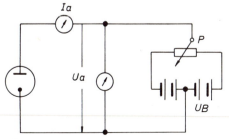

Bild 7.–3. Prinzipschaltung zur Kennlinienaufnahme einer Röhrendiode

Die Heizspannung U_H und der Heizstrom I_H werden bei der Kennlinienaufnahme als konstant angenommen. Die Anodenspannung ist über das Potentiometer P zwischen $+U_a$ und $-U_a$ kontinuierlich veränderlich.

Der sich ergebende Anodenstrom I_a wird mit einem Milliamperemeter gemessen. Das sich ergebende Kennlinienfeld mit dem Heizstrom I_H als Parameter zerfällt in vier Teilbereiche (Bild 7.–4).

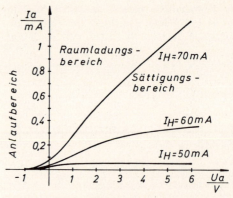

Bild 7.–4. Kennlinienfeld einer Röhrendiode mit I_H als Parameter

Diese vier Teilbereiche sind:

1. der Sperrbereich,
2. das Anlaufstromgebiet,
3. das Raumladungsgebiet,
4. das Sättigungsgebiet.

7.2.1. Der Sperrbereich und das Anlaufstromgebiet

Im Sperrbereich ist der Anodenstrom I_a gleich Null. Dies setzt eine stark negative Anodenspannung U_a voraus, die alle emittierten Elektronen zur Katode zurückdrängt.

Das Anlaufstromgebiet ist gekennzeichnet durch den Anlaufstrom der Röhrendiode. Dieser Strom wird von den Elektronen gebildet, die eine wesentlich höhere kinetische Energie besitzen, als die Austrittsspannung U_T angibt, d. h. diese Elektronen besitzen auch nach dem Verrichten der Austrittsarbeit noch eine gewisse Restgeschwindigkeit, die die Elektronen befähigt, gegen das schwach negative Potential der Anode anzulaufen.

Das Anlaufgebiet ist durch Anodenspannungen zwischen

$U_a \approx 0\,V \ldots -1\,V$

und Anodenströme zwischen

$I_a \approx 1\,\mu A \ldots 200\,\mu A$

gekennzeichnet.

Der Anlaufstrom berechnet sich nach der Gleichung (7.2.1.–1).

$$I_a = I_{a0} \cdot e^{-\frac{|U_a|}{U_T}} \qquad (7.2.1.-1)$$

I_a = Anlaufstrom
I_0 = Anodenstrom I_a bei $U_a = 0\,V$

7.2. Röhrendiode

Bei den Temperaturspannungen U_T zwischen 0,22 V (Wolfram) und 0,1 V (Bariumoxid) erkennt man nach Gleichung (7.2.1.−1), daß bereits bei Anodenspannungen von $-0,1$ V bis -1 V der Anodenstrom I_a sehr klein wird.

Beispiel: 7.2.1.−1

$I_{a0} = 20\ \mu A$

$U_a = -1\ V\quad |U_a| = 1\ V$

$U_T = 0,1\ V$

$I_a = 20\ \mu A \cdot e^{-\frac{1\,V}{0,1\,V}}$

$ = 20\ \mu A \cdot e^{-10}$

$I_a = 9{,}08 \cdot 10^{-10}\ \mu A$

7.2.2. Raumladungsgebiet

Nach dem Sättigungsgesetz (7.2.2.−1) werden unabhängig von der Anodenspannung stets eine ganz bestimmte Anzahl von Elektronen aus der Katode emittiert. Die emittierten Elektronen umgeben die Katode mit einer negativen Raumladung. Diese negative Ladung schirmt das positive Anodenfeld ab und treibt zum Teil emittierte Elektronen zur Katode zurück.

Der sich ergebende Anodenstrom I_a folgt dem Raumladungsgesetz (7.2.2.−2).

$$I_{as} = C \cdot U_T^2 \cdot e^{-\frac{U_0}{U_T}} \qquad (7.2.2.-1)$$

I_{as} = Sättigungsstrom in $\left[\dfrac{A}{cm^2}\right]$

C = Konstante

$C = 0{,}8 \cdot 10^{10}$

U_T = Temperaturspannung in [V]
U_0 = Austrittsspannung in [V]

Für $0 < U_a < U_{as}$

$$I_a = K \sqrt[2]{U_a^3} \qquad (7.2.2.-2)$$

K = Konstante abhängig von der Geometrie der Elektroden
U_a = Anodenspannung
U_{as} = Anodensättigungsspannung

Der Heizstrom I_H der Röhrendiode zeigt auf den Verlauf der Kennlinien im Raumladungsgebiet einen geringen Einfluß.

7.2.3. Sättigungsbereich

Mit steigender Anodenspannung U_a wird die Raumladung um die Katode herum abgebaut. Die Anzahl der Elektronen sinkt, die zur Katode zurückgedrängt werden, d. h. der Anodenstrom I_a steigt.

Der Stromanstieg wird begrenzt, wenn der Sättigungsstrom I_{as} (7.2.2.−1) erreicht ist. Die Anodenspannung, bei der I_{as} erreicht wird, bezeichnet man als Sättigungsspannung U_{as} (vgl. auch Bild 7.−4).

7.2.4. Direkte und indirekte Heizung der Katode

Wird die emittierende Schicht der Katode auch vom Heizstrom I_H durchflossen, dann spricht man von einer „direkten Heizung" der Katode. Bei einer Gleichstromspeisung der direkt geheizten Katode ergibt sich eine ungleichmäßige Temperaturverteilung und damit eine unterschiedliche Emissionsbelastung der Katode (vgl. Bild 7.−5). Bei einer Speisung mit Wechselstrom wird die Katode gleichmäßig belastet. Es besteht aber die Gefahr einer starken Brummeinstreuung auf den Anodenstrom I_a durch die Netzfrequenz der speisenden Spannung.

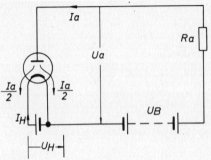

Bild 7.−5. Direktgeheizte Katode einer Röhrendiode

Sowohl die ungleichmäßige Belastung bei Gleichstromspeisung als auch die Brummeinstreuung werden durch eine indirekte Heizung der Katode (vgl. Bild 7.−6) vermieden.

Die bifilar ausgeführte Heizwendel verhindert außerdem eine „Brummeinstreuung" der Netzfrequenz.

Nachteilig ist die größere Wärmeträgheit der indirekt gegenüber der direkt geheizten Röhre.

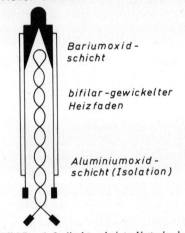

Bild 7.−6. Indirekt geheizte Katode der Röhrendiode

Übung 7.2.4.−1

Welche Vorteile bietet die indirekte Heizung der Katode gegenüber der direkten Heizung?

7.2.5. Anwendungen von Röhrendioden

Röhrendioden wurden von der Entwicklung von Selen- und Siliziumgleichrichtern zur Gleichrichtung von Wechselspannungen in Netzteilen verwendet.

Heute finden Röhrendioden nur noch als Demodulator für HF-, VHF- und UHF-Schwingungen Verwendung.

In Neuentwicklungen von elektronischen Geräten werden Röhrendioden nicht mehr eingesetzt.

Bild 7.–7 zeigt eine Zweiweggleichrichterschaltung, die mit einer Doppeldiode bestückt ist.

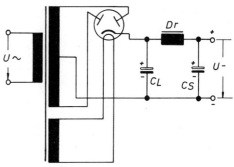

Bild 7.–7. Zweiweggleichrichterschaltung mit Doppeldiode

7.3. Triode

Lernziele

Der Lernende kann...

... den prinzipiellen Verlauf der Kennlinien von Trioden und das Schaltzeichen skizzieren.
... die Spannungsverstärkung einer Triode bei vorgegebener Kennlinie graphisch ermitteln und den Einfluß der Anodenrückwirkung darstellen.
... die wichtigsten Kenndaten einer Triode nennen.
... Anwendungen der Triode anhand von Skizzen erläutern.

Fügt man zwischen Katode und Anode eine zusätzliche Elektrode ein, dann wird die Diode zur Dreipolröhre oder Triode. Bild 7.–8 zeigt das Schaltzeichen und den prinzipiellen Aufbau der Triode.

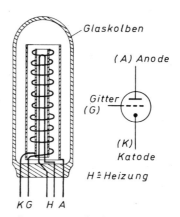

Bild 7.–8. Schaltzeichen und schematischer Aufbau einer Triode

Wie bereits beim Anlaufstromgebiet dargestellt, läßt sich der Anodenstrom I_a bereits mit relativ kleinen negativen Spannungen beeinflussen. Bezogen auf die Triode bedeutet dies:

Die steuernde Wirkung des Gitters und der Anode hängt wiederum sehr stark von den geometrischen Abmessungen und Anordnungen der beiden Elektroden ab. Der Einfluß des Gitters ist aufgrund des geringeren Abstandes zur Katode wesentlich stärker ausgeprägt als der Einfluß der Anode.

Da der steuernde Einfluß von beiden Elektroden ausgeht, faßt man die Wirkung in einer resultierenden Steuerspannung U_S zusammen.

Charakteristisch ist in Gleichung (7.3.−2) der Faktor D, der als Durchgriff bezeichnet wird.

Der Durchgriff beschreibt den Steuereinfluß der Anodenspannung U_a im Verhältnis zum Steuereinfluß der Gitterspannung U_g.

Mit einem gegenüber der Kathode negativ vorgespannten Gitter läßt sich der Anodenstrom praktisch unverzögert und leistungslos steuern.

$$I_a = K' \cdot \sqrt{U_S^3} \qquad (7.2.-1)$$

K' = Konstante, abhängig von den geometrischen Verhältnissen der Elektroden
U_S = resultierende Steuerspannung

$$U_S = U_g + D \cdot U_a \qquad (7.3.-2)$$

U_g = Gitterspannung
U_a = Anodenspannung
D = Durchgriff der Triode

7.3.1. Kennlinien der Triode

Bild 7.−9 zeigt eine Prinzipschaltung zur Aufnahme der Kennlinien von Trioden. Da in der Prinzipschaltung sowohl U_g als auch U_a geändert werden kann, ergeben sich zwei Kennlinienfelder.

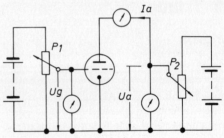

Bild 7.−9. Prinzipmeßschaltung zur Aufnahme der Triodenkennlinien

Kennfelder der Triode:

1. das Steuerkennlinienfeld
   (im folgenden mit I_a-/U_g-Kennlinienfeld bezeichnet),
2. das Ausgangskennlinienfeld
   (im folgenden mit I_a-/U_a-Kennlinienfeld bezeichnet).

Die Bilder 7.−10 und 7.−11 zeigen die beiden Kennlinienfelder für verschiedene Anoden- und Gitterspannungen.

Im I_a-/U_g-Kennlinienfeld ist die Anodenspannung U_a Parameter, d. h. für jeden Anodenspannungswert ergibt sich eine I_a-/U_g-Kennlinie.

Entsprechend verhält es sich im I_a-/U_a-Kennlinienfeld mit der Gitterspannung U_g der Röhre.

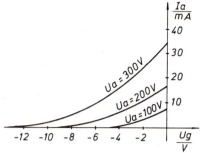

Bild 7.−10. I_a-/U_g-Kennlinienfeld einer Triode

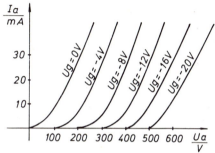

Bild 7.−11. I_a-/U_a-Kennlinienfeld einer Triode

Das Verhalten der Triode bei einer Wechselspannungsansteuerung läßt sich mit einfachen Mitteln über die Röhrenkenndaten bestimmen.

Die Röhrenkenndaten beschreiben den Zusammenhang von Wechselspannungen und Wechselströmen auf der Anoden- und Gitterseite der Röhre.

Die wichtigsten Röhrenkenndaten der Triode sind:

Kenndaten der Röhrentriode:

1. der Innenwiderstand R_i,
2. die Steilheit S,
3. der Durchgriff D,
4. der Leerlaufverstärkungsfaktor μ.

Der Innenwiderstand R_i der Triode bestimmt sich aus dem I_a-/U_a-Kennlinienfeld nach Gleichung (7.3.1.−1).

$$R_i = \frac{\Delta U_a}{\Delta I_a} \bigg|_{U_g = \text{const.}} \qquad (7.3.1.-1)$$

R_i = Innenwiderstand [Ω]
ΔU_a = Anodenspannungsänderung [V]
ΔI_a = Anodenstromänderung [A]
U_g = Gitterspannung [V]

Der Quotient $\Delta U_a/\Delta I_a$ für U_g = const. beschreibt den inneren Wechselstromwiderstand, den die Triode anodenseitig aufweist.

Ein Maß für die Steuerwirkung der Gitterspannung U_g stellt die Steilheit S der Röhre dar (7.3.1.−2).

$$S = \frac{\Delta I_a}{\Delta U_g}\bigg|\, U_a = \text{const.} \qquad (7.3.1.-2)$$

ΔU_g = Gitterspannungsänderung
U_a = Anodenspannung

Die Steilheit S gibt bei konstanter Anodenspannung die Änderung des Anodenstromes bei $\Delta U_g = 1\,\text{V}$ Gitterspannungsänderung an.

Übung 7.3.1.−1

Bestimmen Sie die Steilheit S, den Innenwiderstand R_i und den Durchgriff D der Triode anhand der Kennlinienfelder nach Bild 7.−10 und Bild 7.−11. Der Arbeitspunkt ist gegeben durch $I_a = 5,7\,\text{mA}$, $U_g = -4\,\text{V}$ und $U_a = 200\,\text{V}$.

Der Durchgriff D der Röhre sagt aus, um wieviel sich die Gitterspannung U_g ändert, wenn sich bei konstantem Anodenstrom die Anodenspannung U_a um 1 V ändert.

$$D = -\frac{\Delta U_g}{\Delta U_a}\bigg|\, I_a = \text{const.} \qquad (7.3.1.-3)$$

Da der Strom I_a konstant gehalten wird, müssen sich beide Spannungsänderungen entgegengesetzt verhalten, d. h. die Steuerspannung U_S muß konstant bleiben.

$U_a \pm \Delta U_a \Leftrightarrow U_g +^- \Delta U_g$
für U_S = const.

In den Röhrendatenblättern wird der Durchgriff D häufig in Prozent angegeben, d. h. der Durchgriff D gibt an, wieviel % der Spannungsänderung an der Anode am Gitter der Röhre wirksam werden müssen, um die gleiche Steuerwirkung zu erzielen.

$$D = -\frac{\Delta U_g}{\Delta U_a} \cdot 100\%\bigg|\, I_a = \text{const}$$

Beispiel 7.3.1.−1

$D = 5\%$

bei $\Delta U_g = 1\,\text{V} \Rightarrow \Delta U_a = 5\,\text{V}$
bei $\Delta U_g = 2\,\text{V} \Rightarrow \Delta U_a = 10\,\text{V}$

Der reziproke Wert des Durchgriffs wird als Leerlaufverstärkung μ bezeichnet (7.3.1.−4). μ stellt die theoretisch maximal mögliche Verstärkung der Röhre dar.
Bild 7.−12 zeigt die Bestimmung der Kenndaten aus den vorgegebenen Kennlinien der Triode.

$$\mu = -\frac{\Delta U_a}{\Delta U_g}\bigg|\, I_a = \text{const.} \qquad (7.3.1.-4)$$

7.3. Triode

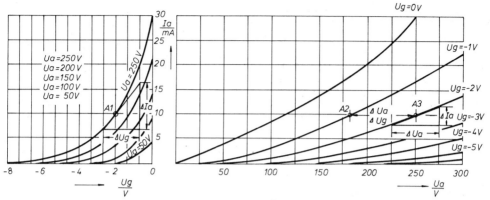

Bild 7.−12. Bestimmung von R_i, S, D und μ aus den Triodenkennlinien

Arbeitspunkt:

$A_1 = A_3$: $U_a = 250$ V, $U_g = -2$ V, $I_a = 10$ mA

A_2: $U_a = 180$ V, $U_g = -1$ V, $I_a = 10$ mA

$R_i = \dfrac{\Delta U_a}{\Delta I_a}$

$= \dfrac{50 \text{ V}}{4 \text{ mA}}$

Für den Arbeitspunkt A_3.

$\underline{\underline{R_i = 12{,}5 \text{ k}\Omega}}$

$S = \dfrac{\Delta I_a}{\Delta U_g}$

$= \dfrac{9{,}75 \text{ mA}}{2 \text{ V}}$

Für den Arbeitspunkt A_1.

$\underline{\underline{S = 4{,}88 \dfrac{\text{mA}}{\text{V}}}}$

$D = \dfrac{\Delta U_g}{\Delta U_a}$

$= \dfrac{1 \text{ V}}{67{,}5 \text{ V}}$

Für die Arbeitspunkte A_2 und A_3.

$\underline{\underline{D = -0{,}015}}$

$\mu = \dfrac{1}{D}$

$\underline{\underline{\mu = -67{,}5}}$

Die aus den Kennlinienfeldern gewonnenen Werte gelten stets nur für einen Arbeitspunkt.

Betrachtet man die Röhrenkenndaten R_i, S und D im Zusammenhang, dann ergibt sich die Gleichung (7.3.1.−5)

$$R_i = \frac{\Delta U_a}{\Delta I_a}, \quad S = \frac{\Delta I_a}{\Delta U_g}, \quad |D| = \left|\frac{\Delta U_g}{\Delta U_a}\right|$$

$$\frac{\Delta U_a}{\Delta I_a} \cdot \frac{\Delta I_a}{\Delta U_g} \cdot \left|\frac{\Delta U_g}{\Delta U_a}\right| = 1$$

$$R \cdot S \cdot |D| = 1 \qquad (7.3.1.-5)$$

Die in der Gleichung dargestellte Gesetzmäßigkeit wird als „Innere Röhrengleichung" oder „Barkhausen-Gleichung" bezeichnet.

Mit Hilfe dieser Beziehung und der Kenntnis von zwei der drei Größen läßt sich die dritte leicht berechnen.

$$|D| = \frac{1}{R_i \cdot S} \qquad (7.3.1.-6)$$

$$R_i = \frac{1}{S \cdot |D|} \qquad (7.3.1.-7)$$

$$S = \frac{1}{R_i |D|} \qquad (7.3.1.-8)$$

7.3.2. Anodenrückwirkung, Spannungsverstärkung und Anodenverlustleistung der Triode

Wird eine Triode durch eine entsprechende Gitterspannung aufgesteuert, so daß ein Anodenstrom fließt, dann stellt man bei vorgegebenem Anodenwiderstand R_a ein Absinken der Anodenspannung fest. Eine sinkende Anodenspannung bedeutet jedoch, daß die Elektronen weniger stark von der Anode angesaugt werden. Daraus folgt, daß die Anode der Steuerwirkung des Gitters entgegenwirkt. Diesen Vorgang bezeichnet man als Anodenrückwirkung der Triode.

Die Anodenrückwirkung verringert die Röhrensteilheit S der Triode.

Die resultierende Größe wird als dynamische Steilheit S_D (vgl. Gleichung 7.3.2.−1) bezeichnet.

$$S_D = S \cdot \frac{R_i}{R_i + R_a} \qquad (7.3.2.-1)$$

S = Steilheit der Triode
S_D = dynamische Steilheit der Triode
R_i = Innenwiderstand der Triode
R_a = Anodenwiderstand der Triode

Gibt man einen Arbeitspunkt im Kennlinienfeld vor, dann läßt sich die Aussteuerung grafisch darstellen (Bild 7.−13).

7.3. Triode

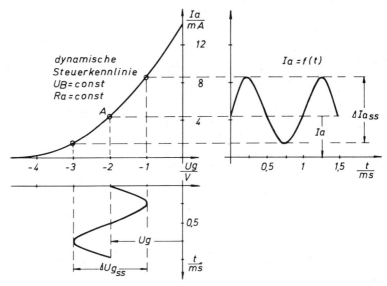

Bild 7.–13. Aussteuerung einer Triode im I_a-/U_g-Kennlinienfeld

Der Arbeitspunkt einer Triode liegt eindeutig fest durch:

1. U_a = Anodenspannung,
2. I_a = Anodenstrom,
3. U_g = Gitterspannung.

Geht man von der allgemeinen Definition der Spannungsverstärkung aus

$$v_u = \frac{\text{Anodenwechselspannung}}{\text{Eingangswechselspannung}}$$

dann gilt:

$$v_u = \frac{U_{a\,ss}}{U_{g\,ss}}$$

bzw. unter der Verwendung des Anodenwiderstandes R_a und der Kennwerte für den gewählten Arbeitspunkt

$$v_u = \frac{1}{D} \cdot \frac{R_a}{R_i + R_a} \qquad (7.3.2.-2)$$

$$v_u = \mu \cdot \frac{R_a}{R_i + R_a} \qquad (7.3.2.-3)$$

$$v_u = S \cdot (R_i \| R_a) \qquad (7.3.2.-4)$$

v_u nimmt bei ausgeführten Triodenschaltungen Werte zwischen

Praktische Werte:

$$v_u \approx 10 \ldots 100$$

an.

Bild 7.–14 zeigt eine Verstärkerschaltung mit Triodenbestückung, während Bild 7.–15 die Aussteuerung der Röhre im I_a-/U_g- und I_a-/U_a-Kennlinienfeld darstellt.

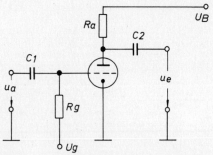

Bild 7.–14. Verstärkergrundschaltung mit Triode

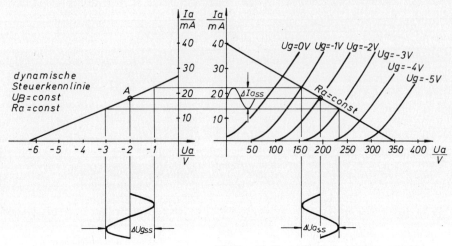

Bild 7.–15. Darstellung der Ansteuerung der Triode im den I_a-/U_g- und I_a-/U_a-Kennlinienfeld

In dem Moment, wo die Betriebsspannung an die Schaltung gelegt ist, wird in der Röhre eine Verlustleistung P_{tot} erzeugt, die in Wärme umgesetzt und an die Umgebung abgeführt werden muß. Da praktisch kein Gitterstrom erzeugt wird, kann diese Verlustleistung nur an der Anode auftreten. Sie berechnet sich zu:

$$P_{tot} = U_a \cdot I_a \qquad (7.3.2.-2)$$

P_{tot} = Anodenverlustleistung der Triode
U_a = Anodenspannung
I_a = Anodenstrom

7.3.3. Anwendungen der Triode

Aufgrund der drei Elektroden der Triode, lassen sich folgende drei Grundschaltungen unterscheiden:

Grundschaltungen der Triode:

1. Katodenbasisschaltung,
2. Gitterbasisschaltung,
3. Anodenbasisschaltung.

7.3. Triode

Die drei Grundschaltungen gibt Bild 7.–16 wieder.

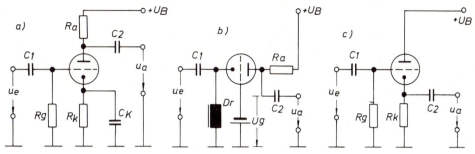

Bild 7.–16. Grundschaltungen der Triode
a) Katodenbasisschaltung,
b) Gitterbasisschaltung,
c) Anodenbasisschaltung.

Abhängig vom verarbeiteten Frequenzgebiet teilt man die Verstärkerschaltungen ein in:

Verstärkerschaltungen mit Trioden

1. HF-Verstärker,
2. Breitbandverstärker,
3. NF-Verstärker,
4. Gleichstrom- und Gleichspannungsverstärker.

Genau wie bei den mehrstufigen Transistorverstärkern unterscheidet man bei der Kopplung von Röhrenverstärkerstufen zwischen:

Kopplungsarten:

1. kapazitive Kopplung (RC-Kopplung),
2. Übertragerkopplung (induktive Kopplung),
3. galvanische Kopplung (Gleichstromkopplung).

Die in Bild 7.–17 dargestellte Katodenbasisschaltung soll nun näher betrachtet werden.

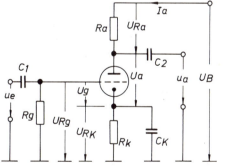

Bild 7.–17. Verstärkerstufe mit Triode in Katodenbasisschaltung

Aus dem I_a-/U_g-Kennlinienfeld der Triode (Bild 7.–10) erkennt man, daß das Gitter negativ gegenüber der Katode vorgespannt ist und außerdem kein Gitterstrom fließt.

Folglich kann über dem Widerstand R_g keine Spannung abfallen, d. h. das Gitter liegt auf dem gleichen Potential wie der Masseanschluß der Schaltung.

Der Katodenwiderstand R_K wird vom Anodenstrom I_a durchflossen. An R_K wird vom Anodenstrom I_a also ein Spannungsabfall von

$$U_{RK} = I_a \cdot R_K$$

erzeugt.

Da der Spannungsabfall an R_K so gerichtet ist, daß das katodenseitige Ende von R_K positiv gegenüber Masse wird, folgt daraus:

$$0 = U_{Rg} - U_{RK} - U_g$$
$$U_{Rg} = 0V \text{ (kein Gitterstrom)}$$
$$U_g = - U_{RK}$$
$$U_g = - I_a \cdot R_K$$

Durch das Einfügen eines Katodenwiderstandes R_K erzeugt sich die Triode selbständig eine negative Gittervorspannung, die allein vom Produkt $I_a \cdot R_K$ bestimmt wird.

Mit Hilfe des Katodenwiderstandes R_K erzeugt sich die Triode ihre Gittervorspannung selbst. Man spricht in diesem Fall von einer automatischen Gittervorspannungserzeugung.

Liegt der Arbeitspunkt der Röhre fest, bestimmt sich R_K zu:

$$R_K = \frac{|U_g|}{I_a} . \qquad (7.3.3.-1)$$

Der Kondensator C_K soll die sich an R_K aufbauende Wechselspannung nach Masse kurzschließen, um eine Wechselstromgegenkopplung im Eingangskreis zu verhindern. Bei 0,5 dB Verstärkungsverlust bei der unteren Grenzfrequenz f_u berechnet sich C_K zu:

$$C_K \geq 500 \frac{\mu}{(R_a + R_i) \cdot f_u} \qquad (7.3.3.-2)$$

$$C_K \geq 500 \frac{v_u}{f_u \cdot R_a} \qquad (7.3.3.-3)$$

f_u = untere Grenzfrequenz in
u = Leerlaufverstärkung der Triode
v_u = Spannungsverstärkung der Katodenbasisschaltung

Die Anodenspannung der Triode läßt sich aus der Spannungsmasche des Ausgangs bestimmen.

$$0 = U_B - U_{RK} - U_a - U_{Ra}$$
$$U_a = U_B - (U_{RK} + U_{Ra})$$

Liegt die Anodenspannung fest, läßt sich der Anodenwiderstand R_a aus dem Anodenstrom I_a und der Spannung U_{Ra} berechnen.

$$R_a = \frac{U_{Ra}}{I_a}$$

$$R_a = \frac{U_B - (U_{RK} + U_a)}{I_a} \qquad (7.3.3.-4)$$

7.3. Triode

Die Koppelkapazität C_1 wird bestimmt durch die zu übertragende untere Grenzfrequenz f_u und die Größe des Eingangswiderstandes r'_e.

$$C_1 \geqq \frac{1}{2\pi \cdot f_u \cdot r_e} \qquad (7.3.3.-5)$$

$$r'_e \approx R_g$$

Der Auskoppelkondensator C_2 richtet sich in seiner Größe nach dem resultierenden differentiellen Innenwiderstand R'_i der Röhre, der unteren Grenzfrequenz f_u und dem Eingangswiderstand der nachfolgenden Stufe.

$$C_1 \geqq \frac{1}{2\pi \cdot f_u \cdot R_g}$$

$$R'_i = \frac{R_i \cdot R_a}{R_i + R_a}$$

$$C_2 \geqq \frac{1}{2\pi \cdot f_u (R'_i + r'_{e2})}$$

r_{e2} = differentieller Eingangswiderstand der nachfolgenden Stufe

Beispiel 7.3.3.—1

Es soll ein einstufiger Verstärker mit einem System der Doppeltriode ECC 81 aufgebaut werden.

Der Verstärker arbeitet an einer Betriebsspannung von $U_B = 250\,\text{V}$ und soll eine Spannungsverstärkung von $v_u = 10$ besitzen. Die untere Grenzfrequenz der Schaltung soll bei $f_u = 100\,\text{Hz}$ liegen. Hierbei wird ein Verstärkungsverlust von 0,5 dB zugelassen.

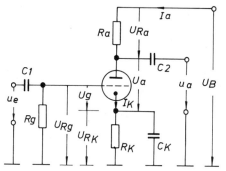

Bild 7.—18. Verstärkerschaltung mit einem System der Doppeltriode ECC 81

Daten der Doppeltriode ECC 81 (gekürzter Auszug nach Valvo-Unterlagen)

Heizung: indirekt durch Wechsel- oder Gleichstrom, Parallel- oder Serienspeisung.

$U_H = 6,3\,\text{V}$ bzw. $12,6\,\text{V}$;
$I_F = 300\,\text{mA}$ bzw. $150\,\text{mA}$

Brumm und Mikrofonie

Die ECC 81 darf ohne spezielle Maßnahmen gegen Brumm und Mikrofonie in Schaltungen verwendet werden, die bei einer Eingangsspannung > 5 mV eine Endröhrenleistung von 50 mW ergeben bzw. 5 W bei 50 mV. Der Brumm- und Rauschpegel ist besser als −60 dB bei mittelpunktgeerdetem Heizfaden, $R_g = 500$ MOhm und hinreichend entkoppeltem Katodenwiderstand.

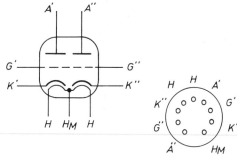

Bild 7.—19. Anschlußplan der Doppeltriode ECC 81

Kenndaten, je System der Doppeltriode ECC 81

U_a = 250 V	200 V	170 V	100 V	
U_g = −2 V	−1 V	−1 V	−1 V	
I_a = 10 mA	11,5 mA	8,5 mA	3 mA	
S = 5,5 mA/V	6,7 mA/V	5,9 mA/V	3,75 mA/V	
u = 60	70	66	62	
R_i = 11 kOhm	10,5 kOhm	11 kOhm	16,5 kOhm	

$-U_g(I_g = +0,3\ \mu A)$ = max. 1,3 V

Grenzdaten, je System der Doppeltriode ECC 81

U_{a0} = max 550 V $\quad -U_g$ = max 50 V $\quad$ U_{a0} = Kaltanodenspannung
U_a = max 300 V $\quad$ R_g = max 1 MOhm $\quad$ I_K = Katodenstrom
P_a = max 2,5 W $\quad$ U_{HK} = max 90 V $\quad$ U_{HK} = Spannung zwischen Heizung und Katode
I_K = 15 mA $\quad$ R_{HK} = max 20 kOhm $\quad$ R_{HK} = Widerstand zwischen Heizung und Katode

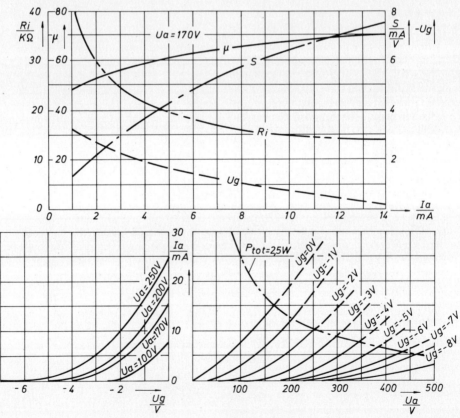

Bild 7.−20. Die wichtigsten Kennlinien der Doppeltriode ECC 81

7.3. Triode

Aus den Kenndaten heraus wird der Arbeitspunkt gewählt bei

$U_a = 170\,\text{V}$, $U_g = -1\,\text{V}$ und $I_a = 8,5\,\text{mA}$.

Daraus folgt direkt R_K

$$R_K = \frac{U_{RK}}{I_K}$$
$$= \frac{1\,\text{V}}{8,5\,\text{mA}}$$
$$\underline{\underline{R_K = 118\,\Omega}}$$

$\underline{\underline{R_{K\,gew} = 120\,\Omega \pm 5\%}}$ $\underline{\underline{P_{RK\,gew} = 0,25\,\text{W}}}$

Aus den Grenzdaten folgt für R_g:

$R_g \leqq 1\,\text{M}\Omega$

$\underline{\underline{R_{g\,gew} = 500\,\text{k}\Omega \pm 5\%}}$ $\underline{\underline{P_{Rg\,gew} = 0,25\,\text{W}}}$

Damit läßt sich C_1 berechnen.

$$C_1 \geqq \frac{1}{2\pi \cdot f_u \cdot R_g}$$
$$\geqq \frac{1}{2\pi \cdot 100\,\frac{1}{\text{s}} \cdot 500 \cdot 10^3\,\frac{\text{V}}{\text{A}}}$$
$$\geqq 3,18 \cdot 10^{-9}\,\frac{\text{As}}{\text{V}}$$

$\underline{\underline{C_{1\,gew} = 4,7\,\text{nF} / 250\,\text{V}-}}$

Die Gleichung für v_u ist nach R_a umzustellen:

$$v_u = \mu \cdot \frac{R_a}{R_i + R_a}$$

$v_u = 10$
$\mu = 66$ $\}$ siehe Datenblatt Doppeltriode ECC 81
$R_i = 11\,\text{k}\Omega$

$$R_a = \frac{R_i \cdot v_u}{\mu - v_u}$$
$$R_a = \frac{11\,\text{k}\Omega \cdot 10}{66 - 10}$$
$$\underline{\underline{R_a = 1,96\,\text{k}\Omega}}$$

$\underline{\underline{R_{a\,gew} = 2,2\,\text{k}\Omega \pm 5\%}}$ $\underline{\underline{P_{Ra\,gew} = 0,5\,\text{W}}}$

Mit $R_a = 2,2\,\text{kOhm}$ wird v_u:

$$v_u = 66 \cdot \frac{2,2\,\text{k}\Omega}{11\,\text{k}\Omega + 2,2\,\text{k}\Omega}$$
$$\underline{\underline{v_u = 11}}$$

Die Größe von C_2 ist abhängig vom Innenwiderstand R_i und vom Eingangswiderstand r'_c der nachfolgenden Stufe.

$$R_\ell = \frac{R_{a\,gew} \cdot R_i}{R_{a\,gew} + R_i}$$

$$= \frac{2,2\,k\Omega \cdot 11\,k\Omega}{2,2\,k\Omega + 11\,k\Omega}$$

$$\underline{R_\ell = 1,83\,k\Omega}$$

$$\underline{R_{g2} \approx r'_{c2} \approx 500\,k\Omega}$$

Setzt man einmal voraus, daß die zweite Stufe gleich der ersten aufgebaut ist, dann ergibt sich C_2 zu:

$$C_2 \geqq \frac{1}{2 \cdot \pi \cdot f_u \cdot (R_\ell + r'_{c2})}$$

$$\geqq \frac{1}{2\pi \cdot 100\,\frac{1}{s}(1,83\,k\Omega + 500\,k\Omega)}$$

$$\underline{C_2 \geqq 3,17\,nF}$$

$$\underline{C_{2\,gew} = 6,2\,nF}$$

Übung 7.3.3.—1

Die folgende Triodenverstärkerschaltung ist vorgegeben. Die Gittervorspannung ist auf verschiedene Werte einstellbar. Bei welcher Gittervorspannung liegt an der Anode die größte Gleichspannung U_{amax}?

a) ○ U_{amax} bei $U_g = +0,5$ V
b) ○ U_{amax} bei $U_g = -0,5$ V
c) ○ U_{amax} bei $U_g = -1$ V
d) ○ U_{amax} bei $U_g = -2$ V
e) ○ U_{amax} bei $U_g = -10$ V

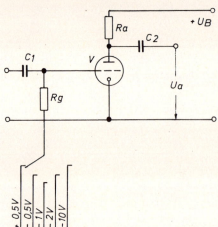

Übung 7.3.3.—2

Von der Doppeltriode ECC 91 sind die folgenden Daten bekannt:
$S = 5,3$ mA/V
$D = 2,6\%$
Wie groß wird der Innenwiderstand der Röhre?

7.4. Pentode

Übung 7.3.3.—3

a) Welche Gitterspannung stellt sich in der folgenden Schaltung ein?
b) Wie nennt man die Art dieser Gittervorspannungserzeugung?

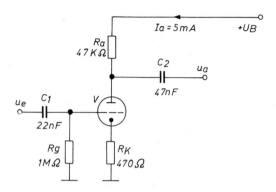

7.4. Pentode

Lernziele

Der Lernende kann...

... die Kennlinie einer Pentode skizzieren.
... die Wirkung des Brems- und Schirmgitters der Pentode beschreiben.
... Vor- und Nachteile der Pentode gegenüber der Triode nennen.
... die Spannungsverstärkung bei vorgegebenen Kennlinien graphisch ermitteln.

Durch Einfügen von zwei weiteren Gittern (Elektroden) gelangt man zur Fünfpolröhre oder Pentode (siehe Bild 7.–21).

Das Gitter G_2 stellt das Schirmgitter der Röhre dar. Schaltungstechnisch wird dieses Gitter auf eine konstante positive Gleichspannung gelegt. Diese positive Gitterspannung schirmt das Anodenfeld ab, so daß der Einfluß der Anodenspannung auf den Anodenstrom nur noch sehr klein ist. Ferner wird die Anodenrückwirkung durch diese Elektrode aufgehoben.

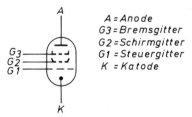

Bild 7.–21. Schaltzeichen der Pentode

Das Gitter G_3 wird eingefügt, um die Sekundärelektronen, die durch das Auftreffen der aus der Katode stammenden Elektronen auf das Anodenblech herausgeschlagen werden, abzubremsen.

Das Bremsgitter ist in der Regel direkt mit der Katode verbunden.

7.4.1. Kennlinien und Kenndaten der Pentode

In Bild 7.–22 sind das I_a-/U_g- sowie das I_a-/U_a-Kennlinienfeld einer Pentode dargestellt.

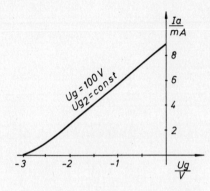
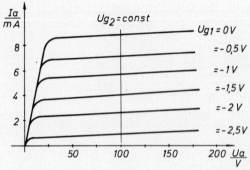

Bild 7.–22. I_a-/U_g- und I_a-/U_a-Kennlinienfeld einer Pentode

Da die Ausgangskennlinien praktisch waagerecht verlaufen, fallen die Steuerkennlinien im I_a-/U_g-Kennlinienfeld zu einer Kurve zusammen.

Die Kennwerte einer Pentode sind durch die folgenden Größen gegeben:

Kennwerte der Pentode:
1. Steilheit S bzw. S_D,
2. Innenwiderstand R_i,
3. Durchgriff D.

Die Steilheit S besitzt bei der Pentode die gleiche Bedeutung wie bei der Triode. S wird aus dem I_a-/U_g-Kennlinienfeld bestimmt.

$$S = \frac{\Delta I_a}{\Delta U_g} \bigg| U_a = \text{const.}$$

Da die Anodenrückwirkung bei der Pentode vernachlässigbar klein ist, gilt, daß die statische Steilheit S ungefähr gleich der dynamischen Steilheit S_D ist.

$$S_D \approx S$$

Der Innenwiderstand R_i der Röhre ist sehr groß, da die Kennlinien im I_a-/U_a-Kennlinienfeld fast waagerecht zur U_a-Achse verlaufen.

$$R_i = \frac{\Delta U_a}{\Delta I_a} \bigg| U_g = \text{const.}$$

Der Durchgriff D ist bei der Pentode sehr klein, da durch die Schirmgitterwirkung der Einfluß der Anode auf das Steuergitter praktisch aufgehoben wird.

$$D \approx 0$$

Da $D \approx 0$ ist, wird die Barkhausengleichung aufgehoben.

Die „Innere Röhrengleichung" oder „Barkhausengleichung" gilt nicht für Pentoden, da $D \approx 0$ ist.

Übung 7.4.1.—1

Bestimmen Sie anhand von Bild 7.—22 für den Arbeitspunkt $U_g = -1,5$ V, $U_{g2} =$ const. und $U_a = 100$ V.

a) den Anodenstrom I_a
b) die Steilheit S und
c) den Innenwiderstand R_i.

Übung 7.4.1.—2

Wie groß wird die Verstärkung der folgenden Pentodenstufe?
($S = 3$ mA/V)

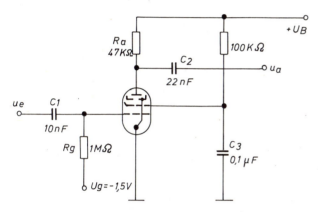

Übung 7.4.1.—3

Bestimmen Sie den Durchgriff der Pentode EF 85, wenn folgende Daten bekannt sind:

$S = 0,057$ mA/V
$R_i = 5$ MOhm

EF 85

7.4.2. Spannungsverstärkung der Pentode, Vor- und Nachteile gegenüber der Triode

Die Spannungsverstärkung der Pentode liegt durch den Quotienten

$$v_u = \frac{\Delta U_{a\,ss}}{\Delta U_{g\,ss}}$$

fest.

Da die dynamische Steilheit S_D annähernd gleich der statischen Steilheit S ist, läßt sich die Verstärkung unter Vorgabe von R_a nach der Gleichung (7.4.2.−1) berechnen.

$$S_D = S$$

$$v_u = S_D \cdot R_a \qquad (7.4.2.-1)$$
$$v_u \approx S \cdot R_a \qquad (7.4.2.-2)$$

Die durch eine Pentodenverstärkerschaltung erreichbaren Werte liegen im NF-Bereich zwischen

und im HF-Bereich bei

Praktische Werte der Spannungsverstärkung einer Pentode:

$v_{u(NF)} \approx 100 \ldots 200$

$v_{u(HF)} \approx 10 \ldots 50$

Das Hochfrequenzverhalten der Pentode wird in erster Linie bestimmt durch die Gitterkapazitäten der Röhre, d. h. gegenüber der Triode zeigt die Pentode ein wesentlich schlechteres Hochfrequenzverhalten und eine höhere Rauschspannung.

Vorteilhaft machen sich im NF-Bereich die Anodenrückwirkungsfreiheit, die höhere Verstärkung, der große Innenwiderstand sowie die kleine Steuergitter-Anoden-Kapazität bemerkbar. Nachteilig wirken sich gegenüber der Triode nur das erhöhte Rauschen und die schlechteren Hochfrequenzeigenschaften aus.

Vergleich der Pentode mit der Triode

Vorteile:
1. höhere Verstärkung im NF-Gebiet,
2. Anodenrückwirkungsfreiheit,
3. großer Innenwiderstand,
4. kleine Gitter-Anodenkapazität.

Nachteile:
1. kleinere Verstärkung bei hohen Frequenzen,
2. erhöhtes Rauschen.

Die Schaltung eines Pentodenverstärkers ist in Bild 7.−23 dargestellt, während Bild 7.−24 den Verstärkungsvorgang in den beiden Kennlinienfeldern zeigt.

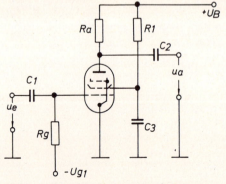

Bild 7.−23. Pentodenverstärkerschaltung

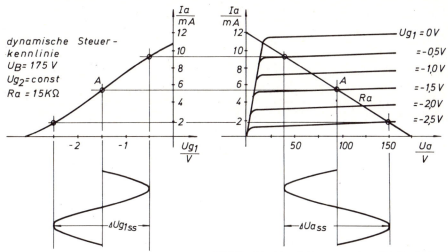

Bild 7.−24. Verstärkungsvorgang der Pentodenverstärkerschaltung, dargestellt im I_a-/U_g- und I_a-/U_a-Kennlinienfeld

7.5. Elektronenstrahlröhren

Lernziele

Der Lernende kann...
- ... den Vorgang der Leuchtspurerzeugung auf dem Sichtschirm beschreiben.
- ... den Aufbau und die Funktion der einzelnen Elektroden einer Oszilloskopröhre anhand von Skizzen erläutern.
- ... das Schaltzeichen der Oszilloskopröhre skizzieren.
- ... die Auslenkung des Elektronenstrahls bei der Oszilloskopröhre näherungsweise berechnen.
- ... Unterschiede zwischen der Oszilloskopröhre und der Schwarz-Weiß-Fernsehbildröhre aufzeigen.
- ... begründen, weshalb bei Bildröhren die magnetische Ablenkung gewählt wird.
- ... den Aufbau des Bildschirmes einer Bildröhre skizzieren.
- ... den Stromverlauf im Hochspannungsteil der Bildröhre anhand einer Bildröhrenskizze angeben.
- ... die wichtigsten Betriebswerte einer Schwarz-Weiß-Fernsehbildröhre nennen.
- ... die prinzipielle Wirkungsweise einer Maskenröhre beschreiben.
- ... den Einfluß der Konvergenzeinheit auf die Farbqualität des Farbbildes beschreiben.
- ... Vorteile der Trinitron-Farbbildröhre gegenüber der Lochmaskenröhre aufzeigen.

Im Laufe der Entwicklung der Elektronik wurden für die unterschiedlichen Anwendungsfälle Meßinstrumente konstruiert.

In den Meßgeräteparks moderner Entwicklungslaboratorien findet man neben relativ unkomplizierten Geräten hochwertige Oszilloskope, die es ermöglichen, selbst schnellste Vorgänge in Schaltungen sichtbar zu machen und damit auf dem Sichtschirm des Gerätes zu verfolgen.

Eines der wichtigsten Bauelemente des Oszilloskops ist die Elektronenstrahlröhre. Sie ermöglicht das Sichtbarmachen von elektrischen Vorgängen als Leuchtspur auf dem Sichtschirm, der von einem Elektronenstrahl geschrieben wird (Bild 7.–25).

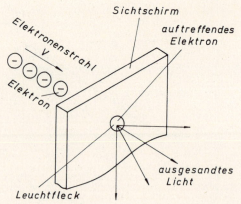

Bild 7.–25. Vorgang der Leuchtspurerzeugung auf dem Sichtschirm

7.5.1. Strahlerzeugung und -bündelung

Der Elektronenstrahl wird in einer Elektronenkanone erzeugt und auf dem Wege zum Sichtschirm durch externe Spannungen beschleunigt.

Eine prinzipielle Lösung für den Aufbau einer Elektronenstrahlröhre ist in Bild 7.–26 wiedergegeben.

① Heizung
② Katode K
③ Anode A1
④ Sichtschirm

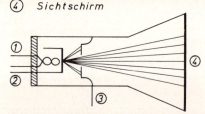

Bild 7.–26. Einfacher prinzipieller Aufbau einer Elektronenstrahlröhre

Gegenüber einer indirekt beheizten Katode sitzt eine Lochanode als Blende.

Diese Lochanode liegt auf einem gegenüber der Katode positiven Potential, d. h. die von der Katode emittierten Elektronen werden zur Anode hin beschleunigt und zum überwiegenden Teil von dieser aufgefangen und zur Spannungsquelle zurücktransportiert.

Ein Teil der Elektronen fliegt jedoch durch die Blendenöffnung auf einer geradlinigen Bahn weiter bis zum Sichtschirm.

Die Katode der Elektronenstrahlröhre dient der Strahlerzeugung, während die positive Anode die Elektronen auf hohe Geschwindigkeiten beschleunigt.

Praktische Werte für die Anodenspannung U_{a1}:

$U_{a1} \approx +300\,\text{V} \ldots +2000\,\text{V}$

Der Sichtschirm ist mit einer lumineszierenden Schicht auf der Innenseite ausgekleidet.

Treffen nun die Elektronen auf dem Schirm auf, wird die kinetische Energie der Elektronen umgesetzt in sichtbares Licht.

Die Leuchtstärke des Lichtpunktes wird von der Dichte der auftretenden Elektronen bestimmt, während die Farbe des abgegebenen Lichtes von der Zusammensetzung des lumineszierenden Materials des Schirmes abhängt.

Zusammensetzung des lumineszierenden Materials:

Oxide oder Sulfidverbindungen von Zink und Cadmium mit Zusätzen aus Elementen der seltenen Erden und Spuren von Kupfer, Mangan und Nickel.

Typische Leuchtfarbe:

blaugrün oder
gelbgrün

Nachleuchtdauer

je nach Ausführung zwischen

0,01 s ... 10,0 s

Die Anordnung (Bild 7.–26) entspricht im Prinzip einer Zweipolröhre oder Diode.

① Heizung
② Katode K
③ Anode A1
④ Wehneltzylinder G1
⑤ Sichtschirm

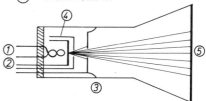

Um die Helligkeit des Leuchtpunktes auf dem Schirm einstellbar zu machen, umgibt man die Katode mit einer zylindrischen Elektrode, die bis auf eine kleine kreisrunde Öffnung in Richtung der Anode A_1 die Katode umschließt. Diese Elektrode wird als Wehneltzylinder bezeichnet (Bild 7.–27). Der Wehneltzylinder wirkt wie das Steuergitter bei der Triode oder Pentode. Er wird auf ein negatives Potential gegenüber der Katode gelegt. Durch Änderung der Spannung am Wehneltzylinder kann die Strahlstärke des Elektronenstrahls vom Maximum bis zur völligen Unterdrückung stufenlos eingestellt werden (Bild 7.–28).

Bild 7.–27. Einfache Elektronenstrahlröhre mit Wehneltzylinder

Durch die Spannung am Wehneltzylinder kann die Helligkeit des Leuchtfleckes auf dem Sichtschirm stufenlos eingestellt werden.

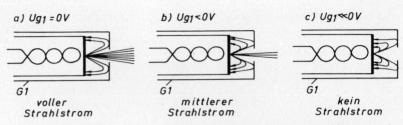

Bild 7.–28. Steuerung des Strahlstromes der Elektronenstrahlröhre durch eine negative Spannung am Wehneltzylinder

Übung 7.5.1.–1

Welchen Einfluß auf den Elektronenstrahl einer Oszilloskopröhre hat eine Änderung des Potentials am Wehneltzylinder?

Praktische Werte für U_{g1}:

$U_{g1} \approx 0V \ldots -100\,V$

Die Spannung am Wehneltzylinder darf in keinem Betriebsfall positiv werden, da sonst ein Gitterstrom einsetzt und die Katode durch zu starke Emissionstätigkeit zerstört werden kann.

Die aus der Katode austretenden Elektronen stellen gleichnamige Ladungen dar, die sich gegenseitig abstoßen.

Der Elektronenstrahl hat deshalb das Bestreben, zu divergieren.

Hier liegt der Grund, weshalb der in einem System nach Bild 7.–25 erzeugte Leuchtfleck noch relativ groß und damit unscharf ist.

Man muß also noch zusätzliche Maßnahmen treffen, um den Elektronenstrahl zu bündeln. Dies geschieht durch die Einführung weiterer Elektroden zwischen der Anode A_1 und dem Leuchtschirm (Bild 7.–29).

Das neue Elektrodensystem ($A_2 \ldots A_4$) bezeichnet man als Strahlenbündelungssystem, Elektronenoptik oder Fokussiersystem.

Die Bündelung des Elektronenstrahls ist prinzipiell möglich durch statische elektrische Felder oder magnetische Felder.

Bei modernen Elektronenstrahlröhren, die zu Meßzwecken eingesetzt werden, wird fast ausschließlich die elektrostatische Bündelung ausgenutzt.

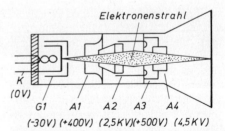

Bild 7.–29. Elektronenstrahlröhre mit Fokussierelektrode

7.5. Elektronenstrahlröhren

Die Bündelung wird durch einen ganz bestimmten Feldlinienverlauf im Innern des Fokussiersystems erreicht (Bild 7.–30). Hierbei erfahren die einzelnen Elektronen eine Kraft, die entgegengesetzt zur Feldlinienrichtung verläuft.

Die Kraftlinien des Feldes weisen vom höheren zum niedrigeren positiven Potential, also entgegengesetzt der Kraft, die auf die Elektronen einwirkt.

Den Einfluß des Fokussiersystems auf den Elektronenstrahl kann man durch Ändern einer der beiden Spannungen (entweder U_{a3} oder U_{a4}) verändern, d. h. man kann den konzentrierenden Einfluß des Systems auf den Strahl steuern (fokussieren).

Bild 7.–30. Feldlinienverlauf und Bündelung des Elektronenstrahlstroms

7.5.2. Strahlablenkung

Magnetische als auch elektrische Felder sind in der Lage, Elektronen in ihrer Bahn zu verändern, d. h. abzulenken. Die magnetische Ablenkung konnte sich jedoch nicht bei der Elektronenstrahlröhre für Oszilloskope durchsetzen, da sie gegenüber der elektrostatischen Ablenkung einige Nachteile aufweist.

Nachteile der magnetischen Ablenkung gegenüber der elektrostatischen Ablenkung:
1. hoher Strom und damit hohe Leistung zur Strahlablenkung erforderlich,
2. die Selbstinduktion der Ablenkspulen verzerrt u. U. nichtsinusförmige Ablenkströme,
3. das große Bauvolumen der magnetischen Ablenkung.

Die magnetische Ablenkung wird deshalb nur in einigen Sonderfällen ausgenutzt.

Anwendungen der magnetischen Strahlablenkung:
1. bei der Fernsehbildröhre,
2. bei der Messung von sehr großen Strömen niedriger Frequenz.

In allen anderen Fällen verwendet man die elektrostatische Auslenkung des Elektronenstrahls.

Hierbei bringt man möglichst kurz hinter den Anoden A_3 und A_4 zwei Plattenpaare derart an, daß der Strahl genau in der Mitte der beiden Plattenpaare hindurchgeht, wenn an den Platten die Spannung 0 V ansteht.

Die beiden Plattenpaare stehen in einem Winkel von 90° zueinander (Bild 7.−31).

Die Elektronen stellen negative Ladungsträger dar. Sie werden deshalb zu den positiveren Platten hin abgelenkt.

Man erreicht also durch die um 90° versetzten Ablenkplatten eine Ablenkung des Elektronenstrahls in vertikaler Richtung und in horizontaler Richtung über den gesamten Bildschirm.

Die Schirmbilder sind Geraden. Da die Ablenkplatten selbst einen Kondensator mit relativ kleiner Kapazität darstellen, kann die Ablenkung des Strahls bis zu hohen Frequenzen hin fast leistungslos erfolgen.

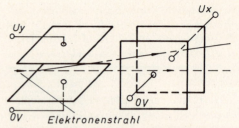

Bild 7.−31. Anordnung der Ablenkplatten für die x- bzw. y-Richtung

Ablenkplattenkapazität mit Zuleitungen
$\approx 1\,\text{pF} \ldots 3\,\text{pF}$

Bild 7.−32 zeigt eine komplette schematische Übersicht einer Elektronenstrahlröhre für Oszilloskope, während Bild 7.−33 das zugehörige Schaltbild wiedergibt.

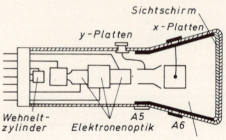

Bild 7.−32. Schematische Übersicht einer Elektronenstrahlröhre für Oszilloskopanwendung

Die Übersichtszeichnung (Bild 7.−32) zeigt außer den bisher besprochenen Elektroden die beiden Ablenkplattenpaare für die vertikale und horizontale Auslenkung des Elektronenstrahls sowie das zwischen den Ablenkplatten und dem Sichtschirm liegende Nachbeschleunigungsfeld mit den Elektrodenanschlüssen A_5 und A_6. Die Elektrodenanschlüsse (A_5, A_6) sind auf der Innenwand des Glaskolbens mit einer spiralförmig verlaufenden Widerstandsschicht aus Graphit verbunden.

Die auf der Katodenseite herausgeführten Elektrodenanschlüsse sind die Heizung, die Katode, der Wehneltzylinder und die Einzelanoden der Fokussierung.

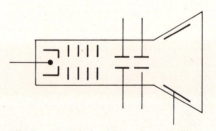

Bild 7.−33. Schaltzeichen einer Oszilloskopröhre

Übung 7.5.2.−1

Weshalb bevorzugt man beim Elektronenstrahloszilloskop die elektrostatische Ablenkung?

7.5. Elektronenstrahlröhren

Die Ablenkplatten sind auf dem kürzesten Wege auf Metallstifte direkt im Glaskolben geführt. Das gleiche trifft für die Elektrodenanschlüsse der Nachbeschleunigungsspannung zu. Die Verbindung dieser Elektroden mit der Schaltung geschieht über Steckkontakte (Clips).

Die Wirkung der Ablenkspannungen U_x und U_y an den zugehörigen Platten ist schematisch in Bild 7.−34 für Gleichspannungen von

$U_x = -10\,\text{V} \ldots 0\,\text{V} \ldots +10\,\text{V}$ in 2,5 V-Stufen

für $U_y = 0\,\text{V}$ und

$U_y = -10\,\text{V} \ldots 0\,\text{V} \ldots +10\,\text{V}$ in 2,5 V-Stufen

für $U_x = 0\,\text{V}$ sowie für eine sinusförmige Wechselspannung von

$U_x = 20\,\text{V}_{ss}$ bei $U_y = 0\,\text{V}$ und
$U_y = 20\,\text{V}_{ss}$ bei $U_x = 0\,\text{V}$ dargestellt.

Aus der Darstellung erkennt man, daß die Auslenkung des Elektronenstrahls in x- und y-Richtung linear ist ($y \sim U_y$; $x \sim U_x$).

Die Wechselspannungsdarstellung zeigt als Ergebnis der Auslenkung eine Strecke, die je nach der Ablenkung auf der x- bzw. y-Koordinate liegt und an ihren Enden eine Strahlverdickung aufweist. Die Strecke kommt dadurch zustande, daß der Elektronenstrahl entsprechend der Frequenz der Wechselspannung schnell abgelenkt wird und das Auge diesen Vorgang nicht mehr auflöst.

Die Verdickung an den Streckenenden erklärt sich dadurch, daß die Änderungsgeschwindigkeit der Amplitude der Wechselgröße zum Scheitelwert hin abnimmt. Dies bedeutet, daß der Sichtschirm pro Zeiteinheit einen höheren Elektronenbeschuß erhält als bei den Nulldurchgängen, d. h. die Streckenenden leuchten heller und breiter gegenüber den mittleren Streckenabschnitten.

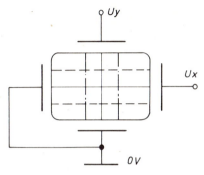

x-Richtung (Horizontalablenkung)

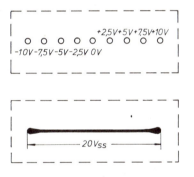

y-Richtung (Vertikalablenkung)

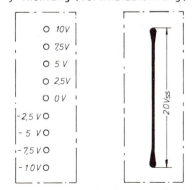

Bild 7.−34. Darstellung der Strahlauslenkung für verschiedene Gleich- und Wechselspannungswerte

Übung 7.5.2.−2

Wie lassen sich Ströme oszillografieren?

Anhand von Bild 7.–35 soll nun die Ablenkung des einzelnen Elektrons und damit des gesamten Elektronenstrahls mathematisch untersucht werden.

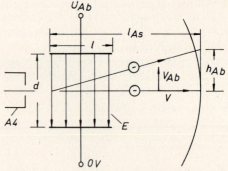

Bild 7.–35. Prinzipielle Darstellung der Auslenkung des Elektronenstrahls

Bei der nun folgenden Betrachtung wird das elektrische Feld als streng homogen und als konstant angenommen.

Die den Elektronen zugeführte Energie nach dem Durchfliegen der Strecke Wehneltzylinder – Anode A_4 ist

$$W = U_{a4} \cdot e$$

$$e = 1{,}602 \cdot 10^{-19} \text{ As}$$

U_{a4} = Anodenspannung an der Anode A_4

Die aufgenommene Energie muß in Bewegungsenergie umgesetzt werden.

$$W = U_{a4} \cdot e = \frac{m \cdot v^2}{2}$$

m = Masse des Elektrons
v = mittlere Längsgeschwindigkeit des Elektrons

$$v = \sqrt{2 \cdot \frac{e}{m} \cdot U_{a4}}$$

Die elektrische Feldstärke E bestimmt sich für die parallel angeordneten Platten zu:

$$E = \frac{U_{Ab}}{d}$$

U_{Ab} = Spannung an den Ablenkplatten
d = Plattenabstand
E = elektrische Feldstärke

Damit wirkt die Kraft F auf die Elektronen.

$$F = E \cdot e$$

Die Beschleunigung in der Querrichtung ist dann

$$a = \frac{F}{m} = E \cdot \frac{e}{m}$$

a = Beschleunigung des Elektrons in Querrichtung

7.5. Elektronenstrahlröhren

Die Geschwindigkeit in Querrichtung ist nun nur noch abhängig von der Zeit t, die das Elektron im homogenen E-Feld verweilt.

$$v_{Ab} = a \cdot t = E \cdot \frac{e}{m} \cdot t$$

v_{Ab} = Geschwindigkeit in Querrichtung
t = Verweilzeit des Elektrons unter dem Einfluß des homogenen E-Feldes

Ist die Länge l der Ablenkplatten bekannt, dann läßt sich die Zeit t bestimmen.

$$t = \frac{l}{v} = \frac{l}{\sqrt{2 \cdot \frac{e}{m} \cdot U_{a4}}}$$

Damit wird v_{Ab}

$$v_{Ab} = E \cdot \frac{e}{m} \cdot \frac{l}{\sqrt{2 \cdot \frac{e}{m} \cdot U_{a4}}}$$

Setzt man die Geschwindigkeit v_{Ab} als konstant an für die Zeit, die das Elektron zum Durchfliegen der Strecke zwischen den Ablenkplatten und dem Sichtschirm benötigt, dann läßt sich die Ablenkung, die das Elektron beim Auftreffen auf dem Sichtschirm erfahren hat, berechnen.

t_{AS} = Zeit, die zum Durchfliegen der Strecke Ablenkplatten – Sichtschirm benötigt wird
l_{AS} = Strecke Ablenkplatten – Sichtschirm

$$t_{AS} = \frac{l_{AS}}{v}$$

h_{Ab} = Ablenkstrecke auf dem Sichtschirm

$$h_{Ab} = v_{Ab} \cdot t_{AS}$$

$$h_{Ab} = E \cdot \frac{e}{m} \cdot \frac{l}{v^2} \cdot l_{AS}$$

$$v = \sqrt{2 \cdot \frac{e}{m} \cdot U_{a4}}$$

$$v^2 = 2 \cdot \frac{e}{m} \cdot U_{a4}$$

$$h_{Ab} = \frac{E \cdot e \cdot l \cdot l_{AS}}{m \cdot 2 \cdot \frac{e}{m} \cdot U_{a4}}$$

$$= \frac{E \cdot l \cdot l_{AS}}{2 \cdot U_{a4}}$$

$$E = \frac{U_{Ab}}{d}$$

$$h_{Ab} = \frac{U_{Ab} \cdot l \cdot l_{AS}}{2 \cdot d \cdot U_{a4}}$$

Die Gleichung zeigt die direkte Proportionalität zwischen der Ablenkspannung U_{Ab} und der Ablenkung h_{Ab}.

Bezieht man h_{Ab} auf eine Ablenkspannung von $U_{Ab} = 1\,\text{V}$, dann erhält man die Ablenkempfindlichkeit der Oszilloskopröhre.

$$A_E = \frac{h_{Ab}}{U_{Ab}} = \frac{l \cdot l_{AS}}{2 \cdot d \cdot U_{a4}}$$

A_E = Ablenkempfindlichkeit

Den Kehrwert der Ablenkempfindlichkeit bezeichnet man als Ablenkfaktor A

A = Ablenkfaktor

$$A = \frac{U_{Ab}}{h_{Ab}} = \frac{2 \cdot d \cdot U_{a4}}{l \cdot l_{AS}}$$

Betrachtet man den Quotienten $2 \cdot d/l \cdot L_{AS}$, so erkennt man, daß die Größen d, l und l_{AS} konstruktiv allein von der Röhre abhängen.

Praktische Werte für den Ablenkkoeffizienten:
$A \approx 3\,\text{V/cm} \ldots 5\,\text{V/cm}$

Übung 7.5.2.—3
Was gibt der Ablenkkoeffizient A_y an?

Übung 7.5.2.—4
Warum sind hochwertige Oszilloskope mit einer Nachbeschleunigungsspannung ausgerüstet?

7.5.3. Äußere Beschaltung der Oszilloskopröhre

Bild 7.–36 zeigt die Schaltung für den Sichtteil eines Oszilloskops. Aus Gründen der Wirtschaftlichkeit werden für die Spannungsversorgung des Sichtteils nur die hohen Spannungen für die Elektroden mit dem höchsten Spannungsbedarf erzeugt. Niedere Spannungswerte werden durch Spannungsteilung aus den höheren abgeleitet.

Die Spannungsversorgung teilt sich in einen Hoch- und Niederspannungsteil.

Das Hochspannungsnetzteil erzeugt die für die Nachbeschleunigung erforderliche Spannung sowie die Vorspannungen für die Katode und den Wehneltzylinder. Die übrigen Spannungen werden durch Spannungsteilung aus den Spannungen des Hoch- und Niedervoltteils abgeleitet. Da die Grundhelligkeit

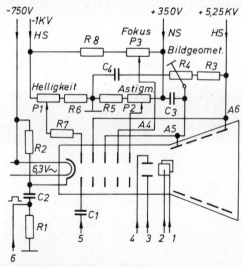

HS = Hochspannungsnetzteil
NS = Niederspannungsnetzteil

Bild 7.–36. Schaltung eines Sichtteils einer Oszilloskopröhre

des Elektronenstrahls, die Korrektur des Astigmatismus sowie die Fokussierung einstellbar sein müssen, sind hierfür Potentiometer vorgesehen.

Das Hellsteuerrechteck wird über den Kondensator C_1 zur Auftastung dem Wehneltzylinder zugeführt. Über die RC-Kombination (C_2, R_1) kann die Katodenspannung gesteuert werden (helligkeitsmodulation des Strahls). Die Heizspannung wird über eine getrennte Wicklung des Netztrafos erzeugt. Außerdem ist die Heizung mit ihrem Potential der Katode angeglichen, da sonst die Isolationsspannung zwischen Heizung und Katode überschritten würde.

Die Ablenkplatten in x- und y-Richtung werden direkt von den x- und y-Verstärkern angesteuert. Von der an diesen Verstärkerausgängen anliegenden Gleichspannung werden praktisch alle anderen Spannungen an der Röhre bestimmt. Die für den Anwender wichtigsten Kennwerte einer Oszilloskopröhre sind gegeben durch:

Astigmatismus = Unschärfe des Bildpunktes, hervorgerufen durch ungenügende Ausrichtung des Strahlsystems in Richtung der Röhrenachse (Bild 7.–37).

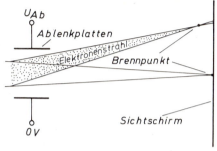

Bild 7.–37. Verschiebung des Strahlbrennpunktes bei Auslenkung des Elektronenstrahls

Die wichtigsten Kennwerte der Oszilloskopröhre:

1. die ausnutzbare Schirmbreite,
2. die Ablenklinearität,
3. die Linienbreite des Schreibstrahls,
4. die Rasterverzeichnung,
5. die Ablenkkoeffizienten für die x- und y-Platten,
6. die Auftastspannung,
7. die Schreibgeschwindigkeit des Elektronenstrahls,
8. die Nachbeschleunigung.

7.5.4. Die Schwarzweißfernsehbildröhre

Die Schwarzweißfernsehbildröhre stellt einen elektrooptischen Wandler dar und ist ähnlich aufgebaut wie die Oszilloskopröhre. Lediglich die Ablenkung des Elektronenstrahls geschieht auf magnetischer Basis.

Der Glaskolben einer modernen Fernsehbildröhre (Bild 7.–38) wird aus drei Teilen zusammengesetzt.

1. dem Röhrenhals,
2. dem Konus,
3. der Schirmwanne.

Der Röhrenhals wird mit einem Preßteller abgeschlossen, der die Anschlüsse der Elektroden des Systems trägt.

Bild 7.−38. Glaskolben einer Fernsehbildröhre (z. B. A 59−11 W der Firma Valvo)

Die Forderungen, die an die Bildröhre gestellt werden, sind:

Anforderungen, die eine Bildröhre erfüllen soll:

1. kleine Toleranzen in der Krümmung und der Dicke der Frontscheibe, um Bildfehler zu vermeiden,
2. große, rechteckige kaum gekrümmte Sichtfläche,
3. kurze, gedrungene Bauform, bei großem Ablenkwinkel,
4. Kontrastverbesserung durch eingefärbte Frontscheiben,
5. die Bauform der Bildröhre muß eine Massenfertigung erlauben.

Die gepreßte Schirmwanne besteht aus der Frontglasscheibe, die zur Kontrastverbesserung eingefärbt ist, und einem Kragen.

Da Bildröhren hoch evakuiert werden, entsteht aufgrund des Vakuums sowie der relativ großen Oberfläche ein enormer Außendruck auf den Glaskolben.

Allein bei einem Bildschirm mit

$p = 1 \text{ kp/cm}^2$

einer Bilddiagonalen von 540 mm erreicht der Außendruck über

$p = 2000 \text{ kp/cm}^2$.

Die Wandstärken der Schirmwanne sowie die Glaszusammensetzung müssen deshalb sorgfältig ausgewählt sein, um Implosionen zu vermeiden. Um den Bildkontrast zu verbessern, verwendet man für die Schirmwanne neutral eingefärbtes Grauglas.

Grauglas hat den Vorteil, daß das einfallende Raumlicht abgeschwächt und damit ungewünschte Aufhellungen des Bildschirmes vermieden werden. Die Schirmwanne wird mit

7.5. Elektronenstrahlröhren

dem Konus verpreßt. Der Konus trägt den Anodenspannungsanschluß der Röhre. Der Röhrenhals wird dem Konus aufgebördelt. Er dient der Aufnahme des Elektronenstrahlsystems und der Elektronenoptik.

Das Strahlerzeugungssystem und die Elektronenoptik sind ähnlich aufgebaut wie bei der Oszilloskopröhre.

Die Ablenkung des Elektronenstrahls in vertikaler und horizontaler Richtung geschieht bei der Fernsehbildröhre aufgrund der großen Ablenkwinkel (110°) auf magnetischer Basis. Die Ablenkeinheit besteht deshalb aus zwei Spulenpaaren (Bild 7.–39). Diese beiden Spulenpaare umschließen den Röhrenhals und einen Teil des Konus. Ein Spulenpaar übernimmt die vertikale, das andere die horizontale Strahlauslenkung. Die Toroidspule besteht aus zwei gleichen Teilspulen, die auf einen Ferritringkern gewickelt sind. Beide Spulen bedecken etwa je ein Viertel des Ringkerns.

Der Ferritkern hat den Vorteil einer guten Fremdfeldabschirmung und ein geringes Streufeld.

Die Toroidspule wird so auf dem Bildröhrenhals montiert, daß ein Magnetfeld senkrecht zur Bildröhrenachse entsteht, welches je nach der Stromrichtung die Bildröhre von links nach rechts oder umgekehrt durchsetzt (Bild 7.–39).

Bei der Sattelspule werden die beiden Teilspulen in den Ferritkern eingelegt (Bild 7.–39).

Den Feldlinien- und Stromverlauf zeigt Bild 7.–40. Hierbei liegt die Schnittachse senkrecht zur Bildröhrenachse.

Nach dem Durchlaufen der Bildröhre trifft der Elektronenstrahl auf dem Bildschirm auf. Der Bildschirm besteht aus einer Aluminiumfolie, der eigentlichen Leuchtschicht und der Glaswanne (Bild 7.–41).

Die Leuchtstoffschicht wird auf der Innenseite des Bildschirmes aufgebracht und mit einer Aluminumfolie zum Röhreninnern hin abgedeckt. Die Aluminumfolie dient der Verbesserung des Kontrasts, denn der vom Elektronenstrahl angeregte Bildpunkt strahlt Licht nach allen Seiten aus, d. h. auch zurück ins Röhreninnere. Das zurückgestrahlte Licht

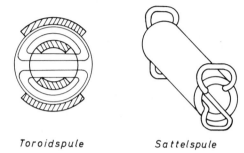

Toroidspule   *Sattelspule*

Bild 7.–39. Prinzipieller Aufbau der Toroid- und der Sattelspule für die vertikale und die horizontale Ablenkung

Die Toroidspule besteht aus zwei Teilspulen auf einem gemeinsamen Ferritringkern.

Bild 7.–40. Feldlinien- und Stromverlauf bei der Sattelspule

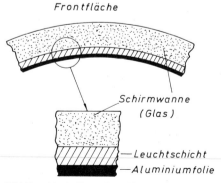

Bild 7.–41. Aufbau des Bildschirmes einer Fernsehbildröhre

wird nun an der Aluminiumfolie reflektiert und zum Betrachter hin abgestrahlt.

Auch das von außen einfallende Fremdlicht wird an dieser Folie zurückgeworfen. Man verhindert dadurch die Aufhellung der Leuchtschicht durch das Fremdlicht.

Die auf dem Bildschirm auftreffenden Elektronen müssen zur Anodenspannungsquelle zurückgeleitet werden. Auch diese Aufgabe übernimmt die Aluminiumfolie. Damit die Aluminiumfolie gut von den Elektronen durchdrungen werden kann, ist sie sehr dünn (ca. 1 µm) ausgelegt.

Die Leuchtschicht besteht in der Regel aus Zinksulfid und Zink-Kadmiumsulfid mit Silber- oder Kupferzusätzen als Aktivator.

Trifft nun ein Elektron mit seiner hohen kinetischen Energie auf dem Leuchtschirm auf, so wird diese Energie dazu verwendet, Elektronen aus dem Gitterverband herauszulösen.

Diese herausgelösten Elektronen können weitere Elektronen aus den Atomverbänden in das Leitungsband anheben. Zurück bleiben positiv geladene Atomrümpfe (Defektelektronen oder Löcher). Den Aktivatoratomen kommt nun die Aufgabe zu, diese positiven ionisierten Atome wieder zu neutralisieren.

Das abgestrahlte Licht des erzeugten Bildpunktes wird durch den Rückfall der Elektronen auf die Energieniveaus der Valenzbänder erzeugt.

Übung 7.5.4.—1

Warum wird die Leuchtstoffschicht einer Bildröhre zum Röhreninneren hin mit einer Aluminiumfolie abgedeckt?

Bild 7.—42 zeigt den Stromverlauf im Hochspannungskreis der Bildröhre. Die Strompfeile geben die Bewegungsrichtung der Elektronen in diesem Stromkreis an.

Die Konus-Außenseite der Bildröhre wird in einem genau definierten abgegrenzten Bezirk mit einem Graphitüberzug versehen, der über Federkontakte direkt mit Masse verbunden wird. Durch diese Außenschwärzung wird zusammen mit der Innengraphitierung und der Aluminiumfolie auf dem Leuchtschirm ein

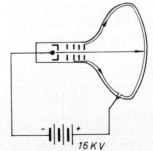

Bild 7.—42. Stromverlauf im Hochspannungsteil der Bildröhre (physikalische Stromrichtung)

7.5. Elektronenstrahlröhren

Kondensator gebildet, der bei der Hochspannungsversorgung als Siebkondensator für die Bildröhrenhochspannung eingesetzt wird (Bild 7.–43).

Bild 7.–43. Bildröhrenkapazität als Siebkondensator für die Hochspannung

Schwarz-Weiß-Fernsehbildröhren werden mit Hochspannungen zwischen betrieben.

$U_a = 16 \text{ kV} \ldots 18 \text{ kV}$

Diese Spannungswerte werden zur Beschleunigung der Elektronen benötigt, um eine ausreichende Bildpunkthelligkeit auf dem Schirm zu erzeugen. Für jeden Bildröhrentyp liegt der höchste Anodenspannungswert fest.

$U_{a\,max}$ = max. Bildröhrenanodenspannung

Dieser muß unter allen Umständen eingehalten werden, wenn man nicht mit Spannungsüberschlägen oder Sprüherscheinungen im Röhrenkolben rechnen will.

Umgekehrt darf auch ein bestimmter Minimalwert der Anodenspannung nicht unterschritten werden, da sonst die Bildhelligkeit zu stark abnimmt. Den Helligkeitsunterschied könnte man durch einen erhöhten Strahlstrom ausgleichen, der jedoch zu einem vergrößerten Bildpunktdurchmesser auf dem Leuchtschirm führt. Ein erhöhter Fleckdurchmesser bedeutet aber eine gewisse Bildpunktunschärfe. Zu erklären ist diese Unschärfe durch eine schlechtere Fokussierung des erhöhten Strahlstromes. Bild 7.–44 zeigt die Spannungsversorgung einer Fernsehbildröhre.

Übung 7.5.4.–2

Warum darf der max.- bzw. min.-Wert der Anodenspannung bei Bildröhren nicht über bzw. unterschritten werden?

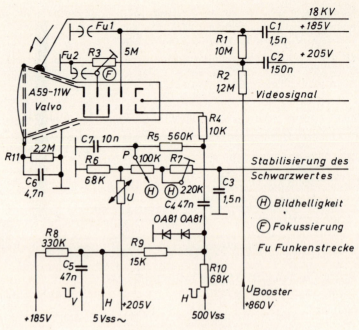

Bild 7.–44. Spannungsversorgung einer Fernsehbildröhre (Firma Philips)

Da die Bildröhre prinzipiell helligkeitsgesteuert wird, ergibt sich als wichtigste Kennlinie die Funktion (Bild 7.–45)

$$I_K = f(U_{g1})/U_a = \text{const.}$$

I_K = Katodenstrom
U_{g1} = Spannung am Wehneltzylinder

In Bild 7.–45 ist gleichzeitig die Ansteuerung durch das Videosignal dargestellt. Das Videosignal wird so gelegt, daß die Schwarzschulter mit $I_K = 0\,\mu A$, d. h. dem Sperrpunkt der I_K-/U_{g1}-Kennlinie zusammenfällt.

Die Synchronisierimpulse liegen soweit im Negativen, daß sie keinen Einfluß auf den Kathodenstrom der Bildröhre ausüben. Der Kurvenverlauf oberhalb der Schwarzschulter gibt den Bildinhalt einer Zeile wieder. Er ist ein Maß für die Größe des Strahlstromes der Röhre. Je positiver das Videosignal wird, um so „weißer" erscheint der gezeichnete Bildpunkt auf dem Bildschirm.

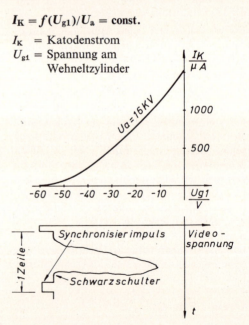

Bild 7.–45. I_K-/U_{g1}-Kennlinie einer Fernsehbildröhre

7.5. Elektronenstrahlröhren

Eine weitere wichtige Kennlinie stellt den Zusammenhang zwischen der Leuchtdichte B und der Strahlstromdichte I_S in Abhängigkeit von der Anodenspannung U_a dar (Bild 7.–46).

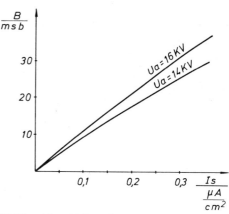

Bild 7.–46. B-/I_S-Kennlinie mit U_a als Parameter einer Fernsehbildröhre

Übung 7.5.4.—3

Begründen Sie die Lage der Zeilensynchromisierimpulse aus dem Diagramm $U_{\text{Video}} = f(t)$.

Die Betriebswerte einer Bildröhre sind gegeben durch:

Betriebswerte der Fernsehbildröhre:

1. den Sperrspannungswert der Steuerspannung $U_{g1\,\text{Sperr}}$ (Spannung am Wehneltzylinder)

   $U_{g1\,\text{Sperr}} \approx -40\,\text{V} \ldots -60\,\text{V}$

2. die Schirmgitterspannung an der Beschleunigungselektrode U_{g2}

   $U_{g2} \approx 400\,\text{V}$

3. die Fokussierspannung U_{g4}

   $U_{g4} \approx 1\,\text{kV} \ldots 2{,}5\,\text{kV}$

Bei den Kapazitäten, die an der Bildröhre auftreten, sind von besonderem Interesse

Kapazitäten der Bildröhre:

1. die Kapazität zwischen Innen- und Außengraphittierung C_{am}

   $C_{am} \approx 1{,}7\,\text{nF} \ldots 3\,\text{nF}$

2. die Eingangskapazitäten C_K oder C_{g1}

   C_K = Katodenkapazität gemessen gegen alle anderen Elektroden

   C_{g1} = Kapazität des Wehneltzylinders gegen alle anderen Elektroden gemessen

   $C_K \approx 5\,\text{pF}$

   $C_g \approx 6\,\text{pF}$

Die Kapazität C_{am} zwischen Innen- und Außengraphitierung ist bestimmend für die Güte der Siebung der Hochspannung.

Während die Eingangskapazitäten C_K und/oder C_{g1} die Bemessung der Koppelglieder zwischen der Video-Ausgangsstufe und der Bildröhre bestimmen.

Zum Schluß der Betrachtung über Schwarz-Weiß-Fernsehbildröhren sollen noch einige Bemerkungen über den Umgang mit der Röhre gemacht werden.

Da aufgrund der relativ großen Oberfläche und des hohen Evakuierungsgrades der Röhre eine erhebliche Gesamtbelastung durch den Atmosphärendruck vorliegt, ist bei Arbeiten und im Umgang mit entsprechender Umsicht zu verfahren.

Unbedingt zu vermeiden sind:

1. Stoß, Schlag und Erschütterung,
2. extreme Temperaturwechsel,
3. Beschädigungen der Glashaut durch scharfe harte Gegenstände,
4. mechanische Beanspruchungen des Röhrenhalses.

Beim Absetzen der Bildröhre auf die Schirmfläche soll die Unterlage weich und staubfrei sein.

Hierzu eignen sich besonders Nadelfilz- oder Gummiunterlagen.

Beim Transport von Röhren sollte man stets den Originalkarton verwenden. Ist dies nicht möglich, dann muß die Röhre mit dem Bildschirm nach unten getragen werden. Hierbei muß der Träger einen Augen-, Halsschlagader- und Pulsschlagaderschutz tragen. Weitere Hinweise sind im „Merkblatt der Berufsgenossenschaft der Feinmechanik und Elektrotechnik über den Schutz gegen Implosionen von Bildröhren,, nachzulesen.

7.5.5. Die Farbbildröhre

Die Wiedergabe von farbigen Bildern kann prinzipiell auf zwei Wegen geschehen.

1. die additive,
2. die subtraktive Farberzeugung.

7.5. Elektronenstrahlröhren

Das allgemein übliche Verfahren ist heute die additive Farberzeugung. Die verwendeten Primärfarben sind hierbei:

Primärfarben bei der additiven Farberzeugung in Farbbildröhren:

1. blau,
2. grün,
3. rot.

Durch Kombination dieser drei Grund- oder Primärfarben kann man praktisch alle in der Natur vorkommenden Farbtöne nachbilden.

Die Farbmischung bei der Farbbildröhre erfolgt durch die gleichzeitige Ansteuerung der drei Strahlsysteme, wobei die Strahlstromanteile nach den geforderten Farben zusammengesetzt werden.

Die Grundvoraussetzung für eine möglichst originalgetreue Farbwiedergabe ist die Farbreinheit der Röhre selbst.

Man versteht hierunter die Forderung, daß die Elektronen eines Strahlsystems nur die Luminophorpunkte der zugeordneten Farbe anregen dürfen. Die Farbbildröhre muß also bei der Verwendung von drei Grundfarben auch drei Elektronenstrahlsysteme besitzen (vgl. auch Bild 7.–47).

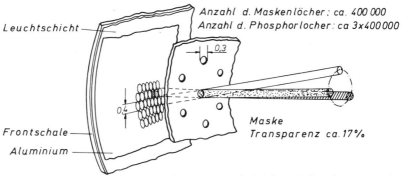

Bild 7.–47. Prinzipielle Arbeitsweise der Lochmaskenröhre

Die exakte Farbtrennung erreicht man durch die Abdeckwirkung einer Lochmaske. Diese Maske ordnet jedem Loch einen blauen, roten und grünen Luminophorpunkt zu.

Farbtrennung durch die Lochmaske. Jedem Loch in der Maske wird ein Farbtripel zugeordnet.

Diese Einheit wird als Farbtripel oder kurz als Tripel bezeichnet. Die Lochmaske ist mit ungefähr $4 \cdot 10^5$ Löchern ausgestattet. Zu jedem dieser „Maskenlöcher" gehört also ein Farbtripel.

Durch die Vielzahl der Maskenlöcher und die zugeordneten Tripel ist eine Farbauflösung der Einzelfarben durch das menschliche Auge nicht mehr gegeben. Es entsteht so der Eindruck einer Mischfarbe. Das beschriebene Prinzip hat dieser Röhre den Namen gegeben.

Die Leuchtschicht (Bild 7.–48) wird aluminisiert. Diese Aluminiumschicht erfüllt die gleichen Aufgaben wie bei der Schwarz-Weiß-Fernsehbildröhre (vgl. Abschn. 7.4.4).

Die Lochmaske besteht aus $4 \cdot 10^5$ Maskenlöchern, denen insgesamt $3 \times 4 \cdot 10^5$ Farbpunkte auf dem Leuchtschirm zugeteilt sind.

Lochmaskenröhre

Übung 7.5.4.—4

Wodurch wird eine exakte Farbtrennung bei der Farbbildröhre erreicht?

Leuchtschirm, Lochmaske, letzte Anode und der Konvergenztopf liegen an einer Spannung von 25 kV. Diese hohe Beschleunigungsspannung ist notwendig, um eine ausreichende Punktschärfe des Elektronenflecks und einen genügend großen Strahlstrom zu erzeugen, der die Elektronenverluste an der Lochmaske ausgleicht. Die Justierung der drei Elektronenstrahlsysteme kann während der Montage nicht mit ausreichender Genauigkeit durchgeführt werden, wie es eigentlich für einen ordnungsgemäßen Betrieb erforderlich wäre. Es erfolgt deshalb eine äußere Feinkorrektur mit magnetischen Mitteln. Der Konus der Farbbildröhre ist mit einem magnetisch schirmenden Eisenmantel versehen, der die Einflüsse des Erdmagnetfeldes ausschließen soll.

Ferner erfolgt eine zusätzliche Korrektur für die Mitte des Leuchtschirmes, denn für den ausgelenkten Elektronenstrahl deckt sich die Strahlachse des Einzelsystems nicht mit der Röhrenachse. Die Folge einer Nichtkorrektur ist eine trapezförmig verzerrte Bildwiedergabe.

Die von Schwarz-Weiß-Bildröhren her bekannte Kissen- oder Tonnenverzeichnung tritt auch bei Farbbildröhren auf. Sie wird egalisiert durch entsprechend geformte zu-

7.5. Elektronenstrahlröhren

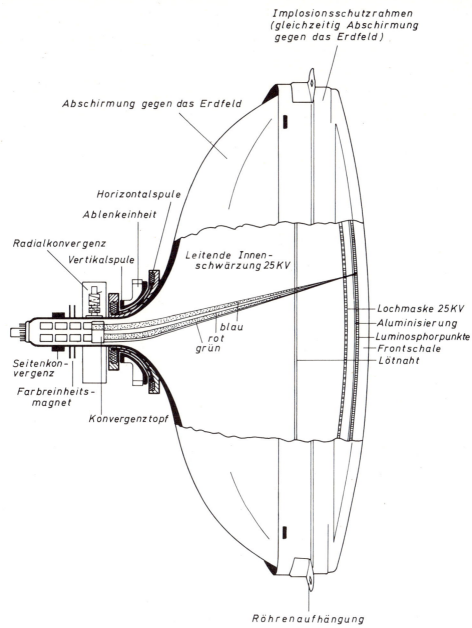

Bild 7.—48. Schnittzeichnung einer Farbbildröhre

sätzliche Ablenkströme in den Ablenkspulen. Die Bildmittenzentrierung wird durch eine Vorablenkung mit Gleichstrom in der Ablenkeinheit erreicht.

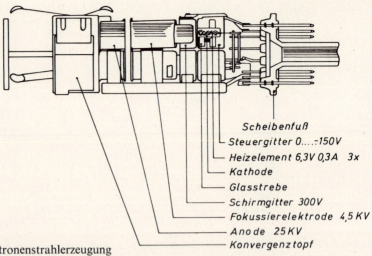

- Scheibenfuß
- Steuergitter 0....–150V
- Heizelement 6,3V 0,3A 3x
- Kathode
- Glasstrebe
- Schirmgitter 300V
- Fokussierelektrode 4,5 KV
- Anode 25 KV
- Konvergenztopf

Bild 7.-49 gibt die Elektronenstrahlerzeugung wieder. Der Wehneltzylinder mit Katode und Heizung entspricht der Ausführung in der Schwarz-Weiß-Bildröhre. Die Fokussierung wird mit einer Spannung von 4,6 kV vorgenommen. Damit ergibt sich eine Nominalspannung von rund 20 kV zu der auf 25 kV liegenden Anode der Röhre. Außer der Anode liegt der Konvergenztopf auf 25 kV. Die Polschuhe des Konvergenztopfes erfassen den Elektronenstrahl auf einer Länge von rund 13 mm. Um eine möglichst enge magnetische Kopplung mit den Polschuhen der extern montierten Radialkonvergenzeinheit zu erreichen, sind die Polschuhe am Umfang des Konvergenztopfes abgewinkelt. Im Innern des Konvergenztopfes sind zur magnetischen Entkopplung der Polschuhpaare drei Stegbleche zusätzlich angebracht.

Bild 7.–49. Aufbau der Elektronenkanonen und -optik der Farbbildröhre

Auf dem Bildschirm der Farbbildröhre sind rund $1,2 \cdot 10^6$ Farbbildpunkte untergebracht. Die Punktanordnung im Tripel sowie deren Größe sind so gewählt, daß die Schirmfläche möglichst optimal genutzt wird und damit die größte Helligkeit erzielt wird.

Der Beschirmungsvorgang der Röhre setzt staubfreie und voll klimatisierte Arbeitsräume voraus. Nach der Grundreinigung der Schirmwanne wird eine mit der betreffenden Leuchtstoffsuspension (z. B. grün) gemischte fotoempfindliche Lösung eingebracht, gleichmäßig auf der Innenseite der Schirmwanne verteilt und getrocknet.

Die Frontplatte wird nun mit einer Schwarzlichtlampe (UV-Lampe) durch die Maske hindurch belichtet. Hierzu sind genaueste Justierarbeiten und eine Korrektur der UV-Strahlen notwendig (Bild 7.–50).

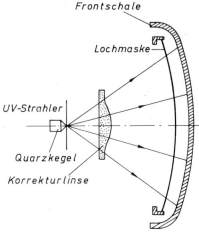

Bild 7.–50. Schema der Belichtung bei der Herstellung des Leuchtschirmes einer Farbbildröhre

Ist der Belichtungsvorgang abgeschlossen, wird die zur Belichtung verwendete Maske entfernt und die unbelichteten Stellen herausgewaschen.

Nach dem Waschvorgang schließt sich ein Trocknungsvorgang an. An dessen Ende steht eine Kontrolle der Farbpunkte auf Größe, Rundheit und Belegungsstärke.

Nun wird der Vorgang mit dem zweiten und anschließend dritten Leuchtstoff wiederholt. Ist die Farbbeschichtung abgeschlossen, wird eine organische Folie auf die Farbschicht aufgebracht, auf die dann die Aluminisierung erfolgt. Nach jedem Arbeitsvorgang erfolgt eine Qualitätsprüfung.

Die Lochmaske von Farbbildröhren besteht aus ca. 0,15 mm dickem Tiefziehblech.

Das Tiefziehblech ist mit rund 400 000 kreisrunden trichterförmigen Löchern von 0,3 mm Durchmesser versehen (Bild 7.–51).

Diese Löcher sind in einem Abstand von ca. 0,7 mm in das Blech eingeätzt. In einem Ziehprozeß erhält diese Lochmaske eine sphärische Form, die der Kontur der Frontschale angepaßt ist. Der Abstand zwischen Maske und Sichtschirm bestimmt den Auftreffpunkt der Elektronenstrahlen auf dem Schirm. Aus diesem Grunde muß der Abstand der Maske zur gesamten Schirmfläche auf wenige Zehntel Millimeter eingehalten werden.

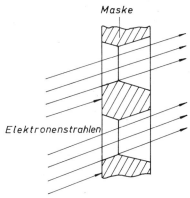

Bild 7.–51. Ausschnitt durch einen Querschnitt einer Lochmaske einer Farbbildröhre

Der kleinere Durchmesser der konisch verlaufenden Maskenlöcher ist dem Strahlerzeugungssystem zugewandt. Er begrenzt die Elektronenstrahlen in der Weise, daß in der Längsrichtung des Maskenloches durch Schattenwurf die konischen Flanken nicht von Elektronen getroffen werden.

Problematisch wird dieser Anpassungsprozeß in den Randzonen des Bildschirms. Das bedeutet, daß jede Maske individuell der Frontschale angepaßt wird, und zwar ohne daß die Lochkonturen wesentlich verformt werden dürfen. Die mechanische Befestigung der Maske geschieht durch Stahlfedern, die in Haltenasen in der Frontscheibe eingreifen (Bild 7.—52).

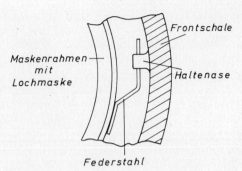

Bild 7.—52. Fixierung der Lochmaske in der Frontschale

Nach dem Anpassungsprozeß wird die Maske in einem Oxidationsprozeß geschwärzt, um eine erhöhte Wärmeabstrahlung zu gewährleisten.

Die Durchlässigkeit der Maske für Elektronen beträgt nur etwa 17% und nimmt zum Bildrand hin noch ab. Dies bedeutet, daß von den 100% auftreffenden Elektronen, die je Elektron eine kinetische Energie von 25 keV besitzen, 83% auf die Maske treffen.

Um die Erwärmung der Maske in Grenzen zu halten, wird in den Datenblättern für Farbbildröhren eine Begrenzung des mittleren Strahlstromes vorgeschrieben. Für die Wahl der drei Grundluminophore gelten folgende Gesichtspunkte:

1. alle in der Natur vorkommenden Farbtöne sollen wiedergegeben werden,
2. die Helligkeit muß ausreichend sein,
3. die Nachleuchtdauer der Luminophorpunkte muß vernachlässigbar klein sein,
4. die Stabilität der Leuchtstoffe soll möglichst groß sein.

Chemische Grundstoffe für die Grundfarben Blau und Grün:

ZnS- und ZnS/CdS

Für die blaue und grüne Grundfarbe werden Leuchtstoffe auf der Grundlage von

verwendet.

Der Leuchtstoff für die Grundfarbe rot wird von

Yttriumvanadat mit Europium als Aktivator

gebildet.

Die Farbmischung und somit die Erzielung verschiedener Farbtöne geschieht durch unterschiedliche Ansteuerung der Elektronenstrahlkanonen.

7.5. Elektronenstrahlröhren

Bei der Herstellung von Schwarz-Weiß-Fernsehbildröhren geht man von einem bereits fertig vorbereiteten Glaskolben aus.

Bei der Farbbildröhrenherstellung sind die Grundelemente

1. Frontschale,
2. Trichter (Konus) mit Röhrenhals.

Beide Teile werden erst nach der „Schirmeinlegung" und der Aquadierung des Trichters zusammengefügt. Dies geschieht wegen der hohen einzuhaltenden Maßhaltigkeit der Maske und des Abstandes Frontschale-Maske in einem Lötprozeß und Verwendung spezieller Lötpasten.

Eine exakte Ausrichtung zwischen Trichter und Frontschale ist beim Löten unbedingte Voraussetzung.

Die Frontschale ist für ein Seitenverhältnis des Bildes von

Bildschirmseitenverhältnis:
5:4

ausgelegt. Der Krümmungsradius des Schirmes liegt bei

Schirmkrümmungsradius:
$r = 876$ mm.

Damit ergibt sich eine Schirmdiagonale von rund

Schirmdiagonale:
$d = 630$ mm.

Da die Bildhelligkeit des Leuchtschirmes aufgrund der hohen Elektronenverluste (ca. 83 %) geringer liegt gegenüber Schwarz-Weiß-Bildröhren, schafft man einen gewissen Ausgleich durch eine höhere Transparenz des Schirmglases ohne nennenswert an Kontrast des Bildes einzubüßen.

Der Trichter (Konus) der Farbbildröhre wird aus Bleiglas gefertigt. Der Temperaturausdehnungskoeffizient dieser Glassorte liegt bei

Temperaturausdehnungskoeffizient des Konus:
9 µm/°C − 10 µm/°C .

Frontschale, Trichter und Röhrenhals müssen auf wenige zehntel Millimeter genau zur Röhrenachse ausgerichtet werden, um die Farbreinheit der Röhre sicherzustellen.

Um den Einfluß magnetischer Fremdfelder von der Röhre fernzuhalten, wird, genau wie bei der Oszilloskopröhre auch, die gesamte Röhre, Sichtschirm ausgenommen, mit einer magnetischen Abschirmung versehen (siehe auch Bild 7.−49).

Die magnetische Abschirmung der Farbbildröhre erfolgt, um die Konvergenz und die Farbreinheit sicherzustellen.

Geschieht die magnetische Abschirmung nicht, wird die Konvergenz und die Farbreinheit nachteilig beeinflußt.

Konvergenz bedeutet hier, daß zur Deckung bringen, der drei Elektronenstrahlen genau in der Maskenebene.

In der Nähe des Schirmes übernimmt der Metallrahmen diese Aufgabe.

Die Abschirmung des Konus besteht aus einer Abschirmkappe aus 0,5 mm Tiefziehblech.

Trotzdem der Metallrahmen der Bildröhre die Abschirmkappe und die Lochmaske aus magnetisch gut leitenden Materialien bestehen, läßt sich eine gewisse Remanenz des Materials nicht ausschließen.

Aus diesem Grunde sind Farbfernsehempfänger immer mit einer Entmagnetisierungsspule ausgestattet. Die Entmagnetisierung erfolgt durch einen zeitlich abklingenden Wechselstrom, während der Einschaltphase des Gerätes (vgl. Abschn. 1.1.3).

Die Anodenspannung von Farbbildröhren liegt in einem Bereich von

Maximale und minimale Anodenspannungswerte der Farbbildröhre:

$U_{amax} = 27,5$ kV
$U_{amin} = 20$ kV .

Ist die Anodenspannung zu niedrig, macht sich dies deutlich in der Bildschärfe, der Farbreinheit und der Helligkeit bemerkbar, während Überschreitungen des Maximalwertes zu Sprüherscheinungen oder Überschlägen zwischen den einzelnen Elektroden führen kann.

Man wählt deshalb eine typische Anodenspannung von

$U_{atyp.} = 25$ kV .

Dieser Spannungswert von 25 kV wird in einem stabilisierten Hochspannungsteil mit geringem Innenwiderstand erzeugt. Will man die Farbbildröhre z. B. auf weiß aussteuern, dann muß man der Ausbeute der einzelnen Luminophorpunkte unter Berücksichtigung der Katodenergiebigkeit Rechnung tragen. Für einen weißen Bildschirm entnimmt man der Normfarbtafel nach DIN 6164 Bl. 1 (Mai 1962) die Farbkoordinaten

$x = 0,281$ und
$y = 0,311$.

Diese Farbkoordinaten ergeben die folgenden Nominalanteile der Katodenströme:

1. Elektronenkanone für die Grundfarbe Blau
   I_K (blau) = 28%
2. Elektronenkanone für die Grundfarbe Grün
   I_K (grün) = 30%,
3. Elektronenkanone für die Grundfarbe Rot
   I_K (rot) = 42%.

Bei der prozentualen Aufteilung der Katodenströme auf die einzelnen Elektronenkanonen muß berücksichtigt werden, daß der maximal zulässige Gesamtkatodenstrom von 1 mA nicht überschritten werden darf.

$$\Sigma I_K = I_{Kmax}$$
$$I_{Kmax} = 1 \text{ mA}.$$

Eine Überschreitung hätte zur Folge, daß sich die Maske zu stark erwärmt und die Maskenlöcher nicht mehr genau genug zu den zugehörigen Luminophoren ausgerichtet sind. Die endgültige Justierung der Elektronenstrahlen erfolgt nach der Montage der Abschirmkappe und der Entmagnetisierung der gesamten Farbbildröhre.

Zur Einstellung der Deckung der drei Farbtripel auf dem Sichtschirm der Bildröhre werden folgende Mittel eingesetzt:

1. der Konvergenztopf, der direkt auf dem Anodentopf der Elektronenstrahlerzeugersystems im Innern der Röhre montiert ist,
2. die den Röhrenhals in Höhe des Konvergenztopfes umschließende Radial-Konvergenzeinheit,
3. die Lateral-Konvergenzeinheit, die den Röhrenhals in Höhe des Gitters 3 umschließt.

Die Radial-Konvergenzeinheit besteht aus drei gleichen Konvergenzsegmenten. Diese drei Segmente wirken über die am Konvergenztopf angebrachten Polschuhe getrennt auf jeden der Elektronenstrahlen ein (Bild 7.−53).

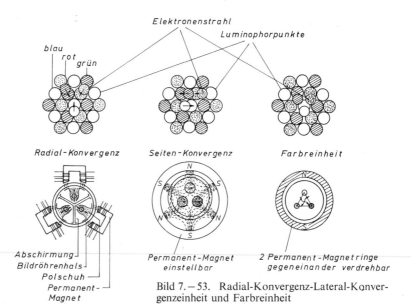

Bild 7.−53. Radial-Konvergenz-Lateral-Konvergenzeinheit und Farbreinheit

Die Konvergenzsegmente bestehen aus U-förmigem weichmagnetischen Ferritmaterial. Auf den Schenkeln sitzen paarweise die Konvergenzspulen, in die die Konvergenzströme eingespeist werden. Durch das Glas des Röhrenhalses werden die Magnetfelder in die Polschuhe des Konvergenztopfes eingespeist.

Mit Hilfe der Konvergenzsegmente korrigiert man für jeden einzelnen Elektronenstrahl die Deckungsfehler in der Schirmmittenzone, d. h. der statische Konvergenzfehler wird beseitigt. Die Konvergenzfehler, die durch die Strahlauslenkung besonders in den Randzonen des Schirmbildes auftreten, werden durch Wechselströme, die durch die Spulen der Konvergenzsegmente geschickt werden, korrigiert.

Die Korrekturströme werden aus den Horizontal- und Vertikalablenksystemen abgeleitet, verformt und den Erfordernissen angepaßt und getrennt den Spulen des Konvergenzsystems zugeführt.

Die Elektronenstrahlen werden hierbei radial zur Röhrenachse von oder zu ihr hin abgelenkt, entsprechend der gewünschten Korrektur.

Das Magnetfeld zwischen den Polschuhen ändert sich völlig synchron mit der Zeilen- und Bildfrequenz der in die Spulen eingeleiteten Wechselströme. Die Ströme können ferner unabhängig voneinander unterschiedlich gestaltet werden. Dies bedeutet, daß alle drei Elektronenstrahlen an jeder Stelle des Bildschirmes exakt zur Deckung gebracht werden können.

Ein zusätzliches Magnetsystem, die Lateral-Konvergenzeinheit, wird benötigt, um eine seitliche Verschiebung des Elektronenstrahls für die blaue Grundfarbe vorzunehmen. Diese Korrektur wäre nicht notwendig, wenn die Auftreffpunkte für die Grundfarben rot und grün immer genau symmetrisch zum Auftreffpunkt der Grundfarbe blau liegen würden (Bild 7.–54).

Die Polschuhe der Lateralkonvergenzeinheit umfassen den Röhrenhals zwischen Gitter 2 und Gitter 3 der Elektronenoptik.

Das Magnetfeld der Lateral-Konvergenzeinheit wirkt allein auf den Elektronenstrahl der

Zur statischen Konvergenzeinstellung verwendet man:

1. einstellbare Gleichströme,
2. mit in das Konvergenzsystem fest eingefügte Permanentmagnete.

Die Korrektur der dynamischen Konvergenzfehler erfolgt durch Wechselströme aus den beiden Ablenkeinheiten.

Horizontal- und Vertikalkonvergenz beziehen sich stets auf die aus der Horizontal- oder Vertikalablenkstufe abgeleiteten Korrekturströme.

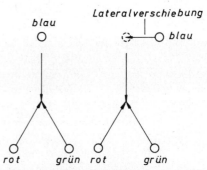

Bild 7.–54. Die Bedeutung der Lateral-Konvergenzeinheit bei der Farbbildröhre

Grundfarbe blau. Die statische Einstellung für die Bildmitte des Sichtschirmes wird über einen Permanentmagneten vorgenommen. Dieser Magnet ist so ausgebildet, daß sich die Richtung und die Stärke des Magnetfeldes einstellen lassen. Die dynamische Korrektur wird auch hier wieder durch Wechselströme vorgenommen, die in eine Spule eingespeist werden, welche magnetisch mit den Polschuhen gekoppelt ist.

Der Korrekturstrom wird aus der Horizontalablenkstufe abgeleitet.

Der Farbreinheitsmagnet hat die Aufgabe, die beim Einbau und der mechanischen Ausrichtung der Elektronenstrahlkanonen auftretenden unvermeidlichen Toleranzen auszugleichen, d. h. dieser Magnet sorgt dafür, daß die drei Elektronenstrahlen unter ihrem richtigen Einfallswinkel die Lochmaske schneiden. Der Magnet selbst setzt sich aus zwei flachen Dauermagnetringen zusammen. Diese umfassen den Bildröhrenhals und sind selbst um die Bildröhrenachse drehbar angeordnet. Durch Drehen und Verschieben der beiden Ringe gegeneinander lassen sich die Elektronenstrahlen so beeinflussen, daß sie die Farbtripel exakt in der Bildschirmmitte treffen. Die Tabelle 7.–2 gibt eine Übersicht der wichtigsten technischen Daten der Farbbildröhre A63–11X.

Der Farbreinheitsmagnet dient allein der Einstellung der Farbreinheit in der Bildschirmmitte der Röhre.

Tabelle 7.−2. Technische Daten der Farbbildröhre A63−11X (nach Unterlagen der Firma AEG-Telefunken)

Allgemeine Daten		
Frontplatte	Lichtdurchlässigkeit	52%
Schirm	Farbkoordinaten (Nominalwerte)	
	Blauer Luminophor	$x = 0{,}152;\quad y = 0{,}070$
	Grüner Luminophor	$x = 0{,}270;\quad y = 0{,}590$
	Roter Luminophor	$x = 0{,}650;\quad y = 0{,}320$
	Nutzbare Schirmdiagonale	584 mm
	Nutzbare Schirmbreite	504 mm
	Nutzbare Schirmhöhe	396 mm
	Nachleuchtdauer	kurz
Heizung	U_H	6,3 V
	I_H	0,9 A
Fokussierung		elektrostatisch
Ablenkung		magnetisch
Ablenkwinkel in der Diagonalen		90°
Betriebslage		beliebig
Kapazitäten	Außenbelag	2000 ... 2500 pF
	Metallarmierung	rund 500 pF
Betriebswerte		
Alle Spannungsangaben sind auf die Katode bezogen und gelten für jedes System.		
Anodenspannung		$U_a = 25$ kV
Fokussierspannung		$U_{g3} = 4{,}2$ kV ... 5 kV
Sperrspannung am Steuergitter (bei $U_{g2} = 300$ V)		$U_{g1} = -70$ V ... -140 V
Grenzdaten		
Anodenspannung		$U_{a\,max} = 27{,}5$ kV
		$U_{a\,min} = 20$ kV
Fokussierspannung		$U_{g3\,max} = 6$ kV
Kathodenstrom		$I_{K\,max} = 1$ mA

7.5.6. Die Trinitron-Farbbildröhre

Die Trinitron-Farbbildröhre ist eine von der Firma Sony entwickelte Bildröhre, die sich im Aufbau des Strahlsystems und in der Maske wesentlich von der Lochmaskenröhre unterscheidet. Das Strahlsystem der Trinitron-Röhre läßt eine wesentlich größere Auflösung bei stark reduziertem Aufwand der Konvergenz-Mittel zu.

Die drei Katoden für die Grundfarben blau, grün und rot sind in einer Ebene angeordnet. Das Gleiche gilt auch für die Steuergitter.

Die Steuergitter sind so ausgeführt, daß sie einzeln moduliert werden können, genau wie die Schirmgitter dieser Röhre auch.

Bild 7.–55 zeigt den prinzipiellen Aufbau des Trinitrons. Die Elektrode für die Fokussierung der drei Elektronenstrahlen ist nur einmal vorhanden. Dies bedeutet, daß bei vorgegebenen Röhrenhalsdurchmesser Elektronenlinsen mit größerer Apertur untergebracht werden können.

Dies wirkt sich direkt auf die Strahlenschärfe aus. Sie wird besser. Eine zusätzliche elektronische Umkehroptik sorgt dafür, daß alle drei Strahlen sich im Mittelpunkt dieser Linse kreuzen und damit völlig gleichen Fokussierbedingungen unterliegen. Zwei mit gleichen Spannungen betriebene Ablenkplattenpaare sorgen dafür, daß die zunächst divergierenden Elektronenstrahlen in der Schirmebene wieder zusammengeführt werden. Diese Nachablenkung durch die Ablenkplattenpaare wird gleichzeitig zur Konvergenzeinstellung benutzt.

Die Einstellung der Konvergenz durch die Ablenkplattenpaare wird durch die waagerechte Anordnung der Katoden wesentlich erleichtert.

Durch die beschriebenen Vorteile der Trinitron-Röhre gegenüber der Lochmaskenröhre (oder Dreistrahlchromatron) läßt sich der Halsdurchmesser auf 29 mm reduzieren.

Die erforderliche Ablenkleistung wird bei dieser Maßnahme um über 30 % reduziert.

Damit lassen sich auch Farbbildröhren mit kleinen Schirmdiagonalen, wie sie z. B. für mobile Geräte benötigt werden, realisieren.

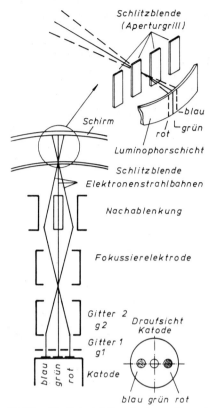

Bild 7.–55. Prinzipieller Systemaufbau der Trinitron-Farbbildröhre

7.6. Gasentladungsröhren

Lernziele

Der Lernende kann...
- ... die physikalischen Vorgänge bei der unselbständigen Gasentladung erklären.
- ... die physikalischen Vorgänge bei der selbständigen Gasentladung erläutern.
- ... die Notwendigkeit einer Strombegrenzung bei der selbständigen Gasentladung anhand der I-U-Kennlinie begründen.
- ... anhand der I-U-Kennlinie zwischen Zündspannung, Brennspannung und Bogenspannung sowie der Löschspannung unterscheiden.
- ... Anwendungen der Glimmlampe als Signallampe aufzeigen.
- ... einfache Spannungsstabilisierungen mit Gasentladungslampen dimensionieren.

Gasentladungsröhren werden in der Elektronik als Signallampen, als Relaisröhren mit kalter Katode, als Zählröhren, als Ziffernanzeigeröhren, als Spannungsstabilisatoren oder in einer Spezialform als Strahlungsdetektoren eingesetzt. Vom Aufbau her (Bild 7.–56) sind in einem Glaskolben mit Edelgasfüllung zwei dem Anwendungsfall angepaßte Elektroden in einem gewissen Abstand untergebracht. Die Katode der Röhre ist kalt, d. h. es ist keine zusätzliche Heizleistung erforderlich.

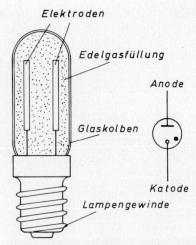

Bild 7.–56. Prinzipieller Aufbau einer Glimmröhre und das zugehörige Schaltsymbol

7.6.1. Die unselbständige Gasentladung

Bei Normaldruck und Normaltemperatur sind Gase gute Nichtleiter, vorausgesetzt, daß die an der Gassäule anliegende Spannung ganz bestimmte Mindestwerte nicht überschreitet. Dennoch sind auch in Gasen immer eine gewisse Anzahl von freien Ladungsträgern vorhanden. Das Licht und die ständig wirksame ionisierende Strahlung der Atmosphäre lösen Elektronen aus den äußeren Schalen der Gasatome. Zurück bleiben positiv geladene Atomreste oder Ionen.

Die so entstandenen Ladungsträgerpaare (Elektronen und Ionen) rekombinieren nach kurzer Zeit jedoch zum größten Teil wieder. Solange die äußeren Parameter konstant bleiben, ist immer nur eine geringe Anzahl, zudem in der absoluten Zahl schwankend, von freibeweglichen Ladungsträgern vorhanden.

Die Anzahl dieser Ladungsträger reicht jedoch nicht aus, um zwischen zwei Elektroden unmittelbar einen Stromfluß nachzuweisen, solange die anliegende Spannung ein für jedes Gas typischen Grenzwert nicht überschreitet. Dieser Grenzwert ist stark abhängig vom Druck. Trotzdem findet unter dem Einfluß des durch die Spannung erzeugten elektrischen Feldes eine Strömung der Ladungsträger zu den Elektroden hin statt.

Diese Strömung der Ladungsträger zu den Elektroden hin wird als unselbständige Gasentladung bezeichnet.

Man spricht von einer unselbständigen Entladung, wenn die im Gas bewegten freien Ladungsträger ausschließlich durch äußere Einflüsse wie Licht und ionisierende Strahlung erzeugt wurden.

Die unselbständige Gasentladung ist die Vorstufe der technisch weitaus wichtigeren selbständigen Entladung.

Um sicherzustellen, daß immer eine gewisse Anzahl freibeweglicher Ladungsträger im Gas vorhanden sind, auch dann, wenn die äußere Strahlung abgeschirmt ist, wird dem Gas eine ionisierende Strahlungsquelle zugefügt. Hierfür eignet sich besonders gut Tritium.

Tritium ist ein Gas und gibt eine sehr weiche ionisierende Strahlung ab, die in der zugeführten Konzentration völlig ungefährlich ist.

7.6.2. Die selbständige Gasentladung

Geht man hin und erhöht die Spannung zwischen den Elektroden der Gasentladungsröhre, so werden die freien Elektronen aufgrund ihrer kleineren Masse stärker beschleunigt als die positiven Ionen.

Erreicht nun die kinetische Energie der Elektronen einen bestimmten Mindestwert, dann sind sie in der Lage, selbst ionisierend zu wirken, d. h. aus neutralen Gasatomen beim Zusammenstoß weitere Elektronen herauszuschlagen.

Diesen Vorgang bezeichnet man als Stoßionisation, Lawinen- oder Avalancheffekt.

Die Stoßionisation bewirkt eine lawinenartige Zunahme der freibeweglichen Ladungsträger und damit einen steilen Anstieg des Stromes in der Gasentladungsröhre.

Bild 7.–57 zeigt diesen Vorgang in einer Prinzipskizze.

Bild 7.–57. Stoßionisation in einer Gasentladungsröhre

Die Gasentladungsstrecke zündet zur „selbständigen Gasentladung", die sich selbständig unterhält. Die zur Einleitung dieses Vorganges notwendige Spannung bezeichnet man als

Zündspannung U_Z (Bild 7.–58). Ist die Zündung der Gasentladungsstrecke erfolgt, geht die Spannung auf den Wert der Brennspannung U_b zurück.

Der Wert der Brennspannung bleibt nun über einen weiten Bereich konstant. Es ist der Bereich der U-I-Kennlinie, der zur Spannungsstabilisierung ausgenutzt wird.

In diesem Spannungsbereich treten Glimmentladungen besonders im Bereich der Katode auf, die im sichtbaren Bereich des Lichtes liegen.

Soll die Stromstärke über den Punkt (4) der Kennlinie hinaus erhöht werden, dann muß man die Betriebsspannung U_B erhöhen.

Diese äußere Spannungserhöhung bewirkt nun auch eine stärkere Beschleunigung der positiven Ionen.

Von einer gewissen Geschwindigkeit an, erwärmen die Ionen die Katode beim Aufprall so stark, daß eine thermische Emission von Elektronen aus der Katode einsetzt. Damit stehen soviel freie Ladungsträger im Gas zur Verfügung, daß die Glimmentladung in eine Lichtbogenentladung übergeht und die Spannung an der Gasentladungsstrecke auf die Bogenbrennspannung U_{arc} absinkt.

Eine Meßschaltung zur Aufnahme der Kennlinie einer Gasentladungsröhre ist in Bild 7.–59 dargestellt.

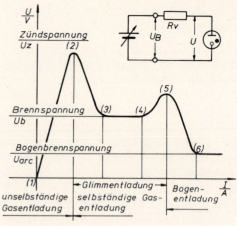

Bild 7.–58. Kennlinie einer Gasentladungsröhre

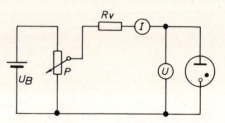

Bild 7.–59. Prinzipschaltung zur Kennlinienaufnahme einer Gasentladungsröhre

7.6.3. Anwendungen von Gasentladungsröhren

Bild 7.–60 zeigt den Einsatz von Gasentladungsröhren als Signallampen zur Anzeige eines Sicherungsausfalls. Zur Anwendung kommen Glimmlampen mit negativem Glimmlicht und im Sockel eingebautem Vorwiderstand R_V. Bei Ausfall des Sicherungselementes zündet die Glimmlampe und zeigt somit den Ausfall an.

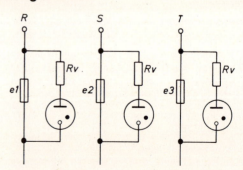

Bild 7.–60. Sicherungsüberwachungsschaltung mit Glimmlampen

7.6. Gasentladungsröhren

Für die Realisierung eines Stroboskops ist die Glimmlampe ebenfalls geeignet (Bild 7.–61).

Ein Stroboskop läßt sich zur Überwachung von Drehzahlen z. B. von Film- und Diaprojektoren, Magnetbandgeräten oder Plattenspielern verwenden. Hierzu versieht man das sich drehende Objekt mit einer Reihe von Strichmarken. Die Glimmlampe selbst wird mit einer Wechselspannung, deren Frequenz sich verändern läßt, betrieben.

Die Frequenz wird nun solange geändert, bis die Strichmarkierung des sich drehenden Teils stillzustehen scheint. Damit errechnet sich die Drehzahl des rotierenden Teils.

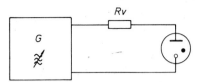

Bild 7.–61. Prinzipieller Aufbau eines Stroboskops mit einer Glimmlampe

$$n = \frac{f}{m} \cdot 60 \qquad (7.6.3.-1)$$

n = Drehzahl in min^{-1}
f = Frequenz der Lichtblitze in Hz
m = Anzahl der Strichmarkierungen

Bei der Verwendung von Glimmlampen mit gleich großen Elektroden ist zu beachten, daß die Glimmlampe bei sinusförmiger Speisespannung sowohl einen Lichtimpuls bei der positiven als auch bei der negativen Sinushalbwelle abgibt, d. h.

$f = 2 \cdot f_{Gen.}$

f_{Gen} = Frequenz des speisenden Generators in Hz

Übung 7.6.3.—1

Eine Glimmlampe mit zwei gleichgroßen Elektroden wird in einem Stroboskop verwendet. Das Stroboskop bestrahlt einen Plattenteller mit 110 Strichmarkierungen. Der sich drehende Plattenteller scheint bei einer Generatorfrequenz von f_{gen} = 45 Hz stillzustehen. Um wieviel Umdrehungen läuft der Plattenteller zu schnell, wenn n_{Soll} = 45 min^{-1} ist?

Betrachtet man die Kennlinie in Bild 7.–59, dann lassen sich aufgrund des Verlaufs noch weitere Anwendungsgebiete der Glimmlampe erkennen. Arbeitet man in einem Bereich, der weit unter der Zündspannung liegt, dann besitzt die Glimmlampe einen hohen Innenwiderstand. Ist die Zündspannung dagegen überschritten, wird der Innenwiderstand fast Null Ohm.

Daraus folgt die Anwendung der Glimmlampe als Überspannungsschutz (Bild 7.–62). Die Betriebsspannung des zu schützenden Gerätes liegt unterhalb der Zündspannung U_Z.

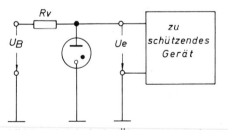

Bild 7.–62. Prinzip des Überspannungsschutzes

Im Falle einer Überspannung zündet die Glimmlampe und begrenzt die Spannung am Gerät auf die Brennspannung U_b. Dieser Überspannungsschutz läßt sich jedoch nur anwenden, wenn die Zündspannung das zu schützende Objekt selbst noch nicht gefährdet.

Betreibt man die Glimmlampe zwischen den Punkten (3) und (4) der Kennlinie (Bild 7.−59), so kann man in diesem Bereich Spannungen stabilisieren. Eine entsprechende Schaltung zeigt Bild 7.−63.

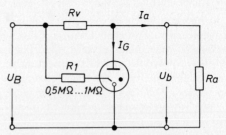

Bild 7.−63. Spannungsstabilisierung mit einer Gasentladungsröhre

Für die Berechnung des Vorwiderstandes gelten die Gleichungen (7.6.3.−2) und (7.6.3.−3).

$$R_{V\,min} = \frac{U_{B\,max} - U_b}{I_{G\,max} + I_{a\,min}} \quad (7.6.3.-2)$$

$$R_{V\,max} = \frac{U_{B\,min} - U_b}{I_{G\,min} + I_{a\,max}} \quad (7.6.3.-3)$$

$$R_{V\,min} < R_{V\,gew} < R_{max}$$

U_B = Betriebsspannung in V
U_b = Brennspannung in V
I_G = Strom durch die Glimmlampe in mA
I_a = Laststrom in mA
R_a = Lastwiderstand in Ω
R_v = Vorwiderstand in Ω
R_1 = Hilfswiderstand für die Zündelektrode

Übung 7.6.3.—2

Gegeben ist die Schaltung nach Bild 7.−63.

Die Schaltung soll an einer Gleichspannung von U_B = 220 V $\pm$ 10% betrieben werden. Die Brennspannung U_b liegt bei 110 V.
Der maximale und minimale Strom durch die Glimmlampe liegt bei I_{Gmax} = 30 mA und I_{Gmin} = 2 mA.
Der Strom durch den Lastwiderstand bewegt sich zwischen den Werten von I_a = 0 mA bis I_a = 12 MA.
Wie groß muß der Vorwiderstand R_V bemessen werden?

Betreibt man Gasentladungsröhren mit Gleichspannung, dann wird die Katode mit einem Glimmlicht überzogen. Formt man nun die Katodenflächen zu Ziffern und Zeichensymbolen um, dann erhält man Zeichen- und Anzeigeröhren, wie sie in digitalen Meßgeräten aufgrund ihres sehr geringen Leistungsbedarfs häufig eingesetzt werden.

Die Ziffern und Zeichen liegen hierbei hintereinander und arbeiten auf eine gemeinsame Anode.

7.6. Gasentladungsröhren

Ziffernanzeigeröhren sind unter der Bezeichnung Nixie-Röhren im Handel. Eine weitere wichtige Bauform der Gasentladungsröhre ist

1. die Relaisröhre,
2. das Thyratron,
3. die Kaltkatodenröhre.

Im Grunde genommen handelt es sich hierbei um elektronische Schalter, die durch einen Steuerimpuls ausgelöst werden. Der zu schaltende Lastkreis liegt zwischen Anode und Katode der Hauptentladungsstrecke. Die Spannung zwischen Anode und Katode liegt über der Brennspannung U_b dieser Strecke, jedoch unter der Zündspannung U_Z. Die Steuer- oder Starterelektrode ist dicht bei der Katode angebracht. Wird diese Elektrode mit einem Zündimpuls beaufschlagt, so zündet die Strecke Starter-Katode. Die frei beweglichen Ladungsträger werden schlagartig heraufgesetzt. Dies ist gleichbedeutend mit einer Herabsetzung der Zündspannung U_Z der Hauptstrecke, so daß diese ebenfalls leitend wird.

Die elektrischen Vorteile von Kaltkatodenröhren liegen in

1. der ständigen Betriebsbereitschaft,
2. der zu vernachlässigenden Leistungsaufnahme, während der Schaltpausen,
3. der sehr geringen Temperaturdrift,
4. dem sehr kleinen Steuerstrom,
5. der Übereinstimmung der Versorgungsspannung mit den üblichen Netzspannungswerten,
6. der Unabhängigkeit von Gleich- oder Wechselspannung,
7. dem Fortfall der Heizleistung,
8. der hohen Betriebssicherheit,
9. Anzeige des Schaltzustandes durch Emission eines Linienspektrums im sichtbaren Bereich des Lichtes.

Bei gezündeter Röhre verliert der Starter seine Steuerwirkung.

Der Strom durch die Kaltkatodenröhre kann nicht mehr abschalten. Die Anodenspannung muß deshalb zur Löschung kurz abgeschaltet oder anderweitig unterbrochen werden.

Arbeitet man mit reinem Wechselstrom oder pulsierenden Gleichstrom, dann erfolgt die

Löschung gegen Ende der positiven Halbwelle automatisch. Bild 7.–64 zeigt die wichtigsten Schaltzeichen für Kaltkatodenröhren. Der Wandableiter schützt die Relaisröhre bei Wechselspannungsbetrieb vor äußeren Beeinflussungen durch Fremdfelder.

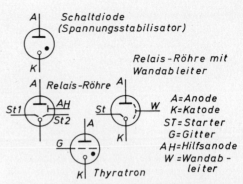

Bild 7.–64. Schaltzeichen von Relaisröhren

Die Bilder 7.–65 bis 7.–67 zeigen typische Anwendungsfälle für die in Bild 7.–64 dargestellten Kaltkatodenröhren.

In Bild 7.–65 ist ein Weidezaungerät für eine Versorgungsspannung von 220 V~ dargestellt. Im Eingangskreis der Schaltung liegt in Reihe mit dem Strombegrenzungswiderstand R_1 eine Spannungsverdopplerschaltung. Über die Diode D_2 wird das RC-Glied $R_2 - C_3$ gespeist. Die Zeitkonstante von R_2, C_3 bestimmt die Impulsfolge der auf der Sekundärseite des Impulsübertragers abgegebenen Spannungsstöße. Der Ladestrom über R_2 lädt den Kondensator C_3 auf die Zündspannung der Schaltdiode BD 22 auf. Die Röhre zündet. C_3 wird über die Primärwicklung des Transformators und die Röhre entladen. Der Entladevorgang reißt ab, wenn die Brennspannung U_b der Kaltkatodenröhre unterschritten wird.

Eine Einschaltverzögerung von Relais kann mit der Schaltung nach Bild 7.–66 erreicht werden.

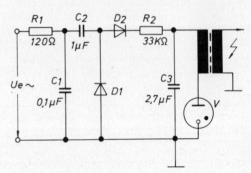

Bild 7.–65. Elektronisches Weidezaungerät

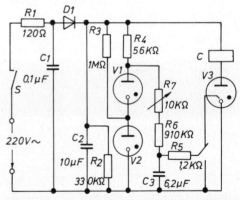

Bild 7.–66. Einschaltverzögerung mit stabilisiertem Zündkreis und einer Relaisröhre mit Hilfsanode

Die Verzögerungszeit der Schaltung wird bestimmt durch die Kombination R_6, R_7 und den Kondensator C_3. Da R_7 veränderlich ausgelegt ist, läßt sich die Verzögerungszeit t zwischen

$$t_1 \approx 1{,}5 \cdot C_3 (R_6 + R_7)$$
$$t_2 \approx 1{,}5 \cdot C_3 \cdot R_6$$
$$t_1 > t > t_2$$

einstellen.

Der Kondensator C_1 in Verbindung mit R_1 wirkt als Störschutzbeschaltung. Die Einschaltverzögerung wird nach dem Schließen des Schalters S eingeleitet. Die RC-Kombination lädt sich auf den Zündspannungswert der Starterstrecke auf. Die Röhre zündet. Die Starterstrecke hat nach dem Zünden keinen Einfluß mehr auf die Kaltkatodenröhre, d. h. erst nach dem Öffnen des Schalters S löscht die Röhre und die Schaltung wird wieder betriebsbereit.

Für die Dimensionierung der Schaltung ergeben sich folgende Gesichtspunkte:

1. Die Spannung am Widerstand R_1 soll ungefähr

   $$U_{R1} \approx 1\,\text{V} \ldots 1{,}5\,\text{V}$$

   betragen.

2. Die Größe von C_1 bestimmt sich nach dem Störschutzgrad zu

   $$C_1 \approx 0{,}01\,\mu\text{F} \ldots 0{,}1\,\mu\text{F}$$

3. Die Mindestsperrspannung der Diode D_1 ergibt sich aus der anliegenden Wechselspannung

   $$U_{R\,\text{min}} = 2 \cdot \sqrt{2} \cdot U_{e\sim} = 2{,}83 \cdot U_{e\sim}$$

4. Der Ladekondensator C_2 soll die von der Diode D_1 gelieferte Halbwellenspannung glätten.

Läßt man eine Brummspannung zwischen $\Delta U_{Br} = 10\,\text{mV}_{SS} \ldots 20\,\text{mV}_{SS}$ zu, dann kann überschlägig die Größe der Kapazität von C_2 berechnet werden.

$$C_2 \approx \frac{5 \cdot I_e}{\Delta U_{BrSS}}$$

I_e = Eingangsstrom der Schaltung in mA
ΔU_{BrSS} = Brummspannung am Verbraucher in mV
C_2 = Kapazität des Kondensators C_2 in µF

5. Der Widerstand R_2 stellt einen Vorlastwiderstand dar.

Legt man einen Querstrom von 1 mA zugrunde, dann gilt:

$$R_2 = \frac{U_{R2}}{1\,\text{mA}} = \frac{U_{C2}}{1\,\text{mA}}$$

Um die Spannung am Zeitkreis zu stabilisieren, werden hier zwei Glimmstabilisatoren eingesetzt, die in einer Kaskade zusammengeschaltet sind. Der Widerstand R_4 berechnet sich zu:

$$R_{4\,min} = \frac{U_{C2\,max} - U_b}{I_{G\,max} + I_{a\,min}}$$

$$R_{4\,max} = \frac{U_{C2\,min} - U_b}{I_{G\,min} + I_{a\,max}}$$

$$R_{4\,min} < R_{4\,gew} < R_{4\,max}$$

I_a kann hier zu 0 mA angenommen werden.

I_G = Kathodenstrom der Glimmlampe in mA

Da die Kennlinien der Gasentladungslampen stets unterschiedlich sind, wird der zweite Stabilisator über R_3 direkt an die Spannung U_{C2} gelegt.

$$R_3 \approx \frac{U_{C2}}{I_{G\,min}}$$

Praktischer Wertebereich von R_3:

$$R \approx 390\,k\Omega \ldots 1\,M\Omega$$

Die Dimensionierung von R_6, R_7 und C_3 ist abhängig von der gewünschten Verzögerungszeit t.

$$t \approx 1{,}5\,(R_6 + R_7) \cdot C_3$$

Bild 7.–67 zeigt den Stromlauf eines stetig einstellbaren Thyratron-Gleichrichters.

Thyratrons sind einanodige Gleichrichterröhren mit Edelgas- oder Quecksilberdampffüllung, die mit einer Hilfselektrode, dem Gitter, ausgestattet sind.

Da die Raumladung um die Katode herum fehlt, besitzen Thyratrons einen geringen Spannungsabfall zwischen Anode und Katode, der zudem praktisch nur von der Gasfüllung abhängt. Durch das Gitter zwischen Katode und Anode wird das Thyratron gezündet und damit die Entladung eingeleitet. Das Gitter ist positiv gegenüber der Katode.

Nach Beginn der Entladung zwischen Katode und Anode ist die Spannung am Gitter ohne jeden Einfluß auf den Strom und die Spannung zwischen Katode und Anode.

Da der Strom durch das Thyratron sich aus Elektronen und Ionen zusammensetzt und die Ionen aufgrund ihrer größeren Masse sehr träge sind, benötigt man zur Ionisierung der Entladungsstrecke eine typische Zeit von ca. 20 µs.

Starterimpulse am Gitter, die kürzer als diese 20 µs sind, führen nicht zu einer Zündung.

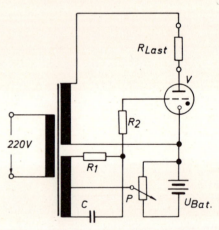

Bild 7.–67. Vertikalsteuerung eines Thyratrongleichrichters

Zündimpulsdauer beim Thyratron:

$$t_{Z\ddot{u}nd} \geq 20\,\mu s$$

Ferner ist darauf zu achten, daß die Katode gut vorgeheizt sein muß, bevor die Spannung an die Entladungsstrecke gelegt wird.

Anheizzeit:

$t_{\text{Heiz}} \geq 1 \text{ min}$

In Bild 7.–67 handelt es sich um einen Thyratrongleichreichter mit einer Vertikalansteuerung. Die Zündspannung setzt sich aus einer Wechselspannung und einer Gleichspannung zusammen. Über das Potentiometer P wird der Gleichspannungswert verändert. Die Wechselspannung, die am Gitter zusammen mit der Gleichspannung anliegt, ist gegenüber der Anodenwechselspannung um 90° phasenverschoben. Somit bestimmt die Stellung des Potentiometers P den Zündeinsatzpunkt des Gleichrichters. Nachteilig wirkt sich bei der dargestellten Vertikalsteuerung die notwendige Gleichspannung aus.

7.7. Lernzielorientierter Test

7.7.1. Gegeben ist die folgende Schaltung:

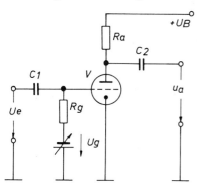

a) In welcher Grundschaltung arbeitet die Verstärkerstufe?
   ○ Gitterbasisschaltung   ○ Katodenbasisschaltung   ○ Anodenbasisschaltung
b) Die Gitterspannung der Röhre wird auf die folgenden Werte eingestellt. Bei welchem Gitterspannungswert zeigt das Voltmeter seinen maximalen Ausschlag?

   ○ 1. $U_g = +0{,}5$ V   ○ 2. $U_g = -1$ V   ○ 3. $U_g = -2$ V
   ○ 4. $U_g = -5$ V   ○ 5. $U_g = -10$ V   ○ 6. $U_g = -15$ V

7.7.2. a) Was besagt die Barkhausengleichung für die Triode?
   b) Welcher Innenwiderstand ergibt sich für die Triode EC 91, wenn die Steilheit $S = 8{,}5$ mA/V und der Durchgriff 1 % beträgt?

7.7.3. Von einer Triodenverstärkerstufe sind folgende Daten bekannt: $U_B = 180$ V, $U_a = 70$ V, $I_a = 3,5$ mA, $R_i = 8,2$ kOhm, $|D| = 2,2\%$.
Berechnen Sie die Verstärkung der Schaltung.

7.7.4. In der folgenden Verstärkerschaltung erfolgt die Gittervorspannungserzeugung automatisch. Wie groß ist die Gittervorspannung in der angegebenen Schaltung?

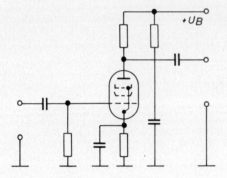

7.7.5. Das Schaltsymbol einer Oszilloskopröhre ist vorgegeben.

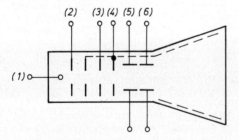

a) Benennen Sie die einzelnen Elektrodenanschlüsse der Oszilloskopröhre.
b) Welche Aufgabe(n) erfüllt die Elektrode (1) bzw. (2)?

       ○ Beschleunigung der Elektronen
(1) ○ Strahlerzeugung
       ○ Ablenkung des Elektronenstrahls

       ○ Intensitätssteuerung des Elektronenstrahls
(2) ○ Fokussierung des Elektronenstrahls
       ○ Bündelung des Elektronenstrahls
       ○ Strahlablenkung

7.7.6. Thyratrons sind elektronische Schalter, die als Vorläufer des Thyristors zu betrachten sind.

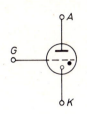

Welche Möglichkeiten der Löschung bestehen für ein gezündetes Thyratron?
- ○ a) durch Abschalten der Anodenspannung
- ○ b) durch einen negativen Löschimpuls am Gitter
- ○ c) durch einen positiven Löschimpuls an der Kathode
- ○ d) durch Unterbrechung des Anodenstromes
- ○ e) durch Arbeiten mit einer pulsierenden Gleichspannung
- ○ f) durch Arbeiten mit einer Wechselspannung

7.7.7. Berechnen Sie den Vorwiderstand der Spannungsstabilisierungsschaltung mit der Glimmlampe V, wenn folgende Daten bekannt sind:

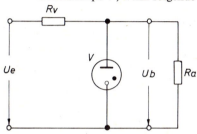

Glimmlampe Typ: SR 45
$U_B = 190\ \text{V}_-$
$I_{Gmin} = 0{,}5\ \text{mA}$
$I_{Gmax} = 5\ \text{mA}$
$U_Z = 140\ \text{V}_-$
$U_b = 105\ \text{V}$
$I_a = 0\ \text{mA} \dots 2\ \text{mA}$
$U_e = 160\ \text{V}_- \pm 10\ \text{V}$

7.7.8. Nennen Sie die konstruktiven Unterschiede zwischen einer Schwarz-Weiß-Fernsehbildröhre gegenüber einer Lochmaskenröhre.

7.7.9. Welche Vorteile bietet die Trinitron-Farbbildröhre gegenüber der Lochmaskenröhre?

7.7.10. Was versteht man unter statischer und dynamischer Konvergenzeinstellung bei der Lochmaskenfarbbildröhre?

Markieren Sie auf dem dargestellten Sichtschirm den Bereich für die beiden Konvergenzeinstellungen.

Bildschirm

Literaturverzeichnis

1. Homogene Halbleiter

Firmenapplikationen

1 Valvo: Temperaturabhängige Widerstände (NTC, PTC). Datenblätter aus dem Valvo-Handbuch 1971. Kondensatoren. Widerstände. Hamburg 1971.
2 Siemens: Bauelemente. Technische Erläuterungen und Kenndaten für Studierende. München 1975.
3 Fotoelektronische Bauelemente. Fotowiderstände, Fotoelemente, Fotodioden, Fototransistoren, Fotozellen. Datenblätter aus dem Valvo-Handbuch Spezialröhren II 1965–1966.
4 Siemens: Fühlerelemente – Bausteine der Elektronik. München 1974.
5 Bauelemente ITT-Gruppe Europa. Thermistoren 1973/74, 6513/540 D.
6 Bauelemente ITT-Gruppe Europa. Varistoren, Thermistoren 1971/72, 6510/466 D.

Bücher

1 W. *Bitterlich:* Elektronik. Springer Verlag, Wien–New York 1967.
2 W. *Ausborn:* Elektronik-Bauelemente. Wissensspeicher für die Berufsbildung. VEB Verlag Technik, Berlin 1973.
3 Funktechnische Arbeitsblätter, Band 2, Halbleiter II. Franzis-Verlag, München.

2. Zweischichthalbleiter

1 ITT-Datenbuch: Dioden, Z-Dioden, Gleichrichter, Thyristoren 1974/75.
2 L. *Goller:* Halbleiter – richtig eingesetzt. Franckhsche Verlagshandlung, Stuttgart.
3 L. *Starke/H. Bernhard/H.-J. Siegfried:* Leitfaden der Elektronik. Tl. 1 + 2, 5. + 3. Aufl. Franzis-Verlag, München 1972/1974.
4 U. *Tietze/Ch. Schenk:* Halbleiter-Schaltungstechnik. 3. Aufl. Springer-Verlag, Berlin–Heidelberg–New York 1974.

3. Bipolare Transistoren

1 ITT-Datenbuch: Transistoren 1974/75.
2 E. *Gelder/W. Hirschmann:* Schaltungen mit Halbleiterbauelementen. Siemens AG, Erlangen 1973.
3 L. *Goller:* Halbleiter – richtig eingesetzt. Franckhsche Verlagshandlung, Stuttgart.
4 Halbleiter – Schaltbeispiele 1973/74. Siemens, Erlangen.
5 Schaltbeispiele mit diskreten Halbleiterbauelementen. ITT.
6 L. *Starke/H. Bernhard/H.-J. Siegfried:* Leitfaden der Elektronik. Tl. 1 + 2, 5. + 3. Aufl. Franzis-Verlag München 1972/1974.
7 U. *Tietze/Ch. Schenk:* Halbleiter-Schaltungstechnik. 3. Aufl. Springer-Verlag, Berlin–Heidelberg–New York 1974.

4. Feldeffekttransistoren

Bücher:

1 H. *Semrad/W. Otto:* Grundlagen der Elektronik. Wissensspeicher für die Berufsbildung. 2. Aufl. VEB Verlag Technik, Berlin 1970.
2 R. *Funke/S. Liebscher:* Grundschaltungen der Elektronik. Lehrbuch für die Berufsbildung. 4. Aufl. VEB Verlag Technik, Berlin 1972.
3 F. *Hillebrand/H. Heierling:* Feldeffettranssistoren in analogen und digitalen Schaltungen. Franzis-Verlag, München 1972.
4 H. *Hahn:* FET, UJT und PUT in Theorie und Praxis. 2. Aufl. Verlag Erwin Geyer, Bad Wörishofen.
5 J. *Wüstehube:* Feldeffekttranssistoren. Applikationsdruck der Firma Valvo, Hamburg.
6 U. *Tietze/Ch. Schenk:* Halbleiterschaltungstechnik. 3. Aufl. Springer-Verlag, Berlin/Heidelberg/New York 1974.
7 Funktechnische Arbeitsblätter, Band 1: Halbleiter I. Franzis-Verlag, München.
8 Funktechnische Arbeitsblätter, Band 2: Halbleiter II. Franzis-Verlag, München.

5. Bauelemente der Leistungselektronik

1 *F. Bergtold:* Triacs, Thyristoren. Frech-Verlag, Stuttgart 1971.
2 ITT-Datenbuch: Dioden, Z-Dioden, Gleichrichter, Thyristoren 1974/75.
3 *E. J. A. Richter/H.-P. Schippers:* Thyristoren — Grundlagen und Anwendungen. ITT.
4 *U. Tietze/Ch. Schenk:* Halbleiter-Schaltungstechnik. 3. Aufl. Springer-Verlag, Berlin/Heidelberg/New York 1974.

6. Optoelektronische Bauelemente

Zeitschriften

1 radio fernsehen elektronik. Heft 13, Jhg. 1975. VEB Verlag Technik, Berlin.

Firmenschriften

1 *H. D. Roth:* Opto-Elektronik von Litronix Omni Ray GmbH, Nettetal 1974.
2 Valvo-Handbuch: Halbleiterbauelemente für die Optoelektronik 1974.
3 Optoelektronische Bauelemente 1975. AEG Telefunken, Heilbronn.
4 Siemens: Optoelektronik Halbleiter. Datenbuch 1973/74.
5 Applikationen mit Triacs und Thyristoren. AEG Leistungshalbleiter, Technische Mitteilungen A 43.14 605/1174.

Bücher

1 *Friedrich:* Tabellenbuch für Elektronik. 458. bis 473. Tsd. Dümmler Verlag, Bonn 1975.
2 Probleme der Festkörperelektronik, Band 3. Hrsg. VEB Halbleiterwerk Frankfurt (Oder). VEB Verlag Technik, Berlin 1972.
3 Probleme der Festkörperelektronik, Band 4. Hrsg. VEB Halbleiterwerk Frankfurt (Oder). VEB Verlag Technik, Berlin 1972.

7. Elektronen- und Ionenröhren

Zeitschriften

1 Funkschau, Heft 22, Jhg. 1971. Franzis Verlag, München.

Firmenapplikationen

1 Cerberus elektronik Nr. 35, Febr. 1973. Firmenzeitschrift über Bauteile der Gasentladungs-Elektronik der Cerberus AG, Werk für Elektronentechnik CH-8708 Männedorf, Zürich.
2 Erprobte Schaltungen mit Cerberus-Röhren. Alfred Neye Enatechnik, Deutschland. 3. Aufl. Febr. 1969, Quickborn.
3 Farbbildröhren Aufbau und Wirkungsweise. Bauelemente ITT-Gruppe Europa 6372/590 D.
4 Farbbildröhren Aufbau und Herstellung. Bauelemente ITT-Gruppe Europa 6372/582 D.
5 Erläuterungen zu der Lehrtafel Farbbildröhre. AEG Telefunken Abteilung FK/NA.

Bücher

1 *K. Beuth:* Bauelemente der Elektronik, Band 2. Vogel Verlag, Würzburg 1975.
2 *U. Prestin:* Standardschaltungen der Radio- und Fernsehtechnik. 3. Aufl. Franzis-Verlag, München 1973.
3 *M. Koubek:* Fernsehempfänger — Schaltungstechnik. Schwarz-weiß und Farbe. Franzis-Verlag, München.
4 *D. Nührmann:* Fachkunde bei der Rundfunk- und Fernsehtechniker-Prüfung in Frage und Antwort. Franzis-Verlag, München 1973.
5 *H. Schröder:* Elektrische Nachrichtentechnik, Band II. Verlag für Radio-Foto-Kinotechnik GmbH, Berlin-Borsigwalde 1966.
6 *H. Schröder/G. Feldmann/G. Rommel:* Elektrische Nachrichtentechnik, Band III. Verlag für Radio-Foto-Kinotechnik GmbH, Berlin-Borsigwalde 1972/73.
7 *K. K. Streng:* abc der Stromversorgungsgeräte. Militärverlag der Deutschen Demokratischen Republik 1971.
8 Funktechnische Arbeitsblätter, Band 3: Fernsehen I. Franzis-Verlag München.
9 Funktechnische Arbeitsblätter, Band 4: Fernsehen II und Optoelektronik. Franzis-Verlag, München.

Lösungsteil

Lösungen zu Themenkreis 1

Übung 1.1.2.—1

Richtig ist c). Mit steigender Temperatur nimmt auch der Widerstand zu. Der TK-Wert ist also positiv.

Übung 1.1.3.1.—1

Richtig ist F.   Schaltzeichen   alt   neu

Übung 1.1.3.2.—1

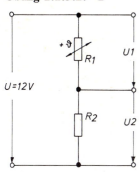

$\vartheta_u = 22\,°C$

$$\frac{U_1}{U_2} = \frac{R_1}{R_2} = \frac{2\,V}{10\,V} = \frac{1}{5} = 0{,}2$$

$$R_1 = 0{,}2 \cdot R_2$$

$\vartheta_u = 100\,°C$

$$\frac{U_1}{U_2} = \frac{R_1 \cdot \alpha_K \cdot \Delta\vartheta}{R_2}$$

$$= \frac{0{,}2 \cdot R_2 \cdot \alpha_K \cdot \Delta\vartheta}{R_2}$$

$$= 0{,}2 \cdot 0{,}5\,\frac{1}{°C} \cdot 78\,°C$$

$$= 0{,}1 \cdot 78$$

$$\frac{U_1}{U_2} = 7{,}8 \qquad U - U_1 = U_2$$

$$\frac{U_1}{U - U_1} = 7{,}8$$

$$U_1 = 7{,}8\,U - 7{,}8\,U_1$$

$$U_1 = 10{,}64\,V$$

Übung 1.1.3.3.—1

Kaltleiter R_3: *Unterbrechung*
  Transistor T_7 sperrt, T_8 steuert durch, Relais B zieht an.
  Kurzschluß
  Transistor T_7 ist ständig durchgesteuert, Relais B kann über T_8 nicht mehr angesteuert werden.

Kaltleiter R_2: *Unterbrechung*
  Während des Nachfüllvorganges zeigt bei einer Unterbrechung von R_2 die Schaltung keine Reaktion. Der Füllvorgang läuft weiter, bis der Fühler R_1 anspricht.
  Der Entleerungsvorgang läuft weiter, bis der Fühler R_3 anspricht und Signal gibt.

Kurzschluß
Im Kurzschlußfall von R_2 wird keine Flüssigkeit mehr nachgefüllt. Der Behälter entleert sich, bis über R_3 Signal kommt.

Kaltleiter R_1: *Kurzschluß*
Abschaltung der Zufuhr in jedem Fall.

Unterbrechung
Die Flüssigkeitszufuhr wird nicht mehr abgeschaltet.

Übung 1.2.2.—1
a) Schaltzeichen

neu   alt

b) Mit steigender Temperatur erniedrigt sich der Widerstandswert des Heißleiters (negativer TK-Wert).

Übung 1.2.2.2.—1
- Ⓐ a) Der TK-Wert ist beim ohmschen Widerstand vernachlässigt.
- ⊖ b) –
- Ⓒ c) Anstieg des Widerstandswertes mit der Temperatur
- ⊖ d) –
- Ⓔ e) Abnahme des Widerstandswertes mit der Temperatur.
- ⊖ f) –

Übung 1.2.2.4.—1
Legt man an die Schaltung eine Spannung U, so beginnt ein Strom I zu fließen. Dieser erwärmt den Heißleiter, so daß dieser seinen Widerstandswert erniedrigt und zwar solange bis der Anzugsstrom des Relais erreicht ist. Das Relais zieht an. Die Kontakte c_1 und c_2 schließen, während c_3 öffnet. c_1 überbrückt den Heißleiter, so daß er sich wieder abkühlt. Der Heißleiter wirkt als Anzugsverzögerung für das Relais.

Übung 1.2.3.—1

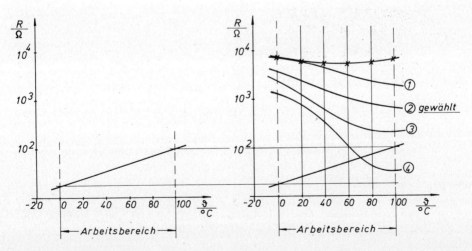

Übung 1.2.4.—1

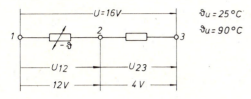

$\vartheta_u = 25°C$

$$\frac{U_{23}}{U} = \frac{U_{23}}{U_{23} + U_{12}} = \frac{4\,V}{16\,V} = \frac{1}{4} = \underline{\underline{0{,}25}}$$

$$\frac{U_{23}}{U_{23} + U_{12}} = \frac{R_2}{R_1 + R_2} = 0{,}25$$

$$R_2 = 0{,}25 \cdot R_1 + 0{,}25 \cdot R_2 \rightarrow \underline{\underline{R_1 = 3 \cdot R_2}}$$

$\vartheta_u = 90°C$

$$\frac{U_{23}}{U} = \frac{R_2}{R_1 \cdot \alpha_H \cdot \Delta\vartheta + R_2}$$

$$= \frac{1}{3\,\alpha_H \cdot \Delta\vartheta + 1}$$

$$U_{23} = \frac{1}{1 + 3\,\alpha_H \cdot \Delta\vartheta} \cdot U$$

Damit ändert sich U_{23} von 4 V auf $\quad U_{23} = \dfrac{1}{1 + 3\,\alpha_H \cdot \Delta\vartheta} \cdot U$.

α_H = mittlerer TK des Heißleiters.

Übung 1.2.4.—2

a) Temperatur am Meßort steigt — Ausschlag des Meßgerätes ist positiv.
b) Temperatur am Meßort sinkt — Ausschlag des Meßgerätes ist negativ.

Übung 1.2.4.2.—1

a) Es handelt sich um eine Verstärkerstufe in Emitterschaltung. Der Heißleiter R_2 ist thermisch gekoppelt mit dem Transistor T. R_2 soll den Temperaturgang des Transistors T kompensieren und damit den Arbeitspunkt stabilisieren.

b)
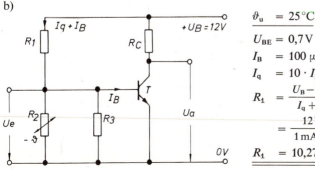

$\vartheta_u = 25°C$

$U_{BE} = 0{,}7\,V$

$I_B = 100\,\mu A$

$I_q = 10 \cdot I_B = 1\,mA$

$R_1 = \dfrac{U_B - U_{BE}}{I_q + I_B}$

$ = \dfrac{12\,V - 0{,}7\,V}{1\,mA + 0{,}1\,mA}$

$\underline{\underline{R_1 = 10{,}27\,k\Omega}}$

c) $\alpha_H \approx -\dfrac{B}{Tu^2}$

$ \approx -\dfrac{3600\,\text{K}}{(273\,\text{K} + 25\,\text{K})^2}$

$\underline{\underline{\alpha_H \approx -0{,}041}}$

Übung 1.3.2.—1

A B C D E F
○ ○ ○ ○ ⊗ ○

Schaltzeichen

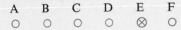
alt

neu

Übung 1.3.2.4.—1

a) Oszilloskop, Sinus-Generator
b) *Prinzipmeßschaltung*

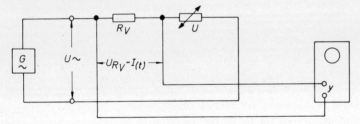

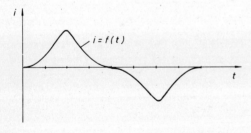

Übung 1.3.2.4.—2
a)—c)

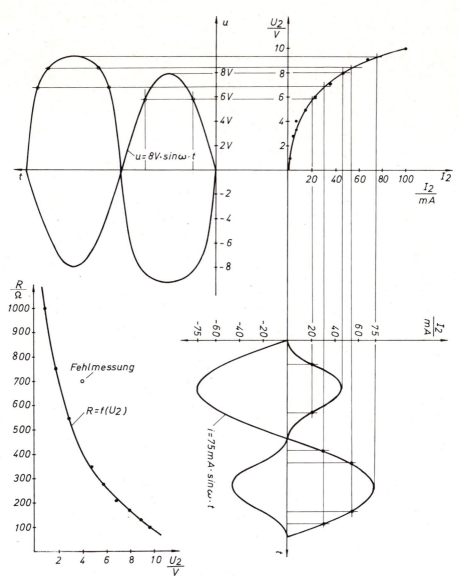

d)

Übung 1.3.3.1.—1

a)

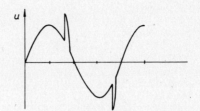

Der Varistor ist parallel zum Hörer angeordnet. Er hat hier die Aufgabe, Spannungsspitzen, die der Signalspannung überlagert sind, abzukappen (Gehörschutzgleichrichter oder Sirutor in Fernsprechapparaten).

b) Die Ansprechspannung des Relais wird hier durch die Reihenschaltung mit dem Varistor heraufgesetzt.

Übung 1.3.3.2.—1

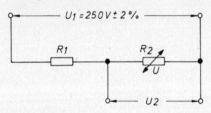

$P_v = 3$ W
$U_1 = 250$ V $\pm 2\%$
$\beta = 0{,}19$

Verlustleistungshyperbel

$\frac{P_V}{W}$	3	3	3	3	3	3	3	3
$\frac{U_2}{V}$	300	150	100	75	60	30	20	15
$\frac{I_2}{mA}$	10	20	30	40	50	100	150	200

Arbeitspunkt A bei

$R_1 = \dfrac{U_1 - U_2}{I}$

$= \dfrac{250\,\text{V} - 150\,\text{V}}{15\,\text{mA}}$

$R_1 = 6{,}67$ kΩ

$\underline{\underline{R_{1\,\text{gew}} = 6{,}8\,\text{k}\Omega}}$

$U_2 = 150$ V, $C = 390\,\Omega$, $\beta = 0{,}19$
$I = 15$ mA aus Kennlinienfeld Bild 1.3.—6.

Lösungen zu Themenkreis 1

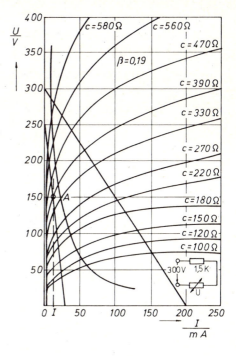

Bild 1.3.–6. U-/I-Kennlinie für einen Varistor mit $\beta = 0{,}19$ und eingetragener Arbeitsgeraden für $R = 1{,}5$ kOhm und $U_B = 300$ V.

Übung 1.3.3.3.–1

Schaltung a)

$U \geqq 100\,\text{V}$

Durch die Parallelschaltung des Varistors zum Schaltkontakt entsteht eine Art Nebenschlußwirkung. Der Induktionsstrom verteilt sich über den gesamten Stromkreis. Die Belastung des VDR wird hierdurch verringert.

Schaltung b)

$U \leqq 100\,\text{V}$

Der Varistor liegt parallel zur Spule. Die auftretende Verlustleistung im VDR wird größer.

Übung 1.4.1.–1

Richtig sind f) und i).
Siehe Abschnitt 1.4.1.

Übung 1.4.2.–1

a) *spektrale Empfindlichkeit S*

Die spektrale Empfindlichkeit eines fotoelektrischen Bauelementes entspricht dem Verhältnis zwischen dem Zellenstrom des Bauelementes und dem auftreffenden Lichtstrom gemessen in Lumen.

Die spektrale Empfindlichkeit S ist für unterschiedliche Lichtwellenlängen nicht konstant, sondern eine Funktion der Wellenlänge des Lichtes.

Je nach der Art des verwendeten Basismaterials ist daher die spektrale Empfindlichkeit entweder im lang- oder kurzwelligen Gebiet des Lichtes am größten.

b) *maximale spektrale Empfindlichkeit* S_{max}

Die maximale spektrale Empfindlichkeit S_{max} liegt vor, wenn das fotoelektrische Bauelement bei einer ganz bestimmten Wellenlänge seinen maximalen Zellenstrom liefert.

c) *relative spektrale Empfindlichkeit* S_{rel}

$$S_{rel} = \frac{S}{S_{max}} \cdot 100\%$$

Übung 1.4.2.—2

Die Fotoschichten werden zur Erhöhung der Fotoleitfähigkeit des Halbleitermaterials mit Halogenen dotiert.

Diese Donatoren ersetzen im Kristallgitter die Plätze des Schwefels bzw. Selens. Bei Lichteinfall binden die Donatoren die erzeugten Löcher. Sie verhindern somit eine vorzeitige Rekombination mit den durch die Lichtquanten erzeugten Elektronen.

Übung 1.4.2.—3

Die Steilheit der Kennlinie des Fotowiderstandes kann man durch die Art der Zusammensetzung und den Gehalt der Aktivatoren während des Herstellungsprozesses beeinflussen. Hohe Konzentrationen führen zu empfindlichen LDR's.

Übung 1.4.2.—4

Die Anstiegsgeschwindigkeit eines LDR ist abhängig von der Beleuchtungsstärke E, der Umgebungstemperatur ϑ_u sowie von der Art und Konzentration der Donatoren. Ursache der Anstiegszeit ist die Rekombination der von den Lichtquanten freigesetzten Elektronen mit den im Kristall vorhandenen Löchern.

Übung 1.4.2.—5

$E = 1000$ lx .... $I = 3{,}2$ mA
$E = 87$ lx .... $I = 0{,}3$ mA

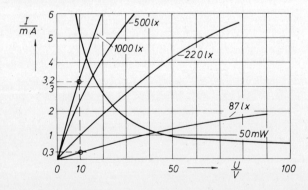

Übung 1.4.3.2.—1

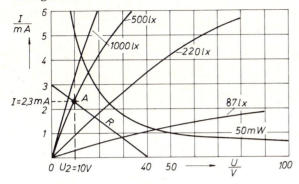

$$R = \frac{U_1 - U_2}{I} = \frac{40\,\text{V} - 10\,\text{V}}{2{,}3\,\text{mA}}$$
$$= 13\,\text{k}\Omega$$

$R_\text{gewählt} = 13\,\text{k}\Omega \pm 5\%$ $^1/_3$ Watt

Übung 1.5.1.—1

Der Hall-Winkel ϑ ist der Winkel, um den ein Elektron unter dem Einfluß eines Magnetfeldes von der Bewegungsrichtung durch Einwirkung eines elektrischen Feldes abgelenkt wird.

Übung 1.5.2.—1

Materialien zur Herstellung von Feldplatten müssen drei Anforderungen erfüllen:

a) große Ladungsträgerbeweglichkeit μ
b) großer Hall-Koeffizient R_H und
c) geringe Temperaturabhängigkeit der Größen μ und R_H.

Diese Punkte können von Metallen nicht erfüllt werden, denn Punkt b) setzt einen hohen spezifischen Widerstand ϱ sowie eine geringe Ladungsträgerkonzentration pro Volumeneinheit voraus $\left(\text{Elektronenkonzentration bei Metallen} > 10^{22}\,\frac{\text{Elektronen}}{\text{cm}^3}\right)$.

Übung 1.5.2.—3

Das Auftreten eines magnetischen Feldes ändert die elektrischen Eigenschaften der Feldplatte. Hierdurch werden die freien Elektronen im Material abgelenkt. Die Strombahnen werden länger, der Widerstand erhöht sich.

Übung 1.5.3.1.—1

a) Die Feldlinien müssen senkrecht auf der Feldplatte stehen.
b) Das Seitenverhältnis l/b der Feldplatte sollte möglichst klein gewählt sein, um eine große Widerstandserhöhung zu erzielen.

Übung 1.5.3.1.—2

Um den Quotienten R_B/R_0 maximal werden zu lassen, muß das Magnetfeld sowohl senkrecht zur Stromrichtung als auch senkrecht zur NiSb-Nadelrichtung einwirken.

Übung 1.5.3.4.—1

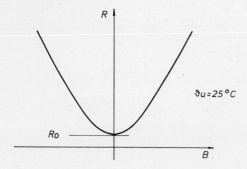

Übung 1.5.3.4.—2

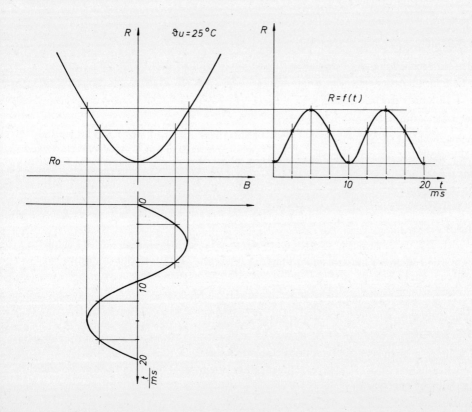

Übung 1.5.4.1.—1

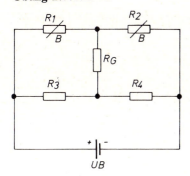

a) $R_1 \cdot R_4 = R_2 \cdot R_3$
$\dfrac{R_1}{R_2} = \dfrac{R_3}{R_4}$ $\Big\}$ Abgleichbedingung der Brücke

b) $R_1 = 100\ \Omega$ $B = 0\ \text{T}$
$R_2 = 600\ \Omega$ $B = 1\ \text{T}$
$R_G = 200\ \text{k}\Omega$
$R_3 = 1,5\ \text{k}\Omega$
$R_4 = 1,5\ \text{k}\Omega$
$U_B = 10\ \text{V}$

$R_1' = \dfrac{R_2 \cdot R_G}{R_2 + R_4 + R_G}$
$= \dfrac{600\ \Omega \cdot 200\ \text{k}\Omega}{600\ \Omega + 1,5\ \text{k}\Omega + 200\ \text{k}\Omega}$
$R_1' = 0,993\ \text{k}\Omega$

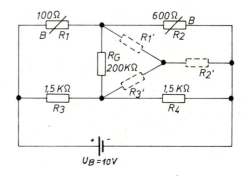

$R_2' = \dfrac{R_2 \cdot R_4}{R_2 + R_4 + R_G}$
$= \dfrac{600\ \Omega \cdot 1,5\ \text{k}\Omega}{202,1\ \text{k}\Omega}$
$R_2' = 0,0104\ \text{k}\Omega$

$R_3' = \dfrac{R_4 \cdot R_G}{R_2 + R_4 + R_G}$
$= \dfrac{1,5\ \text{k}\Omega \cdot 200\ \text{k}\Omega}{202,1\ \text{k}\Omega}$
$R_3' = 0,997\ \text{k}\Omega$

$R_{\text{ges}} = \dfrac{(R_1 + R_1') \cdot (R_3 + R_3')}{R_1 + R_1' + R_3 + R_3'} + R_2'$
$R_{\text{ges}} = 771\ \Omega$

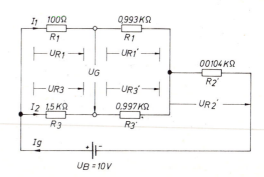

$I_{\text{ges}} = \dfrac{U_B}{R_{\text{ges}}} = \underline{\underline{12,97\ \text{mA}}}$

$U_{R2'} = I_{\text{ges}} \cdot R_2'$
$= 12,97\ \text{mA} \cdot 10,4\ \Omega$
$\underline{\underline{U_{R2'} = 0,135\ \text{V}}}$

$$I_1 = \frac{U_B - U_{R2}'}{R_1 + R_1'}$$
$$= \frac{9{,}865\,\text{V}}{1093\,\Omega}$$
$$\underline{\underline{I_1 = 9{,}026\,\text{mA}}}$$

$$I_2 = \frac{U_B - U_{R2}'}{R_3 + R_3'}$$
$$= \frac{9{,}865}{1{,}5\,\text{k}\Omega + 0{,}977\,\text{k}\Omega}$$
$$\underline{\underline{I_2 = 3{,}951\,\text{mA}}}$$

$$0 = U_{R1} + U_G - U_{R3} = U_{R1}' - U_{R3}' - U_G$$
$$0 = 0{,}9026\,\text{V} + U_G - 5{,}926\,\text{V}$$

$$U_G = 5{,}902\,\text{V} - 0{,}9026\,\text{V}$$
$$U_G = 4{,}999\,\text{V}$$
$$\underline{\underline{U_G \approx 5\,\text{V}}}$$

Übung 1.6.2.—1

a) Richtig sind C und E.
b) Richtig ist E.

Übung 1.6.2.—2

a) $B = \pm 1\,\text{T}$
b) $|\Delta U_H| = 3\,\text{V}$

Übung 1.6.3.4.—1

Richtig ist a).
$U_H = A \cdot I \cdot B$
$A = \text{const.}$
$I = \text{const.}$
$U_H \approx B$ – – – lineares Verhalten

Übung 1.6.3.6.—1

a) Richtig sind d und e.
b) Richtig sind b und d.

Übung 1.6.3.9.—1

Richtig sind d) und f).

Übung 1.6.4.1.—1

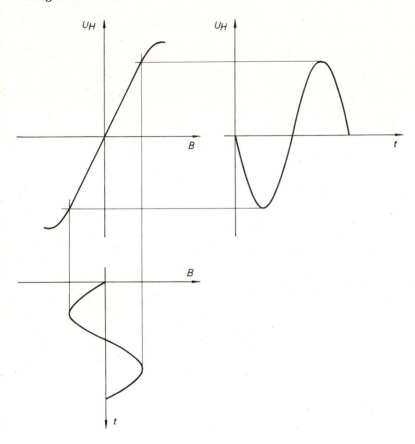

1.7. Lernzielorientierter Test

1.7.1. Richtig ist c).

1.7.2. Richtig sind c) und d).

1.7.3.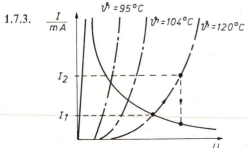

Vergleichen Sie auch mit dem Abschnitt 1.1.2.3.

1.7.4. Richtig sind a), c) und e).

1.7.5. Richtig ist a).

1.7.6. Richtig sind b), c) und d).

1.7.7. Vergleichen Sie mit dem Abschnitt 1.2.4.1.

1.7.8. Richtig sind a), b) und e).

1.7.9. Richtig ist b).

1.7.10. ① a), ④ b), ② c), ③ d).

1.7.11. Richtig ist a).

1.7.12. ② a), ① b), ① c), ② d).

1.7.13. Richtig sind a) und b).

1.7.14. Richtig ist c).

1.7.15. Richtig sind b), c) und f).

1.7.16. Richtig ist b).

1.7.17. Richtig ist a).

1.7.18. Richtig ist a).

1.7.19. Richtig ist c).

1.7.20. Richtig ist b).

1.7.21.

1.7.22. Richtig sind a) und c).

1.7.23. Richtig ist c).

1.7.24. Richtig ist a).

Lösungen zum Themenkreis 2

Übung 2.1.0.—1

Negative Ladungsträger aus der n-Schicht dringen in die p-Schicht ein, ebenso dringen positive Ladungsträger aus der p-Schicht in die n-Schicht ein. Diesen Vorgang in der Nähe der Grenzfläche der beiden verschieden dotierten Zonen bezeichnet man als Diffusion.

Übung 2.1.1.—1

Infolge der Diffusion entsteht zu beiden Seiten der Grenzfläche eine Raumladung, im p-Teil eine negative, im n-Teil eine positive. Die Folge dieser Raumladung ist die Diffusionsspannung. Sie ist von außen nicht direkt meßbar, weil die Ladungsverschiebung nur in engster Nähe der Grenzfläche stattfindet.

Übung 2.1.2.—1

Durch die angelegte Spannung werden die Löcher im p-Teil und die Elektronen im n-Teil von der Grenzfläche „abgesaugt". Es entsteht eine Zone, die frei von beweglichen Ladungsträgern ist, die Sperrschicht. Sie kann nur von Minoritätsträgern überwunden werden (Sperrstrom!).

Übung 2.1.2.—2

Die Sperrschichtkapazität ist im allgemeinen unerwünscht, da sie bei hohen Frequenzen die Gleichrichtwirkung teilweise aufhebt (die Kapazität wirkt wie ein parallel geschalteter Kondensator). Erwünscht ist die Sperrschichtkapazität bei den Kapazitätsdioden.

Übung 2.1.3.—1

Die angelegte Spannung muß erst die innere Diffusionsspannung überwinden bzw. die Sperrschicht vollständig abbauen.

Übung 2.1.3.—2

Zur Gleichrichtung und (mit Einschränkung) zur Spannungsstabilisierung.

Übung 2.1.4.—1

Siliziumdioden haben kleinere Sperrströme und einen schärferen Kennlinienknick im Durchlaßbereich.

Übung 2.1.4.—2

... niedrige ... (ca. 0,1–0,2 Volt)

Übung 2.1.4.—3

Die Siliziumdiode.

Übung 2.1.4.—4

Im Durchlaßbereich haben Siliziumdioden einen kleineren differentiellen Widerstand, wie sich aus dem wesentlich steileren Kennlinienverlauf ableiten läßt.

Übung 2.1.4.—5

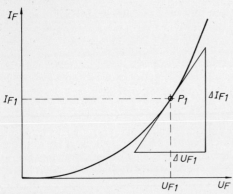

(Größe des Steigungsdreiecks beliebig!)

$$R_{F1} = \frac{U_{F1}}{I_{F1}}$$

$$r_{F1} = \frac{\Delta U_{F1}}{\Delta I_{F1}}$$

Übung 2.1.4.—6

U_B und R.

Übung 2.1.4.—7

Anwendung zur Erzeugung von Referenzspannungen, zur Spannungsstabilisierung.

Übung 2.1.4.—8

Die Temperaturabhängigkeit ist wie bei den meisten Bauelementen (Ausnahme z. B. NTC-Widerstand) unerwünscht.

Übung 2.1.4.—9

Je stärker die Dotierung, umso mehr überwiegt die temperaturunabhängige Störstellenleitfähigkeit.

Übung 2.2.2.—1

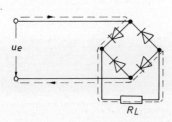

Übung 2.2.5.—1

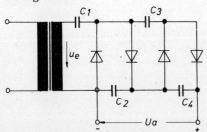

$U_a = 4 \cdot \hat{u}_e$
$ = 4 \cdot \sqrt{2} \cdot U_e$
$ = 1245\,\text{V}$

Übung 2.2.5.—2

Weil sonst sehr große Kondensatoren notwendig wären und die Dioden der ersten Stufen eine hohe Strombelastung aushalten müßten.

Übung 2.3.0.—1

a) Die Diode ist leitend.

b) $I_F = -\dfrac{1}{R_L} \cdot U_F + \dfrac{U_B}{R_L}$
   $= -2\,\text{mS} \cdot U_F + 10\,\text{mA}$

d) $I_F \approx 7{,}6\,\text{mA}$
   $U_F \approx 1{,}1\,\text{V}$
   $U_{RL} \approx 3{,}9\,\text{V}$

e) $\Delta U_F \approx 0{,}1\,\text{V}$

c)
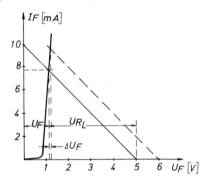

Übung 2.3.0.—2

$P_{S\,\text{max}} = \left(\dfrac{U_B}{U_F} - 1\right) \cdot P_{\text{tot max}}$

$= \left(\dfrac{20\,\text{V}}{0{,}7\,\text{V}} - 1\right) \cdot 300\,\text{mW}$

$= \underline{\underline{8{,}28\,\text{W}}}$

$R_{L\,\text{min}} = \dfrac{(U_B - U_F)^2}{P_{S\,\text{max}}} = \underline{\underline{45\,\Omega}}$

Übung 2.3.1.—1

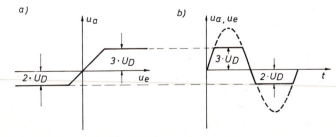

Übung 2.4.—1
Die in Durchlaßrichtung überwiegende Störstellenleitfähigkeit ist nicht lichtabhängig.

Übung 2.4.—2
Fotodioden sind nicht so stark belastbar, reagieren jedoch wesentlich schneller als Fotowiderstände. Sie sind nicht so empfindlich wie Fotowiderstände.

Übung 2.4.—3
Siehe Bild 2.4.−2.

Übung 2.5.—1
Die Sperrschicht ist ein Isolator (Dielektrikum), zu dessen beiden Seiten gut leitendes Material liegt. Eine Diode ist in Sperrichtung also grundsätzlich wie ein Kondensator aufgebaut. Die so entstandene Kapazität nennt man Sperrschichtkapazität.

Übung 2.5.—2
Je größer die Sperrspannung, um so kleiner ist die Sperrschichtkapazität. Siehe Bild 2.5.−2.

Übung 2.5.—3
Automatische Scharfabstimmung in Rundfunk- und Fernsehempfängern.

Übung 2.6.1.—1
Siehe Bild 2.6.−2 und den danebenstehenden Text!

Übung 2.6.2.—1
Die Änderungen von Spannung und Strom haben entgegengesetztes Vorzeichen.

Übung 2.6.3.—1
Der von links nach rechts abfallende Kennlinienteil (negativer differentieller Widerstand).

Übung 2.7.1.—1
Den negativen differentiellen Widerstand.

Übung 2.7.1.—2
1. Tangente im Arbeitspunkt an die Kennlinie zeichnen.
2. Die Tangente zu einem Steigungsdreieck ergänzen.
3. Das Verhältnis der Katheten bilden.

Übung 2.7.4.—1
Sehr groß. Deshalb eignet sich die Diode zum Einsatz als Konstantstromquelle.

2.8. Lernzielorientierter Test

2.8.1. Siehe Abschnitt 2.1.1.

2.8.2. Bei der Aufnahme einer Dioden-Sperrkennlinie muß wegen der kleinen Sperrströme eine „stromrichtige" Messung durchgeführt werden!

2.8.3.

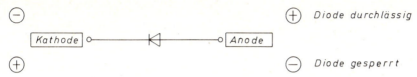

2.8.4. Kennlinie e) und Kennlinie f).

2.8.5. Richtig sind c) und d).

2.8.6. Die Durchlaßkennlinie für $\vartheta_2 = 80\,°C$ ist gegenüber der Kennlinie für $\vartheta_1 = 40\,°C$ um $\Delta U_F = \alpha \cdot \Delta \vartheta = -60$ mV nach links parallel verschoben.

2.8.7. Richtig sind a), d), g) und h).

2.8.8.

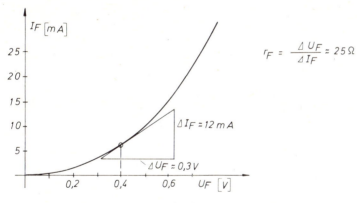

In jedem Arbeitspunkt ist der Gleichstromwiderstand größer als der differentielle Widerstand.

2.8.9.

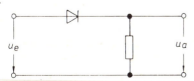

2.8.10. Der Spitzenwert der Ausgangsspannung ist um den doppelten Wert der Diffusionsspannung kleiner als der Spitzenwert der Eingangsspannung.

2.8.11.

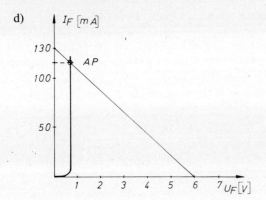

Die Polarität der Ausgangsspannung ist natürlich in beiden Fällen die gleiche!

2.8.12. Greinacherschaltung mit 2 Stufen (siehe Bild 2.2.10) $U_a = 4 \cdot \hat{u}_e = 4 \cdot 380\,\text{V} = 1520\,\text{V}$.

2.8.13. Vorteile: Schnelligkeit, Verschleißfreiheit, hohe Belastbarkeit.
Nachteile: Restspannung $\neq 0$, Reststrom $\neq 0$.

2.8.14. a) geschlossen

b) $P_{S\,\text{max}} = \left(\dfrac{U_{R\,\text{max}}}{U_F} - 1\right) \cdot P_{\text{tot max}} \approx \left(\dfrac{U_B}{0{,}7\,\text{V}} - 1\right) \cdot P_{\text{tot max}} \approx 600\,\text{mW}$

c) $R_{L\,\text{min}} = \dfrac{(U_B - U_F)^2}{P_{S\,\text{max}}} \approx 46\,\Omega$

d)

$\dfrac{U_B}{R_{L\,\text{min}}} \approx 130\,\text{mA}$

Im Arbeitspunkt abgelesen:

$I_F \approx 115\,\text{mA}$

$U_F \approx 0{,}7\,\text{V}$

2.8.15. Kurze Schaltzeiten, kleine Restspannung, kleiner Reststrom, hohe Belastbarkeit.

2.8.16. Schaltung   Eingangs- und   Kennlinie $u_a = f(u_e)$
                                 Ausgangsspannung

a)

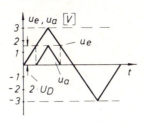
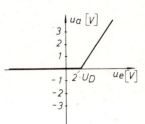

b)

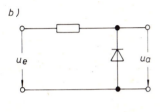
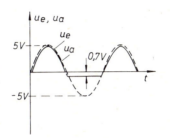
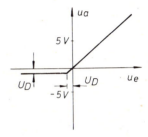

c)

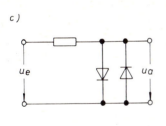
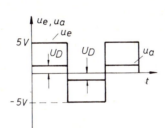
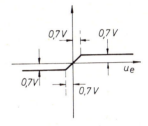

2.8.17. Richtig ist c).

2.8.18. Richtig ist b).

2.8.19. Vorteil: Höhere Grenzfrequenz,
Nachteil: Geringere Empfindlichkeit.

2.8.20. Richtig ist a).

2.8.21. Die Kapazitätsdiode wird vor allem eingesetzt als variable Kapazität in Abstimmkreisen von Rundfunk- und Fernsehempfängern.

Vorteile: Die Abstimmung kann durch eine Steuerspannung vorgenommen werden. Es sind keine beweglichen Teile erforderlich, daher kein Verschleiß, geringe Baugröße, Kostenersparnis.

2.8.22. Wie eine Diode hat der Doppelbasistransistor nur einen pn-Übergang.

2.8.23. Siehe Abschnitt 2.6.

2.8.24. Durch den in einem bestimmten Kennlinienteil vorhandenen negativen differentiellen Innenwiderstand.

2.8.25. In Oszillatorschaltungen zur Ansteuerung von Thyristoren und Triacs.

2.8.26. Siehe Abschnitt 2.7.

2.8.27. Die Tunneldiode hat ebenfalls in einem bestimmten Kennlinienteil einen negativen differentiellen Widerstand.
Sie kann zur Entdämpfung von Schwingkreisen und als Verstärker eingesetzt werden.

2.8.28. a) Gleichrichtung kleiner Hochfrequenzspannungen (Demodulation).
b) Einsatz als schneller Schalter.
c) Einsatz als Konstantstromquelle.

Lösungen zum Themenkreis 3

Übung 3.1.–1

	npn-Transistor		pnp-Transistor
⊗	Basis positiv gegen Emitter	○	Kollektor positiv gegen Basis
○	Basis negativ gegen Emitter	⊗	Basis positiv gegen Kollektor
⊗	Basis negativ gegen Kollektor	⊗	Emitter positiv gegen Kollektor
○	Emitter positiv gegen Kollektor	⊗	Kollektor negativ gegen Basis

Übung 3.1.–2

Es sind hauptsächlich Löcher am Stromtransport beteiligt.
Sie bewegen sich vom Emitter zum Kollektor.

Übung 3.1.–3

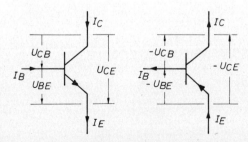

Lösungen zu Themenkreis 3

Übung 3.1.—4

Das Kennlinienfeld gehört zu einem pnp-Transistor.

Übung 3.2.—1

Es handelt sich um die Kennlinie eines Siliziumtransistors (zu erkennen an der großen Steilheit und dem scharfen Knick).

Übung 3.2.—2

Aussage a) ist richtig. Wegen der Linearität der Stromsteuerkennlinie sind die beiden Quotienten etwa gleich.

Übung 3.2.—3

Aussage a) ist richtig.

Übung 3.3.—1

Grenzwerte: Höchstwerte, die nicht überschritten werden dürfen, weil sonst der Transistor zerstört wird.
Statische Kennwerte: Typische Betriebswerte, die das Gleichstromverhalten des Transistors beschreiben.
Dynamische Kennwerte: Typische Betriebswerte, die das Wechselstromverhalten des Transistors beschreiben.

Übung 3.3.—2

Zulässige Sperrschichttemperatur $\vartheta_{j\,max}$
Zulässige Verlustleistung $P_{tot\,max}$
Zulässiger Kollektorstrom $I_{C\,max}$
Zulässige Kollektor-Emitter-Spannung $U_{CE\,max}$

Übung 3.3.—3

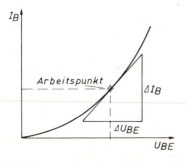

$$r_{BE} = \frac{\Delta U_{BE}}{\Delta I_B}$$

(siehe auch Bild 3.3.—9.!)

Übung 3.3.—4

Die Transitfrequenz ist die Frequenz, bei der die Stromverstärkung den Wert „eins" annimmt.

Übung 3.4.1.—1

Die drei Grundschaltungen des Transistors erhalten ihren Namen von der Elektrode, die wechselstrommäßig auf Massepotential liegt, also den gemeinsamen Bezugspunkt für Eingangs- und Ausgangssignal darstellt.

Übung 3.4.2.—1

$$v_i = \beta \cdot \frac{r_{CE}}{R_C + r_{CE}}$$
$$= 200 \cdot \frac{18\,k\Omega}{20\,k\Omega}$$
$$= 180$$

Übung 3.4.2.—2

$$v_u = \beta \cdot \frac{R_C \| r_{CE}}{r_{BE}}$$
$$= 300 \cdot \frac{2\,k\Omega \| 18\,k\Omega}{4,5\,k\Omega}$$
$$= 120$$

Übung 3.4.2.—3

$$r_{aE} = R_c \| r_{cE}$$
$$= 18\,k\Omega \| 2\,k\Omega$$
$$= 1,8\,k\Omega$$

Übung 3.4.3.—1

$$r_{ec} = r_{BE} + \beta \cdot R_E$$
$$= 5\,k\Omega + 200 \cdot 0,5\,k\Omega$$
$$= 105\,k\Omega$$

Übung 3.4.3.—2

Die Vorverstärkerstufen können nicht als Kollektorgrundschaltungen ausgeführt sein, da mit dieser Grundschaltung eine Spannungsverstärkung nicht möglich ist.

Übung 3.4.3.—3

$$r_{ac} = R_E \| \frac{r_{BE} + R_g}{\beta}$$
$$= 60\,\Omega \| \frac{3\,k\Omega + 600\,\Omega}{60}$$
$$= 30\,\Omega$$

Übung 3.4.4.—1

Es ergeben sich Anpassungsschwierigkeiten, da die Basisgrundschaltung einen niedrigen Eingangswiderstand und einen verhältnismäßig hohen Ausgangswiderstand hat.

Übung 3.5.3.—1

Wegen des niedrigen Ausgangswiderstandes und des hohen Eingangswiderstandes ist eine Spannungssteuerung bei zwei Kollektorgrundschaltungen in fast idealer Weise gegeben.

Übung 3.6.—1

a) $I_c = -0{,}5\,\text{mS} \cdot U_{cE} + 10\,\text{mA}$
b) I_c-Achse: 10 mA; U_{cE}-Achse: 20 V

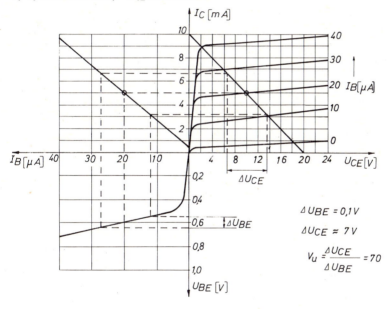

Übung 3.7.—1

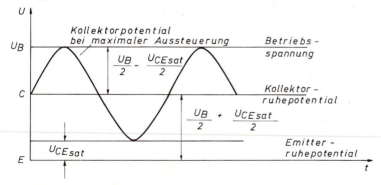

Übung 3.7.1.—1

$$U_{CE} = \frac{U_B + U_{CEsat}}{2}$$

$$= \frac{18\,V + 0{,}2\,V}{2}$$

$$= \underline{\underline{9{,}1\,V}}$$

$$R_C = \frac{U_B - U_{CE}}{I_C}$$

$$= \frac{18\,V - 9{,}1\,V}{20\,mA}$$

$$= \frac{8{,}9\,V}{20\,mA}$$

$$= \underline{\underline{445\,\Omega}}$$

$$R_B = \frac{U_B - U_{BE}}{I_B}$$

$$= \frac{U_B - U_{BE}}{I_C} \cdot B$$

$$= \frac{18\,V - 0{,}6\,V}{20\,mA} \cdot 150$$

$$= \frac{17{,}4\,V}{20\,mA} \cdot 150$$

$$= \underline{\underline{130{,}5\,k\Omega}}$$

$$r_e \approx r_{BE} = \underline{\underline{2\,k\Omega}}$$

$$r_a = R_C \| r_{CE}$$

$$\approx R_C = \underline{\underline{445\,\Omega}}$$

$$C_1 = \frac{1}{2\pi \cdot f_u \cdot r_e}$$

$$= \frac{1}{6{,}28 \cdot 30\,\frac{1}{s} \cdot 2000\,\frac{V}{A}}$$

$$= \underline{\underline{2{,}6\,\mu F}}$$

$$v_u = \beta\,\frac{R_C \| r_{CE}}{r_{BE}}$$

$$\approx \beta \cdot \frac{R_C}{r_{BE}}$$

$$\approx \underline{\underline{33}}$$

$$\Delta U_{CE} = R_C \cdot \Delta I_C$$
$$= R_C \cdot \Delta I_B \cdot \beta$$
$$= 445\,\Omega \cdot 5 \cdot 10^{-6}\,A_{SS} \cdot 150$$
$$\approx \underline{\underline{0{,}33\,V_{SS}}}$$

Übung 3.7.1.—2

$U_{CE} = \dfrac{U_B + U_{CEsat}}{2}$

$= \dfrac{12\,\text{V} + 0{,}4\,\text{V}}{2}$

$= \dfrac{12{,}4\,\text{V}}{2}$

$= \underline{\underline{6{,}2\,\text{V}}}$

$R_E = \dfrac{U_B - U_{CE}}{I_E}$

$\approx \dfrac{U_B - U_{CE}}{I_C}$

$= \dfrac{12\,\text{V} - 6{,}2\,\text{V}}{20\,\text{mA}}$

$= \dfrac{5{,}8\,\text{V}}{20\,\text{mA}}$

$= \underline{\underline{290\,\Omega}}$

$R_1 = \dfrac{U_B - U_{BE} - U_{RE}}{I_q + I_B}$

$= \dfrac{U_B - U_{BE} - U_{RE}}{11 \cdot I_B}$

$= \dfrac{U_B - U_{BE} - U_{RE}}{11 \cdot I_C} \cdot B$

$= \dfrac{12\,\text{V} - 0{,}6\,\text{V} - 5{,}8\,\text{V}}{11 \cdot 20 \cdot 10^{-3}\,\text{A}} \cdot 150$

$= \dfrac{5{,}6\,\text{V}}{220\,\text{A}} \cdot 150 \cdot 10^3$

$\approx \underline{\underline{3{,}82\,\text{k}\Omega}}$

$R_2 = \dfrac{U_{BE} + U_{RE}}{I_q}$

$= \dfrac{U_{BE} + U_{RE}}{10 \cdot I_B}$

$= \dfrac{U_{BE} + U_{RE}}{10 \cdot I_C} \cdot B$

$= \dfrac{0{,}6\,\text{V} + 5{,}8\,\text{V}}{200 \cdot 10^{-3}\,\text{A}} \cdot 150$

$= \dfrac{6{,}4\,\text{V}}{0{,}2\,\text{A}} \cdot 150$

$= \underline{\underline{4{,}8\,\text{k}\Omega}}$

$r_e = R_1 \| R_2 \| (r_{BE} + \beta \cdot R_E)$

$= 3{,}82\,\text{k}\Omega \| 4{,}8\,\text{k}\Omega \| 44{,}1\,\text{k}\Omega$

$\approx \underline{\underline{2\,\text{k}\Omega}}$

$C_1 = \dfrac{1}{2\pi \cdot r_e \cdot f_u}$

$= \dfrac{1}{6{,}28 \cdot 2000 \cdot 16\,\dfrac{1}{\text{s}}}$

$\approx \underline{\underline{4{,}9\,\mu\text{F}}}$

$v_u \approx \underline{\underline{1}}$

Übung 3.8.2.—1

$I_C \approx I_E = \dfrac{U_{RE}}{R_E}$

$= \dfrac{3\,V}{1\,k\Omega}$

$= 3\,mA$

$U_{RC} = I_C \cdot R_C$
$= 3\,mA \cdot 5\,k\Omega$
$= 15\,V$

$U_{CE} = U_B - U_{RE} - U_{RC}$
$= 24\,V - 3\,V - 15\,V$
$= 6\,V$

$I_B = \dfrac{I_C}{B}$

$= \dfrac{3\,mA}{300}$

$= 10\,\mu A$

$R_1 = \dfrac{U_B - U_{BE} - U_{RE}}{I_q + I_B}$

$= \dfrac{U_B - U_{BE} - U_{RE}}{11 \cdot I_B}$

$= \dfrac{24\,V - 0{,}72\,V - 3\,V}{110\,\mu A}$

$= \dfrac{20{,}28\,V}{110\,\mu A}$

$= 184{,}4\,k\Omega$

$R_2 = \dfrac{U_{BE} + U_{RE}}{I_q}$

$= \dfrac{0{,}72\,V + 3\,V}{100\,\mu A}$

$= \dfrac{3{,}72\,V}{100\,\mu A}$

$= 37{,}2\,k\Omega$

$v'_u \approx \dfrac{R_C}{R_E} = \underline{\underline{5}}$

$r'_e = R_1 \| R_2 \| (r_{BE} + \beta \cdot R_E)$
$= 184{,}4\,k\Omega \| 37{,}2\,k\Omega \| 302\,k\Omega$
$\approx 28{,}1\,k\Omega$

$r'_a \approx R_C = 5\,k\Omega$

$C_1 = \dfrac{1}{2\pi \cdot f_u \cdot r'_e}$

$= \dfrac{1}{6{,}28 \cdot 20\,\dfrac{1}{s} \cdot 28{,}1\,k\Omega}$

$\approx 0{,}28\,\mu F$

Der Kollektor kann von seinem Ruhepotential aus um höchstens 5 V absinken (U_{CEsat} vernachlässigt). Es gilt also:

$U_{a\,max\,ss} = 2 \cdot 5\,V = 10\,V$

Übung 3.8.2.—2

Er hebt alle Wirkungen der Wechselstromgegenkopplung auf, z. B. Erhöhung des Eingangswiderstandes, Herabsetzung der Spannungsverstärkung auf einen definierten Wert, Verbesserung des Klirrfaktors, Linearisierung des Frequenzganges.

Übung 3.8.2.—3

$U_{CE} = \dfrac{U_B - U_{RE2}}{2} + \dfrac{U_{CEsat}}{2}$

$= \dfrac{20\,V - 4\,V}{2} + \dfrac{0{,}5\,V}{2}$

$= 8\,V + 0{,}25\,V$

$= 8{,}25\,V$

$R_{E1} = \dfrac{R_C}{5}$

I. $U_{RE1} = \dfrac{U_{RC}}{5}$ (wegen $v'_u = 5$)

II. $U_{RE1} + U_{RC} = U_B - U_{CE} - U_{RE2}$
$= 7{,}75\,V$

Lösungen zu Themenkreis 3

I. in II. eingesetzt:

$$\frac{U_{RC}}{5} + U_{RC} = 7{,}75\,V$$

$$\frac{6}{5} \cdot U_{RC} = 7{,}75\,V$$

$$U_{RC} = 6{,}46\,V$$

$$R_C = \frac{U_{RC}}{I_C}$$

$$= \frac{6{,}46\,V}{10\,mA}$$

$$= \underline{\underline{646\,\Omega}}$$

$$U_{RE1} = \frac{U_{RC}}{5}$$

$$= 1{,}29\,V$$

$$R_{E1} = \frac{U_{RE1}}{I_E}$$

$$\approx \frac{U_{RE1}}{I_C}$$

$$\approx \frac{1{,}29\,V}{10\,mA}$$

$$\approx \underline{\underline{129\,\Omega}}$$

$$R_{E2} = \frac{U_{RE2}}{I_E}$$

$$\approx \frac{U_{RE2}}{I_C}$$

$$\approx \frac{4\,V}{10\,mA}$$

$$\approx \underline{\underline{400\,\Omega}}$$

$$R_1 = \frac{U_B - U_{BE} - U_{RE1} - U_{RE2}}{I_q + I_B}$$

$$= \frac{U_B - U_{BE} - U_{RE1} - U_{RE2}}{11 \cdot I_B}$$

$$= \frac{U_B - U_{BE} - U_{RE1} - U_{RE2}}{11 \cdot I_C} \cdot B$$

$$= \frac{14{,}11\,V}{110\,mA} \cdot 100$$

$$\approx \underline{\underline{12{,}83\,k\Omega}}$$

$$R_2 = \frac{U_{BE} + U_{RE1} + U_{RE2}}{I_q}$$

$$= \frac{U_{BE} + U_{RE1} + U_{RE2}}{10 \cdot I_C} \cdot \beta$$

$$= \frac{5{,}89\,V}{100\,mA} \cdot 100$$

$$= \underline{\underline{5{,}89\,k\Omega}}$$

$$r'_e = R_1 \| R_2 \| (r_{BE} + \beta \cdot R_{E1})$$
$$= 12{,}83\,k\Omega \| 5{,}89\,k\Omega \| 15{,}9\,k\Omega$$
$$\approx \underline{\underline{3{,}22\,k\Omega}}$$

$$C_1 = \frac{1}{2\pi \cdot r'_e \cdot f_u}$$

$$\approx \underline{\underline{1{,}65\,\mu F}}$$

$$C_E = \frac{10}{2\pi \cdot R_{E2} \cdot f_u}$$

$$= \frac{10}{6{,}28 \cdot 400\,\Omega \cdot 30\,\frac{1}{s}}$$

$$\approx \underline{\underline{133\,\mu F}}$$

$$v'_D \quad \frac{R_C}{R_{E1} + R_{E2}}$$

$$= \frac{646\,\Omega}{529\,\Omega}$$

$$\approx \underline{\underline{1{,}22}}$$

Übung 3.8.2.—4

I. $U_{RC} = 7 \cdot U_{RE1}$ (wegen $v'_u = 7$)

II. $U_{RC} = U_{RE1} + U_{RE2}$ (wegen $v'_D = 1$)

III. $U_{RC} + U_{CE} + U_{RE1} + U_{RE2} = U_B$ \qquad $U_{CE} = U_{RC} + U_{RE1}$
$U_{RC} + U_{RC} + U_{RE1} + U_{RE1} + U_{RE2} = U_B$ \qquad (wegen maximaler Aussteuerbarkeit,
$2 \cdot U_{RC} + 2 \cdot U_{RE1} + U_{RE2} = U_B$ \qquad $U_{CE\,sat}$ vernachlässigt).

I. in II. eingesetzt:

II. $7 \cdot U_{RE1} = U_{RE1} + U_{RE2}$
$U_{RE2} = 6 \cdot U_{RE1}$

I. und II. in III. eingesetzt:

III. $2 \cdot 7 \cdot U_{RE1} + 2 \cdot U_{RE1} + 6 \cdot U_{RE1} = U_B$
$22 \cdot U_{RE1} = U_B$

$$U_{RE1} = \frac{U_B}{22} \qquad R_{E1} = \frac{U_{RE1}}{I_E}$$

$$= \frac{44\,\text{V}}{22} \qquad \approx \frac{U_{RE1}}{I_C}$$

$$= \underline{\underline{2\,\text{V}}} \qquad \approx \underline{\underline{500\,\Omega}}$$

$$U_{RC} = 7 \cdot U_{RE1} \qquad R_C = \frac{U_{RC}}{I_C}$$

$$= \underline{\underline{14\,\text{V}}} \qquad = \underline{\underline{3{,}5\,\text{k}\Omega}}$$

$$U_{RE2} = 6 \cdot U_{RE1}$$

$$= \underline{\underline{12\,\text{V}}} \qquad R_{E2} = \frac{U_{RE2}}{I_E}$$

$$U_{CE} = U_{RC} + U_{RE1} \qquad \approx \frac{U_{RE2}}{I_C}$$

$$= \underline{\underline{16\,\text{V}}} \qquad \approx \underline{\underline{3\,\text{k}\Omega}}$$

Berechnung der übrigen Bauelemente wie in Übung 3.8.1.−3:

$R_1 \approx 200\,\text{k}\Omega$ \qquad $C_1 \approx 0{,}17\,\mu\text{F}$
$R_2 \approx 110\,\text{k}\Omega$ \qquad $C_E \approx 27\,\mu\text{F}$

Übung 3.8.3.—1

$R_C = \dfrac{U_B - U_{CE}}{I_C}$

$= \dfrac{20\,V - 8\,V}{10\,mA}$

$= \dfrac{12\,V}{10\,mA}$

$= \underline{\underline{1{,}2\,k\Omega}}$

$R_N = \dfrac{U_{CE} - U_{BE}}{I_B}$

$= \dfrac{U_{CE} - U_{BE}}{I_C} \cdot B$

$= \dfrac{8\,V - 0{,}6\,V}{10\,mA} \cdot 200$

$= \dfrac{7{,}4\,V}{10\,mA} \cdot 200$

$= \underline{\underline{148\,k\Omega}}$

$r'_e \approx R_1 = \underline{\underline{30\,k\Omega}}$

$r'_a = \dfrac{R_C \| r_{CE}}{g}$

$= \dfrac{R_C \| r_{CE}}{v_u} \cdot v'_u$

$= \dfrac{R_C \| r_{CE}}{\beta \cdot (R_C \| r_{CE})} \cdot v'_u \cdot r_{BE}$

$= \dfrac{v'_u \cdot r_{BE}}{\beta}$

$\approx \dfrac{5 \cdot 2\,k\Omega}{200}$

$\approx \underline{\underline{50\,\Omega}}$

$v'_u \approx \dfrac{R_N}{R_1}$

$\approx \underline{\underline{5}}$

Übung 3.9.—1

a) Der Transistor ist voll durchgeschaltet.
b) Der Transistor ist voll gesperrt.

Übung 3.9.—2

Siehe Bild 3.9.−2 und nebenstehenden Text!

Übung 3.9.—3

Übersteuerungsfaktor $m = \dfrac{I_{B\ddot{u}}}{I_{B\,max}}$

L-Störabstand $S_L = U_L - u_a(u_e - U_H)$
H-Störabstand $S_H = u_a(u_e - U_L) - U_H$

3. 10. Lernzielorientierter Test

3.10.1. Sie muß sehr dünn sein (1 ... 100 μm).
Sie muß wesentlich geringer dotiert sein als der Emitter.

3.10.2.

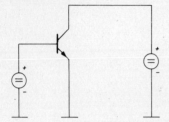 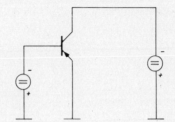

3.10.3. Beim pnp-Transistor.
3.10.4. Siehe Abschnitt 3.3.
3.10.5. Wegen der Linearität der Stromsteuerkennlinie muß die Spannungssteuerkennlinie die gleiche Form haben wie die Eingangskennlinie.
3.10.6. Siehe Abschnitt 3.3.
3.10.7. Richtig ist b).
3.10.8. a) Die Emitterschaltung.
b) Die Basisschaltung.
c) Die Kollektorschaltung.
d) Die Emitterschaltung.
e) Die Kollektorschaltung.
f) Die Basisschaltung.
g) Die Kollektorschaltung.
3.10.9. Wegen der geringeren Verzerrungen.
3.10.10. Der Verstärker ist bei der positiven Halbwelle des Eingangssignals übersteuert und arbeitet bei der negativen Halbwelle des Eingangssignals im stark nichtlinearen Teil der Eingangskennlinie.

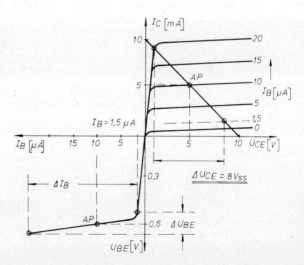

Lösungen zu Themenkreis 4 505

3.10.11. Bei den Schaltungen a), c) und d).

3.10.12. Richtig sind a) und b).

3.10.13. Siehe Bild 3.8.–7 und Gl. 3.8.24.

3.10.14. Stabilisierung des Arbeitspunktes.
Höherer Eingangswiderstand.
Niedrigerer Ausgangswiderstand (nur Spannungsgegenkopplung).
Linearisierung des Frequenzganges.
Verbesserung des Klirrfaktors.
Einstellbarkeit der Spannungsverstärkung auf von den Transistordaten weitgehend unabhängige, definierte Werte.

3.10.15. Siehe Abschnitt 3.8.1.

3.10.16. Weil die Stromgegenkopplungswirkung nur bei konstantem Basispotential entstehen kann.

3.10.17. Richtig sind c) und e).

3.10.18. Richtig ist c).

3.10.19. Siehe Abschnitt 3.9.2.

3.10.20. H-Störabstand: $S_H = u_a (u_e - U_L) - U_H$
L-Störabstand: $S_L = U_L - u_a (u_e - U_H)$

3.10.21. Unter „worst case"-Dimensionierung versteht man die Dimensionierung für den ungünstigsten Betriebsfall. Die Schaltung wird so dimensioniert, daß sie auch bei den ungünstigsten Werten der Einflußgrößen noch funktionsfähig ist.

Lösungen zum Themenkreis 4

Übung 4.0.–1

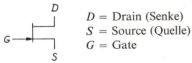

D = Drain (Senke)
S = Source (Quelle)
G = Gate

Übung 4.0.–2

JFET = Sperrschicht-Feldeffekt-Transistor
junction-fieldeffect-transistor

JGFET = Isolierschicht-Feldeffekt-Transistor
isolated-gate-fieldeffect-transistor

Übung 4.1.1.–1

Durch Änderung der Sperrspannung zwischen Gate und Source.

Übung 4.1.2.–1

$U_{DS} = 15\,\text{V}$ – – – $U_{GS} = U_p = -4\,\text{V}$

Übung 4.1.2.—2

$J_{DS} = 15$ mA $\quad U_p = -4$ V

$$S = \left.\frac{\Delta J_D}{\Delta U_{GS}}\right|_{U_{DS}=15\text{V}=\text{const}} = \frac{2 \cdot J_{DS}}{U_p^2}\left(U_{GS} - U_p\right)$$

$$= \frac{2 \cdot 15 \text{ mA}}{(-4 \text{ V})^2} \cdot [-2\text{V} - (-4\text{ V})]$$

$\underline{\underline{S = 3{,}75 \dfrac{\text{mA}}{\text{V}}}}$

$S_{max} = \dfrac{2 \cdot J_{DS}}{|U_p|}$

$= \dfrac{2 \cdot 15 \text{ mA}}{4 \text{ V}}$

$\underline{\underline{S_{max} = 7{,}5 \text{ mA}}}$

Übung 4.1.3.—1

$U_{GS} = 0$ V $\quad\quad\quad U_{DS} \leqq U_{GS} - U_p$

$\quad\quad\quad\quad\quad\quad\quad\quad \leqq \pm 0\text{V} - (-5\text{V})$

$\quad\quad\quad\quad\quad\quad\underline{\underline{U_{DS} \leqq +5 \text{V}}}$

$U_{GS} = -1$ V $\quad\quad \underline{\underline{U_{DS} \leqq +4 \text{V}}}$

$U_{GS} = -2$ V $\quad\quad \underline{\underline{U_{DS} \leqq 3 \text{V}}}$

Übung 4.1.5.1.—1

$V_{uS} = S \cdot \dfrac{R_D \cdot r_{DS}}{R_D + r_{DS}}$

$= 2{,}7 \dfrac{\text{mA}}{\text{V}} \cdot \dfrac{2 \text{ k}\Omega \cdot 3{,}34 \text{ k}\Omega}{2 \text{ k}\Omega + 3{,}34 \text{ k}\Omega}$

$\underline{\underline{V_{uS} = 3{,}4}}$

Übung 4.1.5.3.—1

Gegeben $U_{R3} = \dfrac{1}{2} \cdot U_B$, $U_{GS} = -1{,}5$ V, $U_B = 12$ V

$\quad\quad\quad\quad J_{GS} = 5$ nA, $S = 3{,}5 \dfrac{\text{mA}}{\text{V}}$, $J_S = J_D = 1$ mA

$U_{R3} \quad = 6$ V

$R_3 \quad = \dfrac{U_B}{2 \cdot J_S} = \dfrac{12 \text{ V}}{2 \text{ mA}}$

$R_3 \quad = 6 \text{ k}\Omega$

$\underline{\underline{R_{3\,\text{gew}} = 5{,}6 \text{ k}\Omega \rightarrow U_{R3} = 5{,}6 \text{ V}}}$

$$R_2 = \frac{U_{R2}}{J_q} = \frac{U_{R3} + U_{GS}}{J_q}$$

$$= \frac{5{,}6\text{ V} + (-1{,}5\text{ V})}{0{,}5\ \mu\text{A}}$$

$$R_2 = 8{,}2\text{ M}\Omega$$

$$\underline{\underline{R_{2\,gew} = 8{,}2\text{ M}\Omega}}$$

$$R_1 = \frac{U_B - U_{R2}}{J_q}$$

$$= \frac{12\text{ V} - 4{,}1\text{ V}}{0{,}5\ \mu\text{A}}$$

$$= 15\text{ M}\Omega$$

$$\underline{\underline{R_{1\,gew} = 15\text{ M}\Omega}}$$

$$V_u = \frac{S \cdot R_3}{1 + S \cdot R_3}$$

$$= \frac{3{,}5\ \frac{\text{mA}}{\text{V}} \cdot 5{,}6\text{ k}\Omega}{1 + 3{,}5\ \frac{\text{mA}}{\text{V}} \cdot 5{,}6\text{ k}\Omega}$$

$$\underline{\underline{V_u \approx 1}}$$

$$C_1 \geqq \frac{1}{2\pi \cdot f_u \cdot r_e}$$

$$\geqq \frac{1}{2\pi \cdot 100\ \frac{1}{\text{s}}\ (15\text{ M}\Omega \| 8{,}2\text{ M}\Omega)}$$

$$\geqq 0{,}3\text{ nF}$$

$$\underline{\underline{C_{1\,gew} = 1\text{ nF}}}$$

$$C_2 \geqq \frac{1}{2\pi \cdot f_u \cdot r_a}$$

$$\geqq \frac{1}{628\ \frac{1}{\text{s}} \cdot 285\ \frac{\text{V}}{\text{A}}}$$

$$C_2 \geqq 5{,}6\ \mu\text{F}$$

$$\underline{\underline{C_{2\,gew} = 10\ \mu\text{F}}}$$

$$J_q = 100 \cdot J_{GS}$$
$$= 100 \cdot 5\text{ nA}$$
$$\underline{\underline{J_q = 0{,}5\ \mu\text{A}}}$$

$$r_a = \frac{R_2}{1 + S \cdot R_2}$$

$$\underline{\underline{r_a = 285\ \Omega}}$$

Übung 4.2.1.1.—1

$$S = \frac{\Delta J_D}{\Delta U_{GS}} \bigg| U_{DS} = \text{const}$$

$$S \approx \frac{5 \text{ mA}}{1 \text{ V}}$$

$$\underline{\underline{S \approx 5 \frac{\text{mA}}{\text{V}}}}$$

Übung 4.2.2.1.—1

$C_2 \geqq \dfrac{10}{2\pi \cdot f_u \cdot R_1}$

$R_{1\,\text{gew}} = 1 \text{ M}\Omega$

$C_2 \geqq 19{,}9 \text{ nF}$

$\underline{\underline{C_{2\,\text{gew}} = 33 \text{ nF}}}$

Übung 4.2.2.2.—1

$R_1 \quad = 1 \text{ M}\Omega \ldots 10 \text{ M}\Omega$

$\underline{\underline{R_{1\,\text{gew}} = 4{,}7 \text{ M}\Omega}}$

$R_2 \quad = \dfrac{U_B}{2 \cdot J_S}$

$R_2 \quad = \dfrac{12 \text{ V}}{2 \cdot 5 \text{ mA}}$

$R_2 \quad = 1{,}2 \text{ k}\Omega$

$\underline{\underline{R_{2\,\text{gew}} = 1{,}2 \text{ k}\Omega}}$

$C_1 \quad \geqq \dfrac{1}{2\pi \cdot f_u \cdot R_1}$

$ \quad \geqq \dfrac{1}{628 \cdot \dfrac{1}{\text{s}} \cdot 4{,}7 \cdot 10^6 \dfrac{\text{V}}{\text{A}}}$

$C_1 \quad \geqq 0{,}34 \text{ nF}$

$\underline{\underline{C_{1\,\text{gew}} = 1 \text{ nF}}}$

4.4. Lernzielorientierter Test

4.4.1. a) n-Kanal-JFET (siehe Tab. 4.-2).

b) $v_u = S \cdot r_a = S \cdot \dfrac{R_D \cdot r_{DS}}{R_D + r_{DS}}$

c) Der Kondensator C_3 bewirkt einen Kurzschluß der Wechselspannung über R_2, d. h. es tritt keine Wechselstromgegenkopplung in der Schaltung auf.

4.4.2. Richtig sind a) und e).

Anmerkung: Auch die Antwort b kann u. U. als richtig gewertet werden, wenn durch den Kurzschluß der Drain-Gate-Durchbruch erreicht wird.

4.4.3. Richtig ist d).

Die exakte Typenbezeichnung lautet MNSFET-p-Kanal-Anreicherungstyp.

4.4.4. Feldeffekttransistoren besitzen gegenüber bipolaren Transistoren einen wesentlich höheren Eingangswiderstand, so daß man in der Praxis von einer leistungslosen Ansteuerung sprechen kann.

4.4.5. Richtig sind b) und d).

4.4.6. a) $U_B = 20\,\text{V}$, $r_{GS} \geqq 5 \cdot 10^{12}\,\Omega$, $S = 10\,\text{mA/V}$

$r_a = \dfrac{R_3 \cdot \dfrac{1}{S}}{R_3 + \dfrac{1}{S}}$

$= \dfrac{2\,\text{k}\Omega \cdot \dfrac{1}{10\,\dfrac{\text{mA}}{\text{V}}}}{2\,\text{k}\Omega + \dfrac{1}{10\,\dfrac{\text{mA}}{\text{V}}}}$

$r_a = 0{,}095\,\text{k}\Omega$

$\underline{\underline{r_a = 95\,\Omega}}$

$r_e = (1 + S \cdot R_3) \cdot \dfrac{r_{GS} \cdot R_2}{r_{GS} + R_2}$

$= \left(1 + 10\,\dfrac{\text{mA}}{\text{V}} \cdot 2\,\text{k}\Omega\right) \cdot \dfrac{5 \cdot 10^9\,\text{k}\Omega \cdot 5{,}6 \cdot 10^3\,\text{k}\Omega}{5 \cdot 10^9\,\text{k}\Omega + 5{,}6 \cdot 10^3\,\text{k}\Omega}$

$\underline{\underline{r_e = 117{,}6\,\text{M}\Omega}}$

b) MNSFET-n-Kanal-Anreicherungstyp.

4.4.7. a) $v_u = S \cdot \dfrac{R_D \cdot r_{DS}}{R_D + r_{DS}}$ $R_D = R_3$

$= 10\,\dfrac{\text{mA}}{\text{V}} \cdot \dfrac{10\,\text{k}\Omega \cdot 100\,\text{k}\Omega}{110\,\text{k}\Omega}$

$\underline{\underline{V_u = 91}}$

b) Sourceschaltung.

c) $R_1 \ll r_{GS}$.

4.4.8. Die Schaltung ist aufgebaut mit einem p-Kanal Anreicherungstyp (T_1) und einem n-Kanal-Verarmungstyp (T_2).

Legt man eine Steuerspannung $U_s = 0\,\text{V}$ an, dann sperrt der FET T_1 während T_2 voll leitend ist. Die Dämpfung zwischen dem Ein- und Ausgang erreicht hierbei ihr Maximum.

Macht man nun die Steuerspannung $U_s \leqq 0\,\text{V}$, d. h. negativ, dann wird der Längs-FET immer mehr durchgesteuert (niederohmiger) während der Parallel-FET (T_2) hochohmiger wird. Die Dämpfung der Schaltung erreicht ihr Maximum, wenn T_1 voll leitend und T_2 voll gesperrt ist. Nachteilig wirken sich bei dieser Schaltung die sich mit der Ansteuerung ändernden Ein- und Ausgangswiderstände sowie das sich ändernde Rauschverhalten aus.

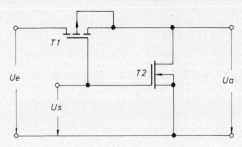

Lösungen zum Themenkreis 5

Übung 5.1.1.—1
Auftreten von Restspannung und Reststrom.

Übung 5.1.2.—1
Siehe Bild 5.1.—3 und den danebenstehenden Text!

Übung 5.1.5.—1
Die Leistung beträgt 50% der Leistung, die bei überbrücktem Thyristor aufgenommen wird.

Übung 5.1.5.—2
... kleiner ...

Übung 5.2.1.—1
Der Triac kann für *beide* Stromrichtungen durchlässig gemacht werden, der Thyristor nur für *eine* Stromrichtung.

Übung 5.2.2.—1
Die Sperrkennlinien.

Übung 5.2.4.—1

Siehe Bild 5.2.—6 und den danebenstehenden Text!

Übung 5.2.4.—2

Siehe Bild 5.2.—7 und den danebenstehenden Text!

Übung 5.4.—1

Aufgrund ihres Kippverhaltens (beide Bauelemente werden bei Überschreiten eines bestimmten Spannungswertes plötzlich niederohmig).

5. 5. Lernzielorientierter Test

5.5.1. Sehr kurze Schaltzeiten, prellfreies Schalten, kein Verschleiß, geringe Steuerleistung, hohe Schaltleistungen.

5.5.2. Sie muß negativ sein.

5.5.3. Der Haltestrom muß unterschritten werden.

5.5.4. Richtig sind a), d) und e).

5.5.5. a) Nicht zutreffend.
b) Zutreffend für Thyristor und Triac.
c) Zutreffend für Thyristor und Triac.
d) Zutreffend für Thyristor.
e) Zutreffend für Thyristor.
f) Zutreffend für Triac.
g) Zutreffend für Triac.

5.5.6. Weil die Streuung der Eingangseigenschaften innerhalb einer Typenreihe sehr groß ist.

5.5.7. Wenn der obere Zündstrom oder die obere Zündspannung überschritten wird.

5.5.8. Phasenanschnittsteuerung.

5.5.9. Durch einen Impulsgenerator, z. B. mit UJT, Diac oder Vierschichtdiode.

5.5.10. Weil dann nur ein Zündwinkel zwischen ca. 0° und 90° möglich wäre.

5.5.11. Weil mit ihnen einfache Generatoren zur Erzeugung von Triggerimpulsen (z. B. zur Steuerung von Thyristoren und Triacs) aufgebaut werden können.

Lösungen zum Themenkreis 6

Übung 6.1.1.—1

$$\Delta W = \frac{c \cdot h}{\lambda}$$

$$= \frac{3 \cdot 10^8 \, \frac{m}{s} \cdot 4{,}16 \cdot 10^{-15} \, \text{eVs}}{620 \cdot 10^{-9} \, m}$$

$\Delta W = 2{,}01 \, \text{eV}$

Übung 6.1.2.—1

$U_F = 1{,}63 \, \text{V}$ für $J_F = 20 \, \text{mA}$ (Bild 6.−3)
$\Delta \lambda = 23 \, \text{nm}$ für $J_{V(\lambda) \, \text{rel}} = 0{,}5$ (Bild 6.−5)
$\alpha = 50°$ für $J_{V \, \text{rel}} = 0{,}5$ (Bild 6.−6)

Übung 6.1.3.1.—1

$$R \leqq \frac{U_{\text{OH min}} - U_F}{J_F}$$

$$R \leqq = \frac{2{,}4 \, \text{V} - 1{,}6 \, \text{V}}{10 \, \text{mA}}$$

$R \leqq = 80 \, \Omega$

$\underline{\underline{R_{\text{gew}} = 68 \, \Omega}}$

Übung 6.2.1.—1

Niedriger Herstellungspreis.
Geringere Flußspannung ($U_F \approx 1{,}6 \, \text{V}$ bei einer roten Anzeige gegenüber $U_F \approx 3{,}2 \, \text{V}$).
Geringere Leistungsaufnahme.

Übung 6.2.2.—1

Die Ansteuerung erfolgt in der Regel über einen Zeichengenerator (z. B. PROM = Read Only Memory), der häufig im ASCII-Code programmiert ist.

6. 4. Lernzielorientierter Test

6.4.1.

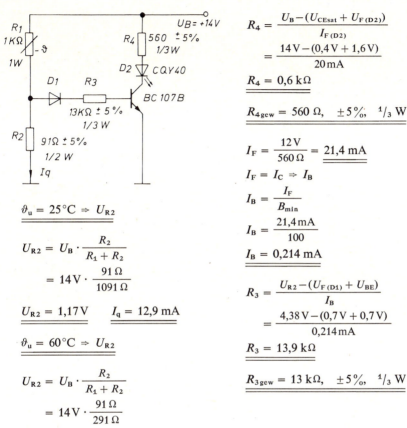

$\vartheta_u = 25\,°C \Rightarrow U_{R2}$

$U_{R2} = U_B \cdot \dfrac{R_2}{R_1 + R_2}$

$= 14\,V \cdot \dfrac{91\,\Omega}{1091\,\Omega}$

$\underline{\underline{U_{R2} = 1{,}17\,V}} \qquad \underline{\underline{I_q = 12{,}9\,mA}}$

$\vartheta_u = 60\,°C \Rightarrow U_{R2}$

$U_{R2} = U_B \cdot \dfrac{R_2}{R_1 + R_2}$

$= 14\,V \cdot \dfrac{91\,\Omega}{291\,\Omega}$

$\underline{\underline{U_{R2} = 4{,}38\,V}} \qquad \underline{\underline{J_q = 48\,mA}}$

$R_4 = \dfrac{U_B - (U_{CEsat} + U_{F(D2)})}{I_{F(D2)}}$

$= \dfrac{14\,V - (0{,}4\,V + 1{,}6\,V)}{20\,mA}$

$\underline{\underline{R_4 = 0{,}6\,k\Omega}}$

$\underline{\underline{R_{4\,gew} = 560\,\Omega, \quad \pm 5\%, \quad {}^1/_3\,W}}$

$I_F = \dfrac{12\,V}{560\,\Omega} = \underline{\underline{21{,}4\,mA}}$

$I_F = I_C \Rightarrow I_B$

$I_B = \dfrac{I_F}{B_{min}}$

$I_B = \dfrac{21{,}4\,mA}{100}$

$\underline{\underline{I_B = 0{,}214\,mA}}$

$R_3 = \dfrac{U_{R2} - (U_{F(D1)} + U_{BE})}{I_B}$

$= \dfrac{4{,}38\,V - (0{,}7\,V + 0{,}7\,V)}{0{,}214\,mA}$

$\underline{\underline{R_3 = 13{,}9\,k\Omega}}$

$\underline{\underline{R_{3\,gew} = 13\,k\Omega, \quad \pm 5\%, \quad {}^1/_3\,W}}$

6.4.2. a) siehe Bilder 6.−16. und 6.−17.

b) $R = \dfrac{U_B - (U_F + U_{QL})}{I_F}$

$= \dfrac{5\,V - (1{,}6\,V + 0{,}4\,V)}{20\,mA}$

$\underline{\underline{R = 150\,\Omega \pm 5\% \; {}^1/_3\,W}}$

mittlerer Segmentstrom $\quad I_F \;\;= 20 \;\;mA \rightarrow U_B = 5\,V$
maximaler Segmentstrom $\quad I_{F\,max} = 21{,}7\,mA \rightarrow U_B = 5{,}25\,V$
minimaler Segmentstrom $\quad I_{F\,min} = 18{,}3\,mA \rightarrow U_B = 4{,}75\,V$

6.4.3.

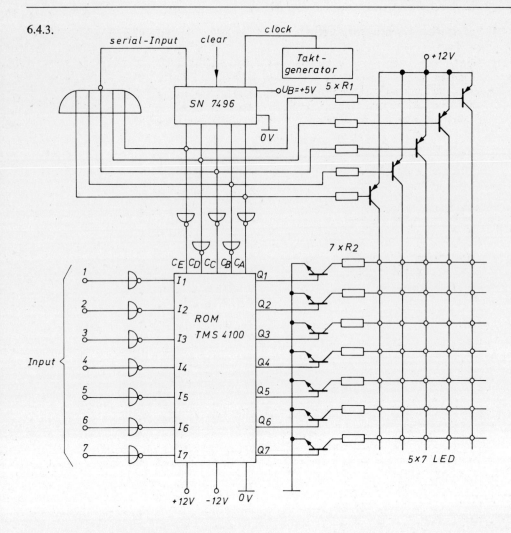

6.4.4. Vorteile von Optokopplern sind:
- a) hohe Arbeitsfrequenzen bis ca. 800 kHz,
- b) extrem kleine Schaltzeiten,
- c) kleines Bauvolumen und geringes Gewicht und
- d) relativ hohe Isolationsspannungen zwischen Eingangs- und Ausgangskreis (bis zu 10 kV).

6.4.5. Durch das verwendete Halbleitermaterial und die zur Herstellung des pn-Überganges verwendeten Dotierungsstoffe.

z. B. GaAsP ..... 650 nm ..... Farbe Rot
GaP:N ..... 570 nm ..... Farbe Grün

6.4.6. Das Spektrum von Lumineszenzdioden überstreicht eine Wellenlänge von 0,4 µm ... 1,2 µm.

6.4.7. Die Modulation von LED's kann bis zu Frequenzen von ca. 500 ... 600 kHz erfolgen.

6.4.8. Die Schaltung besteht aus einem OP-Verstärker, der zwei antiparallel geschaltete LED's ansteuert.

Der OP arbeitet als Komparator mit einer über das 10-kOhm-Potentiometer einstellbaren Schaltschwelle zwischen +15V bis 0V bis −15V, d. h. durch Verändern der Referenzspannung kann die Schwelle von High- nach Low-Signal eingestellt werden. Die Schaltung läßt sich damit sowohl für CMOS- als auch für TTL-Schaltkreise verwenden und außerdem für die Überprüfung von positiver und negativer Logik einsetzen.

6.4.9. $R_v = \dfrac{U_B - (U_F + U_{QL})}{I_F}$

$= \dfrac{5V - (2,6V + 0,4V)}{10\,mA}$

$\underline{\underline{R_v = 200\,\Omega \quad \pm 5\% \quad {}^1/_3\,W}}$

$I_F \phantom{_{max}} = 10\,mA \rightarrow U_B = 5\,V$
$I_{F\,max} = 11,25\,mA \rightarrow U_B = 5,25\,V$
$I_{F\,min} = 8,75\,mA \rightarrow U_B = 4,75\,V$

Lösungen zum Themenkreis 7

Übung 7.−1

$v = 594 \cdot 10^3 \sqrt{U} \; \dfrac{m}{s}$

$= 594 \cdot 10^3 \sqrt{250} \; \dfrac{m}{s}$

$\underline{\underline{v = 9,392 \cdot 10^6 \; \dfrac{m}{s}}}$

Übung 7.−2

$t = \dfrac{s}{v}$

$= \dfrac{0,01\,m}{9,392 \cdot 10^6 \; \dfrac{m}{s}}$

$= 1,06 \cdot 10^{-9}\,s$

$\underline{\underline{t = 1,06\,ns}}$

Übung 7.—3

Anfangsgeschwindigkeit v_0

$$v_0 \approx 0 \, \frac{m}{s}$$

Endgeschwindigkeit v_e

$$v_e = 594 \cdot 10^3 \, \sqrt{U} \, \frac{m}{s}$$

$$v_e = 594 \cdot 10^3 \, \sqrt{450} \, \frac{m}{s}$$

$$v_e = 12{,}6 \cdot 10^6 \, \frac{m}{s}$$

mittlere Elektronengeschwindigkeit v_m

$$v_m = \frac{v_e + v_0}{2}$$

$$= \frac{12{,}6 \cdot 10^6 \, \frac{m}{s} + 0 \, \frac{m}{s}}{2}$$

$$v_m = 6{,}3 \cdot 10^6 \, \frac{m}{s}$$

a) Laufzeit t

$$t = \frac{s}{V_m}$$

$$= \frac{5 \, mm}{6{,}3 \cdot 10^6 \, \frac{m}{s}}$$

$$t = 0{,}79 \, ns$$

b) Grenzfrequenz f_{grenz}

$$f_{grenz} = \frac{1}{T} = \frac{1}{10 \, t} \qquad T \approx 10 \cdot t$$

$$= \frac{1}{10 \cdot 0{,}79 \, ns}$$

$$f_{grenz} = 126{,}6 \, MHz$$

c) Laufzeiteffekte machen sich nur oberhalb von f_{grenz} bemerkbar.

Übung 7.1.—1

$$U_r = \frac{k \cdot T}{e}$$

Wolfram

$$U_r = \frac{1{,}371 \cdot 10^{-23} \frac{W_s}{K} \cdot 2573\,K}{1{,}602 \cdot 10^{-19}\,As} \cdot \quad \underline{\underline{U_r = 0{,}22\,V}}$$

thoriertes Wolfram

$$\underline{\underline{U_r = 0{,}19\,V}}$$

Bariumoxid

$$\underline{\underline{U_r = 0{,}12\,V}}$$

Übung 7.2.4.—1

1. gleichmäßige Temperaturverteilung.
2. keine Brummeinstreuungen.

Übung 7.3.1.—1

$$S = \frac{\Delta J_a}{\Delta U_g} \,/\, U_a = \text{const}$$

$$\approx \frac{10\,mA}{5{,}4\,V}$$

$$\underline{\underline{S \approx 1{,}86 \frac{mA}{V}}}$$

$$R_i = \frac{\Delta U_a}{\Delta J_a} \,/\, U_g = \text{const}$$

$$\approx \frac{100\,V}{11{,}5\,mA}$$

$$\underline{\underline{R_i \approx 8{,}7\,k\Omega}}$$

$$D = -\frac{\Delta U_g}{\Delta U_a} \cdot 100\,\% \,/\, J_a = \text{const}$$

$$= -\frac{5{,}4\,V}{100\,V} \cdot 100\,\%$$

$$\underline{\underline{D = -5{,}4\,\%}}$$

Übung 7.3.3.—1

Richtig ist e). $U_{a\,max}$ bei $U_g = -10\,V$

Übung 7.3.3.—2

$1 = S \cdot D \cdot R_i$

$R_i = \dfrac{1}{S \cdot D}$ $\qquad \underline{\underline{R_i = 7{,}25 \text{ k}\Omega}}$

$ = \dfrac{1}{5{,}3 \, \dfrac{\text{mA}}{\text{V}} \cdot 0{,}026}$

Übung 7.3.3.—3

a) $U_g = - J_a \cdot R_K$
$ = -5 \text{ mA} \cdot 470 \, \Omega \qquad \underline{\underline{U_g = -2{,}35 \text{ V}}}$

b) automatische Gittervorspannungserzeugung

Übung 7.4.1.—1

a) $J_a \approx 4 \text{ mA}$

b) $S = \dfrac{\Delta J_a}{\Delta U_g} \, / \, U_a = \text{const.}$

$ \approx \dfrac{4 \text{ mA}}{1{,}38 \text{ V}}$

$\underline{\underline{S \approx 2{,}9 \, \dfrac{\text{mA}}{\text{V}}}}$

c) $R_i = \dfrac{\Delta U_a}{\Delta J_a} \, / \, U_g = \text{const.}$

$ \approx \dfrac{100 \text{ V}}{0{,}46 \text{ mA}}$

$\underline{\underline{R_i \approx 217 \text{ k}\Omega}}$

Übung 7.4.1.—2

$V_u \approx S \cdot R_a$

$ \approx 3 \, \dfrac{\text{mA}}{\text{V}} \cdot 47 \text{ k}\Omega$

$\underline{\underline{V_u \approx 140}}$

Übung 7.4.1.—3

$D = \dfrac{1}{S \cdot R_i}$

$ \approx 3{,}5 \cdot 10^{-3}$

$\underline{\underline{D \approx 0{,}35 \, \%}}$

Lösungen zu Themenkreis 7

Übung 7.5.1.—1

Eine Änderung des Potentials am Wehneltzylinder bewirkt eine Änderung der Helligkeit des Oszillogramms, d. h. die Intensität des Elektronenstrahls nimmt zu oder ab.

Übung 7.5.2.—1

Die elektrostatische Ablenkung benötigt gegenüber der elektromagnetischen Ablenkung eine geringere Steuerleistung.
Bei der elektromagnetischen Ablenkung treten aufgrund der Selbstinduktion der Ablenkspulen bei hohen Schreibgeschwindigkeiten Verzerrungen auf.

Übung 7.5.2.—2

Ströme lassen sich nur indirekt oszillografieren. Der zu messende Strom wird über einen ohmschen Widerstand (z. B. 1 Ohm) in eine proportionale Spannung umgesetzt, die vom Oszilloskop aufgezeichnet wird.

Übung 7.5.2.—3

A_y gibt die Spannung an, die notwendig ist um den Strahl in y-Richtung um 1 cm auszulenken.

Übung 7.5.2.—4

Die Nachbeschleunigung von Elektronen in der Elektronenstrahlröhre ermöglicht die Darstellung auch sehr schneller und einmaliger Vorgänge.

Übung 7.5.4.—1

1. Um das vom angeregten Bildpunkt ausgestrahlte Licht nach vorne zum Betrachter hin zu reflektieren.
2. Um die Aufhellung des Bildschirmes durch Fremdlicht gering zu halten.
3. Um die Rückleitung der auftreffenden Elektronen zur Anodenspannungsquelle zu übernehmen.

Übung 7.5.4.—2

1. Der maximale Wert der Anodenspannung muß eingehalten werden, um Überschläge, Sprüh- bzw. Koronaeffekte im Röhrenkolben zu vermeiden.
2. Der Mindestwert der Anodenspannung darf nicht unterschritten werden, damit noch eine ausreichende Bildhelligkeit erzielt werden kann.

Übung 7.5.4.—3

Die Synchronisierimpulse liegen weit im negativen Bereich, damit sie den Bildinhalt nicht beeinflussen können.

Übung 7.5.4.—4

Durch die Abdeckwirkung der Lochmaske.

Übung 7.6.3.—1

$$n = \frac{f}{m} \cdot 60$$

$f = 82{,}5\,\text{Hz}$ \qquad $f_{\text{gen}} = \frac{f}{2} = \frac{82{,}5\,\text{Hz}}{2} = \underline{\underline{41{,}25\,\text{Hz}}}$

Übung 7.6.3.—2

$$R_{v\,\min} = \frac{U_{B\,\max} - U_b}{J_{G\,\max} + J_{a\,\min}}$$
$$R_{v\,\max} = \frac{U_{B\,\min} - U_b}{J_{G\,\min} + J_{a\,\max}}$$

$$= \frac{264\,\text{V} - 110\,\text{V}}{30 = \text{A} + 0 = \text{A}}$$
$$= \frac{198\,\text{V} - 110\,\text{V}}{2\,\text{mA} + 12\,\text{mA}}$$

$\underline{\underline{R_{v\,\min} = 5{,}1\,\text{k}\Omega}}$ \qquad $\underline{\underline{R_{v\,\max} = 6{,}28\,\text{k}\Omega}}$

$$\underline{\underline{R_{v\,\text{gew}} = 5{,}6\,\text{k}\Omega \pm 5\%}}$$

7.7. Lernzielorientierter Test

7.7.1. a) Kathodenbasisschaltung.

b) Richtig ist 6.

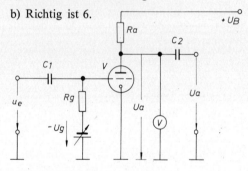

7.7.2. a) $R_i \cdot S \cdot D = 1$

Diese Gleichung gibt den Zusammenhang zwischen R_i, S und D an. Hierbei wird der gleiche Arbeitspunkt zugrunde gelegt.

Da es sich ausschließlich um innere Röhrengrößen handelt, bezeichnet man die Gleichung auch als

„Innere Röhrengleichung".

Bei zwei bekannten Größen läßt sich durch umstellen die dritte sehr leicht berechnen.

b) $R_i \cdot S \cdot D = 1$

$$R_i = \frac{1}{S \cdot D}$$

$$= \frac{1}{8{,}5\,\frac{\text{mA}}{\text{V}} \cdot 0{,}01}$$

$$\underline{\underline{R_i = 11{,}76\,\text{k}\Omega}}$$

Lösungen zu Themenkreis 7

7.7.3. $V_u = \dfrac{1}{D} \cdot \dfrac{R_a}{R_a + R_i}$ $\rightarrow$ $V_u = \dfrac{1}{0{,}022} \cdot \dfrac{31{,}43\,\text{k}\Omega}{8{,}2\,\text{k}\Omega + 31{,}43\,\text{k}\Omega}$

$R_a = \dfrac{U_B - U_a}{I_a}$ $\underline{\underline{V_u = 36}}$

$= \dfrac{180\,\text{V} - 70\,\text{V}}{3{,}5\,\text{mA}}$

$\underline{\underline{R_a = 31{,}43\,\text{k}\Omega}}$

7.7.4. $U_g = -I_a \cdot R_K$

7.7.5. a) (1) Katode (4) Anode
   (2) Wehneltzylinder (5) Vertikale Ablenkplatten
   (3) Fokussierelektrode (6) Horizontale Ablenkplatten

   b) (1) Strahlerzeugung
   (2) Intensitätssteuerung des Elektronenstrahls

7.7.6. Richtig sind d) und f).

7.7.7. $R_{v\,\text{min}} = \dfrac{U_{e\,\text{max}} - U_b}{J_{G\,\text{max}} + J_{a\,\text{min}}}$

$= \dfrac{176\,\text{V} - 105\,\text{V}}{5\,\text{mA} + 0\,\text{mA}}$

$\underline{\underline{R_{v\,\text{min}} = 14{,}2\,\text{k}\Omega}}$

$R_{v\,\text{max}} = \dfrac{U_{e\,\text{min}} - U_b}{J_{G\,\text{min}} + J_{a\,\text{max}}}$

$= \dfrac{144\,\text{V} - 105\,\text{V}}{0{,}5\,\text{mA} + 2\,\text{mA}}$

$\underline{\underline{R_{v\,\text{max}} = 15{,}6\,\text{k}\Omega}}$

$\underline{\underline{R_{v\,\text{gew}} = 15\,\text{k}\Omega \pm 2{,}5\,\% \;\; ^1/_2\,\text{W}}}$

7.7.8. *Schwarz-Weiß-Bildröhre* *Lochmaskenröhre*

   1 Elektronenkanone 3 Elektronenkanonen
   keine Konvergenzeinheit Konvergenzeinheit
   keine Lochmaske Lochmaske
   kleiner Halsdurchmesser großer Halsdurchmesser
   keine Abschirmung gegen das Erdfeld Abschirmung gegen das Erdfeld
   niedrigere Beschleunigungsspannung höhere Beschleunigungsspannung
   einheitliche Lumineszenzschicht Farbtripel

7.7.9. Das Strahlsystem der Trinitronröhre läßt eine größere Auflösung zu, trotz stark reduziertem Aufwand an Konvergenzmitteln.
   Die drei Elektronenkanonen sind in einer Ebene angeordnet.
   Die Steuergitter können einzeln moduliert werden.
   Die Anlenkleistung ist um ca. 30 % reduziert gegenüber der Lochmaskenröhre.

7.7.10. Bei der statischen Konvergenzeinstellung nimmt man eine Verschiebung des roten, grünen und blauen Bildes in waagerechter und senkrechter Richtung um die Bildmitte vor und bringt sie dort zur Deckung (Konvergenz).

An den Bildschirmrändern macht sich die Tatsache bemerkbar, daß die Strahlsysteme im Bildröhrenhals versetzt zur Systemachse und damit schräg zur Bildschirmfläche gerichtet sind. Hierdurch entstehen für die einzelnen Farben unterschiedliche Auslenkungen, die dann individuell korrigiert werden müssen. Diese Korrektur geschieht mit Wechselströmen und man spricht deshalb von dynamischer Konvergenz (= Konvergenz im abgelenkten Zustand).

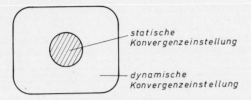

Stichwortverzeichnis

Ablenkeinheit 447
Ablenkempfindlichkeit 436
Ablenkfaktor 436
Ablenkkoeffizient 437
Ablenklinearität 437
Ablenkplatten 432
Anodenverlustleistung 414
Anreicherungstyp 335
Ansprechzeit 75
Ansteuerung von LED's 379
Anzeigeneinheiten,
　alpha-numerische 385 ff.
Arbeitskennlinien 250
Arbeitspunkteinstellung
− bei der Diode 147
− am Transistor 257
Arbeitspunktstabilisierung
　beim Transistor 272, 299
Abschirmung 447
Abschnürspannung 316, 321
Aluminiumfolie 439
Amalgamelektrolyse 89
Anfangstemperatur 16
Anlaufstrom 406
Anlaufstromgebiet 406
Anodenbasisschaltung 416, 417
Anodenrückwirkung 414
Auftastspannung 437
Ausgangskennlinien 206
Ausgangswiderstand r_{CE} 217
Austrittsspannung 404
Avalanche-Effekt 171

Backward-Diode 181
Band-Band-Rekombination 374
Basisgrundschaltung 241
Begrenzerschaltungen 162
Beleuchtungsstärke 70
Beschleunigungsspannung 402
Betriebliche Leistungsverstärkung v_p
　(Emitterschaltung) 234
Betriebliche Spannungsverstärkung v_u
　(Emitterschaltung) 232
Betriebliche Stromverstärkung v_i
　(Emitterschaltung) 231
Bildmittenzentrierung 447
Bildröhrenanodenspannung 441
Bildschirmseitenverhältnis 451
Bipolare Transistoren 189
−, Aufbau und Wirkungsweise 189
−, Steuerung 189
Boltzmannkonstante 403
Brückengleichrichter 154

Brückenschaltung, -Feldplatte 101
Brumm 419

Curie-Temperatur 14

Delon-Schaltung 156
Depletion-Typ 334
Diac 365
Dielektrizitätskonstante, relative 14
Differentieller Widerstand 145, 215
Diffusion 133
Diffusionsspannung 135
Diode 142, 404 ff.
−, Eigenschaften 151
−, Grenzdaten 161
−, Kennlinien 143
− als Schalter 158
−, Schaltleistung 161
−, Schaltzeiten 162
Dimensionierung von Verstärkerstufen 261
Displays 385 ff.
Divisionsschaltung 124
Doppelbasistransistor (UJT) 174, 175
Drain-Durchlaßstrom 341
Drainschaltung 328 ff., 343
Drain-Source-Durchbruchspannung 340
Drain-Source-Durchlaufwiderstand 340
Drain-Source-Sperrwiderstand 340
Drain-Sperrstrom 340
Drainsubstratspannung 339
Drehzahlumformung 109
Dual-Gate-MOSFET 344
Dunkelschaltung 79
Dunkelwiderstand 72, 75
Durchbruchsbereich 140, 321
Durchgriff, Triode 410
−, Pentode 434
Durchlaßrichtung 138
Dynamische Kennwerte von Transistoren 215
Dynamische Stromsteuerkennlinie 256

Eingangskennlinie (des Transistors) 197
Eingangswiderstand r_{BE} 215
Einschaltverzögerung 464
Einweggleichrichterschaltung 153
Elektronenaustritt 403 ff.
Elektronenbeweglichkeit 87
Elektronengeschwindigkeit, mittlere 403
Elektronenkanone 448
Elektronenoptik 432
Elektronenröhren 401 ff.
Elektronenstrahlröhre 427 ff.
Emittergrundschaltung 227

Endtemperatur 16
Endwiderstand 16
Enhancement-Typ 335
Entleerungstyp 334
Erdmagnetfeld 446
ESAKI-Diode 178
Europium 450

Farbbildröhre 444
Farberzeugung, additiv 444
—, substraktiv 444
Farbmischung 445
Farbreinheit 445
Farbreinheitsmagnet 447, 455
Farbtrennung 445
Farbtripel 445
Feldeffektdiode 182
Feldeffekttransistor 311 ff.
Feldplatte 83 ff.
—, Anwendungen 101 ff.
—, Aufbau 93
—, Belastbarkeit 97
—, D-Material 94
—, Grundwiderstand 93 ff., 98
—, L-Material 94
—, N-Material 94
—, Temperaturabhängigkeit 95, 100
Ferrokeramik 15
FET-Konstantstromquelle 380
Flüssigkeitsniveaufühler 27
Flüssigphasen-Epitaxieverfahren 375
Fokussierelektrode 430
Fotodiode 170
—, Kennlinien 171
Fotoelement 171
Fotoempfindlichkeit, maximale 75
Fotowiderstand 65 ff.
—, Herstellung 65 ff.
—, Temperaturkoeffizient 75
—, Anwendung 77 ff.
Funkenlöschung 63

Gasentladung, selbständig 459 ff.
—, unselbständig 458 ff.
Gasentladungsröhre 457 ff.
Gate-Drain-Reststrom 340
Gateleckstrom 339
Gateschaltung 332, 344
Gegenkopplung 272
Gitterbasisschaltung 416, 417
Gleichrichterschaltungen 152
Gleichstromverstärkung 192
Gleichstromwiderstand der Halbleiterdiode 144
Gleichung der Halbleiter-Diodenkennlinie 142
Glimmröhre 458
Graetzschaltung 154

Greinacherschaltung 157
Grenzdaten
— einer Halbleiter-Diode 161
— von Transistoren 211
Grenzfrequenz, obere (beim Transistor) 220
Grundschaltung des Transistors 226

Halbleiter-Diode 142
—, Eigenschaften 151
—, Grenzdaten 161
—, Schaltleistung 161
—, Schaltzeiten 162
Halleffekt 111
Hallgenerator 111 ff.
—, Anwendungen 121
Hallgeneratorkennlinie 112, 113
Hallkoeffizient 87, 112
Hallspannung 111, 112
Hallstrom 113
Haltenase 450
Hallwinkel 86
Heißleiter 31 ff.
—, Abkühlungskurven 39
—, Anwendung 43 ff.
—, Bauformen 33
—, Bezugstemperatur 35
—, B-Wert. Bestimmung 34
—, Einschaltstrombegrenzung 45
—, Erwärmungszeitkonstante 37
—, Korrektur von Kennlinien 40
—, Parallelschaltung 41
—, Reihenschaltung 41
—, Spannungsstabilisierung 47
—, Temperaturmessung 43
—, thermische Zeitkonstante 39
—, Übertemperaturüberwachungsschaltung 44
—, Widerstand 33
—, Widerstandsverlauf 34
Heizelement 448
Heizung, direkt 408
—, indirekt 408
Hellwiderstand 72, 75
Hellschaltung 78
Hochspannungserzeugung 441
Hochstrommessung 123, 124
Horizontalspule 447
Hot-Carrier-Diode 182
h-Parameter 221

IGFET 333
Impulsionsschutzrahmen 447
Induktionsempfindlichkeit 116
induktive Nullkomponente 119
Innenwiderstand, Pentode 424
—, Triode 411
Inneres Spannungsverhältnis 175

Ionenröhren 401 ff.
Isolierschicht-FET 312, 333

Junction — FET 312, 314
—, Ausgangskennlinien 320
—, Eingangskennlinie 316
—, ohmscher Bereich 320
—, statischer Eingangswiderstand 319
—, thermisches Verhalten 320

Kaltkathodenröhre 463
Kaltleiter 13 ff.
—, Abkühlungskurve 18
—, Anwendung 22 ff.
—, dynamische Strom-Spannungskennlinie 19
—, maximale Spannung 22
—, Nenntemperatur 16, 20
—, statische Strom-Spannungskennlinie 17 ff.
—, Temperaturkoeffizient 20
—, thermische Zeitkonstante 21
—, Widerstandsverlauf 16
Kapazitätsdiode 172
—, Kennlinie 173
Kathode 448
Kathodenbasisschaltung 416, 417
Kenndaten von Transistoren 211
Kennlinien
—, Fotodiode 171
—, Kapazitätsdiode 173
—, pn-Übergang 139, 142
—, Temperaturabhängigkeit 150
—, Transistor 197
—, UJT 176
Kissenverzeichnung 446
Kniespannung 322
Kollektorgrundschaltung 236
Konus 438
Konvergenztopf 447, 448
Koppelfaktor 394
Koronaentladung 403
Korrekturlinse 449

Lampentreiber 382
Lateralkonvergenz 453
Lateral-Konvergenzeinheit 453
Lateralverschiebung 454
LDR 65 ff.
LED 372 ff.
—, Durchlaßkennlinie 377
Leerlaufhallspannung 114
Leerlaufspannungsrückwirkung D_u 219
Leerlaufverstärkung, Triode 412
Leistungsmesser 123
Leuchtschicht 439
Leuchtspurerzeugung 428
Lichtgeschwindigkeit 401

Lichtstrom 378
Linearisierungsfehler 116
Linienbreite 437
Löcherbeweglichkeit 87
Lochmaskenröhre 445, 446
Lumineszenzdiode 372 ff.
Luminophorpunkte 445

Magnetfeldabtastung 122
Magnetfeldmessung 122
Magnetische Nenndurchflutung 115
Magnetischer Nennsteuerfluß 115
Magnetische Steuerinduktion 115
Maskenlöcher 445
Maskenrahmen 450
Maskenröhre 445
MESA-Technik 375
Mikrofonie 419
MISFET 333
Modulatoranwendung 123
MOSFET 333 ff.
— n-Kanal-Anreicherungstyp 333
— Kennlinien 335 ff.
Multiplizierer 113

Nachbeschleunigung 432, 437
Nachleuchtdauer 429
NAND-Verknüpfung 390
Nennstrom des Hallgenerators 115
Nenntemperatur 16, 20
Nennwiderstand 16, 20
Niveaustandsregelung 28
Normally-Off-Typ 335
NTC-Widerstand 31 ff.
— statische Strom-Spannungs-Kennlinie 36

ohmsche Nullkomponente 119
Optokoppler 125, 389 ff.

Pentode 423
— Kennlinie 424
— Schaltzeichen 423
Phasenanschnittsteuerung 357, 390, 392
Planar-Technik 375
Plus-Minus-Anzeige 387
pn-Übergang 133
—, Kennlinie 139
— in Durchlaßrichtung 138
— in Sperrichtung 136
Preßteller 438
Primärfarben 445
PTC-Effekt 13 ff.
PTC-Widerstand 13 ff.
Punkte-Matrix 388

Qualitätsprüfung 449
Quarzkegel 449

Querstrom 261

Radialkonvergenz 447
Rasterverzeichnung 437
Raumladung am pn-Übergang 135
Raumladungsbereich 406, 407
Rechenschaltung 123
Reflektortechnik 386
Regelfaktor 49
Rekombination 134
Relais, elektronisches 391
Relaisröhre 463, 464
Reststrom 209
Röhrenaufhängung 447
Röhrendiode 404 ff.
—, Aufbau 405
—, Kennlinie 406
—, Kennlinienaufnahme 405
—, Schaltzeichen 405
Röhrenhals 438
Rückwirkungskennlinien 208
Ruhemasse des Elektrons 401, 403

Sattelspule 439
Sättigungsbereich 321, 407
Sättigungsgebiet 406
Sättigungsspannung 206, 213, 322
Schalter, prellfrei 108
Scheibenfuß 448
Schirmdiagonale 451
Schirmkrümmungsradius 451
Schirmwanne 437
Schreibgeschwindigkeit 437
Schwarzschulter 442
Schwarzweißfernsehbildröhre 437
Seitenkonvergenz 447
Sekundärelektroneneffekt 403
Sicherungsüberwachungsschaltung 460
Sichtschirm 432
Sichtteil 436
Sieben-Segment-Anzeigen 386
Signalspeicherung 82
Solarzelle 171
Sourcefolger 328 ff., 343
Sourceschaltung 323 ff., 342
—, Arbeitspunkteinstellung 324
Sourcewiderstand 330
Spannungen am Transistor 193
Spannungsabhängiges Temperaturverhalten 54
Spannungsabhängiger Widerstand 47 ff.
Spannungsanzeiger 383
Spannungsbegrenzerschaltungen 162
Spannungsbegrenzung 60
Spannungsgegenkopplung 296
Spannungsstabilisierung 61, 462
Spannungssteuerkennlinie 205

Spannungssteuerung 247
Spannungsverdopplung 156
Spannungsverstärkung 414, 425
Spannungsvervielfachung 157
spektrale Empfindlichkeit 68 ff.
Sperrbereich 406
Sperrichtung 136
Sperrschicht 134
Sperrschicht-FET 312
Sperrschichtkapazität 137, 162, 172
Sperrstrom 137
Sperrverzug 162
Spitzenentladung 403
Statische Kennwerte von Transistoren 212
Steigerungstyp 335
Steilheit 318
—, Pentode 424
—, Triode 411
Steuergitter 448
Steuerkennlinien 204
Stoßionisation 459
Strahlablenkung 431
Strahlauslenkung 433 ff.
Strahlbündelung 428
Strahlerzeugung 428
Stroboskop 461
Stromdurchbruch 140
Ströme am Transistor 195
Stromgegenkopplung 276
Stromsteuerkennlinie 204
Stromsteuerung 248
Stromverstärkung 192
Synchronisierimpuls 442

Temperaturabhängigkeit des Arbeitspunktes bei Verstärkerstufen 263, 266
Temperaturabhängigkeit der Halbleiterdiode 150
Temperaturfühler mit Kaltleiter 24
Temperaturkontrollschaltung 25
Temperaturspannung 404
Thyratron 463
Thyristor 350
Tiefziehblech 449
Tonnenverzeichnung 446
Toroidspule 439
Transistor 189
— Grenzdaten 211
— Grundschaltungen 226
— Kenndaten 212
— Kennlinien 197
—, Spannungen am 193
—, Ströme am 195
Transistorkonstantstromquelle 381
Transitfrequenz 220
Triac 359
Trinitron-Farbbildröhre 456

—, prinzipieller Aufbau 457
Triode 409
—, Aufbau 409
—, Kennlinien 410
—, Schaltzeichen 409
Tunneldiode 178

Überspannungsschutz 461
Überstromsicherung 31
Übertemperaturschutz 25
— schalter 25

Umkehrspannung 140
Unijunction-Transistor 174, 175
— Kennlinie
UV-Strahler 449

Variosymbol 387
Varistor 47 ff.
—, Anwendungen 60 ff.
—, Belastung 54
—, Betriebstemperatur 54
—, Ersatzschaltbild 49
—, Frequenzverhalten 59
—, Funkenlöschung 63
—, Kennlinie 50
—, Parallelschaltung 56
—, Serienschaltung 55
—, Spannungsbegrenzung 60

—, Wechselstromverhalten 57
Verarmungstyp 334
Vertikalspule 447
Vertikalsteuerung 466
Verzögerungsschaltglied 30
Vierpoldarstellung des Transistors 194
Vierquadrantendarstellung von Transistorkennlinien 209
Vierschichtdiode 366
Villard-Schaltung 156
Vollweggleichrichter 154

Wärmearbeit 404
Wechselstromgegenkopplung 278
Wechselstromverstärkungsfaktor β 216
Wechselstromwiderstand der Halbleiterdiode 145
Wechselstromwiderstandsgerade 277
Wehneltzylinder 429, 430
Weidezaungerät 464
Widerstandsgerade 148, 250

Yttriumvanadat 450

Zonenschmelzverfahren 90
Zweiweggleichrichterschaltung 409
Zweikanaloptokoppler 390
Zweischichthalbleiter 133
Zweitemperaturverfahren 90

Lernbücher der Technik

Herausgegeben von Dipl.-Gewerbelehrer Manfred Mettke, Oberstudiendirektor an der Schule für Elektrotechnik in Essen.

Felderhoff
Elektrische Meßtechnik
Von Dipl.-Ing. Rainer Felderhoff, Essen. 324 Seiten, 352 Bilder, 7 Tabellen. 1976 Alkorphaneinband.

Fischer
Werkstoffe in der Elektrotechnik
Aufbau, Eigenschaften, Prüfung, Anwendung. Von Dr. Hans Fischer, Essen.
In Vorbereitung 1977.

Schaaf/Schröder
Digitale Datenverarbeitung
Von Ing. Bernd-Dieter Schaaf, Erkrath und Ing. Wolfgang-Armin Schröder, Aachen. 376 Seiten, 637 Bilder, 68 Arbeitstabellen. 1977
Alkorphaneinband.

Weinert
Schaltungszeichnen in der elektrischen Energietechnik
Normen — Erklärungen — Planungsbeispiele. Von Studiendirektor Joachim Weinert, Essen.
172 Seiten. 2. Auflage 1975.
Alkorphaneinband.

Weinert
Aufgaben zum Schaltungszeichnen in der elektrischen Energietechnik
Anlagentechnik — Steuerungstechnik — Elektronik. Von Studiendirektor Joachim Weinert, Essen unter Mitarbeit von Heinz Baumgart. 108 Seiten. 1975. Alkorphaneinband.

Weinert
Lösungen der Aufgaben zum Schaltungszeichnen
Von Studiendirektor Joachim Weinert, Essen. 62 Overheadfolien, 10 Textseiten in einer Mappe. (Diese Lösungen werden zum Selbstkostenpreis nur direkt vom Verlag abgegeben.)

Carl Hanser Verlag,
Postfach 860420,
8000 München 86